Moteurs

Recherche de la puissance

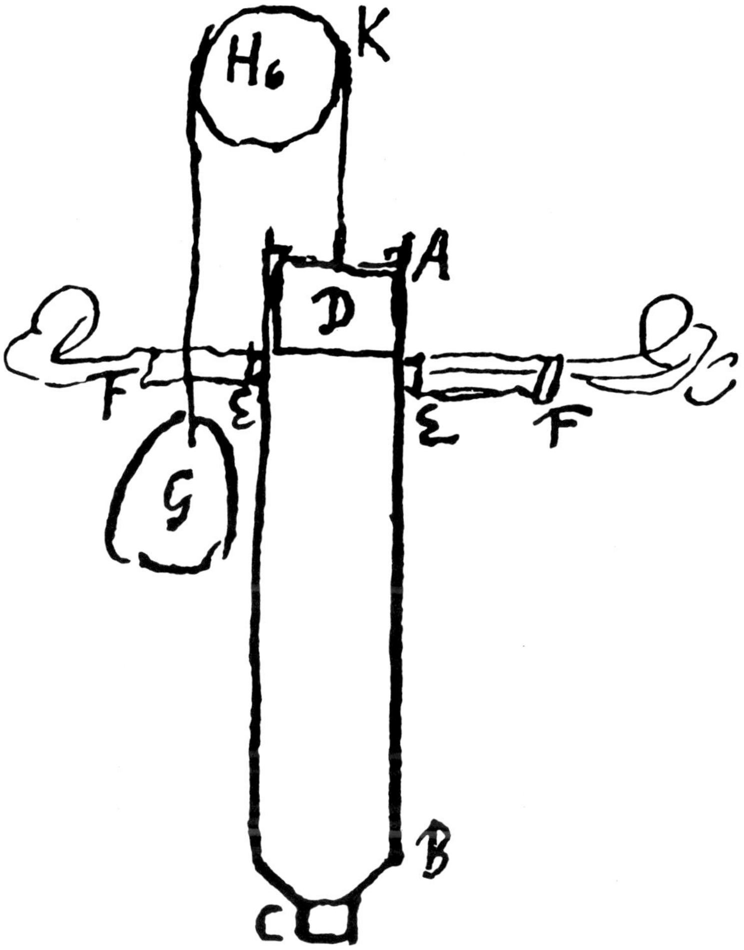

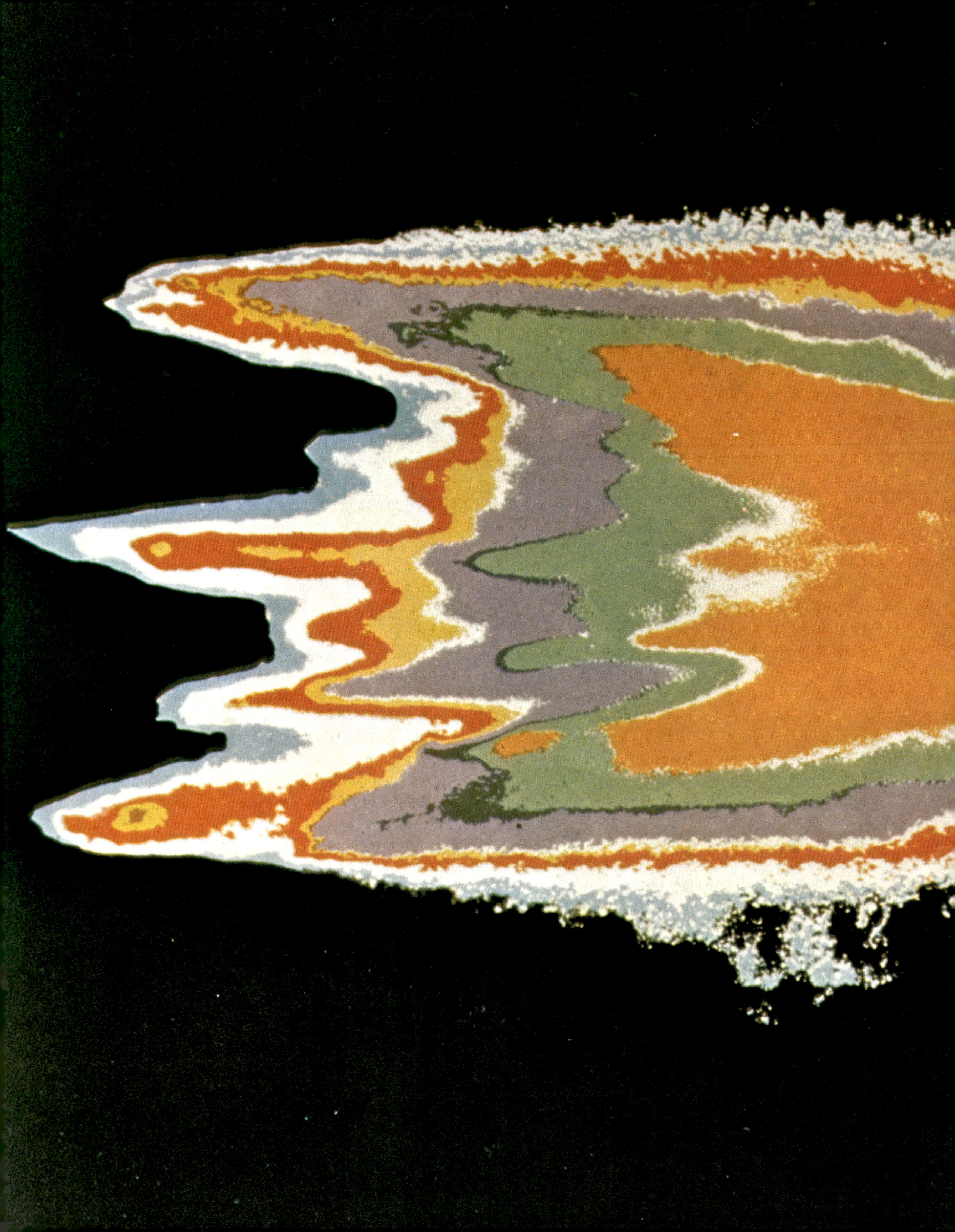

Moteurs

Recherche de la puissance

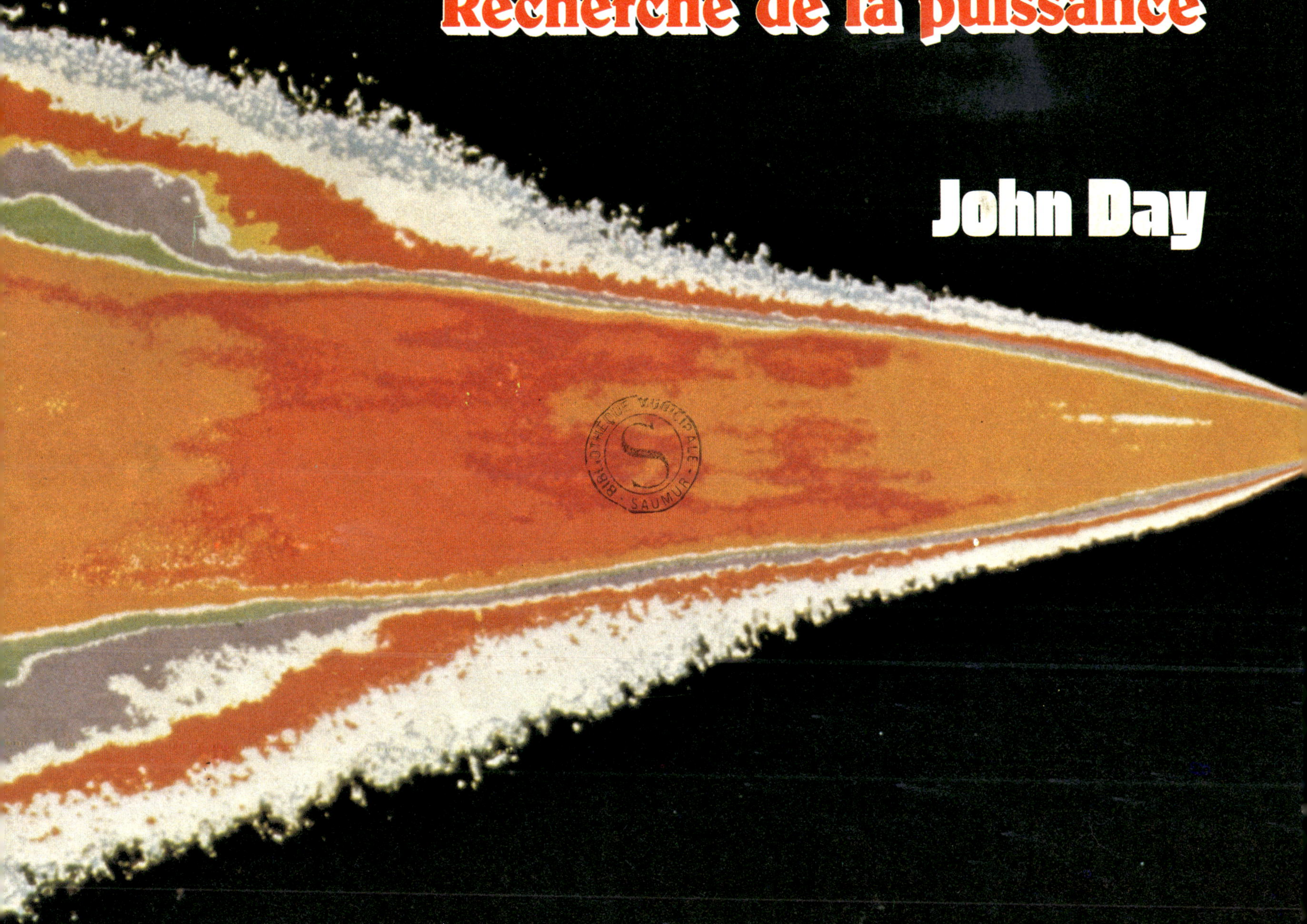

John Day

E.P.A.

ISBN 2-85120-108-5
N° d'éditeur 91

Traduction : Antoine Prunet

Imprimé à Hong-Kong

Sommaire

Introduction

Ci-dessus : chez les Romains, la « roue à hommes » servit de moteur à ce qui peut certainement être considéré comme la toute première grue.

A droite : le seau de ce puits profond de 91 m était remonté par un âne qui marchait dans la grande roue.

S'il est bien connu que la nécessité est la mère de l'invention, la paresse peut bien en être considérée comme le père car c'est de ces deux parents qu'est née la civilisation. La race humaine a en effet au moins deux traits qui la distinguent de la race animale : le besoin permanent d'un substitut pour effectuer les travaux les plus pénibles et la faculté de concevoir les moyens de satisfaire ce besoin.

La civilisation est née dès qu'il est apparu évident que lorsque plusieurs personnes étaient affectées à la production de la nourriture, elles pouvaient produire plus que nécessitait la satisfaction de leurs besoins propres. Ceci laissait le temps à au moins l'une de ces personnes de faire quelque chose d'autre, et ouvrait en particulier des voies nouvelles vers un accroissement encore plus poussé de la production. Ce temps libre permettait à quelques uns de se faire remplacer par d'autres, et de se constituer ainsi une force de travail utile et bon marché. Ainsi a démarré l'esclavage dans la production de la puissance.

Avec cette puissance musculaire, les anciennes civilisations ont pu commencer à construire mieux et plus grand. Plusieurs hommes étaient attelés à une charrue pour labourer plus vite, plus profond, et, en fin de compte, pour une meilleure récolte. D'autres étaient utilisés comme rameurs sur de grands navires qui pouvaient se déplacer sur les mers sans avoir à attendre les vents favorables. D'autres enfin étaient utilisés pour tirer des chariots, épargnant aux plus favorisés la peine de porter ou de marcher. Certains de ces appareils utilisant la force humaine existent d'ailleurs toujours, tels les bateaux à rames, les pousse pousse, les bicyclettes tandem, les treuils à bras et les cabestans.

La construction d'édifices religieux fut l'une des principales occupations du monde ancien, et les Égyptiens ont fourni quelques exemples remarquables de la manière dont d'énormes blocs de pierre pouvaient être déplacés pour peu qu'un nombre d'hommes suffisant soit affecté à cette tâche. Les Romains firent encore un pas de plus en avant en inventant un grand cylindre muni d'un axe horizontal. Des hommes marchant à l'intérieur du cylindre le faisaient tourner, fournissant une puissance rotative qui permettait par exemple d'enrouler une corde autour d'un tambour disposé sur l'axe. Ces « roues humaines » se sont répandues à travers l'Europe du Moyen Age, souvent utilisées, dans les châteaux, pour remonter les seaux d'eau du fond des puits. Elles sont par la suite apparues dans l'entraitement des moulins. On les trouvait assez souvent dans les prisons sous la forme de cylindres à rampe hélicoïdale sur laquelle l'infortuné prisonnier ne cessait de « monter » pour aller nulle part, ses efforts ne servant en réalité qu'à actionner quelque machine — en général un moulin à blé — au profit du gouverneur de la prison.

Avec les progrès de la civilisation, les esclaves commencèrent à se raréfier, aussi les animaux domestiques leurs furent-ils substitués. Très naturellement, et d'autant plus avantageusement qu'ils coûtaient moins cher à nourrir pour un travail équivalent. Les premiers animaux de trait furent les bœufs, utilisés par paires avec un joug sur les épaules.

L'animal est encore utilisé comme force motrice pour le pompage de l'eau dans les contrées désertiques.

Plus tard vint le cheval qui, n'ayant pas la même configuration, fut attelé au moyen d'un collier autour du cou. Mais, plus lourde était la charge, plus le cheval était étouffé. Les Chinois en ont pris conscience aux environs de l'An 100 av. J.-C. et, pour y remédier, ils ont mis au point une lannière de poitrine, dispositif qui mit quelques 800 ans à atteindre l'Europe et au XIe siècle, conduisit au collier rembourré.

Le cheval et d'autres animaux comme l'âne, les bœufs et les chiens ont, pendant longtemps été les principaux moteurs. On les a d'abord utilisés à l'intérieur des « roues humaines » puis, très vite, une meilleure méthode a consisté à les atteler aux bras d'un axe vertical. Pour remonter le minerai, par exemple, ces leviers entrainant le tambour de corde. D'autres machines, habituellement dans les fermes, étaient mues par un arbre horizontal lui-même entraîné par l'axe vertical au moyen d'un engrenage conique. D'autres machines à traction animale étaient aussi de simples dérivés du moulin de minoterie.

Au début du XIXe siècle, les utilisateurs manifestèrent le désir de connaître précisément la puissance fournie par tel ou tel moteur. L'eau et le vent ne coûtant rien, pour autant que la roue du moulin à eau ou les ailes du moulin à vent soient d'une taille suffisante pour le travail à fournir, la question ne s'était en effet jamais posée de chiffrer le rendement, le rapport entre l'énergie consommée et le travail fourni. L'homme, comme l'animal, devant toutefois être nourris, il devint important de savoir quel travail pouvait être attendu en retour. Pour chiffrer la puissance du moteur dont, avec Matthew Bolton, il allait entreprendre la commercialisation, James Watt ne trouva rien de plus naturel que de l'exprimer par le nombre de chevaux que celui-ci pouvait remplacer. Ayant mesurée la puissance d'un bon cheval de trait, il établit qu'en moyenne celle-ci équivalait à soulever 9,98 m^3 d'eau a une hauteur de 30,5 cm (1 pied) en une minute et ce, pendant 8 heures par jour. Commes ils étaient commerçant,

Le catalogue J.I. Case de 1855 proposait cet étrange appareil à deux chevaux pour actionner une scie à bois.

Bolton et Watt majorèrent ce chiffre de 50 % dans la description de leur moteur. La puissance « horsepower » fut ainsi adoptée et définie comme la force suffisant à soulever 14,982 kg, le poids de 14 951 dm^3 d'eau, à une hauteur de 30,5 cm, en une minute. Cette mesure de puissance équivalant à la puissance de 8,8 hommes fut adoptée de manière standard en Grande-Bretagne, en Amérique et dans la plupart des pays du monde, la France utilisant elle le « Cheval-Vapeur » basé sur 4 500 kilogrammes/mètres par minute et représentant 0,986 fois l'unité britannique.

Aujourd'hui la puissance est exprimée en unité électrique appelée watt, 746 Watts égalant 1 « horsepower ». Aussi, bien que sa mesure initiale ne soit plus guère usitée, le nom de James Watt est toujours à l'honneur.

Le premier des auteurs scientifiques de l'Antiquité fut un Égyptien du nom de Héron qui vivait à Alexandrie au IIe siècle av. J.-C. Il inventa un appareil connu sous le nom de aéolipile et consistant en une petite sphère métallique surmontée d'un long tube percé d'un petit trou à son extrémité. En chauffant la sphère en partie remplie d'eau, Héron constata que, lorsqu'une chaleur suffisante était fournie, la vapeur s'échappait du petit orifice avec une certaine force. Il découvrit aussi que lorsque l'aéolipile était plongée à chaud dans l'eau la vapeur qu'elle contenait se condensait et créait un vide dans la sphère. Conscient des résultats, Héron n'en connaissait cependant pas les causes. Il utilisa cet appareil pour ouvrir les portes des temples mais construisit aussi un intéressant jouet à turbine. Malheureusement, toute réflexion scientifique sur les moteurs créés par l'homme cessa totalement avec le déclin de l'Empire Romain.

Par opposition aux appareils qui ne font que convertir un type d'énergie en un autre — comme les moteurs électriques qui convertissent la puissance électrique en puissance rotative —, tous les moteurs produisant une puissance sont connus sous l'appellation de « primaires ». Ils ont tous en commun le fait que leur puissance provient de la chaleur. Même les moulins à vent et à eau dépendent de la chaleur du soleil qui est à l'origine de la pluie et du vent nécessairesàleurfonctionnement.

Le XVIIIe siècle vit se faire les premières investigations dans les propriétés et les comportements de l'air, du feu et de l'eau et naître les premiers plans d'appareils générateurs de puissance basés sur la combustion d'hydrocarbures. De tels moteurs ne seraient plus dépendants des caprices des vents et des pluies, ne demanderaient plus d'être nourris lorsqu'ils ne fonctionnent plus et pourraient être utilisés partout où les combustibles peuvent être transportés.

Salomon de Caus, ingénieur et architecte sous Louis XIII, commença vers 1612 un ouvrage expliquant les principes de l'aéolipile de Héron et donnant plusieurs moyens de faire monter l'eau en utilisant le feu. L'un de ses exemples consistait en une boîte de métal dans laquelle plongeait un tuyau vertical, lui-même relié à un réservoir supérieur dans lequel l'eau devait être acheminée, le tube étant muni d'une valve à sens unique. Un autre tuyau muni d'une valve identique débouchait sur un jet. La boîte était aux trois-quarts remplie d'eau et, dès qu'elle était

Le physicien allemand Otto von Guericke fit en 1672 la démonstration de ce que 16 chevaux n'étaient pas suffisants pour disjoindre deux hémisphères dans lesquelles avait été créé le vide.

chauffée par la chaleur du soleil, l'air qu'elle contenait se détendait, poussant l'eau dans le tuyau, vers le réservoir. Et, à la fraîcheur de la nuit, l'air se contractait et l'eau réintégrait la boîte par le jet.

Une autre proposition vint d'un Italien, Giovanni Branca qui, dans un bref ouvrage publié à Rome en 1629, montrait le dessin d'un aéolipile dont le jet de vapeur était dirigé sur les ailettes radiales d'une roue à aubes. Cette turbine — car c'était bien ce dont il s'agissait — réapparut quarante ans plus tard, en Chine, sur un jouet figurant un chariot à trois roues, le premier véhicule auto-propulsé construit par Min Ming Wo.

L'Italien Galilée et, après sa mort en 1642, son élève Torricelli découvrirent et étudièrent la pression de l'atmosphère terrestre. Leur plus important progrès fut d'en déduire que l'essentiel n'était pas dû au « vide » mais que le phénomène provenait de la pression atmosphérique agissant sur une pression plus faible, dans un même espace.

Dans la ville allemande de Magdebourg, un riche magistrat du nom de Otto Guericke conduisit ses expériences au moyen d'une pompe à air permettant de réduire la pression à l'intérieur d'un cylindre. Un piston soigneusement ajusté introduit à l'une des extrémités du cylindre, était déplacé par la pression de l'air extérieur, permettant de soulever des poids. Et une magnifique démonstration de la pression externe s'exerçant sur un espace vidé de son air fut celle des « hémisphères de Magdebourg ». Ces deux hémisphères avaient été réunies par un joint de cuir et, lorsque l'intérieur de la sphère ainsi formée fut vidée de son air au moyen d'une pompe, deux attelages de huit chevaux tirant chacun dans une direction ne purent parvenir à séparer les deux moitiés de sphères tant qu'une valve n'ait été ouverte pour laisser l'air pénétrer à nouveau dans la sphère.

En Angleterre, en 1659, Edward Somerset, Maquis de Worcester remplit aux trois quarts d'eau le fût d'un vieux canon, en obtura l'issue et le chauffa sur un feu pendant 24 heures. Il s'aperçut que la vapeur ainsi produite avait créé une pression suffisante pour faire éclater le canon. Cette découverte le conduisit à utiliser cette pression pour faire monter de l'eau à plus de 12 mètres.

A la fin du XVIIe siècle, le physicien français Denis Papin découvrit que, chauffée dans un vase clos, l'eau pouvait être portée à une température supérieure à son point normal d'ébullition, inventant ainsi au passage la cocotte-minute ou marmite autoclave. Poursuivant l'idée de son maître Christiaen Huygens, il mit au point en 1673 un dispositif de cylindre et de piston dans lequel le vide était créé par la combustion de poudre à canon. Il éprouva cependant des difficultés avec ce premier moteur à « combustion interne », découvrant à sa grande surprise que l'air n'était pas intégralement évacué et que demeuraient quelques gaz brûlés. Il se tourna donc vers la vapeur pour faire monter le piston, la condensant ensuite pour laisser la pression atmosphérique imprimer au piston son mouvement de retour. Il alla même jusqu'à suggérer que le mouvement du piston pourrait, par l'intermédiaire d'un engrenage à rochet, produire un mouvement circulaire.

Les savants anciens n'avaient que des notions vagues et

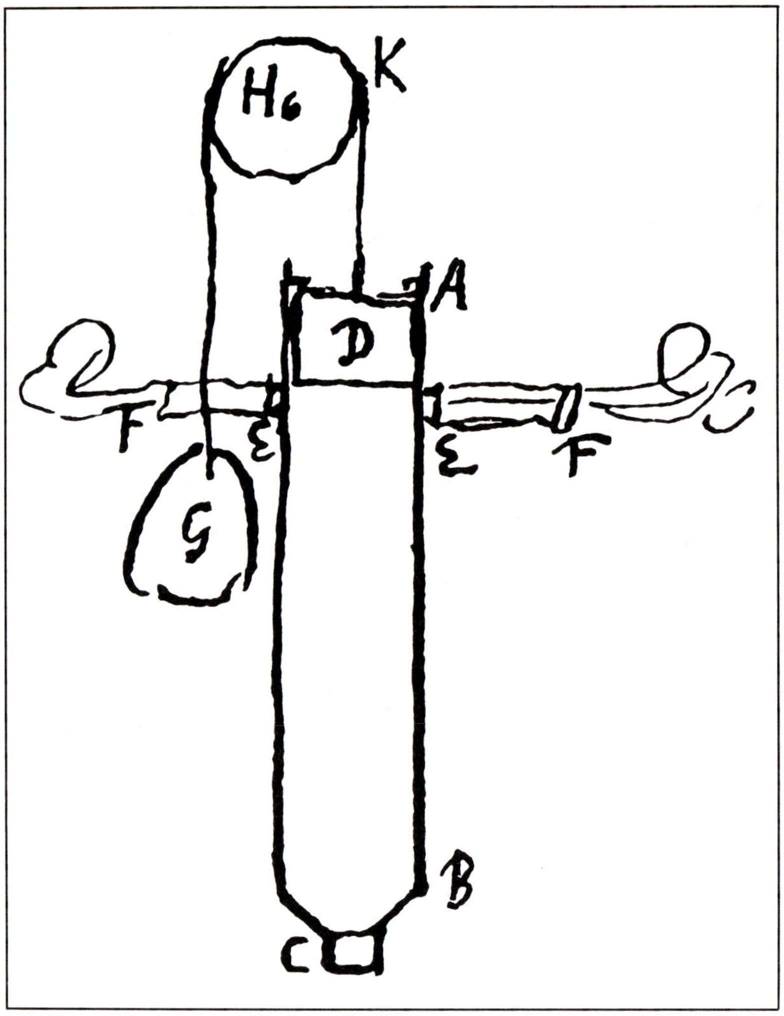

A gauche : croquis par le physicien néerlandais Huygens de son moteur à poudre de 1673 : une charge de poudre à canon (C), en explosant dans un cylindre (B) repoussait le piston (D) vers le haut (A) du cylindre. Les gaz s'échappaient par les soupapes (E) et les conduits (F). Lorsque le restant de ces gaz se refroidissait, un vide se créait sous le piston et celui-ci redescendait sous l'effet de la pression atmosphérique. La descente de ce piston relié à une corde, permettait de faire remonter le poids (G) par l'intermédiaire de la poulie (H).

Ci-dessous : le cycle atmosphérique d'un moulin à eau. La chaleur du soleil provoque l'évaporation de l'eau de mer ce qui forme des nuages. En refroidissant les nuages se condensent et créent la pluie. En tombant sur les collines, cette pluie alimente les ruisseaux et les rivières dont le flux actionne la roue du moulin. L'eau continue ensuite vers la mer et le même processus se reproduit.

incomplètes sur la nature exacte de la chaleur. Ce n'est guère avant 1798, alors qu'il tentait de percer un canon avec un outil émoussé, que le Comte Rumford réalisa que travail et chaleur étaient deux notions liées. Ce comte bavarois qui avait sauvé Munich des combats franco-autrichiens, était en fait né en Amérique en 1753 sous le nom de Benjamin Thompson. Il connut une carrière haute en couleurs, étant tout à tour Major en Amérique et même espion. Il fut aussi celui qui trouva l'argent pour fonder la British Royal Institution.

A la suite des expériences qu'il avait menées, James Prescott Joule put, en 1850 définir une équivalence mécanique de la chaleur : un travail de 778,2 livres-pieds (107,59 kg) élèvera la température d'une livre d'eau (453,6 g) d'un degré Fahrenheit. A peu près à la même époque, Rudolf Clausius arrivait à la conclusion que la chaleur avait un rapport avec le mouvement des molécules dans la substance, et, à la fin du XIXe siècle, Ludwig Boltzmann avait clairement établies les relations chaleur-travail dans sa théorie des gaz. Ainsi les lois régissant tous les moteurs à combustion étaient progressivement devenues intelligibles, aidées en cela par les brillantes théories que Sadi Carnot réunit dans un petit ouvrage publié en 1824. De ces connaissances dériva la recherche d'un meilleur rendement du combustible. Et c'est, par dessus tout, le rendement qui a orienté le progrès dans la conception de moteurs toujours plus petits et plus économiques. Toute l'histoire des moteurs réside là.

La puissance hydraulique

L'utilisation la plus ancienne d'une puissance naturelle distincte de la puissance animale est celle de la roue actionnée par l'eau courante. On ne sait pas avec précision quand il a, pour la première fois, été réalisé que l'eau pouvait, elle aussi, être mise au travail, mais la première référence à une roue hydraulique a été trouvée dans un poème d'Antipatros de Thessalonique datant du premier siècle av. J.-C. Comme ces mécanismes furent initialement utilisés pour faciliter la mouture des grains et la minoterie, ils furent appelés moulins à eau, mais peu après le début de notre ère, les roues hydrauliques furent également utilisées à d'autres tâches consommatrices de puissance comme, par exemple, le broyage du minerai ou l'animation des soufflets de forges, dans l'industrie métallurgique naissante.

Les meules à grains devaient travailler horizontalement, de manière à ce que le grain puisse être introduit par une trémie centrale et être recueilli sous forme de farine à leur périphérie. L'arbre d'entraînement devait donc être vertical. Pour y parvenir, les moulins dit « Grecs » ou « Norse » étaient dotés d'une roue à aubes fixée à l'extrémité inférieure de l'arbre vertical et une canalisation déversait le flot d'un ruisseau sur ces aubes, d'un seul côté de la roue, de manière à la faire tourner. On trouvait des roues de ce type au Danemark, aux environs de l'An 1. Elles fournissaient une puissance de l'ordre d'un demi cheval-vapeur.

Ces roues horizontales qui ne demandaient qu'un faible courant d'eau étaient populaires en Europe, au Moyen Age, et on les retrouve en Asie Centrale et en Chine dès l'An 31. L'idée se propageant vers l'Est, les aubes étaient devenues concaves ou bien inclinées à environ 70° par rapport à l'incidence de l'eau. Ceci était plus efficace et annonçait déjà la turbine à eau qui allait prendre la relève au XIXe s.

Contemporaine de la roue horizontale, la roue hydraulique verticale dont les aubes radiales étaient disposées autour d'un axe horizontal, était encore plus répandue. Marcus Vitruvius Pollio, un architecte Romain qui publia plusieurs ouvrages de mécanique entre 25 av. J.-C. et 27 ap. J.-C., décrivit le système d'un inventeur Romain qui avait installé une roue verticalement de manière à ce que ses aubes inférieures soient plongées dans un courant d'eau. Comme les pierres du moulin devaient être horizontales, l'inventeur avait repris dans la technologie grecque l'idée de l'engrenage conique pour accoupler les arbres verticaux et horizontaux. Il en profita même pour accroître la vitesse de rotation en prévoyant davantage de dents sur le pignon de la roue que sur celui assurant l'entraînement des meules.

Les roues plongeant dans le courant et qui sont donc

Un moulin Norse tel que l'on peut encore en trouver en Afghanistan.

attaquées par le bas, sont dites « roues en dessous ». Leur puissance est limitée par leur diamètre, la taille de leurs aubes et le débit de l'eau. Au Ve siècle, un second type de roue hydraulique fait son apparition, la roue attaquée par le haut, ou « roue en dessus ». Avec ce principe, l'eau est amenée par un plan incliné au-dessus de la roue et déversée sur des augets remplaçant les aubes plates. L'eau a dans ce système une action double, d'abord par la force qu'elle imprime en tombant dans les augets puis, par son poids, lorsque la roue tourne. Ceci représente bien sûr une utilisation beaucoup plus efficace de l'eau mais suppose un débit continu et régulier. A cet effet, une réserve est donc nécessaire. Elle est alimentée par des ruisseaux ou des sources et rejoint la roue par l'intermédiaire d'un bief et d'un déversoir.

Parfois aussi, l'eau était acheminée par un acqueduc comme cela était le cas pour cette usine de farine implantée par les Romains à dix km d'Arles. Dans cet exemple, l'eau arrivait par deux canaux inclinés à 30° et débouchant chacun sur deux roues, l'eau ayant servi pour la roue supérieure entraînant ensuite la roue inférieure. Ces roues construites en l'An 308 avaient un diamètre de 2,20 m.

En 537, alors que Rome était assiégée par les Goths et que les acqueducs avait été mis hors d'usage, Belisarius eut l'idée d'installer une roue hydraulique entre deux bateaux fermement ancrés aux berges du Tibre. Les meules ayant été montées sur les bateaux, on put moudre suffisamment de blé pour assurer l'approvisionnement de la ville. Incidemment, cette idée fut inversée par un Romain inconnu qui attela deux bœufs

Ci-dessus : la roue hydraulique la plus ancienne est celle du moulin Norse. L'eau y attaquait les aubes radiales disposées au bas d'un axe vertical.

A droite : avec la roue « en dessus », le mouvement est provoqué par l'eau tombant dans les augets sur une distance représentant environ le diamètre de la roue.

Au centre : la roue de poitrine est moins efficiente que la roue en dessus mais elle s'accomode d'une hauteur de chute moins importante.

Ci-dessous : la roue « en dessous » est dépendante du débit de l'eau agissant sur ses aubes ou augets. Elle se rapproche d'avantage de la turbine.

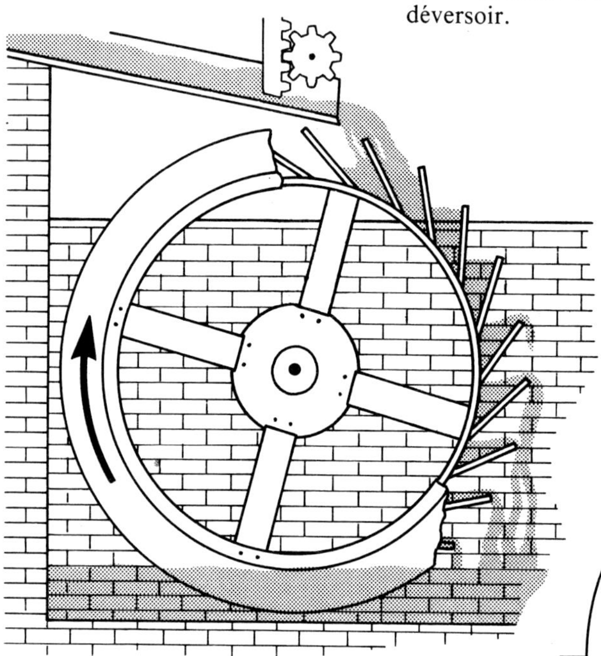

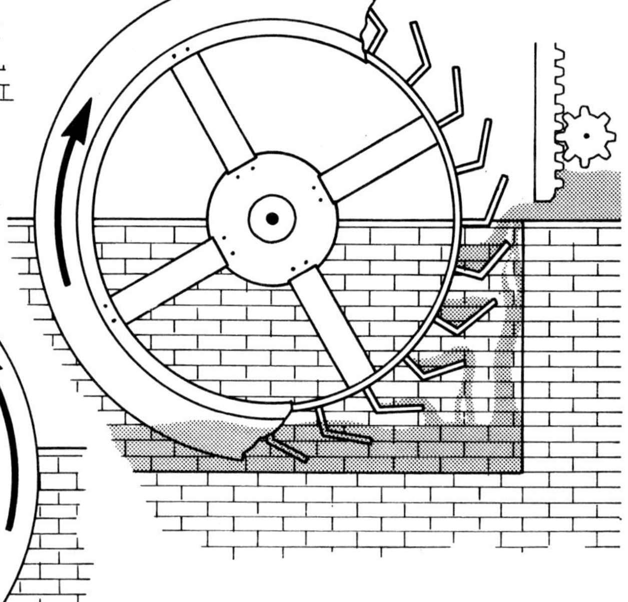

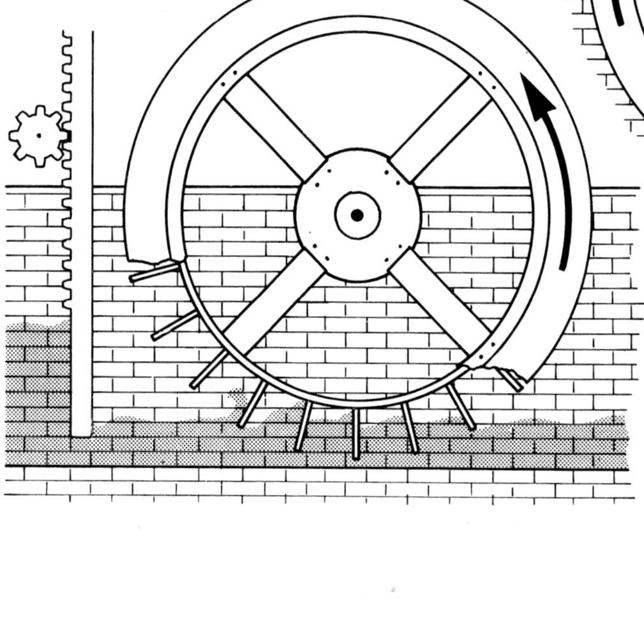

afin de faire tourner deux tambours verticaux actionnant des roues à aubes, ces dernières assurant la propulsion d'un bateau. Cette invention a, en réalité précédé la revendication des Chinois à avoir inventé le bateau à aubes plusieurs siècles auparavant. Les roues flottantes furent utilisées dans de nombreux pays. Baghdad en avait une pour entraîner un moulin à papier, au Xe s. Deux tentatives visant à en installer sur la tamise au XVIe et XVIIIe s. furent cependant vouées à l'échec.

A la suite du moulin flottant, apparut le moulin à marée qui n'était cependant opérationnel que dans un seul sens de la marée. Des roues de cette espèce furent installées à proximité de l'ancien London Bridge pour actionner les pompes alimentant la ville en eau. L'une fut construite en 1582 par l'ingénieur Hollandais Peter Morris et l'autre, en 1701, par Georges Sorocold. Une version ultérieure du moulin à marée profitait de la marée montante pour remplir une réserve, ainsi la roue pouvait-elle être actionnée aussi bien par la marée que par l'eau en réserve. Mais de telles roues ne pouvaient être utilisées que là où il existait une différence de niveaux suffisante entre les hautes et basses marées. L'un de ces moulins, construit en 1793 à Woodbridge dans le Suffolk, fut cependant utilisé jusqu'en 1957. Un exemple beaucoup plus récent de l'utilisation des marées dans la production d'énergie a été fourni par l'importante expérience réalisée sur les côtes bretonnes françaises, près de Dinard, où des turbines hydrauliques sont utilisées dans la production d'électricité.

Un troisième type de roue hydraulique, en plus des roues en dessus et en dessous, est la roue attaquée par le centre dite roue de poitrine. Dans ce système l'eau est dirigée, à peu près à la hauteur de l'axe, sur des augets fixés au dos de la roue. Ce n'est pas un système particulièrement efficace du fait qu'il n'utilise pas la vitesse même du flux mais seulement le poids de l'eau pour entraîner la rotation de la roue sur environ un quart de sa circonférence. D'autres variantes furent adossées à un mur de manière à maintenir plus longtemps l'eau entre les aubes radiales. De plus, le débit de l'eau était contrôlé par une bonde disposée en travers du canal d'amenée et permettant de régler la vitesse de la roue. Des roues de ce modèle, conçues par John Smeaton et construites par Jean-Victor Poncelet, au début du XIXe s., étaient dotées d'aubes concaves afin d'obtenir un effet de turbine à partir de l'énergie hydraulique et atteindre un rendement de 65 %.

L'eau peut dispenser deux types d'énergie. En premier lieu, une énergie potentielle dépendante de la hauteur dont sa masse peut tomber. C'est l'énergie que l'on trouve dans le cas de la roue de poitrine, où l'eau contenue dans l'auget contribue seule à faire tourner la roue. Mais l'eau peut aussi avoir une énergie cinétique résultant de son moment, autrement dit, du produit de sa masse et de sa vitesse. C'est l'énergie qui suffit à entraîner la roue de dessous. Lorsque l'eau est stockée dans un bassin de retenue, elle présente une énergie potentielle par rapport à tout appareil générateur existant en contrebas. En acheminant cette eau par un conduit, son énergie potentielle se transforme en énergie cinétique lorsqu'elle s'écoule, et en pression, dans le cas où elle est retenue.

En 1687, Sir Isaac Newton formulait ses fameuses Lois du Mouvement selon lesquelles :

— Pour toute action il y a une réaction égale et opposée.

— La modification du mouvement est proportionnelle à la force motrice appliquée et s'effectue dans la direction de la ligne droite suivant laquelle cette force est exercée.

— Tout corps se maintient dans son état de repos ou de mouvement uniforme sur une

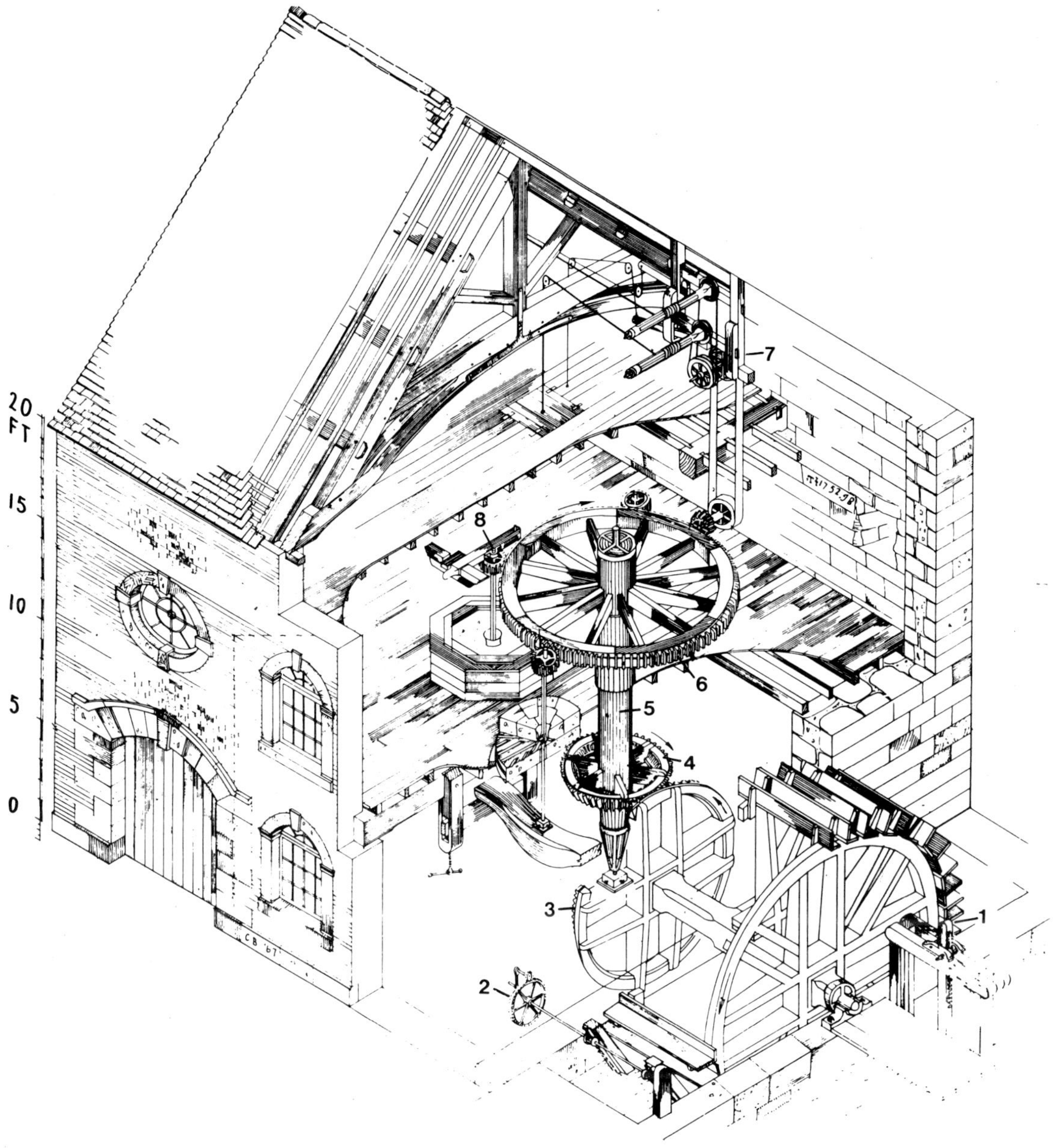

Un moulin à eau classique. L'écoulement de l'eau sous la roue à aube (1) est contrôlé par un engrenage (2). La roue en dessus (1) tourne avec le rouet (3) dont les dents de bois (alluchons) s'engrènent avec les fuseaux de la lanterne (4) située sur l'arbre vertical (5). En haut de cet arbre tourne la grande roue (6) qui actionne un treuil de levage (7) et les meules (8) et (9).

Roue en dessus à augets inclinés dans les deux sens pour permettre la rotation dans les deux sens en utilisation minière. Cette gravure sur bois est apparue en 1546 dans le tout premier ouvrage publié sur les techniques minières : « De Re Metallica » par G. Agricola.

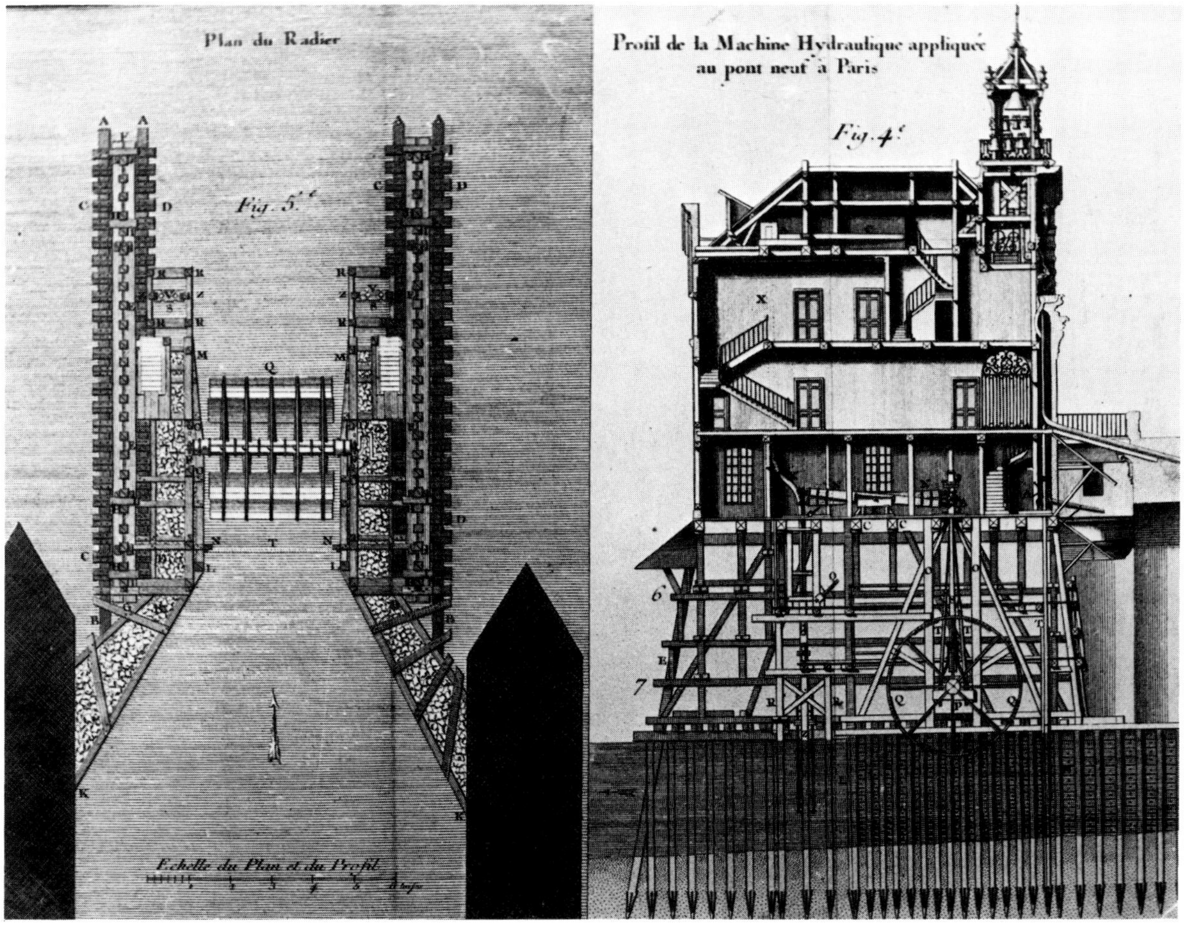

A gauche : le « Moulin à pompes » de la Samaritaine servait à alimenter en eau le Palais du Louvre et les Tuileries. Ce bâtiment, construit en 1717 par Robert de Cotte, fut détruit en 1813.

Ci-dessous : le « Lady Isabella » de Laxey, dans l'Ile de Man, fut mis en service en 1854 pour épuiser une mine de plomb. Sa roue de 22 m de diamètre et 1,80 m de large pesait cent tonnes et développait une puissance de 200 ch (149 kW).

ligne droite, à moins qu'il ne soit contraint de modifier cet état à cause des forces exercées sur lui.

Ces lois sont essentielles pour comprendre le fonctionnement des turbines hydrauliques. Une autre théorie indispensable à la compréhension des turbines est celle du Triangle des Vitesses selon laquelle, si deux corps se déplacent dans des directions différentes, en traçant, dans la direction du premier corps, une ligne de longueur proportionnelle à sa vitesse, puis, à l'extrémité de cette ligne et dans la même direction, une seconde ligne de longueur proportionnelle à la vitesse du second corps, la ligne réunissant les deux extrémités libres de ces lignes indique le déplacement relatif de ces deux corps et sa longueur est proportionnelle à la vitesse relative de ces deux corps, l'un par rapport à l'autre.

Il y a deux types principaux de turbines hydrauliques, la turbine à impulsion et la turbine à réaction. Les aubes incurvées des derniers moulins horizontaux et celles de la roue de poitrine de Poincelet permettaient de pallier à une soudaine interruption du débit d'eau en rendant parallèle au bord d'attaque de l'aube la direction de l'eau et l'aube en mouvement.

Sur la turbine à impulsion, la totalité de l'énergie potentielle est transformée en vitesse avant d'attaquer l'aube, et la pression de l'eau, égale à la pression atmosphérique, reste constante durant toute son action sur l'aube. Pour obtenir cet effet, l'espacement entre les aubes ne doit pas être entièrement rempli mais laisser place à un peu d'air. Une force s'applique sur les aubes, et sur l'arbre auquel elles sont fixées, par le fait du changement de moment créé en modifiant la direction du flux hydraulique. L'eau quitte les aubes à une vitesse égale à celle à laquelle elle les a attaquées, diminuée toutefois de la vitesse relative de la roue et des pertes dues aux frictions.

La turbine à réaction fonctionne, elle, par le fait combiné de la pression et de la vitesse de l'eau. Autrement dit, l'énergie potentielle n'y est que partiellement transformée en énergie cinétique, le reste étant conserve en pression. Dans ce système, il est essentiel que la roue soit en permanence remplie

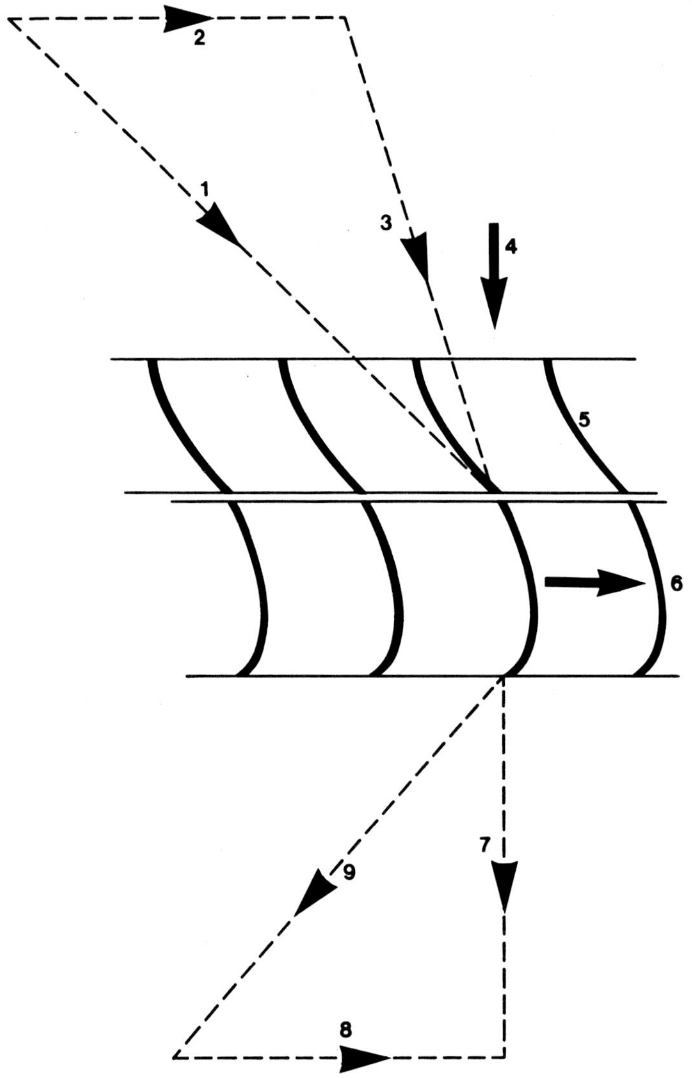

d'eau puisqu'elle est entraînée, en partie par un changement de moment, et en partie par la réduction de la pression lorsque l'eau passe entre les aubes.

Le mot « turbine » vient du latin « turbo » qui signifie « toupie ». La forme la plus ancienne de turbine — par différence à la roue hydraulique dont elle dérive par certains aspects — ressemblait en fait assez à une toupie. Elle est connue sous l'appellation de « moulin de Barker » ou encore de « Turbine Écossaise ». Elle fut inventée par le Dr Robert Barker, vers 1740. Cette turbine à réaction consistait en un tube vertical prolongé à la base par deux tubes horizontaux opposés. Les extrémités des deux tubes radiaux étaient obturées mais chacune étaient munies d'un trou latéral, les deux trous regardant dans des directions opposées, et l'ensemble était monté sur un pivot central. Lorsqu'un niveau d'eau constant était entretenu dans le tube vertical, l'eau qui s'échappait par les trous et la réaction à la transformation de la pression en énergie cinétique animaient l'appareil d'un mouvement rotatif. On retrouve aujourd'hui une application simple de cette invention sur les arroseurs de pelouse automatiques.

Le terme « Moulin Écossais » vient du moulin de Barker perfectionné que James Whitelaw, de Paisley fabriqua à partir de 1839. Whitelaw avait incurvé les tubes horizontaux et réduit leur section entre la base et les trous, de manière à accroître la pression de l'eau. Il prévut également une alimentation en eau par le bas, au centre des bras afin d'équilibrer leur poids avec la pression d'admission.

Le mot turbine a été inventé par Claude Burdin qui vécut de 1790 à 1873 et est généralement reconnu comme étant le père de la turbine. L'un de ses élèves, Benoît Fourneyron, secrétaire de l'Académie des Sciences remporta, en 1827, un prix décerné par la Société d'Encouragement pour l'Industrie Nationale et récompensant l'inventeur de la première véritable turbine hydraulique. Un besoin s'était fait sentir, en France et dans d'autres pays, pour un générateur de puissance plus petit, plus rapide et plus puissant que la roue hydraulique conventionnelle, et c'est précisément ce qu'apportait

Ci-dessus : Le triangle des vitesses.
1 Vitesse et direction de l'eau depuis les aubes-guides (122 m/s).
2 Vitesse de la roue (61 m/s).
3 Vitesse et direction de l'eau relativement aux aubes (88 m/s).
4 Flux axial de l'eau vers les aubes-guides (122 m/s).
5 Aubes-guides stationnaires.
6 Roue mobile.
7 Vitesse et direction réelles de sortie de l'eau (70m/s).
8 Vitesse de la roue (61 m/s).
9 Vitesse et direction de l'eau relativement aux aubes (93 m/s).

A droite : la roue de Poncelet était dotée d'aubes incurvées pour tirer meilleur profit de la vitesse de l'eau, elle-même accélérée par le profil du déversoir.

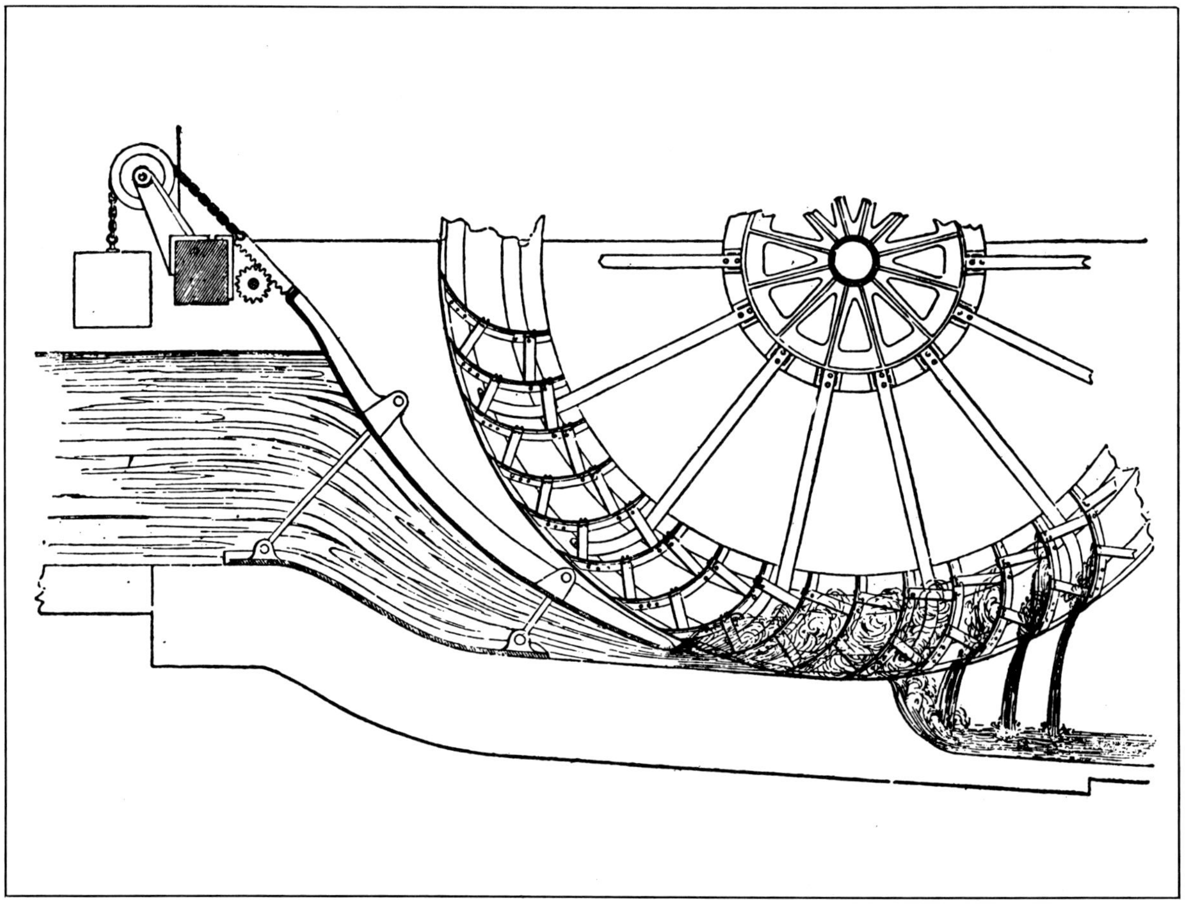

la turbine à réaction de Fourneyron. Elle comportait un anneau d'ailettes incurvées, fixes, par lequel l'eau provenant horizontalement d'une entrée axiale changeait d'incidence pour attaquer un anneau d'ailettes incurvées dans la direction opposée et fixées sur un galet de l'arbre-moteur, l'eau s'échappant ensuite par la périphérie du galet. Lorsque ce galet était entièrement submergé, la turbine pouvait être considérée comme fonctionnant sous l'effet de la réaction, mais certaines évidences portent à penser que ces premières turbines relâchaient l'eau au-dessus d'un certain niveau dans le carter, autrement dit qu'elles fonctionnaient plutôt sous l'effet de l'impulsion. L'une des premières turbines de Fourneyron fut construite en 1837 pour un moulin voisin de Freiburg. Elle développait 40 ch à 2 300 tr/mn avec un débit d'eau de 30 litres/seconde dégageant une pression de 10,5 kg/cm².

Le rendement de la turbine de Fourneyron fut encore amélioré par l'addition d'un diffuseur réduisant progressivement la vitesse à laquelle l'eau quittait le galet. Ceci avait pour effet de réduire la pression à la périphérie du galet ce qui équivalait à augmenter la pression d'admission. Le diffuseur était une idée américaine mise au point en 1844 par Uriah A. Boyden, un ingénieur de Boston.

Pour vaincre les turbulences inhérentes aux turbines de Fourneyron, la turbine Jonval était constituée d'une série d'aubages fixes et mobiles concentriques et de plus petit diamètre, montés l'un sur l'autre. En réglant individuellement le flux traversant ces turbines de Fourneyron empilées, il était possible de leur donner un régime précis, et l'on pouvait ainsi atteindre des rendements de 83 %. Les premières turbines de 5 500 ch (4 100 kW) installées sur les Chutes du Niagara en 1895 étaient de ce type à flux externe qui allait se répandre à travers toute l'Europe et l'Amérique.

Poncelet proposa en 1826 une turbine à flux interne dont quelques applications améliorées furent construites en 1838, par Samuel B. Howd de New York. Leur réputation n'était cependant pas excellente aussi, en 1840, James Bicheno Francis redessina-t-il la machine de Howd et put-il proposer une turbine de meilleure qualité. Né en Angleterre en 1815, Francis avait émigré aux États-Unis dès son enfance. Établi à Lowell, dans le Massachussetts, il mit à profit les chutes du Merrimack pour réaliser d'importantes

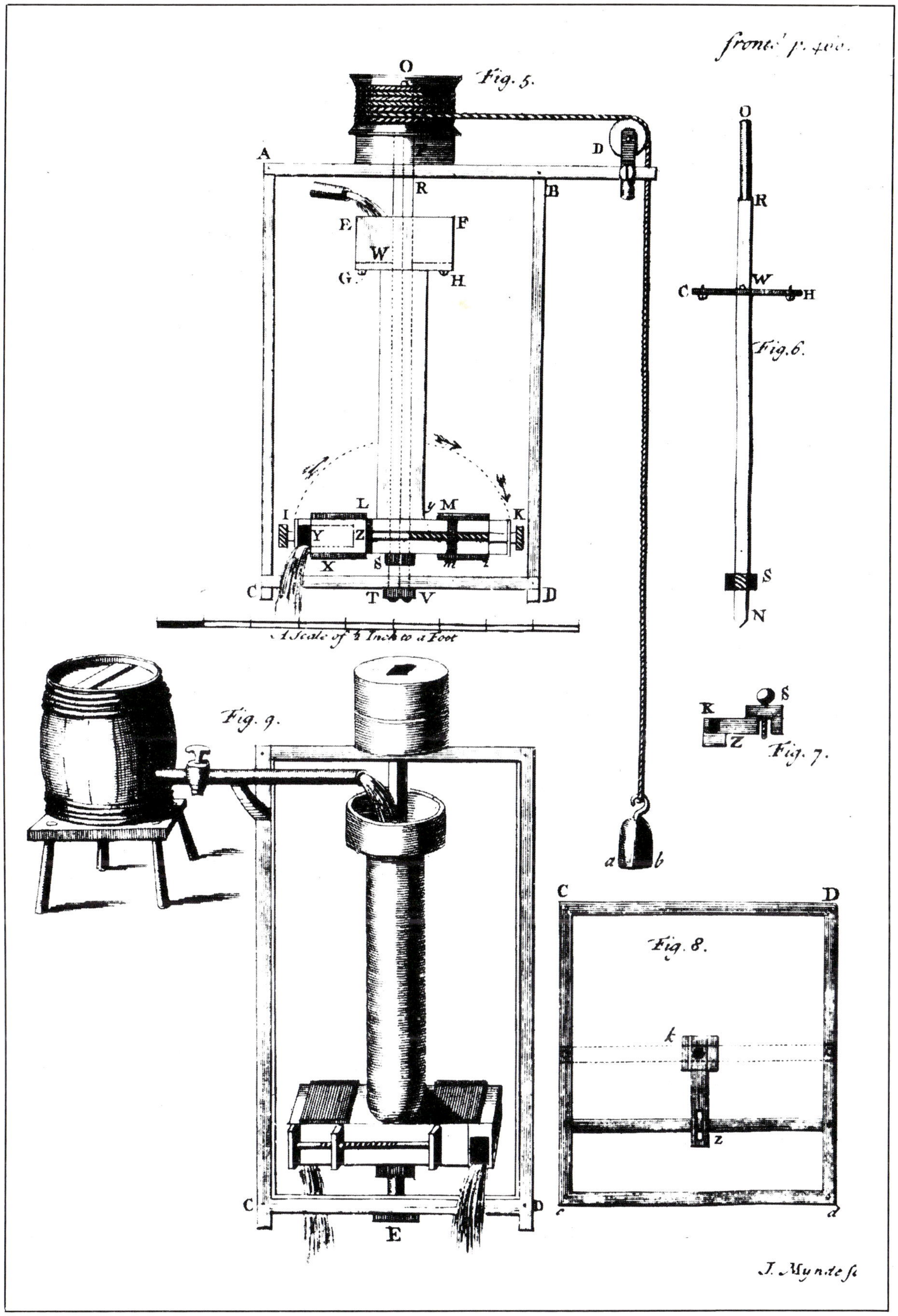

Une gravure du moulin de Barker datant de 1744.

La turbine à flux externe de Fourneyron :
1 Aubes-guides fixes.
2 Aubes mobiles.
3 Vanne de réglage.
4 Conduit d'entrée d'eau.
5 Conduit de sortie d'eau.
6 Conduit de travail effectif.

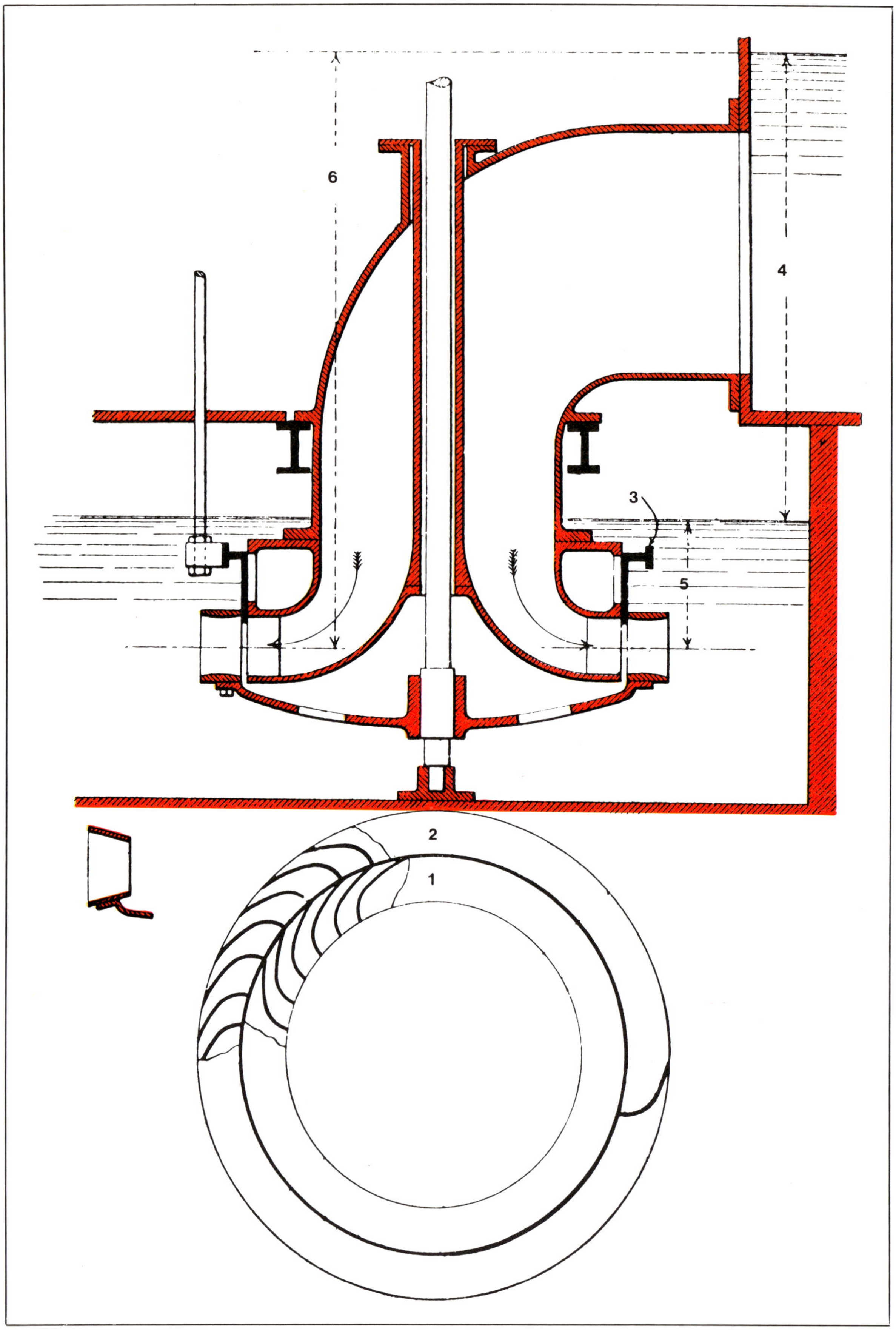

expériences sur les turbines à flux interne et à flux externe. En 1850, il avait mis au point une turbine à flux interne dans laquelle les aubages stationnaires périphériques étaient montés sur charnières afin de permettre une régulation du flux sur le galet central. Les turbines de Francis sont également connues sous l'appellation de turbines à sortie centrale en raison de leur canal d'évacuation placé sous le galet et alimenté par un tube aspirant, cette disposition présentant l'avantage supplémentaire de permettre une élévation des différences de pression dans la turbine.

Plus efficient, ce dernier dispositif résulta probablement des recherches conduites par le Dr James Thomson né en 1822, à Belfast, et successivement professeur de mécanique aux Universités de Belfast puis de Glasgow. Sa turbine « Vortex » fut décrite pour la première fois en 1850 et plusieurs centaines d'exemplaires en furent construits, en grande partie par Williamson Brothers de Kendal. La première fut construite en 1856, elle développait 5 ch (3,73 kW) et resta en activité pendant plus de cent ans. Dans la turbine Thomson Vortex, l'eau sous pression remplit un carter annulaire et passe par quatre aubes stationnaires réglables qui la dirigent à une vitesse élevée sur la périphérie d'un rotor à double face. Quittant le rotor en deux directions axiales pour un meilleur équilibre, l'eau s'échappe ensuite, soit dans l'atmosphère, soit par deux tubes aspirants prenant de part et d'autre du carter afin d'accroître la pression dans le carter. En installation verticale, le poids de l'arbre vertical et celui du rotor sont supportés par une bague en bois de gaïac dont la lubrification est assurée par l'eau elle-même.

Dans une configuration postérieure, la turbine Francis comportait un carter hélicoïdal de section décroissante qui, du fait du passage de l'eau dans les aubes fixes disposées autour du carter, permettait de maintenir sa vitesse constante au fur et à mesure de la diminution du flux. Sur les grandes turbines utilisées comme générateurs électriques, l'arbre est

généralement vertical et la puissance peut atteindre le million de ch ou 373 000 kW.

Au milieu du XIXe s., les mineurs d'or californiens débarrassaient le minerai de sa gangue au moyen de jets d'eau alimentés par des tuyaux puisant l'eau dans des cours d'eau ou des lacs situés à une altitude supérieure. Comme une source d'énergie était également nécessaire pour actonner leurs concasseurs, ils mirent au point une roue hydraulique, l'« orgue de Barbarie », qui consistait en des aubes radiales plates fixées à la jante d'une roue. L'eau sous pression était acheminée par des canalisations vers une buse dont le jet attaquait les aubes et faisait tourner la roue. Le rendement était faible mais un jour, alors que la roue de son orgue de Barbarie était devenue libre sur son arbre et que l'eau attaquant les aubes sur un bord s'en échappait par l'autre, Lester A. Pelton s'aperçut, à sa grande surprise, que la puissance de la roue et son régime de rotation s'en étaient trouvés augmentés de manière assez sensible.

Pelton poursuivit ses expériences dans cette direction et conçut, en 1880, une roue sur laquelle les aubes étaient remplacées par deux augets hémisphériques. Le jet frappait le bord des deux augets et était également réparti entre eux, circulant dans leurs concavités et changeant la direction de l'eau d'à peu près 180°. Abner Doble — qui allait plus tard construire la dernière et la plus perfectionnée des voitures à vapeur — réalisa que l'efficacité des augets pourrait être encore accrue en leur donnant un profil elliptique. Il remarqua aussi que le dos de ces augets devait être raboté de manière à éviter qu'ils n'entrent en contact avec le jet lorsque la roue tournait. Doble mit également au point un jet dont le débit était régularisé par une aiguille conique, pour lui conserver une puissance constante, quelle que soit la puissance du débit d'eau. Les roues Pelton modernes, comportant jusqu'à six jets et atteignant des pressions de plus de 140 kg/cm^2, ont un rendement de plus de 90 % et peuvent développer 140 000 ch (104 440 kW).

Il y a cependant une limite physique au nombre et à la taille des jets pouvant être utilisés pour accroître la puissance d'une roue Pelton de taille donnée. Pour vaincre ces

Turbine Gilkes « Turgo-Impulse » développant 119 ch (88,8 kw) à 1 000 tr/mn.

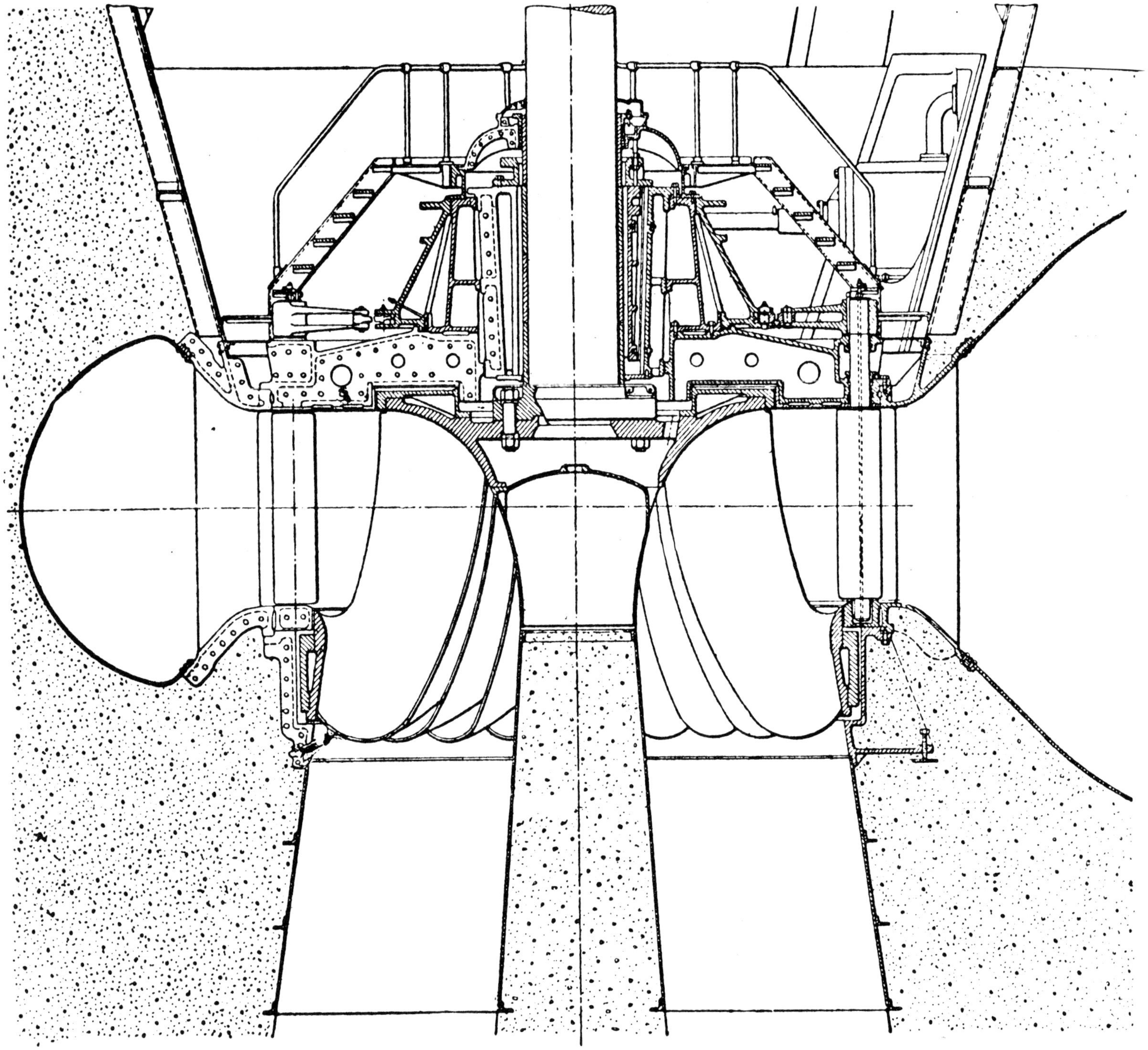

Vue en coupe d'une turbine Francis 1929 d'une puissance de 54 000 ch (40 268 kW). Les aubes-guides ont un diamètre de 5,54 m et une largeur de 1,83 m. Le régime de rotation est de 82 tr/mn pour une hauteur de chute de 27 m.

limitations, Eric Crewdson de la Gilbert Gilkes & Co. dessina, en 1920, une roue Pelton perfectionnée, sous la désignation de turbine à impulsion Turgo, et sur laquelle la buse à aiguille était disposée en angle sur la face d'un galet supportant une rangée d'augets individuels, de manière à produire un flux partiellement axial. Ceci permit d'utiliser un galet plus petit pour une même taille de buse et d'annuler l'incidence du jet sur le dos des augets, la turbine pouvant ainsi tourner à des régimes beaucoup plus élevés.

De fortes pressions d'eau n'étant cependant pas toujours disponibles, les spécialistes américains et européens s'inspirèrent des hélices équipant les gros navires pour créer des turbines à basses pressions et à régimes de rotation élevés. Malheureusement, les pales fixes d'une hélice n'atteignent leur pleine efficience qu'au régime pour lequel elles ont été conçues, cette efficience diminuant de manière drastique aussitôt que le régime baisse. Lorsque la charge exercée sur le rotor est réduite rapidement, sa vitesse de rotation s'accroît à un tel rythme qu'il devient difficile de la contrôler. Qui plus est, ces pales sont, comme celles des hélices de bateau, sensibles à l'érosion qui peut se produire, à certains régimes, dans leurs cavités. La réponse à ces inconvénients fut trouvée par Victor Kaplan, un ingénieur allemand qui travaillait à Brno, en Tchécoslovaquie, entre 1910 et 1924. Il conçut un rotor dont les pales radiales, semblables à celles d'une hélice, pouvaient pivoter sur leur axe afin de modifier l'angle d'attaque qu'elles offraient au flux axial. Par la suite, les aubages fixes de cette turbine Kaplan furent également rendues réglables, ce qui autorisa des régimes élevés avec de faibles pressions, (environ 3,30 kg/m^2) et un rendement de plus de 85% à un tiers de la charge maximale.

Pour obtenir des résultats semblables à partir de turbines travaillant sous de hautes pressions d'admission, Paul Deriaz, de La English Electric Co., appliqua les mêmes théories à la turbine Francis. La turbine Deriaz était caractérisée par une chambre hélicoïdale externe conduisant, au travers d'aubes orientables, à un rotor dont les pales pouvaient pivoter sur leur axe et étaient disposées à un angle de 45° par rapport à l'axe du rotor. Ces appareils pouvaient supporter des pressions d'admission de 28 kg/cm^2 et développer plus de 100 000 ch (750 000 kw).

L'application la plus répandue des grosses turbines hydrauliques concerne aujourd'hui la production d'électricité. En 1879, l'eau d'un lac fut utilisée pour faire fonctionner une installation hydro-électrique de 6 ch et alimenter en courant les 45 ampoules de Swan récemment inventées qui éclairaient la demeure de Sir W.G. Armstrong, dans le comté anglais de Northumberland.

La première centrale hydro-électrique américaine fut installée en 1882, dans l'état de Wisconsin.

Un exemple typique de centrale moderne est fourni par la centrale de Cruachan, dans les Highlands écossais, et dont les turbines peuvent également être utilisées comme pompes. L'eau retenue dans un réservoir d'altitude situé au-dessus du Loch Awe y représente une hauteur de chute de 390 m. Elle est descendue par des tuyauteries en plan incliné enterrées à environ 360 m dans les parois montagneuses. Encastré dans le roc, le gigantesque hall abritant les quatre turbines génératrices mesure 98 m de long et 40 de haut. On y accède depuis la route longeant le Loch par un tunnel d'un km de long. Chacune des turbines peut produire 100 megawatts et le poids de ses pièces en mouvement atteint 250 tonnes. Cette centrale entre en activité dans les périodes de forte demande et se déverse dans le Loch Awe. Lorsque la demande est faible ou nulle, le fonctionnement des turbines de type Francis est inversé et les générateurs se transforment en moteurs électriques, utilisant le courant du réseau pour remonter l'eau du Loch dans le réservoir de retenue. La commutation en turbine s'effectue en deux minutes et celle en pompes, en sept minutes. Ce système permettant de stocker ou de produire de l'électricité en fonction exacte des variations de charges existant entre le jour et la nuit, présente donc un avantage considérable par rapport aux générateurs à vapeur.

L'homme a toujours cherché à tirer une énergie du mouvement incessant des vagues, mouvement que l'on distinguera ici de celui des marées. Avec les restrictions d'énergie qui sont aujourd'hui prévisibles, cette idée est sérieusement étudiée et plusieurs projets font actuellement l'objet d'expériences poussées. L'un d'eux est celui de A.N. Walton Bolt pour l'Ile Maurice où les

Ci-dessous : une turbine Pelton. On peut remarquer le pointeau qui permet de régler le débit d'eau de l'injecteur.

A gauche : une petite turbine Francis destinée à être utilisée dans un réservoir ouvert alimenté par un petit cours d'eau.

1
1
2
2
3
3
4
5
6

vagues ont des crêtes de 1 m à 2,60 m de haut. Le projet consistant à lancer un plan incliné sous la crête des vagues pour les récupérer et alimenter ainsi un énorme réservoir. Il avait ainsi été prévu de pouvoir actionner cinq générateurs de 1 000 kW mais le projet fut classé, à une époque où le prix du pétrole amorcait une baisse.

En période de tempête, les vagues de l'Atlantique atteignent 600 m de long, naissent toutes les 20 secondes et représentent un potentiel de 1 500 kW/m, les vagues de la Mer du Nord dégageant approximativement la moitié de cette puissance potentielle. Stephen Salter de Manchester, en Angleterre, imagina une chaîne de pontons pivotants, reliés l'un à l'autre, la chaîne étant ancrée à chaque extrémité, dans la ligne de crête des vagues. Les vagues passant en dessous faisaient pivoter les pontons sur leurs axes, lesquels actionnaient des générateurs électriques par l'intermédiaire de pignons à rachet. Ces pontons furent surnommés « les canards dodelinant de Salter » en raison de leur mouvement oscillant et de leur forme. La société britannique Wavepower Ltd (littéralement : « puissance de la vague ») étudie actuellement un projet du même genre dans lequel les flotteurs articulés l'un à l'autre sont placés dans le sens de déferlement des vagues, le mouvement de ces articulations actionnant des pompes hydrauliques qui entraînent à leur tour des générateurs. Les dimensions prévues pour ces flotteurs sont de 10 m de long sur 20 à 40 m de large.

En 1976, T.-W. Shaughnessy suggéra d'exploiter les mouvements naturels d'un vaisseau flottant sur la mer pour animer un tambour de 10 m de diamètre et de 4 m d'épaisseur comportant, en un point de sa périphérie, une masse de 70 tonnes. Monté sur un axe vertical dans un carter flottant et solidement ancré, il serait supposé générer une puissance de 60 mégawatts pour peu qu'il puisse atteindre un régime de 200 tr/mn. Ainsi la recherche d'une source d'énergie abondante et gratuite contitue-t-elle sans relâche.

A droite : le barrage électrique du Hoover dam, sur le Colorado (États-Unis) a une puissance génératrice de 1 250 MW.

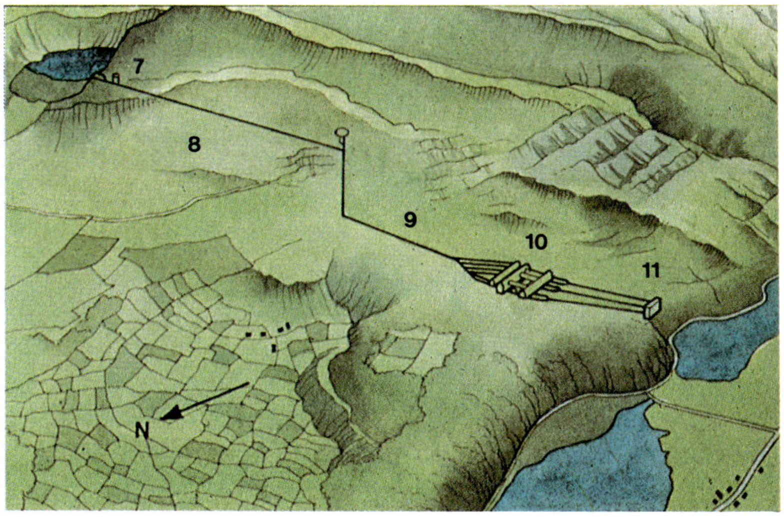

A gauche et ci-dessous : la centrale de Dinorwic, dans le Nord du Pays de Galles, comprend six turbines de 300 MW capables de travailler en pompes et en turbines, l'inversion ne réclamant que 10 secondes.
1 Générateurs électriques.
2 Turbines-pompes.
3 Canalisations vers le réservoir amont.
4 Canalisations vers le réservoir aval.
5 Soupapes principales.
6 Commande d'inversion.
7 Sous-station amont.
8 Tunnel basse-pression.
9 Tunnel haute pression.
10 Station génératrice.
11 Sous-station aval.

L'énergie du vent

Les origines de l'utilisation du vent comme force motrice sont encore plus imprécises que celles de l'éntergie hydraulique, et, pour compliquer encore plus les choses, il y a eu deux types bien distincts de moulins à vent qui sont chacun nés sur deux continents différents. Certains soutiennent que les Européens ont emprunté cette invention aux Asiatiques, d'autres affirment que les moulins à vent ne sont qu'une adaptation des moulins à eau déjà existants. Ces deux opinions sont cependant aussi peu défendables l'une que l'autre si l'on considère l'originalité de ces inventions. De par leur importance-même, elles ne pouvaient en effet pas avoir tiré une grande aide des connaissances existant alors. Les deux cheminements d'évolution ont donné naissance d'une part au moulin vertical qui est apparu en Perse au VIIe siècle, et d'autre part, au moulin vertical qui s'est développé en Europe au XIIe siècle.

Les premiers moulins verticaux dont les pales étaient fixées à la route horizontale d'un arbre vertical sont attribuées à Abu Lulua, un constructeur de moulins persan. Ces moulins destinés à la meunerie dans les plaines arides du Seistan bénéficiaient d'un vent fort et constant soufflant toujours toujours du Nord. Le vent souffle d'ailleurs toujours dans cette partie du monde et ses moulins sont restés très semblables, quelques 1 300 ans après. Ils étaient constitués de pales verticales montées radialement entre deux fins disques horizontaux supportés par un arbre vertical. Cet arbre plongeait jusqu'au premier étage du moulin où il actionnait directement la meule supérieure, un procédé très simple, semblable à celui de la roue hydraulique type « Norse ». A l'étage inférieur, un simple muret empêchait le vent de souffler sur les pales tournant dans le sens contraire au vent.

Les moulins verticaux qui existent aujourd'hui en Afghanistan et en Iran consistent en un arbre central sur lequel sont fixés de longs bras de bois supportant, à leur extrémités, des planches effilées. Des murs en torchis sont dressés contre le vent, de part et d'autre du rotor, et un troisième mur dressé partiellement entre eux dirige le vent sur les planches formant pales, au travers d'une étroite ouverture. Une grossière porte de bois permet de régler la largeur de l'ouverture, de manière à modifier la masse de vent venant attaquer les pales. Dans ces moulins, le rotor est situé au-dessus des meules et passe au travers d'un plancher pour les actionner. Mais comme dans ces contrées d'Asie, le vent souffle toujours dans la même direction, les problèmes soulevés en Chine et en Europe par des vents changeants, ne se sont jamais posés.

Des recherches récentes ont établi que dès avant le XVIIe siècle, les Chinois avaient mis au point de très ingénieux rotors verticaux, indépendants de la direction du vent et permettant à la pression du vent de s'exercer sur plus de la moitié de leur diamètre. Huit mâts verticaux étaient disposés autour d'un arbre central, chacun portant une voile rectangulaire de natte grasse, comme sur les jonques chinoises. Chaque voile pouvait pivoter autour de son mât et était reliée au mat suivant par un cordage comportant un certain jeu, tout comme la voile d'un voilier est commandée par une écoute. Lorsque le vent soufflait sur la voile la mieux placée, cette voile prenait une position presque radiale jusqu'à être retenue par l'écoute. Restant dans cette position, elle entraînait le rotor jusqu'au point le plus bas de son mât. Lorsqu'elle arrivait face au vent, elle se retournait, grâce au mou de l'écoute et continuait à entraîner le rotor, de la façon dont le voilier remonte au vent. Lorsqu'elle arrivait directement face au vent, elle se détendait et le vent la retournait dans sa position initiale. Ceci se produisant bien

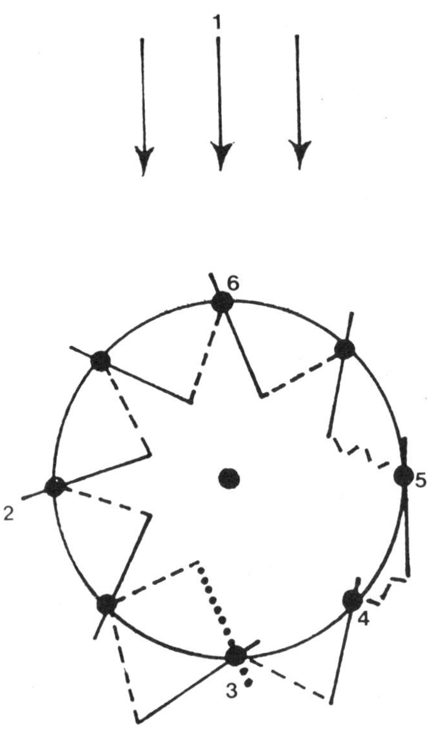

Les ailes du moulin chinois sont disposées sur des mâts comme celles d'un voilier. Le vent (1) agit sur la voile en (2). Lorsque la voile a atteint (3), elle pivote dans l'autre direction, maintenue par un cordage figuré en tirets. En (4), la voile commence à s'effacer au vent et, en (5), elle commence à revenir jusqu'à la limite de la corde. En (6) elle a de nouveau vent arrière.

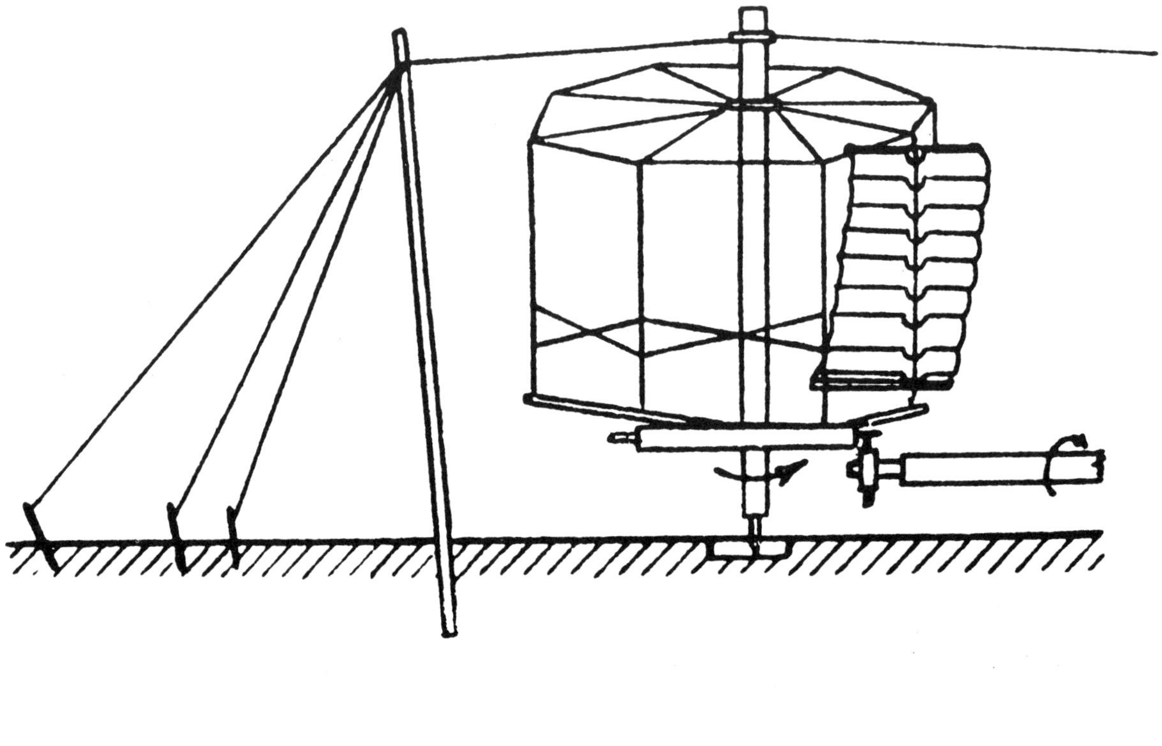

sûr grâce à la rotation générée par les sept autres mâts alors dans leur phase active. Ces moulins généralement utilisés pour le pompage de l'eau n'existaient que sur les côtes ce qui explique certainement leur technique dérivée de celle des voiliers.

D'autres moulins horizontaux très anciens comportaient des coupelles disposées aux extrémités de quatre bras en croix et dont les côtés côniques présentaient une sorte de forme aérodynamique dans le vent. Ils étaient utilisés par les moines boudhistes pour entraîner des moulins à prière. On retrouve aujourd'hui le même principe sur les anémomètres qui servent à mesurer la vitesse du vent.

Le moulin vertical n'est jamais devenu populaire en Europe bien que plusieurs modèles intéressants aient été conçus et qu'ils aient même parfaitement bien fonctionné. Le Vénitien Francisco Veranzio en décrivit plusieurs modèles différents dans un ouvrage publié en 1620, l'un d'eux présentait des rabats montés sur des charnières horizontales et maintenus par des lannières de contrôle. En 1643, Athanasius Kircher mit au point un moulin vertical doté de lame en forme de S. Ce principe est encore utilisé aujourd'hui pour faire tourner certains présentoirs publicitires, ou bien encore, avec une ouverture dans le rotor, pour ventiler en marche certains véhicules.

Vers la fin du XVIIIe siècle, l'Anglais Stephen Hooper, qui avait consacré la majeure partie de sa vie à commander un navire Antillais commerçant avec les Bahamas, construisit à Battersea, près de Londres, une turbine à vent destinée à actionner un moulin. Son appareil consistait en un important rotor cônique doté de longues et fines pales et installé dans une tour fermée tout autour du rotor par des volets pouvant pivoter sur leur axe vertical. Ces volets permettaient de contrôler le débit du vent et de lui donner l'incidence voulue sur le rotor, et ce, quelle que soit le sens dans lequel le vent soufflait. La turbine était ainsi rendue indépendante de la direction du vent. Ce mécanisme était cependant fragile et compliqué, et il cessa de fonctionner après 1844. Il ne fut démantelé qu'après la Seconde Guerre Mondiale et expédié aux États-Unis, en même temps d'ailleurs que le petit salon de la maison située en-dessous, et dans laquelle Alexander Pope avait écrit son « Essai sur l'homme ». La tour cônique en bois qui ressemblait, dit-on, à une caisse d'emballage fut à l'origine d'une légende locale disant que, lorsqu'il était en Angleterre, l'Empereur de Russie s'était pris d'affection pour l'église de Battersea et avait décidé de l'emporter en Russie. Il avait donc fait réaliser cet important emballage mais, les habitants s'étant opposés à ce transfert, la caisse était restée là où elle avait été déposée.

Lorsqu'un cylindre tournant est placé dans un flux d'air présentant une pression plus importante d'un côté que de

Lanterne et grande-roue d'un moulin à vent des environs de Toulouse.

En haut à gauche : type ordinaire de moulin à vent angevin : le moulin « cavier » dont la cabine de bois est pivotante. Ce type de moulin a connu une implantation maximale au XVIIIe siècle.

En bas à gauche : un moulin à axe vertical toujours en activité en Afghanistan.

Page de droite : Le moulin à cabine pivotante de Outwood, Surrey comporte des ailes à volet et une queue permettant de l'orienter au vent. Construit en 1665, il est aujourd'hui le plus vieux moulin en activité en Grande-Bretagne.

l'autre, ce cylindre tourne dans la direction de la pression la plus faible. Cette loi connue sous la désignation d'effet Magnus fut mise à profit par l'Américain Charles E. Sargent en 1930. Il construisit un moteur à vent expérimental comportant quatre cylindres de ce type sur un châssis. Au dessus était installée une roue à vent à arbre horizontal qui, maintenue dans la direction du vent par une girouette, était capable d'entraîner les cylindres jusqu'à des régimes de 1 200 tr/mn. Ce moteur actionnant un générateur électrique représentait en fait un projet en vue de la construction en série d'aérogénérateurs électriques.

Les moulins verticaux à une ou plusieurs roues disposées verticalement sur un arbre horizontal diffèrent du moulin Persan et de ses descendants en ce que le vent souffle sur toute la surface de la roue et non plus sur la moitié, ou moins. Ils impliquent néanmoins des roues continuellement exposées aux vents dominants. La premère preuve de l'existence d'un tel moulin a été retrouvée dans un acte de donation de terre en Normandie. Cet acte était daté de 1180 mais il est fort possible que des moulins à vent aient existé avant cette date. Plus tard, on a retrouvé une nouvelle preuve de l'existence de ces moulins dans l'enluminure d'un psautier manuscrit de 1270 qui montrait un moulin à quatre pales et à cabine tournante. C'est très probablement le tout premier dessin d'un tel moulin à vent.

Le moulin pivot pivote tout entier sur un robuste mât de bois. Ce mât est maintenu à la base par quatre étais horizontaux, les solles, ancrés dans un mur de pierre circulaire. De ce mur partent également quatre poteaux obliques qui viennent soutenir le

Avec ses voiles dérivées de celles des bateaux, ce moulin portugais comporte des sifflets en terre cuite chargés d'éloigner les oiseaux et qui lui donnent aussi un fonctionnement musical.

mât à environ mi-hauteur. Au-dessus, la section est réduite pour s'emboîter dans une robuste traverse appelée sommier. Ce sommier tournant sur le haut de l'attache supporte en totalité le poids du moulin, de la voilure et du dispositif de meunerie. Au niveau inférieur, des traverses accroissent la stabilité et l'équilibre de la cabine qui pivote sur le seul palier du sommier. Au extrémités de ce sommier sont fixées deux poutres horizontales; les pannes meulières, auxquelles viennent se rattacher les quatre poteaux corniers qui constituent les quatre coins de la cabine et maintiennent toute son ossature. L'arbre supportant la voilure, ou arbre tournant, est légèrement incliné par rapport à l'horizontale, pour deux raisons : d'abord, parce qu'en inclinant le plan des ailes, on dégage au sol une circonférence de plus grand diamètre qu'avec des ailes verticales, ce qui permet d'accroître les dimensions du mur de

soutènement et, par le fait-même, de renforcer l'assise de l'édifice. Ensuite, parce qu'ainsi, le poids de la voilure, la force du vent et le poids des engrenages sont répartis entre un palier de butée en fin d'arbre, le chapeau de palier, et le palier avant ou coussinet, au lieu de s'appliquer sur ce seul coussinet. Immédiatement derrière le coussinet se trouve le rouet avec ses dents axiales en bois, les alluchons, qui engrènent une plus petite roue, la lanterne, sur l'arbre vertical ou gros fer. C'est cet arbre qui entraîne les meules de broyage des céréales ou tout autre mécanisme correspondant à la destination du moulin. Très souvent, ces moulins pivot comportaient un second engrenage similaire, mais plus petit, pour actionner une autre paire de meules.

La périphérie du rouet est lisse de manière à pouvoir servir de surface de freinage à l'aide de différents leviers et cordes. Mais une utilisation quelque peu optimiste de ce frein a, par vent fort, souvent provoqué un tel dégagement de chaleur entre les différentes pièces de bois qu'elles ont prix feu et provoqué la destruction totale de certains moulins.

Une échelle oblique disposée entre le sol et le niveau inférieur de la cabine, au dos de celle-ci par rapport à la voilure, contribuait également à équilibrer le moulin dans le vent. Une longue perche articulée à cette échelle passait au travers des poutres du plancher et permettait au meunier de relever le bas de l'échelle et, en poussant sur la perche, de faire pivoter la cabine de manière à présenter la voilure au vent. C'était cependant une manœuvre fort pénible en raison de ce qu'elle impliquait le déplacement de la totalité du moulin et de ses mécanismes. Sur les moulins plus récents, seule une partie de l'édifice, l'arbre tournant et la voilure pivotaient, le reste demeurant fixe. Ce type de moulin à calotte tournante ou moulin tour est apparue au XIVe siècle.

Les moulins tour et leurs variantes se composent d'un bâtiment cônique fixe, en pierre ou en brique d'abord puis en bois par la suite. Le sommet circulaire de cette tour est doté d'un rail sur lequel la calotte montée sur roulements peut pivoter. Cette calotte abrite l'arbre au vent et ses engrenages et elle est placée de manière à garder un contact permanent, quelque soit la position de la calotte, avec le pignon de l'arbre plongeant qui tourne au centre de l'édifice et actionne les meules, à l'étage inférieur de la partie fixe. La stabilité de ces moulins face au vent est renforcée par une perche oblique, la queue, assurant un appui entre le sol et la partie de la calotte diamétralement opposée à l'avant de l'arbre tournant.

En 1430, les Hollandais transformèrent les moulins pour les utiliser au pompage de l'eau. Ils utilisèrent ainsi pendant plusieurs siècles ces « wipmolen » dont l'arbre plongeant actionnait des pompes travaillant à la base du moulin ou même en sous-sol. Cent soixante ans plus tard, Cornelius Cornelisz installa un imporant moulin à cabine tournante directement sur une barge flottante afin qu'il puisse être plus aisément mis au vent, par un simple jeu de cordages. Ce fut le premier moulin utilisé pour scier du bois, le bois était acheminé par chalands.

Tous ces moulins européens avaient des voilures simples et très semblables qui consistaient en un certain nombres de lattes mortaisées sur le bord de fuite d'une longue échine appelée vergue.

La plupart des moulins en comportaient quatre mais certains en comptaient d'avantage. Elles étaient boulonnées sur des pièces de bois de plus forte section et celles-ci étaient entrées en force dans des trous radiaux pratiqués en tête de l'arbre tournant. Ces lattes étaient rigidifiées par une extension qui rallongeait aussi la volée. La toile tendue sur ces armatures pouvait ainsi former des angles variables de manière à en réduire l'incidence en cas de vent violent. Mais toutes ces premières ailes présentaient un angle d'attaque uniforme sur toute leur longueur ce qui était assez inefficace en raison des différences de vitesse relatives existant entre les différents points de l'aile selon leur position par rapport à l'arbre tournant. Cet angle ou incidence au vent, aurait en fait dû être décroissante entre le départ de l'aile et son extrémité, comme une hélice d'avion ou de bateau, de manière à recevoir des forces en tous points égales.

Un type d'aile intéressant est apparu à une date incertaine, sur les côtes orientales de la Méditerranée. Selon toute vraisemblance ce sont les croisés qui les ont remarquées et en ont rapporté l'idée en Europe occidentale. Ces moulins à vent fixes comportaient de six à seize rayons partant du moyeu de l'arbre tournant. Ils étaient attaché entre eux par des cordes joignant leurs extrémintés et, dans le vent dominant, par un autre jeu de cordes les reliant à une extension frontale de l'arbre tournant. Des voiles triangulaires étaient attachées par un côté aux rayons, et la base du triangle longeait le cordage périphérique. La toile n'étant retenue que par l'un de ses côtés et le coin opposé étant relié au rayon voisin, elle pouvait prendre une forme tout aussi aérodynamique que la voile triangulaire d'un bateau. Ces voiles pouvaient de plus présenter une grande variété de configurations au vent, ce qui permettait, par grand vent, d'éviter les sur-régimes du moulin et les dommages qui auraient pu en résulter. Compte tenu de leur constitution économique et simple, l'efficience de ces moulins était

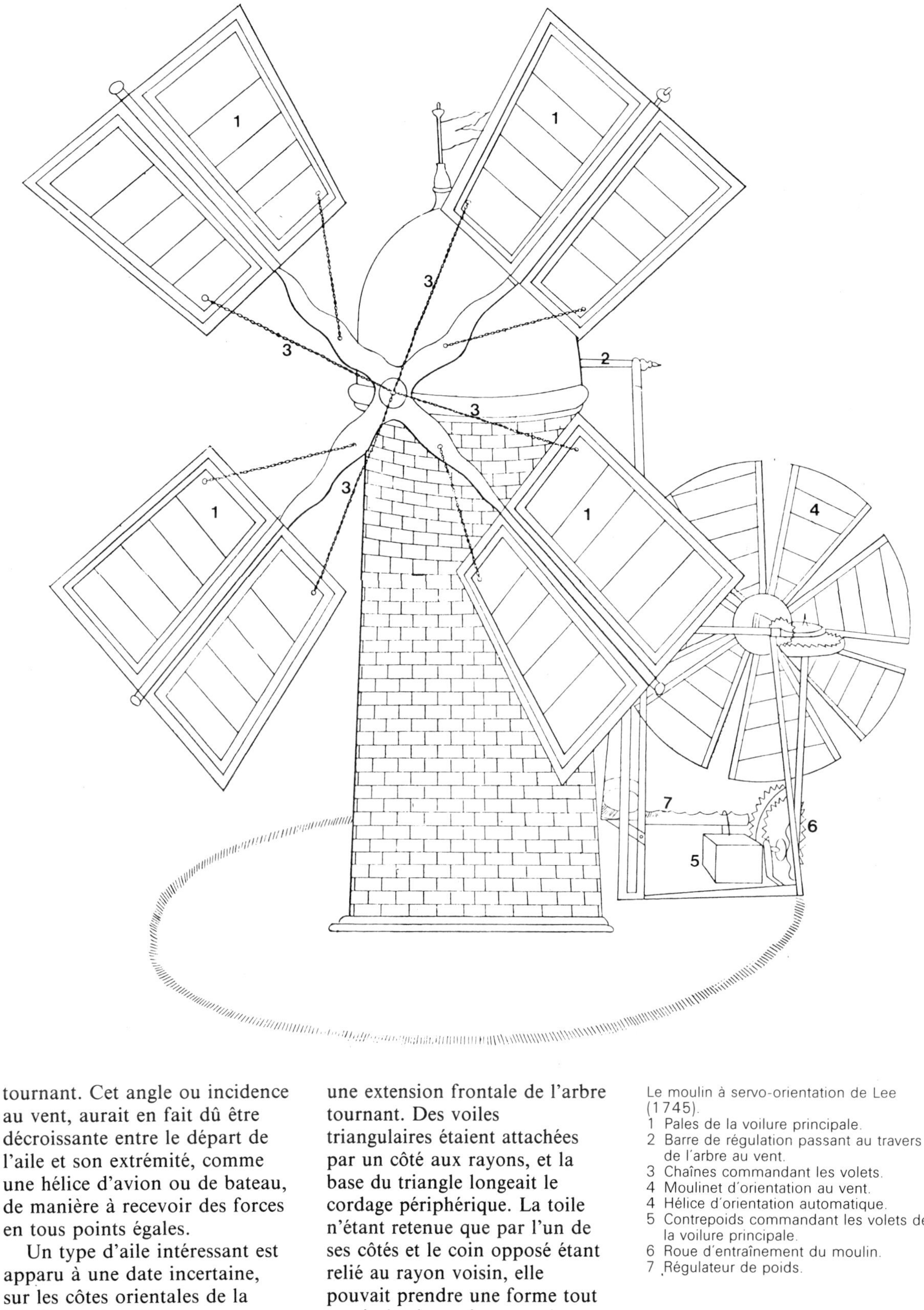

Le moulin à servo-orientation de Lee (1745).
1 Pales de la voilure principale.
2 Barre de régulation passant au travers de l'arbre au vent.
3 Chaînes commandant les volets.
4 Moulinet d'orientation au vent.
4 Hélice d'orientation automatique.
5 Contrepoids commandant les volets de la voilure principale.
6 Roue d'entraînement du moulin.
7 Régulateur de poids.

L'hélice d'orientation automatique du moulin de Pakenham, Norfolk (Angleterre).

tout à fait remarquable.

Pendant longtemps les moulins à vent n'ont donc évolué qu'en fonction de considérations locales mineures ou d'idées particulières des constructeurs. Et ce n'est pas avant le milieu du XVIIIe siècle que des progrès plus sensibles furent accomplis. A cette époque en effet, apparu le treuil en fonte permettant de déplacer d'une manière beaucoup plus aisée le mât d'étaiement arrière, ou queue. Puis en 1745, Edmund Lee eut l'astucieuse idée d'ajouter une petite hélice supplémentaire comportant six à huit pales et disposée perpendiculairement à la voilure principale pour faire pivoter le moulin selon la direction du vent. Ce moulinet ou « rose des vents » était installé sur un petit chariot fixé à la queue et actionnait des roues qui lui permettaient de tourner autour du moulin, la base de l'échelle étant elle aussi munie de roulettes. Tant que le vent soufflait sur la voilure principale, le moulinet restait immobile mais, dès que le vent changeait de direction, il soufflait sur les pales, le déplaçant sur ses roues et faisant pivoter le moulin jusqu'à ce que le vent attaque à nouveau la voilure principale. Dès lors, le moulinet ne recevait plus le vent que de côté et il s'immobilisait. On peut considérer ce dispositif comme le premier des mécanismes de servo-assistance qui revenait à sa position de départ après avoir fonctionné dans l'une ou l'autre direction. L'adaptation de ce système de gouvernail au moulin tour fut dès lors un pas rapidement franchi puisqu'il suffit de l'engrener avec le rail circulaire de la calotte.

Les constructeurs de moulins hollandais s'apercevant de ce que l'incidence des ailes ne devait pas être égale sur toute longueur, ils leur donnèrent un voile croissant entre l'arbre au vent et l'extrémité. John Smeaton qui avait été l'un des promoteurs de la roue hydraulique s'intéressa au moulin à vent et mit au point un appareil permettant de mesurer la puissance dégagée par les roues de moulin selon leur configuration. Les résultats de ses expériences furent publiés par la Royal Society en 1759 et prétendaient qu'à diamètre égal, un dessin approprié pouvait doubler le rendement d'une roue. Par vents incertains ou intermittents, un temps et une énergie importants étaient perdus à ferler et à déferler les roues à voile. En 1872, Andrew Meikle, qui fut aussi l'inventeur d'une batteuse à tambour, importa en Angleterre un nouveau type de roue de moulin à volets orientables. Chaque aile

A droite : maquette écorchée d'un moulin à cabine tournante montrant que dans ce type de moulin, l'intégralité des mécanismes pivote.

Le mécanisme de commande d'inclinaison des volets sur une « patent sail » de William Cubitt.

comportait une série de volets semblables à ceux d'un store vénitien. Et ceux-ci étaient articulés en parallèle par une tige reliée à un ressort. Par vent léger, les volets restaient clos, mais dès que le vent devenait plus violent, ils forçaient le ressort et s'ouvraient, laissant le vent passer entre eux et réduisant ainsi sa pression sur la voilure. Mais ces roues à volets avaient un rendement inférieur aux roues à voile et les deux système durent souvent être combinés pour obtenir le meilleur compromis.

Soixante-dix ans après, Stephen Hooper, le constructeur de la turbine à vent de Battersea, remplaça les volets de Meikle par de petits stores pivotants qui présentaient l'avantage de pouvoir être réglés manuellement par une commande passant dans le corps de l'arbre tournant. En 1807, Sir Malcolm Cubitt (qui deviendra par la suite l'un des plus importants entrepreneurs de travaux publics anglais) combina les systèmes de Meikle et de Hooper en ce qu'il appela « Patent sail » (la roue brevetée). La commande manuelle de réglage des volets était prolongée par une chaîne sans fin jusqu'à l'arrière du bâtiment de manière à ce que l'ouverture puisse se produire dès que le régime désiré était atteint.

Un autre système de commande centrale qui fut réutilisé en Hollande à partir de 1920, était le frein à air mis au point par Catchpole en 1860. Ce constructeur de moulins du Suffolk avait ajouté deux volets longitudinaux sur le côté de chaque aile. En position fermée, ce dispositif accroissait la surface d'attaque de l'aile et, en ouvrant, il déviait le flux du vent sur l'aile en agissait comme un frein, ce qui débarasait le frein à friction intérieur d'une grande partie de son travail.

Vers le milieu du XIXe siècle, il fut construit en Angleterre quatre moulins à roues annulaires munies de nombreux volets radiaux. Le plus célèbre, construit en 1860 dans le Sufflok, comportait 120 volets montés sur une roue d'un diamètre de 15 m. Son rendement était à peu près équivalent à celui d'une roue classique à quatre pales. Ce moulin peut être considéré comme le précurseur des pompes éoliennnes à pales en fer galvanisé qui essaimèrent dans toutes les régions agricoles du monde occidental avant l'avènement des petits moteurs agricoles à pétrole. On peut encore en voir aujourd'hui dans certaines régions éloignées des autres sources d'énergie, poursuivre leur activité de pompes à eau avec leur caractéristique dérive arrière agissant comme une girouette pour les orienter face au vent.

La vogue nouvelle des moteurs tirant leur énergie de carburants minéraux a, dans la deuxième moitié du XIXe siècle, relégué au second plan l'énergie éolienne. Mais aujourd'hui les craintes (ou les menaces) d'épuisement des réserves pétrolifères confère à cette énergie « gratuite » un regain d'intérêt très net. Entre temps cependant l'aérodynamique est née et a considérablement progressé, si bien qu'aujourd'hui, le développement des éoliennes est presque entièrement dépendant de cette jeune science. L'application de la force du vent à la génération de courant électrique alternatif exige cependant que soit transmis au générateur un régime constant et donc indépendant des caprices du vent ou de la météorologie. Pour y parvenir, il est possible de prévoir un engrenage à régime variable entre le rotor et le générateur. Le rotor éolien peut aussi actionner une pompe hydraulique ou à air compressé qui stockera l'énergie avant de la retransmette, en temps voulu, au générateur.

Il a été établi que l'éolienne à axe horizontal la plus efficace ne devait pas comporter plus de deux ou trois pales. Selon l'expérience des techniques aéronautiques, on a donné à ces pales une incidence variable en fonction d'un régulateur centrifuge qui, comme pour les hélices d'avion, réduit leur incidence au vent au fur et à mesure que la vitesse augmente. Ainsi fut équipé l'aérogénérateur de Davey Dunlite qui était capable de produire 2 kW d'électricité par vent de 11 m/s. D'autres systèmes permettant une modification de l'incidence des pales en fonction de la vitesse du vent consistèrent en des pales hélicoïdales souples dont l'angle au vent diminuait

A gauche : l'aérogénérateur récemment mis en service par E.D.F. sur l'Ile d'Ouessant. Son hélice bi-pale en aluminium a 18 m de diamètre. Sa puissance est de 100 kW pour un vent de 50 km/h.

L'aérogénérateur d'Aldborough, Yorkshire (Angleterre).

par torsion sous l'effet de la force centrifuge.

A ce jour il n'a été construit dans le monde que trois aérogénérateurs de réseau approchant une puissance de 1 000 kW. Ce sont, par ordre chronologique; La machine de Putman installé aux États-Unis, en 1945. Mais sont rendement était médiocre et elle a finalement été détruite par le vent. La machine Best-Romani, construite en 1959 pour le compte d'EDF à Nogent-le-Roi (Eure-et-Loir) était équipée d'une hélice à trois pales en alliage léger et développait 1 MW. Elle tournait à 47 tr/mn et, par l'intermédiaire de deux trains d'engrenages, entraînait à 1 000 tr/mn un alternateur débitant sur le réseau. En cas de panne de réseau, pour éviter que l'ensemble ne s'emballe, un frein à disque arrêtait l'hélice en quelques tours. Cet aérogénérateur a été expérimenté durant cinq ans et son rendement a atteint 85 % de la limite théorique.

La machine Neyrpic a été construite en 1963, également pour EDF, à Saint-Rémy-des Landes (Manche). Analogue à la précédente, elle a fonctionné pendant sept mois de façon satisfaisante, démontrant les possibilités énergétiques des éoliennes.

Parallèlement à ces appareils à axe horizontal se sont également développées des éoliennes à axe vertical. Les exemples les plus modernes en sont de deux types, celles qui utilisent le vent pour faire tourner des pales aérodynamiques et celles dites « à traînée » qui utilisent la viscosité de l'air pour alimenter des turbines à air. Des premières, qui sont appelées panémones parce qu'elles tournent à tous les vents sans nécessité d'orientation, la plus connue est sans doute celle qui a été développée par R.-S. Rangi et P. South pour le compte du Canadien National Research Council Laboratory. Elle comportait deux pales à profil d'aile d'avion et recourbées à mi-longueur pour offrir une plus grande surface au vent. Elle fut modifiée ultérieurement pour recevoir une troisième pale dans un objectif de plus grande puissance. Une autre panémone conçue à l'Université anglaise de Reading comportait deux pales articulées par des charnières à l'arbre horizontal d'un axe vertical, formant ainsi un H. Lorsque la vitesse augmente, les pales agissent contre des ressorts pour assurer une régulation automatique du régime.

Un combinaison d'axe vertical et horizontal est utilisée sur l'aérogénérateur construit par Enfield Cables en 1950. Celui-ci comporte deux pales creuses en alliage léger qui, en tournant comme une hélice normale, aspirent l'air traversant une turbine logée verticalement dans le corps de la tour.

Le vent soufflant sur une tour munie de volets réglables en ouverturre peut également créer dans la tour un tourbillon ascendant capable d'entraîner une turbine. Le Dr James Yen a construit un appareil de ce type et a calculé que ce système pouvait, à diamètre et vent égaux, donner une puissance mille fois supérieure à celle d'une éolienne conventionnelle.

La majorité des aéromoteurs aujourd'hui expérimentés sont cependant du type à axe horizontal, et semblent prendre l'avantage sur les dispositifs à axe vertical, souvent plus complexes malgré une constitution mécanique théoriquement simple.

La crise actuelle de l'énergie favorisera-t-elle une renaissance des éoliennes? On serait tenté de le penser, bien que le coût d'installation de ces appareils constitue — aujourd'hui du moins — un important obstacle à leur diffusion.

Une classique éolienne de pompage d'eau et son armature métallique.

Les machines à vapeur

Dessins par Savery de son appareil à pomper l'eau : *L'ami du mineur.*

Les machines à vapeur de pompage

La puissance musculaire, la puissance de l'eau et la puissance du vent avaient satisfait les besoins du Moyen Âge mais, dès la fin de cette période, la démographie et l'instruction s'engagèrent sur une courbe ascendante et ces sources d'énergie s'avérèrent très tôt insuffisantes à satisfaire la demande. Les métaux devenaient de plus en plus indispensables, pour la paix comme pour la guerre. Ces métaux provenant d'excavations souvent innondables, il fallut assurer le pompage constant de quantités d'eau importantes, ce dont les anciennes sources d'énergie étaient incapables. En perçant le secret de la combinaison de l'air, du feu et de l'eau, des expérimentateurs tels que Torricelli, von Guericke, Huygens et Papin ouvrirent la voie menant au moteur thermique.

Edward Somerset, Marquis de Worcester, publia en 1663 un pamphlet adressé au roi Charles II dans l'espoir d'une aide lui permettant d'exploiter ses innombrables inventions, parmi lesquelles la machine à écrire, le télégraphe, les serrures à combinaison, une voiture hippomobile permettant de dételer les chevaux trop fougueux et un moteur thermique pour le pompage de l'eau. Somerset ne manquait en effet pas d'idées mais il était incapable d'expliquer comment il allait les matérialiser. Il dit cependant, à propos de son moteur thermique : « ...ayant trouvé un moyen de confectionner mes propres récipients, renforcés en eux-mêmes, et se remplissant l'un après l'autre, j'ai vu l'eau couler de 40 pieds (environ 12 m) de hauteur comme le courant constant d'une fontaine; un récipient d'eau raréfiée par le feu en remontant quarante d'eau froide. Et l'homme affecté à cette tâche n'a que deux robinets à tourner, pour que lorsqu'un récipient est consumé, il soit rempli d'eau froide et qu'un autre commence à chauffer et ainsi de suite : le feu étant maintenu constant, ce que la même personne peut d'ailleurs également faire alternativement avec la manœuvre desdits robinets ».

Avec le recul du temps, cette brève explication de la méthode consistant à faire monter de l'eau en utilisant la pression de la vapeur peut laisser penser que le Marquis l'avait lui-même expérimentée. On peut pratiquement en dire autant d'une description similaire donnée dans des papiers officiels et traitant d'un système dont Sir Samuel Morland aurait fait la démonstration devant le Roi Charles II. Morland était le professeur de « mécaniques » du Roi et son invention fut rapportée comme ayant fait faire un pas de plus en avant. Pour ouvrir et fermer les soupapes, il combinait en effet un cylindre clos, un piston et une crémaillère. Tout cela ne déboucha cependant sur rien,

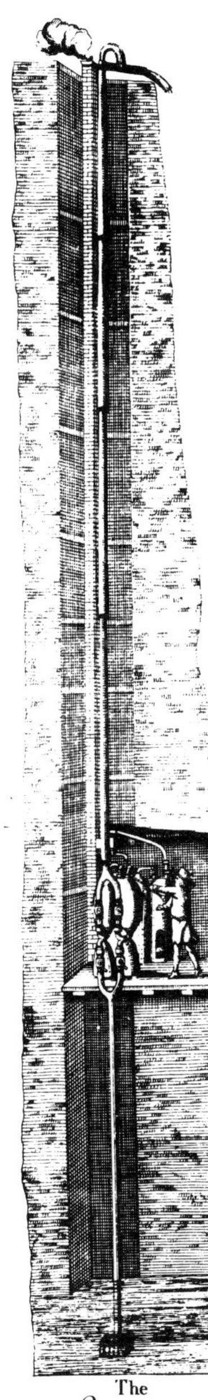

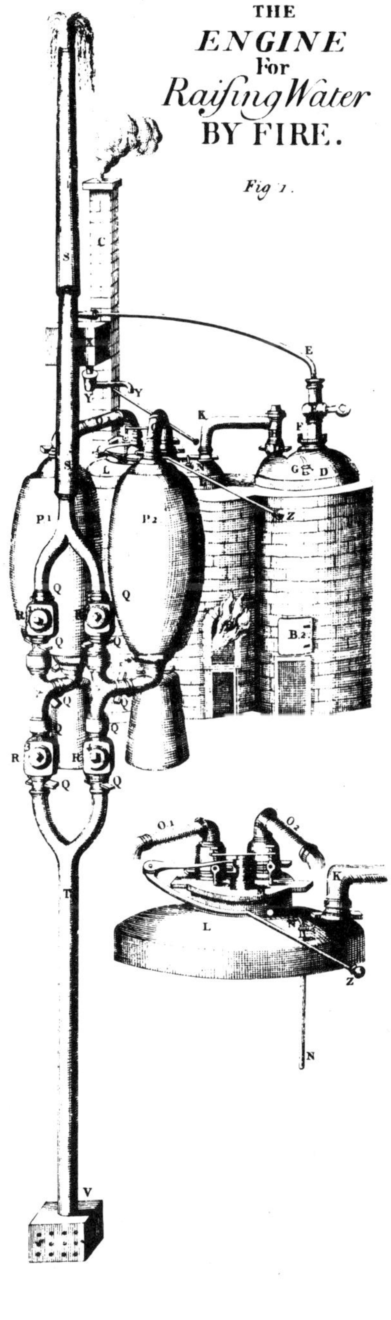

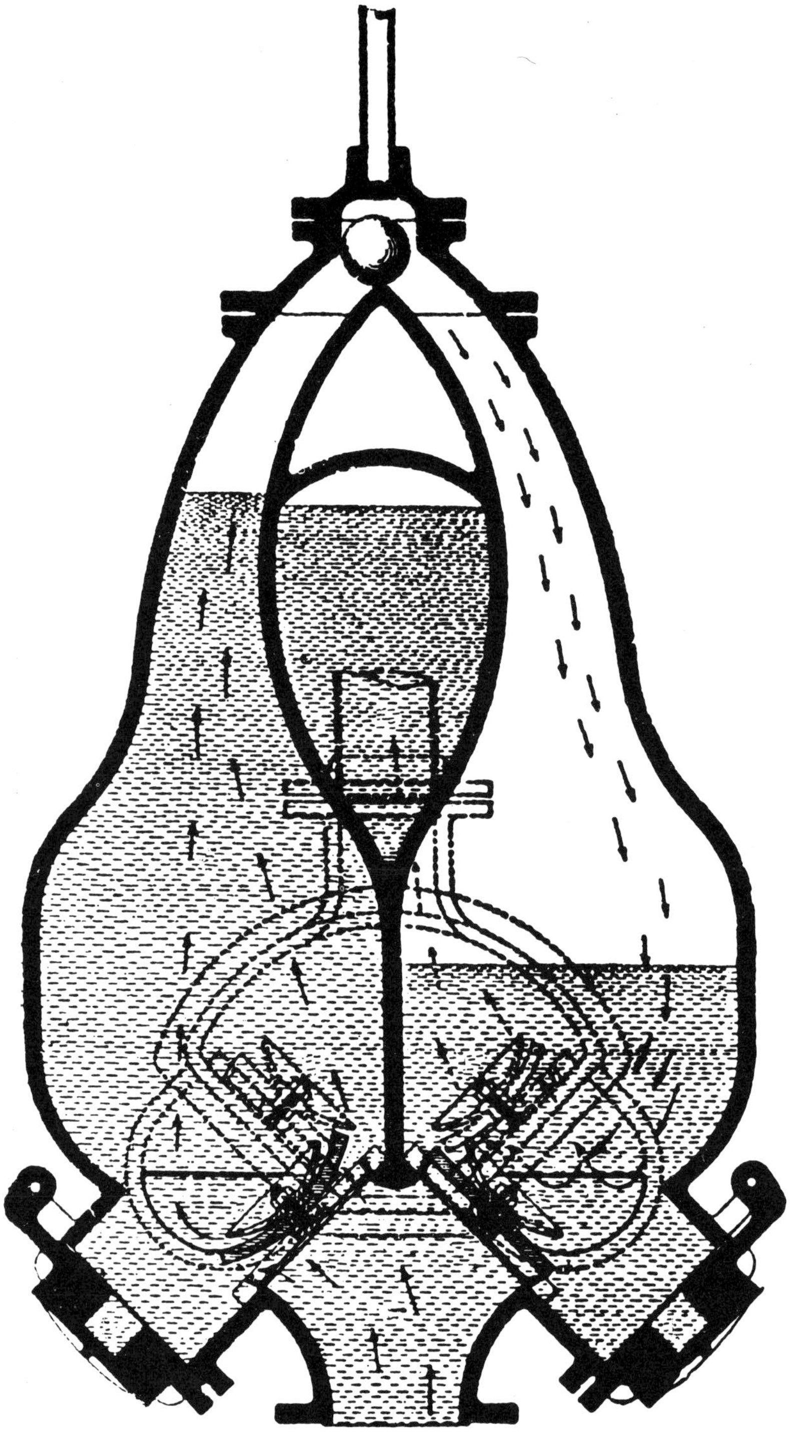

La pompe à vapeur Pulsomètre.

Morland ayant été envoyé en France pour conseiller le Roi Louis XIV sur l'approvisionnement en eau de Versailles. Ces projets-là n'aboutirent malheureusement pas non plus et Morland rentra en Angleterre en 1685, sourd, aveugle et ruiné. Denis Papin était lui aussi allé assez loin dans la conception d'un moteur thermique mais, n'étant pas ingénieur, il décida qu'il était trop compliqué de poursuivre et concentra son attention sur la première marmite autoclave.

Le véritable développement de la machine à vapeur allait en fait commencer au début du XVIIe siècle et se poursuivre sans relâche pendant deux cents ans. La démonstration d'une « machine pour élever l'eau à la force du feu » fut faite en juin 1699 devant la Royal Society par Thomas Savery, « Captain » Savery en raison d'un titre de courtoisie habituellement conféré en Cornouaille aux ingénieurs des mines chargés du pompage de l'eau. Cette même machine fut ensuite abondamment décrite dans son livre publié en 1702 et intitulé : « L'ami du mineur ». Elle comprenait une importante chambre communiquant par une soupape, en haut, avec une chaudière et, en bas, avec deux tuyaux verticaux par l'intermédiaire de deux soupapes à sens unique, ou « clapets ». L'un des tuyaux verticaux plongeait dans le puisard de la mine, l'autre montant jusqu'à l'endroit où l'eau pouvait être déversée. La vapeur sous pression — pression encore peu élevée à l'époque — admise dans la chambre en chassait l'air par le clapet de sortie. La vapeur chaude étant refroidie par de l'eau coulant sur les faces externes de la chambre, cette condensation créait dans la chambre une dépression qui faisait monter l'eau du puisard. Une nouvelle introduction de vapeur se produisait alors, chassant l'eau de la chambre par le clapet de sortie pendant que le clapet d'entrée était maintenu en position fermée par la seule pression régnant dans la chambre. Lorsque l'eau était éliminée, la vapeur contenue dans la chambre était à nouveau condensée et le cycle lent et peu efficient se répétait.

En 1718, le Dr John Theophilus Desaguliers, un auteur scientifique, perfectionna la machine Savery en injectant l'eau froide dans la chambre pendant la phase de condensation. Ces pompes représentèrent un progrès important par rapport aux précédentes mais elles avaient un inconvénient majeur en ce que — comme Torricelli l'avait établi — la pression atmosphérique ne pouvait pas supporter une colonne d'eau de plus de 10 m de haut. En conséquence, les pompes utilisées dans les mines devaient être installées dans le puits. Or l'entretien d'un feu de chaudière dans une mine n'était pas sans danger. Qui plus est, en augmentant la pression de la vapeur pour élever l'eau à une hauteur suffisante, on s'aperçut rapidement que les soudures au plomb des chaudières ne pouvaient pas résister. Un certain M. Keir, propriétaire d'un atelier de mécanique dans le quartier londonnien de Saint-Pancras combina une pompe de type Desaguliers avec une roue hydraulique pour entraîner ses machines-outil, les soupapes de la pompe étant actionnées par des cames prévues sur l'arbre de la roue hydraulique. Ce type de moteur fut utilisé pendant de nombreuses années, il délivrait environ 2,5 ch pour une consommation de charbon journalière d'environ 1/2 tonne. Son rendement thermique étant donc inférieur à 0,5 %.

La pompe à vapeur de type Savery est réapparue plus de 150 ans plus tard, avec la pompe pulsomètre conçue par un certain M. Hall et dans laquelle deux chambres piriformes étaient reliées, au sommet, à un conduit d'admission de vapeur. A la jonction, une bille se déplaçait latéralement de manière à interrompre l'entrée de la vapeur dans l'une ou l'autre des chambres. A la base de ces chambres étaient disposées des soupapes non-retour fermant le conduit d'aspiration. La vapeur admise sous pression dans l'une des chambres la vidait de l'eau contenue et se condensait. Le vide ainsi créé déplaçait la bille, fermant l'admission de vapeur et laissant l'eau arriver par le tuyau d'aspiration. Dans le même temps, l'eau passait dans l'autre chambre et reproduisait le même processus. La condensation de la vapeur était assez faible lorsque l'eau était chassée, car la forme de la chambre était étudiée pour limiter la turbulence et une fine couche d'air peu conducteur était entretenue sur son pourtour par une petite valve s'ouvrant à chaque fois que le vide était créé. Ces pompes d'un bon rendement pouvaient fonctionner longtemps sans nécessiter d'entretien particulier.

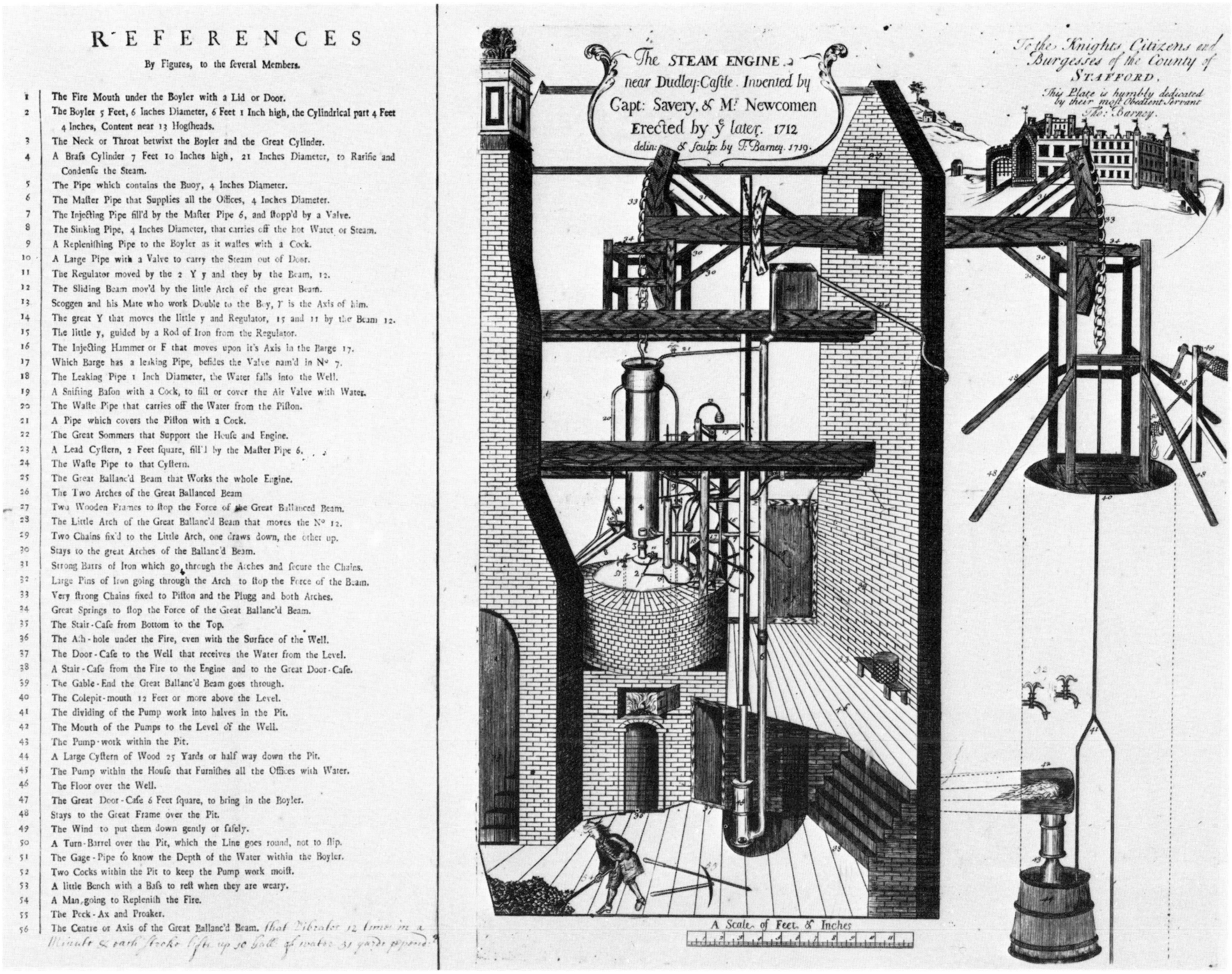

Gravure de Barney représentant le moteur Newcomen de 1712.

Le plus grand pas en avant de l'histoire des machines à vapeur doit sans doute être attribué à Thomas Newcomen, né en 1663 à Dartmouth, en Angleterre, et descendant de Hugo Le Newcomen, l'un des croisés de Richard Ier, au XIIe siècle. En tant que fournisseurs d'outils et d'équipements aux mines de l'ouest de l'Angleterre, Newcomen et son associé John Calley travaillaient le métal et avaient une bonne connaissance des besoins des exploitants de mines en pompes d'épuisement. Après quatorze ans d'expérimentations certainement décourageantes menées sur des appareils sommaires et des maquettes, il sortit, en 1712, sa première machine en grandeur réelle pour une mine de charbon proche de Dudley Castle, dans le Staffordshire.

Le piston d'un cylindre vertical était attaché à l'extrémité d'une chaîne dont l'autre extrémité était fixée au secteur circulaire d'un balancier. L'autre extrémité du balancier comportait un secteur et une chaîne similaire le rattachant au piston d'une pompe installée au fond de la mine. Le cylindre était doublé, sur sa paroi externe, d'une chemise remplie d'eau froide qui se déversait dans un drain. Et comme l'alésage du piston était, à cette époque, d'une finition assez sommaire, une couche d'eau était conservée au-dessus afin d'améliorer l'étanchéité à l'air.

Le poids des bielles de la pompe suffisait à faire basculer le balancier et à attirer le piston en haut du cylindre. Une soupape à commande manuelle était ouverte pour laisser le cylindre se remplir de vapeur à basse pression, puis refermée. Une bâche laissait ensuite couler de l'eau dans la chemise du cylindre afin de condenser la vapeur et le vide créé par cette condensation permettait à la pression de faire descendre le piston, ce qui faisait basculer le balancier et relevait les lances de la pompe. Lorsque le piston avait atteint le bas du cylindre, l'eau provenant de la condensation de la vapeur pouvait s'écouler par l'orifice de décharge et la chemise était vidée de son contenu d'eau chaude. La déperdition de vide causée par le drainage laissait le balancier remonter le piston et le cycle recommençait alors.

Cette machine permit de supprimer tout foyer dans la mine puisque le pompage de l'eau était assuré par le poids des longues lances et que le moteur n'était utilisé que pour le remontage de ces lances. Mais le refroidissement de la vapeur au travers des parois du cylindre était toujours aussi peu efficient. Survint alors l'un de ces accidents heureux qui accompagnent souvent les grandes inventions. Alors que Newcomen et Calley faisaient fonctionner l'une de leurs machines, une faille se créa dans la paroi de la chemise, laissant l'eau de refroidissement se vaporiser dans le cylindre. La vapeur se condensa alors si rapidement et si complètement que le piston descendit violemment, écrasant le fond du cylindre et le haut de la chaudière et brisant la chaîne. Par la suite, toutes les machines furent, comme celle installée en 1712 à Dudley Castle, dotées d'un vaporisateur dans le cylindre pour aider à la condensation de la vapeur.

Savery obtint un brevet pour la création de vide par la condensation de vapeur. Aussi, et bien qu'il semble peu probable que Newcomen ait eu connaissance au préalable des travaux de Savery, il fut contraint d'unir ses forces avec ce dernier et, après sa mort, en 1716, avec le syndicat qui acquit les droits du brevet, créant avec ce syndicat : « L'Association des Propriétaires de l'Invention du pompage de l'eau par le feu ». C'est là la raison pour laquelle les noms de Newcomen et de Savery sont fréquemment associés conjointement à cette invention.

La machine de Dudley Castle présentait également une importante avance de par sa commande automatique des différentes soupapes. Une légende en attribue la paternité à un paresseux qui aurait relié par des ficelles les leviers de soupapes au balancier, mais cette explication était quelque peu simpliste pour un système aussi élaboré. Les connexions furent en réalité imaginées par Newcomen — et, plus tard, perfectionnées par Henry Beighton — et ce mode de commande des soupapes a été généralisé à toutes les pompes à balancier, jusqu'à ce que les pompes électriques centrifuges viennent les supplanter.

Le réservoir contenant l'eau de refroidissement et d'injection devant dominer le cylindre pour que l'eau puisse s'en écouler par simple gravité, une petite pompe secondaire fut donc rendue nécessaire pour assurer le remplissage. Cette pompe était actionnée par une bielle verticale prenant en un point situé entre le pivot (tourillon) du balancier et son extrémité reliée par chaîne au piston. Sur cette même bielle, une cheville transversale entrait en contact alternativement avec les deux bras d'un levier en Y, avec l'un dans sa course ascendante et avec l'autre, dans sa course descendante. Ce levier en Y était fixé à un arbre horizontal duquel partait un autre levier en Y, inversé et comportant, en tête, un poids qui le culbutait sur son centre, le déplaçant d'une position extrême à l'autre. Les deux bras de ce second levier entraient en contact avec un étrier articulé par un levier entraînant la rotation de la soupape de régulation de vapeur placée entre la chaudière et le cylindre. Ainsi, la soupape s'ouvrait lorsque la bielle montait et elle se refermait lorsque celle-ci redescendait, l'ouverture pouvant ainsi être avancée ou retardée par simple réglage de la cheville.

L'ouverture du robinet

Le moteur athmosphérique Newcomen de 1712.
1 Lance de pompe.
2 Chaîne.
3 Balancier.
4 Tourillons.
5 Petit arc.
6 Arc principal.
7 Réservoir d'eau.
8 Approvisionnement en eau de la tête du piston.
9 Piston.
10 Bielle-mâle.
11 Robinet d'injection d'eau.
12 Cylindre.
13 Conduit d'éduction.
14 Soupape reniflante.
15 Chaudière.
16 Soupape de vapeur.
17 Conduit de vapeur.
18 Pompe à eau d'injection.

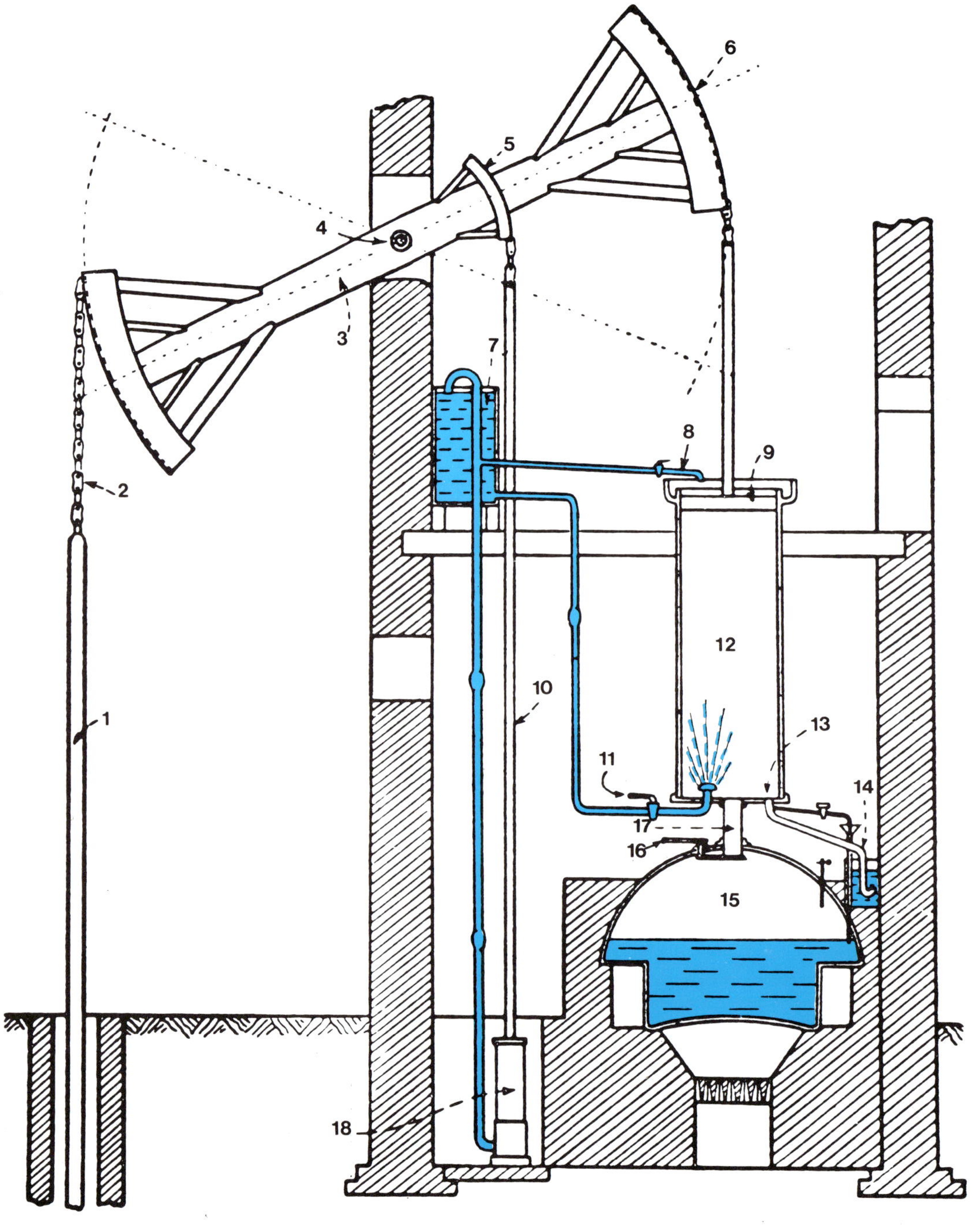

d'injection d'eau fut rendue plus complexe par l'utilisation de chaudières plus petites, le piston pouvant vider toute la vapeur de la chaudière lorsqu'il remontait. Ceci permettait en effet à l'eau de quitter la chaudière et, la vapeur à condenser devenant trop rare, le moteur stoppait. Pour empêcher ceci, Newcomen plaça sur le haut de la chaudière un tuyau vertical et un flotteur qui remontait lorsque la quantité de vapeur était insuffisante pour le cycle suivant. Lorsque le flotteur était en position basse, un cliquet empêchait que la cheville de la bielle n'ouvre le robinet d'injection. Lorsqu'il était en position haute, le robinet était ouvert par le poids de son levier d'entraînement, et refermé par la course descendante de la bielle. Ainsi le flotteur empêchait-il le démarrage d'un autre cycle avant qu'il n'y ait une réserve suffisante de vapeur. Ce mécanisme permit aux machines Newcomen d'atteinre des régimes de 16 coups à la minute.

Une autre raison de l'interruption de ces machines était la présence d'air dans le cylindre, air qui ne pouvant pas se condenser, empêchait la formation du vide. Pour remédier à cela, une petite canalisation fut installée entre la base du cylindre et le fond du réservoir d'eau afin de permettre à l'air de s'échapper en fin de course du piston. Ce système fut ultérieurement remplacé par un rabat de cuir, également appelé soupape renifleuse en raison du bruit qu'elle émettait. La production des machines Newcomen dépassa largement la centaine d'exemplaires dont un bon nombre fut exporté en Europe.

Lorsque le cheval attelé s'avéra insuffisant à l'épuisement de sa mine de cuivre de North Arlington, dans le New Jersey (U.S.A.), le Colonel John Schuyler commanda, en 1749, une machine à vapeur Newcomen. Josiah Hornblower fut désigné pour son installation et il s'embarqua, avec toutes les pièces, sur le voilier américain *Irene* pour une traversée de trois mois entre Londres et New York. Il arriva en septembre 1753 et cette machine fut, en mars 1755, la première machine à vapeur à entrer en service aux États-Unis. Avec un cylindre de 0,75 m de diamètre et 2,40 m de course, elle assura le pompage de 610 litres par jour, à une profondeur de 30 m et ce, jusqu'au début du XIXe siècle.

John Smeaton qui avait déjà effectué des recherches et des calculs sur la conception des moulins à eau et à vent, s'intéressa également à la machine de Newcomen. Peu importantes en apparence, les modifications qu'il pratiqua s'avérèrent cependant fort efficaces dans l'accroissement du rendement. Il eut par exemple recours à l'introduction de vapeur basse pression dans le cylindre pour améliorer l'échappement de l'eau et de l'air. Il augmenta aussi la pression d'injection de l'eau de manière à produire une fine vaporisation dans le cylindre, et adopta l'eau de pluie de préférence à l'eau contaminée des mines, pour éviter de corroder la chaudière. Sa plus grande innovation fut sans doute un système appelé « cataracte » et permettant de réguler le rythme du levier commandant le robinet d'injection, dans le cas où la machine travaillait en-dessous de sa puissance maximale. La cataracte consistait en une coupelle disposée sur un balancier et remplie en eau par un robinet jusqu'à ce que, une fois pleine, elle bascule sur son pivot et déverse son eau, avant de revenir à sa position de départ, temporisant ainsi le déclenchement du cliquet relâchant le levier du robinet. La cataracte allait être généralisée sur les machines à balancier « Cornouailles » qui allaient remplacer la Newcomen.

La compréhension de la notion de chaleur latente

Né à Greenock, Écosse, en 1736, James Watt était le fils d'un approvisionneur de navires. A l'âge de dix-huit ans il partit étudier à Londres le commerce et la fabrication des instruments scientifiques. Lorsqu'en 1763, il se vit confier la réparation d'un moteur Newcomen à échelle réduite, il réalisa, après une longue réflexion, que toute le problème résidait dans le petit cylindre de cuivre, parce que la chaleur qu'il dégageait était si intense qu'elle transformait l'eau destinée à l'injection en vapeur. Avant que le moteur recommence à fonctionner, il fallait donc que le cylindre refroidisse. Mais cela représentait aussi une déperdition considérable de chaleur. Après un certain nombre d'expérimentations sur la vapeur, il découvrit le phénomène de la chaleur latente d'évaporation, phénomène que

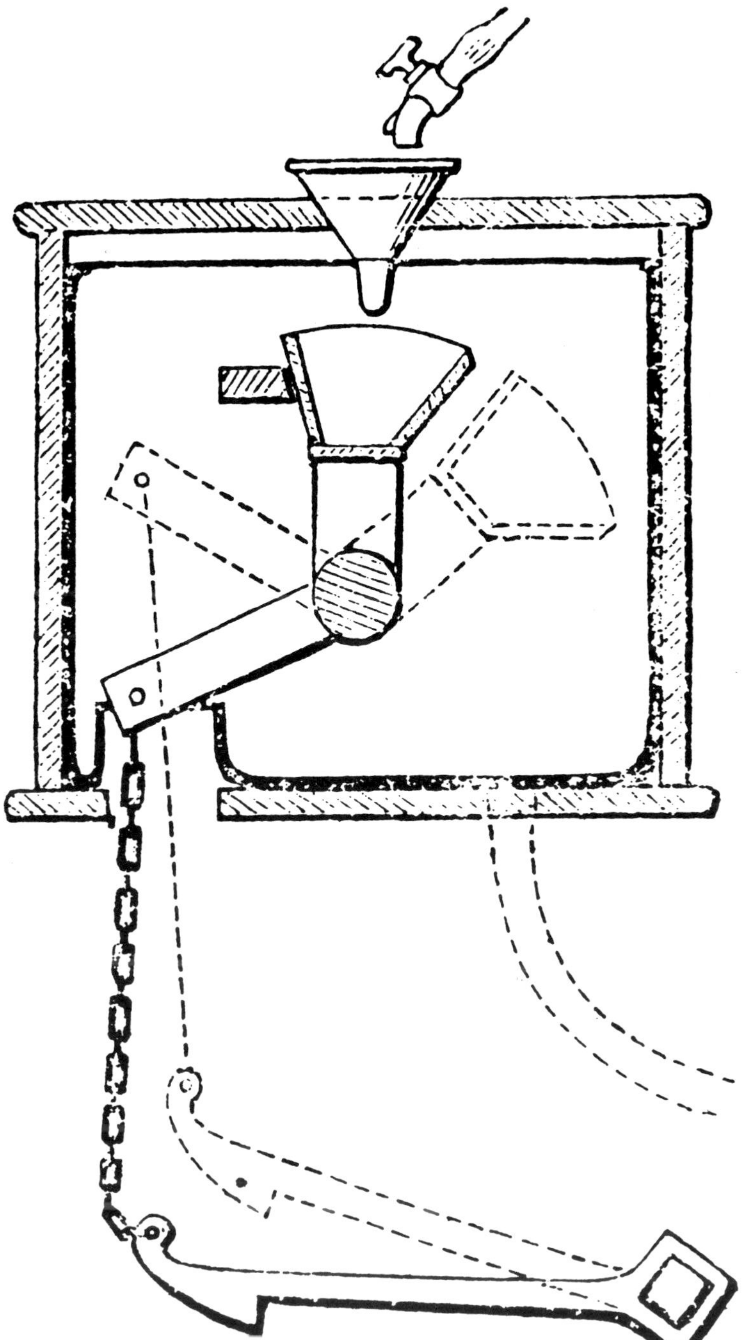

La cataracte servant à régulariser le fonctionnement des soupapes.

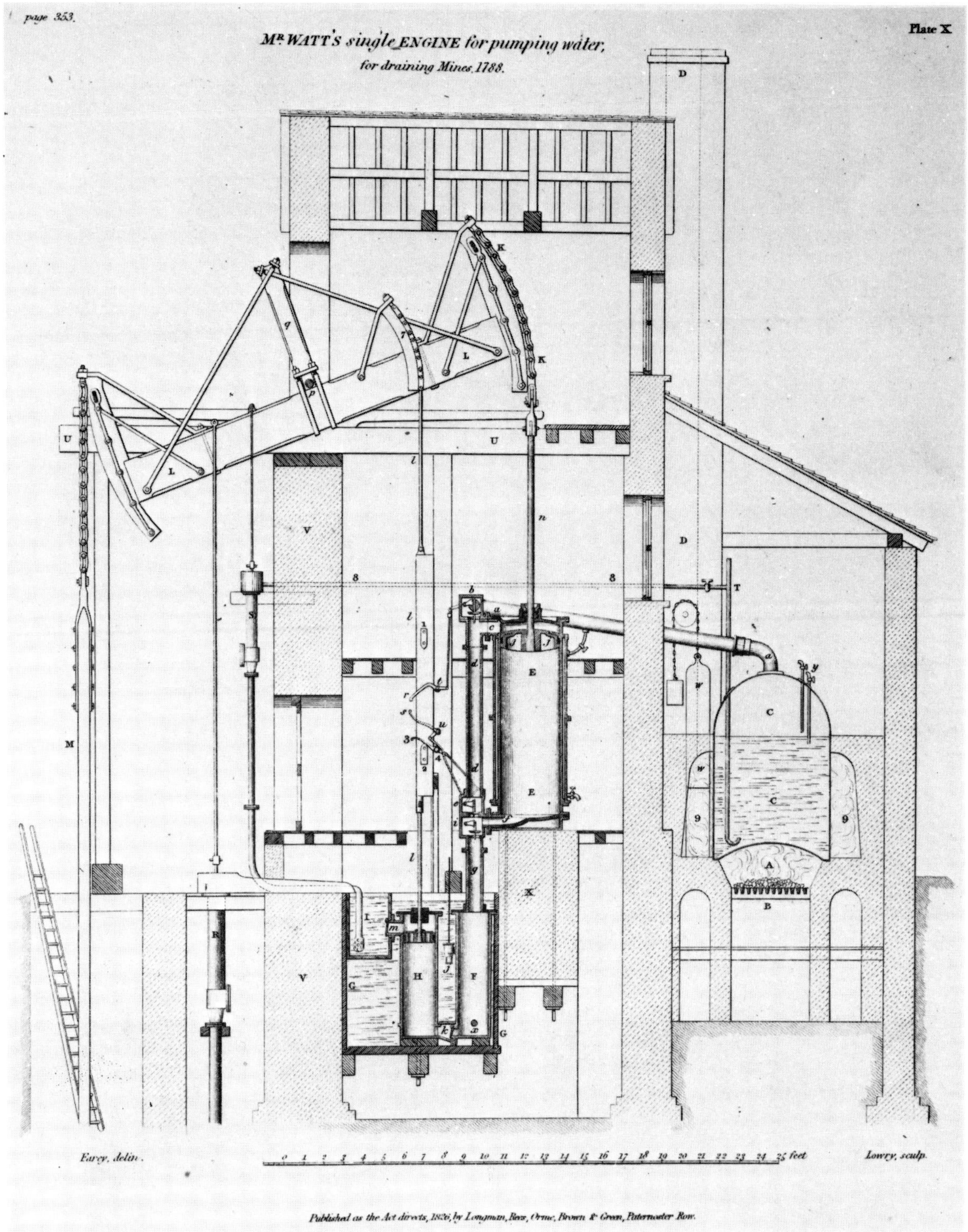

Vue en coupe d'un moteur Watt à double effet.

Joseph Black avait d'ailleurs déjà perçu. La chaleur latente est la chaleur nécessaire pour transformer l'eau en vapeur, ou celle dégagée par la transformation de vapeur en eau lorsqu'il n'y a pas changement de température. En fait, pour transformer de l'eau en vapeur à la même température, il faut plus de 500 fois la température nécessaire pour élever la température de cette eau de 1 °C. En utilisant la marmite autoclave de Papin, il s'aperçut que le point d'ébullition de l'eau était fonction de la pression et que, plus la pression était élevée, plus était élevée la température à laquelle l'eau commençait à bouillir. Ces expériences lui firent en fait réaliser que, pour obtenir un rendement satisfaisant, — soit, en l'occurence, une moindre consommation de charbon pour une même quantité d'eau pompée — il était essentiel de conserver chaudes les parois du cylindre et non plus de les refroidir à chaque cycle du moteur.

Il fut un temps dérouté quant à déterminer le moyen d'y parvenir, puis, un dimanche soir, alors qu'il s'était octroyé une courte promenade, l'idée lui vint subitement à l'esprit d'une seconde chambre dans laquelle la vapeur serait condensée, ou, pour reprendre ses propres paroles : « Je me suis aperçu que, pour faire le meilleur usage de la vapeur, il était nécessaire, primo, que le cylindre soit constamment maintenu à la même température que la vapeur qui y était admise; secondo, que lorsque la vapeur était condensée, l'eau qu'elle contenait et la charge d'injection elle-même devaient être refroidies à une température la plus voisine possible de 38 °C. Les moyens de parvenir à cela ne se sont pas présentés immédiatement mais, au début de 1765, j'ai réalisé que si une communication était pratiquée entre un cylindre rempli de vapeur et un autre récipient vidé de son air et de tout autre fluide, la vapeur, en tant que fluide élastique, se précipiterait immédiatement dans le récipient vide et continuerait ainsi jusqu'à ce qu'un équilibre se soit établi; et que si ce récipient était maintenu à basse température, par une injection ou par tout autre moyen, la vapeur continuerait encore à y pénétrer jusqu'à ce qu'elle soit entièrement condensée ».

Watt installa d'abord un serpentin de plus de 10 m de long dans la chambre de condensation mais, cela ne suffisant pas à éliminer totalement l'air du circuit, il décida d'assurer une vidange permanente de la chambre au moyen d'une pompe : la pompe à air. Pour conserver une chaleur constante dans le cylindre et pour éviter les pertes de chaleur qu'entraînait un refroidissement à chaque détente, il entoura le cylindre d'une chemise pour le passage de la vapeur, la périphérie de cette chemise étant entourée de bois. Les dernières difficultés à surmonter furent les fuites d'air importantes et le suintement d'eau froide autour du piston.

Il solutionna l'ensemble en creusant une gorge sur la périphérie du piston et en la remplissant de chanvre imprégné de suif et maintenu par un anneau (la couronne de piston) vissé. Il élimina ensuite l'air restant au-dessus du piston en scellant les extrémités du cylindre et en prévoyant un presse-étoupe à la sortie de la bielle. La vapeur admise au-dessus du piston remplaçait ainsi l'air et aidait à maintenir l'ensemble en température.

Une machine expérimentale de 0,45 m d'alésage et de 1,50 m de course fut construite pour un certain Dr Roebuck mais celui-ci fit faillite et, en remboursement d'une partie de ses dettes, il transmit ses droits sur le brevet Watt à Matthew Boulton. Ce fut Boulton qui persuada Watt de construire une machine de 1,27 m d'alésage pour une houillère du Staffordshire; la consommation en charbon de cette machine se révéla inférieure de plus du tiers à celle des autres appareils capables de produire le même travail. Confrontés avec le prix élevé du charbon qui devait être acheminé jusqu'aux mines, les propriétaires avisés de mines en Cornouailles furent immédiatement séduits par l'économie que permettait la machine de Watt et, avec un carnet de commande de plus en plus garni, Boulton installa un nouvel atelier de mécanique : la Soho Foundry, à Birmingham.

En 1782, Watt apporta deux perfectionnements très importants à ses machines. Conscient des propriétés élastiques de la vapeur, il s'aperçut qu'il pouvait fermer la soupape d'admission à un certain moment de la course du piston, sans pour cela empêcher la vapeur de poursuivre son expansion et d'imprimer au piston sa course motrice. Ceci lui permit de donner à ses machines un double effet, l'amélioration des chaudières autorisant désormais des pressions sensiblement plus élevées. Ce double effet consistant à utiliser la vapeur pour faire descendre le piston, dans un premier temps, puis, dans un deuxième temps, et alors que cette vapeur était encore sous pression, à la faire passer en dessous du piston par une valve d'équilibrage pour le faire remonter. La soupape d'éduction assurant le passage au condensateur ne s'ouvrait que lorsque le piston était au sommet de sa course de telle sorte que dans sa course descendante, il était mû à la fois par la vapeur agissant au-dessus et par la dépression créée en dessous.

Moteur Watt rotatif de 1788. Le train épicycloïdal n'a pas encore été remplacé par le vilebrequin.

Ci-dessus : les cliquets, taquets et bielles mâles d'un moteur Watt toujours en service à Crofton (Angleterre).

Page de droite : un régulateur de Watt en position, à Millmeece, près de Stafford (Angleterre).

La machine à double effet exerçait sur la bielle une force ascendante qui ne pouvait cependant pas être transmise au balancier par une chaîne flexible. Pour remédier à cela, Watt inventa en 1784 le fameux « parallélogramme » qui, dit-il, lui procura plus de satisfaction qu'aucune autre de ses précédentes inventions. Dans ce dispositif, deux leviers étaient articulés en deux points de l'un des bras du balancier et reliées, en dessous, par un troisième levier les maintenant parallèles. Un quatrième levier d'une longueur égale à la distance séparant les deux pivots du bras du balancier reliait ce dernier à un pivot fixe situé sur le cadre du moteur. Cette belle timonnerie avait pour effet de traduire le mouvement alternatif du piston en un déplacement en arc de cercle du bras du balancier. Souvent, positionné au milieu ou à la fin du deuxième levier un pivot servait à entraîner la bielle ou la pompe à air, et parfois même les deux.

La machine type « Cornouailles »

Étant donnée leur popularité en Cornouailles, ces machines de Watt furent surnommées « Cornish » ou type Cornouailles et restèrent en service pendant plus d'un siècle, ne recevant de modifications que de détail, et d'améliorations que dans la méthode de leur fabrication. La dernière ne fut construite qu'en 1919.

Le cycle de fonctionnement d'un moteur de ce type est commandé par trois arbres horizontaux, un par soupape (vapeur, équilibre et éduction), rendus solidaires par des cliquets, leur rotation étant provoquée par des percuteurs placés sur les bielles mâles. Les trois soupapes sont ouvertes par des poids agissant par l'intermédiaire de leviers sur les arbres, ceux d'équilibre et d'éduction étant synchronisés par des quadrants de manière à éviter une ouverture simultanée des deux soupapes, opération qui aurait eu pour effet de transférer directement la vapeur du haut du piston au condensateur. Lorsque le piston est à son point haut, l'arbre de la soupape d'équilibrage a juste été pivoté par le percuteur inférieur de la deuxième bielle mâle, la soupape se trouvant ainsi fermée. L'eau injectée condense la vapeur dans le cylindre et provoque une dépression sous le piston. Lorsque l'arbre d'éduction pivote, un levier qui lui est fixé soulève la biellette de commande et libère le cliquet verrouillant l'arbre de la soupape de vapeur. Cette soupape se trouve alors ouverte par son propre poids et la vapeur pénètre au-dessus du piston. La combinaison pression au-dessus et vide au-dessous provoquant la descente du piston, le déplacement du balancier et la remontée de la lance de pompe principale. A un certain moment de la course (point de coupe), le percuteur de la première bielle mâle entre en contact avec l'arbre de la soupape de vapeur, provoquant la fermeture de celle-ci, la vapeur contenue dans la partie supérieure du cylindre poursuivant son expansion et poussant le cylindre jusqu'à la fin de sa course. Alors, le percuteur supérieur de la seconde bielle mâle, oblige la manette du bas à faire pivoter l'arbre d'éduction, ceci ferme la soupape d'éduction et la valve d'injection d'eau et abaisse la

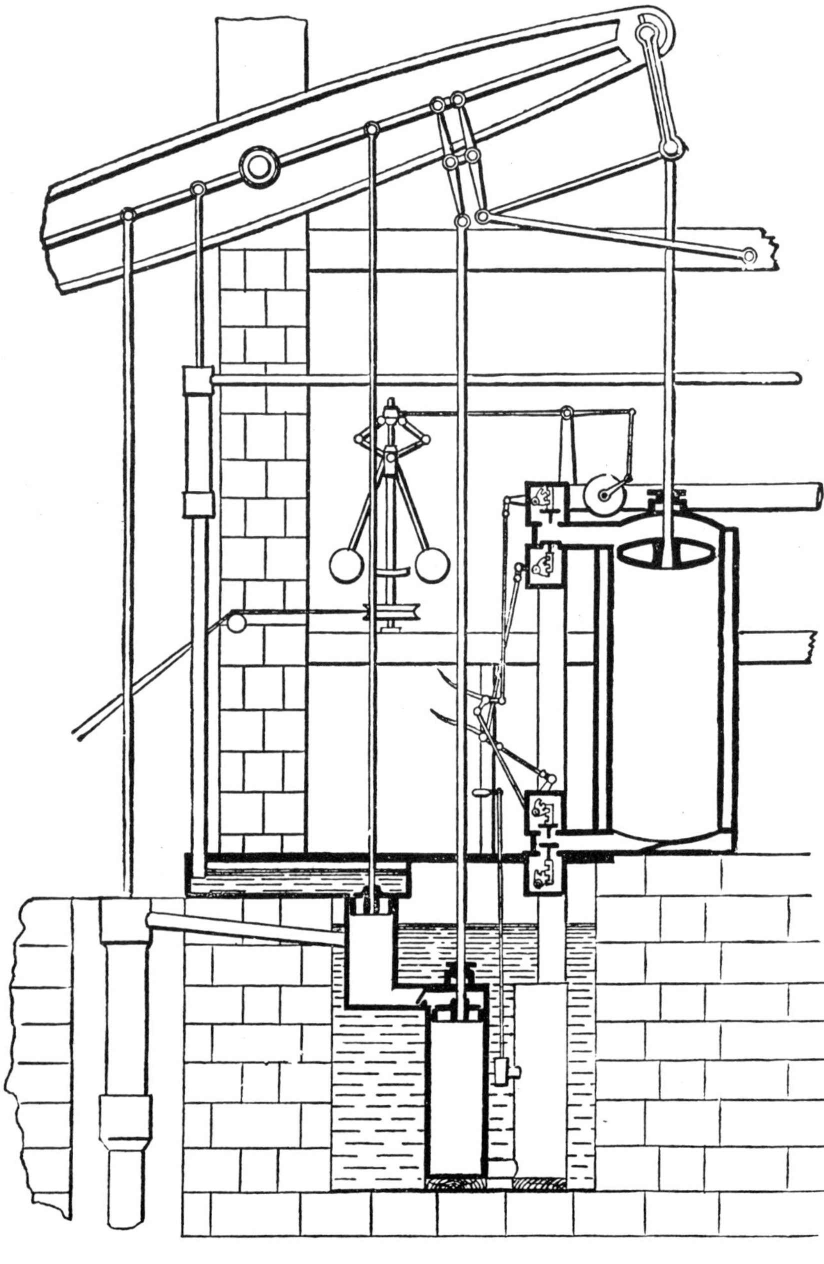

Moteur à double action de 1782 avec entre la bielle et le balancier.

biellette de commande, verrouillant le levier supérieur à main et le cliquet de l'arbre de vapeur pour permettre à la soupape de vapeur de se refermer. Les quadrants de synchronisation libèrent alors l'arbre d'équilibrage, permettant à la vapeur de passer du dessus au-dessous du piston. Et la pression de cette vapeur additionnée du poids de la bielle de pompe forcent le piston à remonter. Juste avant que le piston atteigne le sommet de sa course, le percuteur inférieur de la seconde bielle mâle actionne la manette supérieure, fermant la soupape d'équilibrage tout en emprisonnant un petit coussin de vapeur sur la tête du piston pour amortir le mouvement. Les quadrants relâchent alors leurs deux arbres et le cycle se reproduit. Au démarrage du moteur, les soupapes sont actionnées à la main, jusqu'à ce que la pression soit suffisante dans le condenseur.

L'obtention d'un mouvement rotatif à partir d'un moteur à balancier est une chose aisée, seule la lance de pompe devant être remplacée par une bielle et un bras de manivelle. Malheureusement pour Watt cependant, lorsqu'il fut amené à construire un moteur rotatif pour la Soho Foundry, en 1782, un certain James Pickard avait déjà monté un vilebrequin sur un moteur atmosphérique et il avait déposé un brevet pour ce procédé. En conséquence, Watt dut donc avoir recours, comme son assistant William Murdock le lui suggéra, à un train épicycloïdal, dispositif dans lequel un pignon planétaire était disposé à l'extrémité de la bielle et décrivait un mouvement circulaire autour d'un second pignon placé sur l'arbre-moteur, lui imprimant un mouvement rotatif. Les moteurs étaient alors tous équipés de lourds volants pour les aider dans les temps morts de leur cycle et égaliser la vitesse de l'arbre-moteur dans chaque révolution.

Pour maintenir des régimes constants, des soupapes de gaz furent ajoutées sur le conduit de vapeur principal. Elles étaient commandées par des régulateurs entraînés par l'arbre-moteur. Chaque régulateur était constitué de deux poids disposés au bout de deux bras articulés par le haut, à un mat central. Lorsque l'arbre-moteur tournait, les deux poids s'écartaient l'un de l'autre sous l'effet de la force centrifuge, et déplaçaient un collier sur l'arbre, le poids de ce collier qu'une gorge et un levier reliaient à la soupape des gaz, étant étudié pour contre-balancer la force écartant les poids. Cet appareil a reçu l'appellation de régulateur de Watt, mais des appareils très semblables avaient été utilisés, bien avant l'avènement du moteur à vapeur, sur les moulins de meunerie, pour faire varier l'espacement entre les meules en fonction de la vitesse de rotation.

James Watt quitta la direction des ateliers Soho en 1880. Sa place fut prise par William Murdock qui avait été le représentant de Watt et Boulton en Cornouailles et avait assuré l'installation et l'entretien de leurs machines. Murdock sentit qu'il était nécessaire de créer un moteur à double effet sous une forme plus compacte qui pourrait être installé dans les ateliers sans occuper tout le bâtiment. Ainsi une version compacte du moteur à double effet se matérialisa-t-elle en 1882. Un réservoir rectangulaire en formait la plateforme de base et le cylindre était logé horizontalement, d'un côté. La bielle motrice était reliée par deux longues tiges à deux leviers en L — ou « renvois de sonnette » — articulés sur la plateforme de base. De l'autre côté, ces leviers étaient couplés aux bras de manivelle du vilebrequin par deux bielles. Le condensateur et la pompe à air étaient logés à l'intérieur du réservoir, sous le niveau de l'eau, et la pompe était entraînée par les leviers horizontaux du renvoi de sonnette. Cet ensemble donnait un moteur net et compact auquel le fameux parallélogramme n'était plus nécessaire. Encore plus significatifs cependant étaient, sur ce moteur, deux innovations qui allaient rester caractéristiques du moteur à vapeur durant toute son existence : la soupape coulissante et l'excentrique assurant le fonctionnement de cette dernière.

Les soupapes d'admission et d'échappement

Les machines à balancier de type Cornouailles étaient uniformément équipées de soupapes constituées d'un disque plat à tranche conique reposant sur une ouverture également conique, une tige verticale liée au disque ressortant au travers d'un presse-étoupe. La conicité des disques de soupapes et de leur siège avait pour objet de rendre leur rodage plus pratique, et, par là-même, d'obtenir une meilleure étanchéité. Mais ces soupapes « simples » présentaient un inconvénient majeur en ce que, la pression de la vapeur s'exerçant sur leur disque, leur ouverture n'en demandait que davantage d'effort. Ces soupapes furent donc remplacées par des soupapes « doubles » qui comportaient un corps cylindrique creux doté, à chaque extrémité, de collerettes à tranche cônique. Ce corps était attaché à la tige au moyen de bras radiaux de telle sorte que la vapeur pouvait passer à l'intérieur. Lorsque cette soupape est en position fermée, elle n'offrait que très peu de surface à la pression de la vapeur, celle-ci s'exerçant en majeure partie sur la partie borgne du siège. Ainsi l'effort nécessaire pour l'ouvrir était-il considérablement réduit. Ces soupapes dites « d'équilibre » sont toujours utilisées comme valves régulatrices lorsque l'on a affaire à des pressions importantes.

La soupape coulissante de Murdock surmontait tous ces problèmes, en même temps qu'elle apportait un timing plus précis et plus sélectif des phases d'ouverture et de fermeture. Cette première soupape coulissante était constituée par un tube ayant la section d'un D et la longueur approximative du cylindre. Deux plats prolongeant la partie droite du D glissaient sur une surface plate ménagée sur la paroi externe du cylindre, le creux du D constituant un « coffre de vapeur ». Deux lumières pratiquées dans la partie plate de la paroi conduisaient aux deux extrémités du cylindre et la partie de la paroi comprise entre ces deux lumières était évidée pour recevoir davantage de vapeur. La vapeur introduite dans le « coffre » emplissait ces espaces, puis, lorsque la soupape avait atteint sa position basse, la vapeur pouvait s'écouler vers le bas du cylindre par la lumière appropriée, l'accès à la lumière supérieure lui étant alors interdit par l'étanchéité qu'assurait le plat de la soupape sur la paroi. La vapeur s'échappant par la lumière supérieure pouvait cependant pénétrer dans la partie fixe du coffre et s'en échapper vers l'extérieur par le conduit d'éduction. Lorsque la soupape remontait, son plat supérieur obturait la lumière supérieure, puis en poursuivant sa montée, l'ouvrait à la vapeur contenue entre la soupape et la paroi. Dans le même

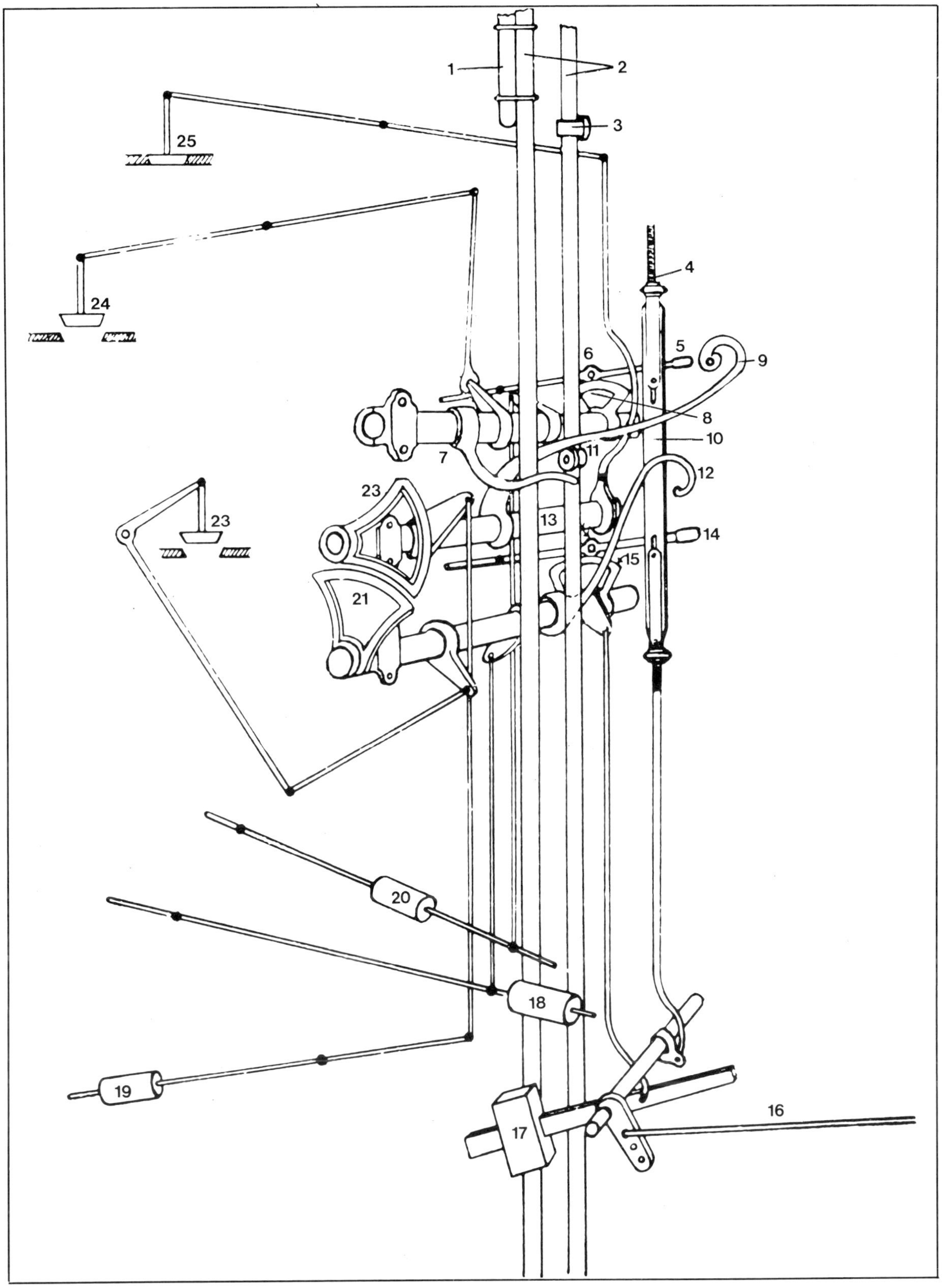

La commande des soupapes sur un moteur « Cornouailles » :
1 Percuteur de la première bielle mâle.
2 Bielles mâles.
3 Percuteur supérieur de la deuxième bielle mâle.
4 Manette de règlage de la soupape de vapeur.
5 Levier à main supérieur.
6 Cliquet du levier à main supérieur.
7 Corne de vapeur.
8 Cliquet supérieur.
9 Poignée supérieure.
10 Bielle de commande.
11 Percuteur inférieur de la seconde bielle mâle.
12 Poignée inférieure.
13 Cliquet du levier à main inférieur.
14 Levier à main inférieur.
15 Cliquet inférieur.
16 Biellette de la soupape d'injection.
17 Poids de l'arbre actionnant 10 et 16.
18 Poids ouvrant la soupape d'éduction.
19 Poids ouvrant la soupape d'équilibrage.
20 Poids ouvrant la soupape de vapeur.
21 et 23 Quadrants de synchronisation.
22 Soupape d'éduction.
24 Soupape de vapeur.
25 Soupape d'équilibrage.

mouvement, le plat inférieur fermait la lumière inférieure à la vapeur puis l'ouvrait au conduit d'éduction. Les déplacements de la soupape ouvrant ainsi alternativement le haut et les bas du cylindre à l'admission et à l'échappement de vapeur.

Pour assurer le déplacement de cette soupape, Murdock disposa une jante excentrique sur les rayons du volant-moteur et équipa d'un roulement la tige reliée à la jante et suivant son déplacement excentrique. Cette tige était reliée par des leviers au poussoir de la soupape. Ainsi, les déplacements verticaux du roulement étaient transmis à la soupape et lui faisaient un trajet complet pour chaque révolution du vilebrequin.

Les machines à haute pression

Newcomen et Watt, sur ces premiers moteurs, n'avaient en réalité utilisé la vapeur que comme un moyen pratique de créer un vide en dessous du piston. Aussi, ces moteurs dont le travail essentiel était le fait de la seule pression atmosphérique ont-ils été appelés « moteurs atmosphériques ». Watt a par la suite alimenté le haut du piston en vapeur sous pression et c'est de ce principe qu'est né le véritable moteur à vapeur. A l'époque des machines de Murdock, la pression appliquée sur le piston et la traction exercée en dessous étaient à peu près égales, la pression de vapeur utilisées se situant bien au-dessous de 3,5 kg/cm^2.

Le « Marquis aux cent inventions » avec son expérience du canon, et Savery avec son *Ami du mineur* avaient l'un et l'autre mis en évidence les pressions que l'on pouvait obtenir en faisant bouillir de l'eau dans un récipient clos. Dans son *Theatri Machinarum* publié à Liepzig en 1725, Jacob Leupold décrivait une « machine à feu » avec laquelle la pression de la vapeur était seule à fournir la puissance. Sur cette machine d'épuisement, deux cylindres verticaux étaient montés au-dessus d'une chaudière et chacun des pistons entraînait l'un des deux balanciers d'une pompe au moyens de bielles articulées. Un robinet de 76 mm de diamètre

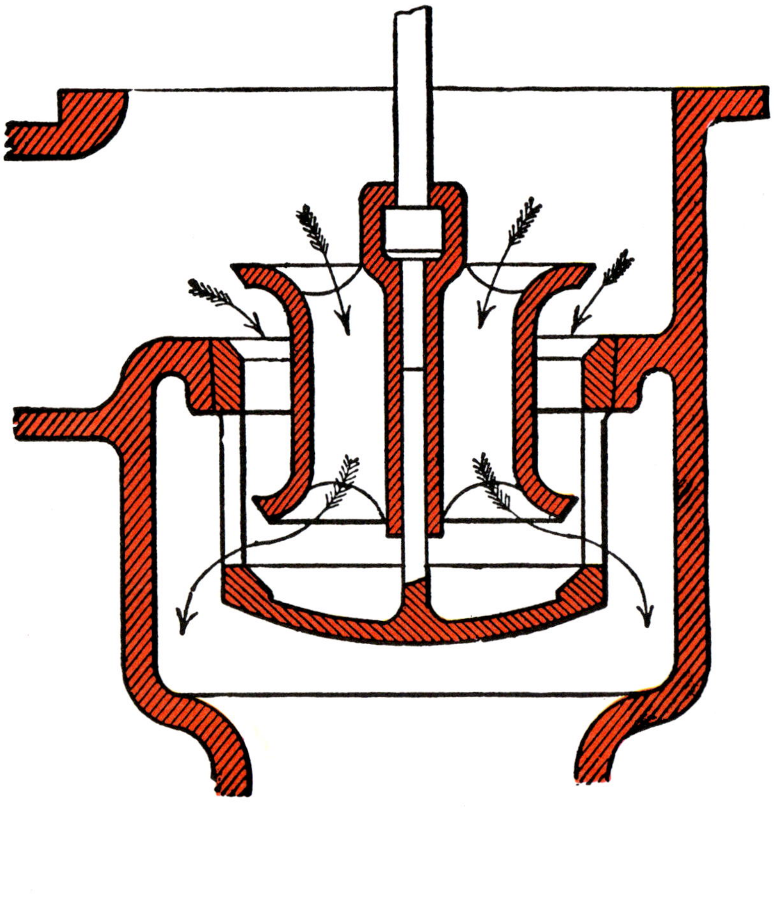

Ci-dessus et à droite : le parallélogramme de Watt et les soupapes de vapeur et d'équilibre d'un moteur d'épuisement à balancier, à Ryehope, Comté de Durham (Angleterre).

A gauche : soupape double, à pression équilibrée en positions ouverte et fermée.

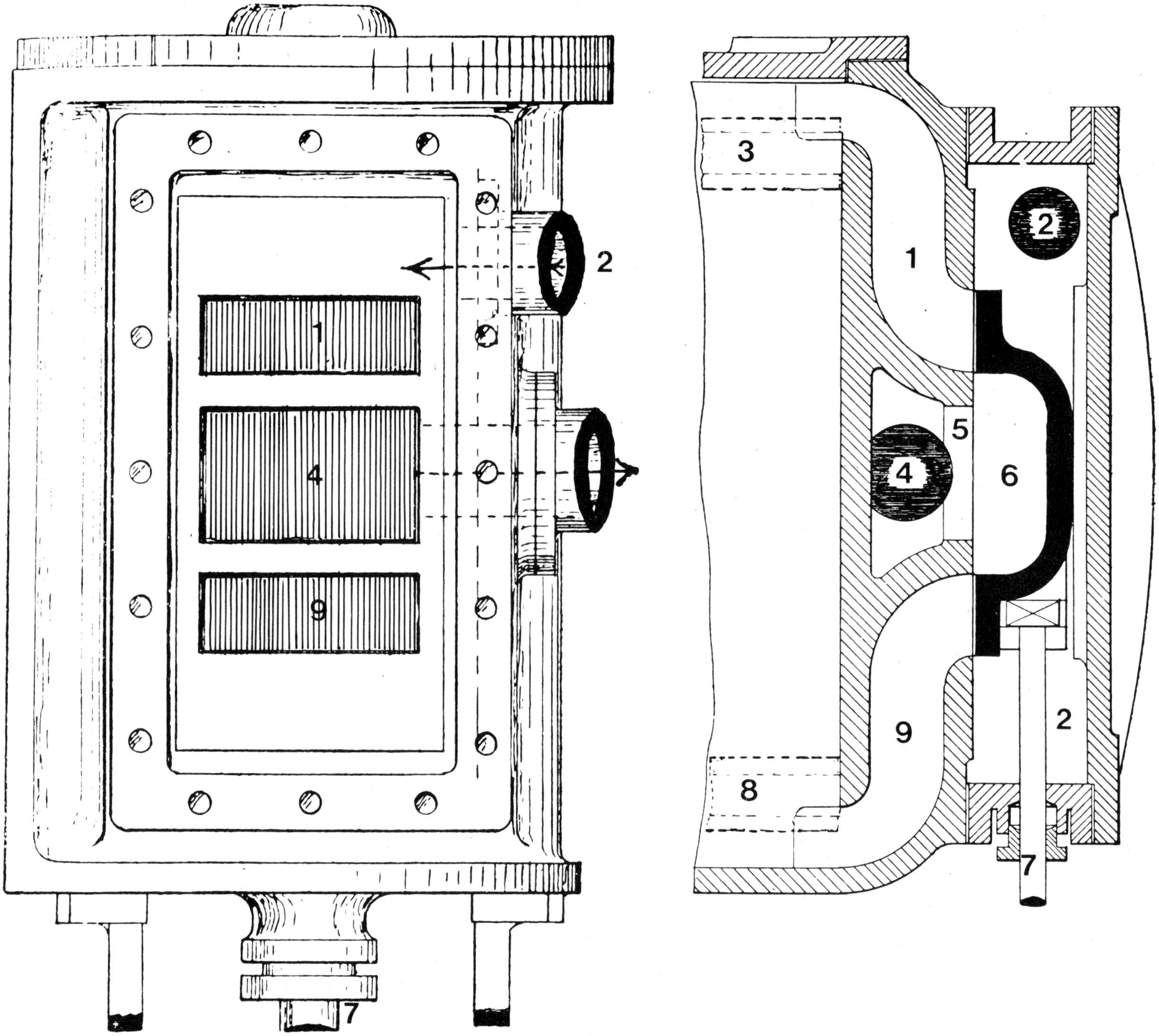

Soupape coulissante. Le dessin de gauche montre la paroi du cylindre, et celui de droite, une coupe du cylindre et de la soupape. La soupape est représentée à mi-course.
1 Conduit de vapeur vers le haut du cylindre.
2 Vapeur.
3 Position du piston en haut de course.
4 Lumière d'échappement.
5 Échappement.
6 Soupape coulissante.
7 Poussoir de soupape.
8 Position du piston en bas de course.
9 Conduit de vapeur vers le bas du cylindre.

était placé verticalement entre les deux cylindres. Le corps de ce robinet comportait quatre conduits disposés à angle droit : celui du bas provenant de la chaudière, les deux conduits latéraux menant aux deux extrémités du cylindre et le conduit supérieur assurant l'échappement. Le corps pivotant central comportait deux conduits parallèles de telle sorte que, en pivotant d'un quart de tour, il permettait alternativement une communication chaudière-cylindre gauche, cylindrique droit-échappement et chaudière-cylindre droit et cylindre gauche-échappement. Une autre caractéristique intéressante du moteur Leupold était ses pistons à gorge garnie d'une feuille de fer blanc enrobée entre deux couches de feutre pour empêcher le feutre de se durcir en température.

Le successeur de Leupold dans l'utilisation de la vapeur sous pression fut Nicolas-Joseph Cugnot. Né en Lorraine en 1725, il avait débuté comme ingénieur en Allemagne. Revenu à Paris en 1769, il construisit un charriot à vapeur destiné aux transports d'artillerie qu'il présenta au Ministère de la Guerre. Il lui en fut aussitôt commandé un second exemplaire, plus important, mais celui-ci s'avéra si difficile à manier qu'il démolit un mur lors de son premier essai. Il fut donc mis de côté et, heureusement, conservé. Il est aujourd'hui exposé au Conservatoire des Arts et Métiers, à Paris. Ce « fardier » était équipé d'un moteur deux-cylindres à simple effet qui entraînait la roue avant unique par un système à rochet, les cliquets étant montés sur des leviers articulés à la roue et couplés aux tiges de pistons par des bielles. Un balancier transversal actionné par ces leviers commandait le robinet de vapeur. Mais la chaudière de dimensions réduites montée à l'avant avait peu d'autonomie et nécessitait de fréquents arrêts de chauffe.

Chacun d'un côté de l'Atlantique, deux personnages ont commencé à construire des moteurs à haute pression au début du XIXe siècle. Oliver Evans, né en 1755 et qui avait débuté comme apprenti chez un fabriquant de chariots de Philadelphie fut convaincu, en 1772, par le fils d'un forgeron local de repenser le coup du canon du Marquis de Worcester, et ceci le porta à concevoir un moyen de mouvoir les chariots sans avoir recours aux chevaux. Il obtint, en 1787, l'exclusivité des droits sur son invention d'un appareil à brasser et à moudre le grain, et, en 1801, il entreprit de dessiner un moteur à vapeur pour l'industrie en général. Son premier moteur avait un alésage de 152 mm et une course de 457,2 mm et tournait à 30 tr/mn pour une pression de vapeur de 3,500 kg/cm^2 s'échappant dans l'atmosphère. Le cylindre était vertical et actionnait un balancier placé en position supérieure, l'autre bras du balancier étant solidaire d'un cadre oscillant, ce qui évitait le recours à un parallélogramme de Watt. Le balancier entraînait un vilebrequin équilibré par un volant de bois de 2,30 m de diamètre. Le mouvement de son balancier valut d'ailleurs à ce moteur la désignation de « sauterelle ». En 1815, Evans sortit un moteur de 508 mm d'alésage et 1 524 mm de course travaillant à 14 kg/cm^2 pour une usine hydraulique de Philadelphie mais il s'avéra trop coûteux à l'usage et, sept ans plus tard, on lui préféra la force hydraulique. Lors de sa mort, en 1819, cinquante de ses moteurs étaient en activité sur la Côte Atlantique.

C'est en réalité à Richard Trevithick que revient l'honneur d'avoir été à l'origine de la première machine haute-pression compacte. Né en 1771 près de Camborne, en Cornouailles, Trevithick était le fils d'un « capitaine » de mine et il fut plus tard lui-même surnommé « Cap'n Dick ». Il eut aussi le surnom de Géant de Cornouailles, en raison et de sa haute taille (1,88 m) et de sa grande force physique qui lui permettait, rapporte-t-on, d'écrire son nom sur un balancier juché à 1,80 m avec un poids de 25 kg accroché à son pouce. Mais il était surtout un géant parmi les ingénieurs, de par son habilité naturelle à résoudre les problèmes mécaniques de la manière la plus pratique et avec les moyens réduits alors à sa disposition.

C'est vers 1798 que Trevithick avait pour la première fois songé à réaliser une machine haute-pression. Il avait d'abord réalisé plusieurs maquettes qu'il essaya dans sa cuisine. Trevithick découvrit très vite qu'une petite machine transportable pouvait fort bien déplacer un chariot ou tirer des wagons sur rails, et il mit au point une maquette qui pouvait évoluer dans une pièce. Elle avait une chaudière cylindrique et horizontale dont la chauffe était assurée par l'intérieur, et dans laquelle le cylindre vertical était encastré de manière à conserver une bonne température de fonctionnement. La tige de piston était rigide, avec un balancier transversal coulissant sur deux bielles pour transmettre le mouvement en ligne droite. A partir des extrémités du balancier, deux bielles descendaient sur les bras de manivelles de deux roues motrices, l'une d'elle étant engrenée avec un volant régulateur. Un robinet à quatre voies était commandé par une biellette encochée reliée au balancier et agissant sur la poignée pour faire communiquer alternativement les deux extrémités du cylindre avec l'admission de vapeur et l'échappement. A partir de cette

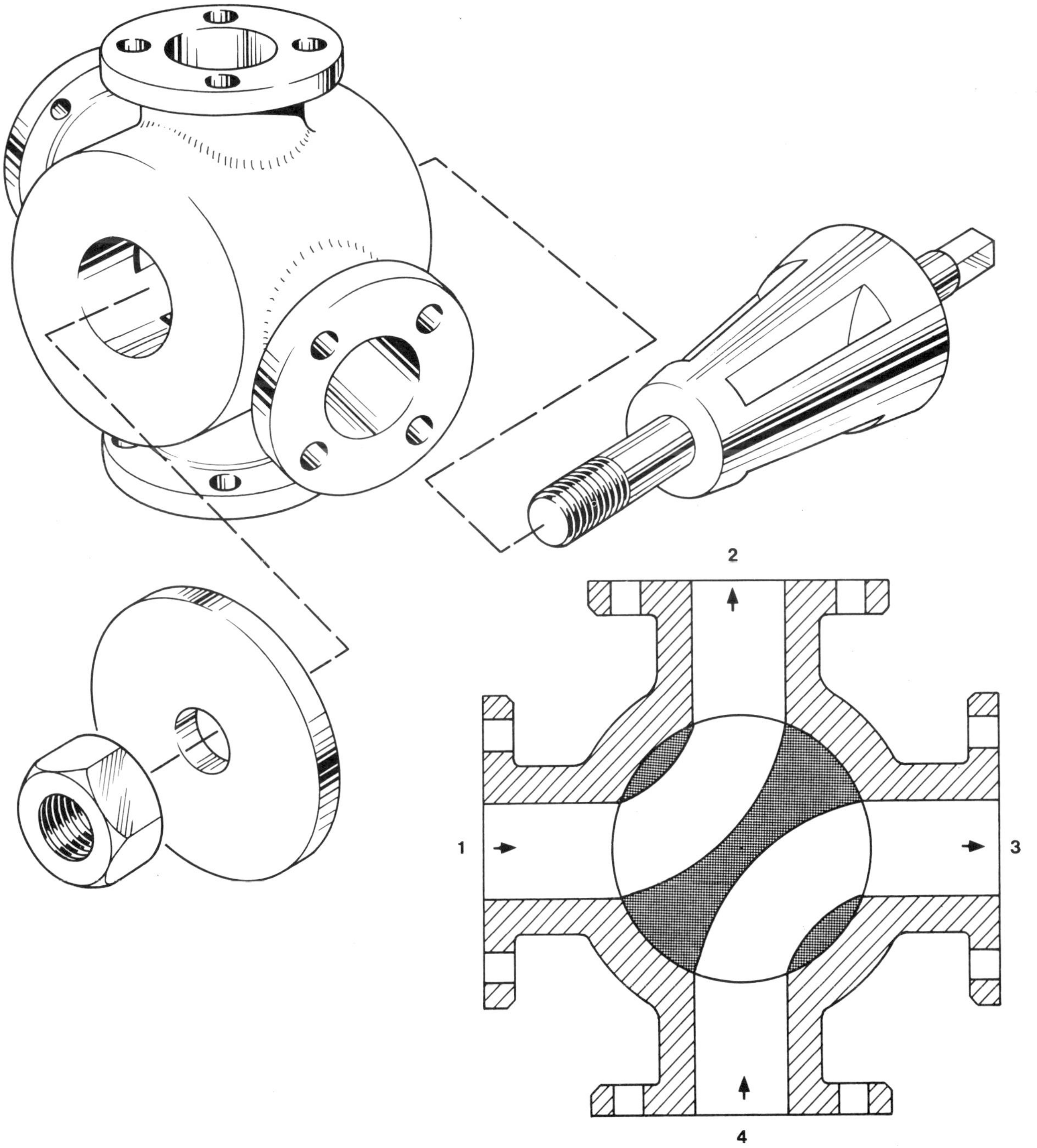

Robinet à quatre voies :
1 et 3 : Vers le cylindre.
2 Échappement.
4 Arrivée de la chaudière.

Une maquette du premier véhicule automobile : le Fardier de Cugnot, un chariot à vapeur construit en 1770 pour remplacer les attelages de l'artillerie de campagne.

expérience, Trevithick mit au point un moteur à haute pression pour l'extraction dans les mines dont le premier exemplaire fut installé dans la mine de Cook's Kitchen, en 1800, et dès 1802, il avait atteint une pression de marche de 10,5 kg/cm^2.

Peu après le début du siècle, Trevithick construisit un véhicule routier à 4 roues doté d'un moteur encastré dans la chaudière et dont les perfectionnements n'allaient pas manquer de retentissement. Le foyer de chauffe contenu dans un carter cylindrique était placé à l'avant de la chaudière et un circuit intérieur assurait une plus grande surface de chauffe. Un soufflet monté en haut de la chaudière était actionné depuis le balancier de manière à créer un tirage ascendant dans le feu, ce tirage étant également favorisé par une cheminée. Afin de conserver la chaleur plus longtemps, et ainsi, améliorer le rendement, l'eau amenée à la chaudière passait préalablement par une chemise disposée autour de l'échappement de telle sorte qu'elle était déjà chaude avant de se mélanger à l'eau de la chaudière. Aucun récit ne restitue mieux la destinée malheureuse de cette machine que celui qu'en fit l'un des amis de « Cap'n Dick » : « Le *moteur voyageur* partit de l'église de Cambourne le 28 décembre 1802, en direction de Tehidy où je l'attendais pour le réceptionner. Il cassa en haut d'une côte après avoir cependant fonctionné tout à fait bien pendant 3 ou 4 000 yards. Il fut donc poussé sous un abri de fortune et les invités se retrouvèrent tous à l'auberge pour se réchauffer le cœur avec une dinde rôtie et les breuvages appropriés. Ayant perdu son eau, le moteur oublié était devenu rouge de chaleur et tout ce qui pouvait brûler brûla, du moteur comme de l'abri. »

En 1803, un nouveau moteur à cylindre horizontal fut construit, toujours avec le cylindre encastré dans la chaudière, selon la méthode Trevithick, et les extrémités du balancier étant guidées par des gorges. Le robinet à quatre voies était actionné par un système de taquet depuis le balancier, comme auparavant. La même année, Trevithick construisit la première locomotive de chemin de fer au monde pour gagner un pari contre Samuel Homfray, le propriétaire de la mine de Penydaren, au Pays de Galles, dans laquelle le Géant de Cornouailles procédait alors à l'installation d'un moteur stationnaire. Les années suivantes firent apparaître un certain nombre de moteurs à haute pression destinés à différentes utilisations industrielles. L'un d'eux fut même destiné à l'entraînement d'une drague, sur la Tamise. En 1810, Trevithick fut immobilisé six mois par une grave maladie, et, comme il n'était pas un homme d'affaires, il fut mis en faillite. Il continua néanmoins son travail sur les machines à haute pression, sur les pompes de mines et sur la modernisation des chaudières des vieux chariots, dans les mines les plus importantes. En 1817, il s'embarqua pour le Pérou afin d'aller y superviser l'installation de machines à vapeur dans les mines de cuivre et d'argent. Mais ce pays était alors en proie à de graves troubles politiques et Trevithick se retrouva dans l'armée de Simon Bolivar. La chance joua contre lui et il perdit tout, contraint à gagner Cartagena, en Colombie, au prix d'un pénible exode en radeau et à pied. Il y rencontra Robert, le fils de son confrère George Stephenson qui lui prêta les 50 livres nécessaires pour regagner l'Angleterre. Lorsqu'il débarqua à Falmouth, en 1827, il ne possédait plus que les habits qu'il portait. Il reprit cependant ses expériences et travaillait à un projet de turbine à réaction pour John Hall, à Dartford, lorsqu'il mourut, en 1833, sans un sou.

L'avènement du moteur à expansion

Dans un perpétuel souci de rendement accru, Jonathan Carter Hornblower — le frère aîné de celui qui avait importé en Amérique une machine Newcomen — avait déjà envisagé d'utiliser l'expansion de la vapeur. En 1781, il ajouta un deuxième cylindre à une machine avec l'idée de laisser l'expansion de la vapeur agir sur le piston d'un premier cylindre puis de la transférer dans un second cylindre, lorsque sa pression avait baissée, et d'utiliser ensuite le vide créé par sa condensation. Mais ce système s'avéra d'un fonctionnement peu satisfaisant aux moments de basse pression. De surcroît, un procès pour

Le moteur du bateau à aubes *Comet* construit par Henry Bell, en 1812.

Une machine haute-pression de Trevithick avec son cylindre placé à l'arrière de la chaudière.

contrefaçon de brevet fut intenté par Watt, le projet fut donc abandonné. Mais en 1804, un ingénieur qui avait travaillé avec les Hornblower, Arthur Woolf reprit cette idée en l'assortissant d'une pression de vapeur beaucoup plus forte. Sa première machine, construite pour les brasseries Meux, ne fonctionna cependant pas en raison des proportions inadéquates des cylindres. Woolf s'associa alors à Humphrey Edwards — qui allait par la suite construire quelques 300 machines en France —, résolut enfin ses problèmes de piston et construisit avec succès plusieurs grosses machines de ce type.

Convaincu de ce que les machines à balancier n'étaient pas assez robustes pour pouvoir supporter de plus hautes pressions, William Mc Naught eut, en 1845, l'idée de faire agir la tige du piston à haute pression sur un point du balancier situé entre son centre et son extrémité, en ayant recours à une timonnerie à parallélogramme. Ceci permit d'équiper les machines existantes de nouvelles chaudières à haute pression et d'accroître leur puissance tout en les rendant plus économiques. Un grand nombre de machines à balancier nouveau furent également construites avec le système Mc Naught à double détente. La vapeur y était envoyée, à la pression de la chaudière dans un cylindre de taille réduite, au quart environ de la course du piston. La détente de la vapeur agissait sur le piston jusqu'à ce que sa pression descende à un niveau situé entre celui de la chaudière et le vide. Elle était alors transférée dans un cylindre plus gros où elle poursuivait sa détente jusqu'à ce que la condensation crée le vide. Les alésages des deux pistons étaient calculés de telle sorte qu'ils donnent une puissance égale.

Bien que très peu de machines « Cornouailles » aient reçu ce système de double détente, les mono-cylindres de pompage à balancier étaient des machines remarquablement économiques. La qualité de leur conception et de leur fabrication leur permit très souvent de fonctionner pendant près de cent ans dans les mines et les

Une gigantesque machine « Cornouailles » à balancier utilisée à l'épuisement d'une mine.

La machine à double détente et balancier de Mc Naught.

chantiers hydrauliques avec un minimum de défaillances. Les dernières « Cornouailles » avaient un cylindre de 1,80 à 2 m d'alésage et de 3 m de course. Leur gros balancier était en fonte, seuls les tout derniers exemplaires ayant reçu des balanciers en charpente métallique. Leur énorme cylindre était enveloppé de lattes d'acajou tenues en place par des bandages de cuivre poli et les élégantes timonneries de soupapes et de balancier donnaient à ces machines une esthétique très agréable à l'œil. Par bonheur, certaines d'entre elles ont été conservées et l'on peut toujours les admirer au travail, « sous-pression », aujourd'hui.

La plus grosse de ces machines fut une « Cournouailles » à double détente dotée de deux cylindres concentriques. Le cylindre basse-pression, annulaire, avait un alésage de 3,70 m et le cylindre haute-pression, central, de 2,10 m. La course était de 3,60 m. Elle fut construite en 1840, par Harveys, en Cornouailles, pour assécher l'étang de Haarlem, en Hollande. Elle actionnait onze pompes de 1,60 × 3 m disposées en cercle autour d'elle, ses balanciers de trellis passant au travers des murs d'un bâtiment circulaire.

D'une manière générale, la machine à balancier était trop lourde et trop lente pour actionner les machines outils des usines. De là est née la machine à action directe, horizontale ou verticale, avec laquelle la tige du piston est guidée par un balancier de taille réduite entraînant un bras de manivelle par l'intermédiaire d'une bielle, et sur laquelle la commande des soupapes est assurée par la rotation du vilebrequin. La machine à cylindre horizontal a, au départ, rencontré quelque opposition par ce que l'on pensait que le frottement du piston sur le bas du cylindre provoquerait une ovalisation, mais l'accroissement des tolérances de fabrication et l'amélioration des matériaux eurent tôt fait de surmonter ces réticences et les deux dispositions ont bientôt progressé côte-à-côte, jusqu'à parvenir à leurs configurations définitives.

Le progrès des soupapes et de la distribution

En 1801, Matthew Murray modifia le tiroir en D inventé

par Murdock en rapprochant l'une de l'autre les deux lumières de vapeur et en en prévoyant entre elles une troisième, pour l'échappement. La soupape devint un tiroir rectangulaire qui glissait sur la paroi du cylindre et connectait alternativement chacun des deux conduits de vapeur avec la lumière d'échappement.

Ce système original et simple péchait cependant par une certaine imprécision des connexions aux positions intermédiaires du tiroir qui nuisait à une bonne détente. Pour y remédier, les parois du tiroir furent rendues plus larges que la lumière de vapeur. L'admission de vapeur dans l'un ou l'autre des conduits ne commençait plus désormais qu'après une certaine course du tiroir. Avec ce procédé, également, la vapeur était coupée avant la fin de la course, ce qui permettait sa détente, et elle n'était rejetée vers l'échappement qu'à la fin de la course.

Ces tiroirs étaient généralement entraînés par un excentrique placé sur un disque de l'arbre. Une courroie dans laquelle le disque pouvait tourner comportait une bielle d'extension reliée par un joint à charnière à l'extrémité de la tige actionnant le tiroir. Le déport maximum de l'excentrique était alors d'un quart de tour, de telle sorte que le tiroir était à la moitié de sa course lorsque le piston était à la fin de la sienne. La pratique démontra qu'un libre accès de la vapeur aux conduits était préférable. La lumière devait donc être dégagée à peu près au moment où le piston démarrait sa course. L'excentrique fut donc légèrement avancé, à un peu plus de 90°, ce que l'on désigna par avance angulaire. Ces perfectionnements apportèrent d'ailleurs un avantage supplémentaire en ce que l'échappement étant interrompu juste avant la fin de la course du piston, il ménageait dans le cylindre un matelas de vapeur qui amortissait le changement de direction du piston.

Le procédé très répandu du tiroir fut bientôt remplacé par la soupape cylindrique, très proche d'ailleurs quant à son fonctionnement du système antérieur. Elle consistait en un cylindre muni de deux collerettes à ses extrémités et coulissant dans un manchon doté de lumières de vapeur à chacune de ses extrémités. Cette disposition présentait deux avantages, particulièrement pour les machines rapides et travaillant à de hautes pressions. En premier lieu, l'espace libre entre les lumières de vapeur pouvait être considérablement augmenté pour une taille de tiroir inchangée. Enfin, cette admission interne permettait une meilleure étanchéité à la vapeur, les garnitures de tiges de soupapes n'étant plus soumises qu'à la seule pression de la vapeur.

L'importance croissante des machines horizontales

Bien que Trevithick ait construit des machines horizontales depuis 1803, il devait encore s'écouler vingt ans avant que celles-ci ne soient fabriquées en quantité. L'une des premières sur le marché fut produite par Taylor & Martineau, à Londres. Son cylindre était compris entre deux cadres latéraux en fonte qui formaient également des glissières pour les extrémités du balancier. Une soupape à piston et un condenseur étaient logés sous le cylindre et la pomme à air était entraînée par le vilebrequin. Le régime était contrôlé par un régulateur de Watt actionné par une courroie depuis une poulie du vilebrequin.

Entre le milieu du XIXe siècle et la première décennie du XXe siècle, la conception des plus petites machines horizontales n'évolua guère. On peut en retenir pour exemple celles que fabriquaient Tangye & Co. Elles comportaient une armature de

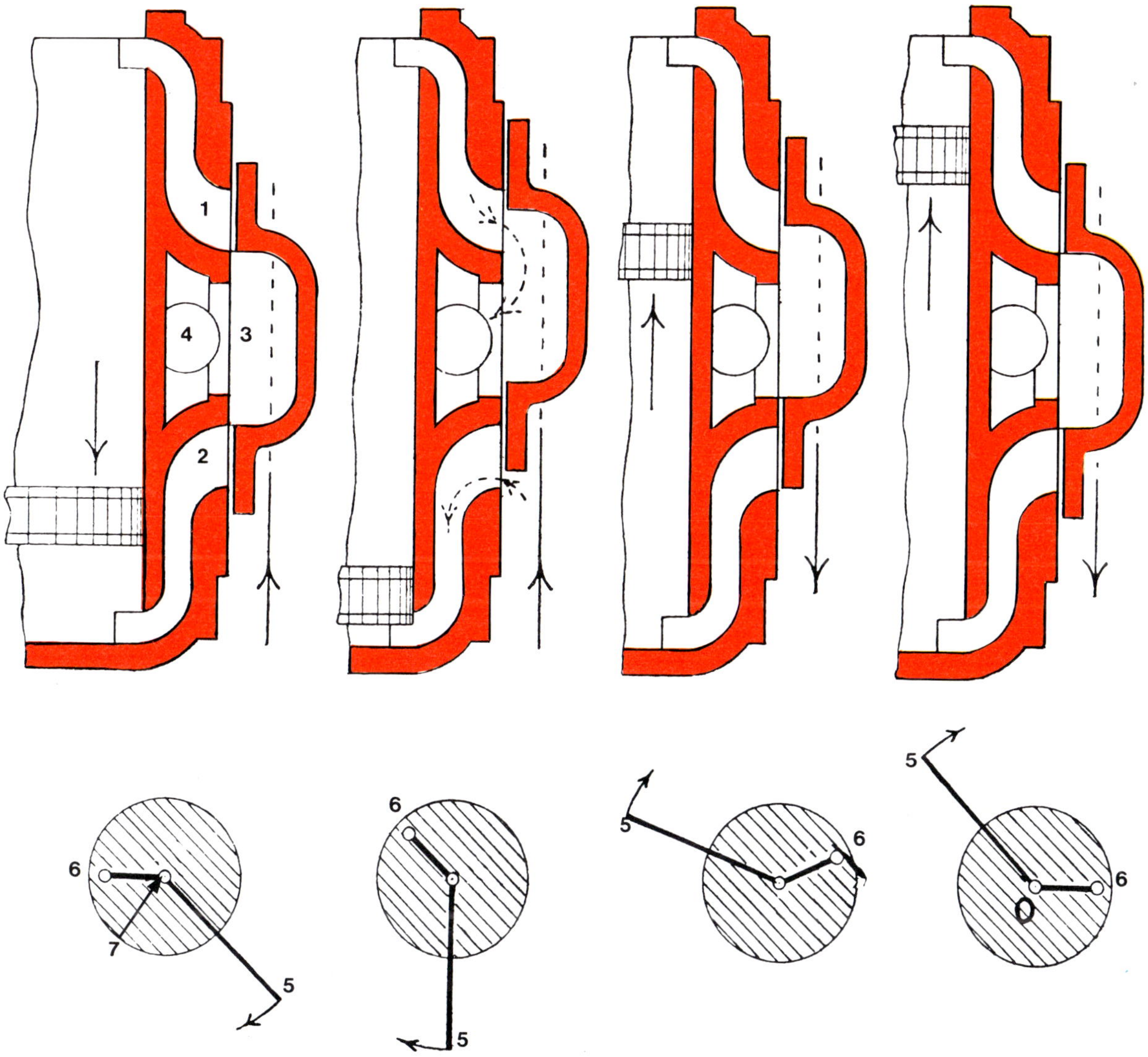

Schéma de fonctionnement d'une coulisse :
1 Lumière de vapeur vers le haut du cylindre.
2 Lumière de vapeur vers le bas du cylindre.
3 Coulisse.
4 Lumière d'échappement.
5 Position de la manivelle.
6 Position de l'excentrique.
7 Arbre moteur.
8 Relachement de vapeur en début de descente du piston.
9 Admission de vapeur en sous-face de piston.
10 Point de coupe dans la course ascendante du piston.
11 Point de fermeture de toutes les lumières assurant la compression à proximité du point mort bas.

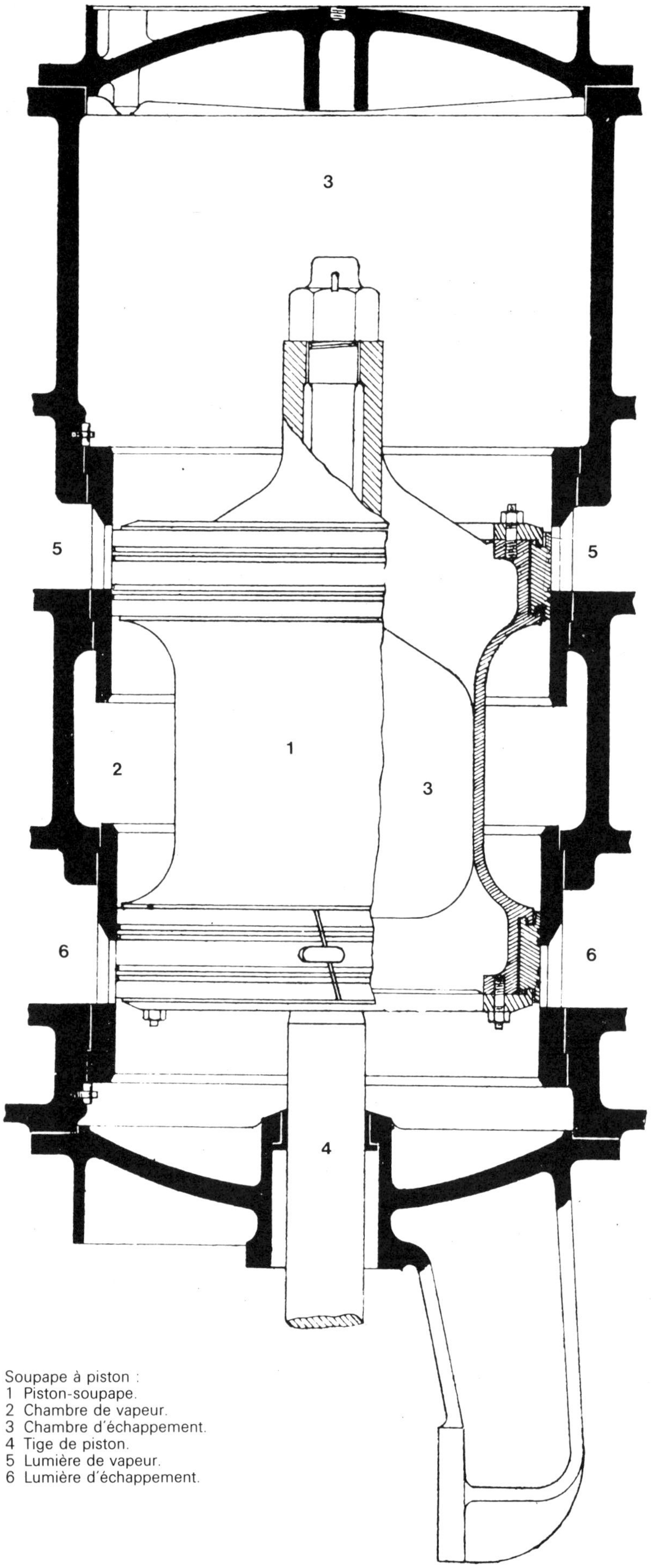

Soupape à piston :
1 Piston-soupape.
2 Chambre de vapeur.
3 Chambre d'échappement.
4 Tige de piston.
5 Lumière de vapeur.
6 Lumière d'échappement.

fonte et deux bras de manivelle placés d'un côté de la ligne médiane d'un guide de balancier tubulaire, lequel guide se terminait en une collerette constituant l'arrière du cylindre. Le cylindre était boulonné à cette collerette et son tiroir était disposé dans l'alignement des deux paliers du vilebrequin. Le maneton était extérieur aux paliers entre lesquels prenait l'excentrique entraînant le tiroir, et le volant-moteur, également extérieur, lui faisait pendant. Leur apparence valut d'ailleurs à ces bâtis en fonte l'appellation de « lits à bayonnettes ». Ces machines furent produites en quantités importantes, tantôt avec deux cylindres, tantôt du type « compound ». Avec des puissances variant entre 5 et 20 ch (3,7 et 15 kW) et malgré un régime maximum de l'ordre de 100 tr/mn, elles étaient utilisées alors comme les moteurs électriques le sont aujourd'hui.

En Amérique, on cherchait cependant à obtenir de vitesses de rotation plus élevées, et C.T. Porter conçut, en 1863, la Porter-Allen qui allait être construite par la Southwark Foundry & Machine Co de Philadelphie et développait 168 ch (125 kW) à 350 tr/mn. Et des vitesses du même ordre furent obtenues avec les Armington Sims de 1881. Ces machines présentaient des armatures renforcées de même que des bielles et une course relativement courte. Avec un alésage de 165 mm et une course de 203 mm, elles développaient 18 ch (13,4 kW) et actionnaient des générateurs directement depuis leurs vilebrequins. Des moteurs Armington Sims de 175 ch équipaient la toute première centrale de production électrique qui fut construite Pearl Street, à New York, par Thomas Edison, en 1881.

Le développement des machines horizontales se poursuivit avec pour objectif des régimes et des puissances accrus. La plus grande attention fut apportée aux soupapes et à leur commande. En 1841, Frederick E. Sickels mit au point une machines à double effet qui était munie de soupapes descendantes pour l'admission et pour l'échappement. De telles soupapes présentaient l'avantage de s'ouvrir et de se fermer rapidement, ce qui permettait un timing plus précis qu'avec le système à excentrique. Ces soupapes étaient habituellement ouvertes par des cames disposées sur un arbre longitudinal, lequel arbre était entraîné depuis le vilebrequin par des pignons côniques. Et elles étaient refermées par des ressorts permettant à la pression de la vapeur de ne pas s'exercer sur leur mécanisme d'entraînement.

A l'exposition du Centenaire de Philadelphie, en 1876, un autre Américain, George H. Corliss, présenta un machine à soupapes cylindriques coulissantes qu'il avait inventée en 1849. Cette machine à balancier comportait deux cylindres verticaux de 101 mm d'alésage et de 305 mm de course. Elle tournait à 360 tr/mn et développait 1 400 ch (1 060 kW), puissance suffisante à entraîner toutes les machines de l'exposition.

La plus grosse machine horizontale était évidemment à son meilleur dans l'entraînement des appareils textiles. Dans cette application en effet, l'économie, la fiabilité et une vitesse constante étaient des paramètres essentiels. La plupart des moteurs utilisés dans les filatures étaient à double détente et la disposition des multiples cylindres présentait d'infinies variations. L'une de ces dispositions, connue sous l'appellation de « tandem compound » donnait deux cylindres placés l'un derrière l'autre avec tige, bielle et manivelle communes. Dans le système « cross compound », les deux cylindres étaient au contraire disposés côte-à-côte, de part et d'autre du volant-moteur et de la commande de soupapes. Les plus grosses machines combinaient parfois ces deux dispositions, mais toutes étaient du type à condenseur, leurs pompes à air étant généralement entraînées par la tige sortant du cylindre basse-pression. Elles développaient des puissances de quelques centaines à plusieurs milliers de chevaux. En plus de leur utilisation dans les filatures elles servirent aussi à l'extraction des minerais. Une idée de leur taille peut être donnée par un moteur construit en 1881; ce « cross compound » à soupapes Corliss comportait deux pistons de 1,25 et 2,13 m de diamètre et de 2,43 m de course. Elle travaillait à 7 kg/cm^2 de pression et fournissait une puissance de 4 000 ch (2 984 kW).

Une déperdition de chaleur considérable était causée par la température différente de la vapeur entre l'admission et l'échappement, ce qui modifiait continuellement la température du cylindre et des autres parties métalliques. Leonard Jennett Todd obtint en 1885 un brevet pour une machine sur laquelle la vapeur était admise par les extrémités du cylindre et s'échappait, à mi-course, lorsque le piston découvrait un anneau de lumières pratiqué dans la paroi du cylindre. L'échappement et l'admission étant séparés, la température des différentes pièces restait donc constante. Cette machine qui fut appelée « uniflow » ne put cependant pas être rendue efficiente avant que le Professeur Johann Stumpf, de Charlottenburg, n'en repense la conception en la dotant de soupapes d'admission descendantes, en 1908.

Autres applications de la machine verticale

Toutes les premières machines verticales, telles les machines à balancier et celles que construisit Trevithick, présentaient des tiges de piston pointant vers le haut, en direction de la manivelle. Cette disposition fut acceptée comme normale, jusqu'à ce que James Nasmyth sorte, qu'en 1850, une machine verticale dont le cylindre était maintenu entre deux colones de fonte qui servaient également de glissières à la crosse et dont le vilebrequin tournait sur des paliers portés par l'armature. Ces machines « inversées » allaient en fait supplanter la machine « en table » de Henry Maudslay, un grand fabriquant d'outillage et le pionnier de la mécanique de précision. Comme sa désignation le laisse entendre,

Une élégante mono-cylindre verticale construite en 1891 par Marshall et développant 14 ch (10,4 kW) à 210 tr/mn.

cette machine était installée sur un bâti en forme de table, les glissières de crosse étant situées au-dessus du cylindre et les longues bielles entraînant un vilebrequin disposé entre les pieds de la table.

Les machines verticales suivirent les progrès des machines horizontales en adoptant des soupapes coulissantes, des soupapes à piston et, plus tardivement, des soupapes Corliss. Au départ, elles comportaient deux cylindres compound mais des créations plus récentes eurent recours à trois cylindres dans lesquels la détente de la vapeur s'effectuait alternativement, ce qui leur valut la désignation de machines à triple détente. Comme leurs cylindres étaient placés assez haut au-dessus du niveau du sol, un condenseur de surface était habituellement installé entre les colonnes du moteur et l'entraînement de la pompe à air était assurée par un balancier oscillant actionné par l'une des crosses. Le condenseur de surface consistait en un certain nombre de tubes de cuivre soudés entre les deux couvercles d'une boîte creuse, ces deux couvercles étant respectivement connectés au cylindre basse-pression et à la pompe à air. Le refroidissement était assuré par la circulation de l'eau entre les tubes, dans la boîte.

Quelques très grosses machines verticales à triple détente furent utilisées au pompage de l'eau dans les installations hydrauliques, les pompes étant alors de type alternatif et placées sous le vilebrequin, ou bien de type centrifuge et actionnées par le volant d'inertie. Des machines verticales semblables furent également utilisées dans les premières centrales électriques, avec d'autant plus d'avantages que l'espace disponible au sol faisait prime.

Machine à vapeur et production d'électricité

L'entraînement direct d'une dynamo requérant la transmission d'une haute vitesse à l'arbre induit, Peter Williams Willans conçut, en 1884, une machine à haut régime qui était entièrement enclose et lubrifiée par giclage. Ces machines étaient à simple, double ou triple manivelle, et à deux cylindres compound ou trois cylindres à triple détente par manivelle. Chacun des pistons était relié à une tige de piston commune contenant une soupape à cordon multiple actionnée par un excentrique depuis le bouton de manivelle. Des lumières ménagées dans cette tige creuse laissaient entrer la vapeur par le haut et la soupape à piston la faisait successivement passer de l'échappement d'un cylindre supérieur à l'admission du cylindre situé immédiatement en-dessous. Ces moteurs composés de pièces interchangeables et pouvant atteindre des puissances de 2 500 ch (1 860 kW) furent fabriqués pendant plus de cinquante ans.

Une autre machine destinée à l'entraînement de dynamos fut construite en quantités importantes par Belliss and Morcom. Elle avait été conçue par Albert Charles Paine, de Birmingham (Angleterre), en 1892. Ces machines closes furent produites en version à double et triple détente, leur puissance pouvant atteindre 2 900 ch (2 164 kW). Leur principal progrès consistait en un système de lubrification alimenté par une pompe prenant son entraînement au milieu du vilebrequin et envoyant l'huile par des tuyaux sur toutes les surfaces d'appui. Un régulateur était monté axialement sur le vilebrequin, à l'opposé du volant d'inertie. Le modèles les plus petits sont pour beaucoup, toujours en service actuellement, dans des usines, des blanchisseries et des hôpitaux, et plus particulièrement là où la vapeur est utilisée pour la fabrication ou le chauffage.

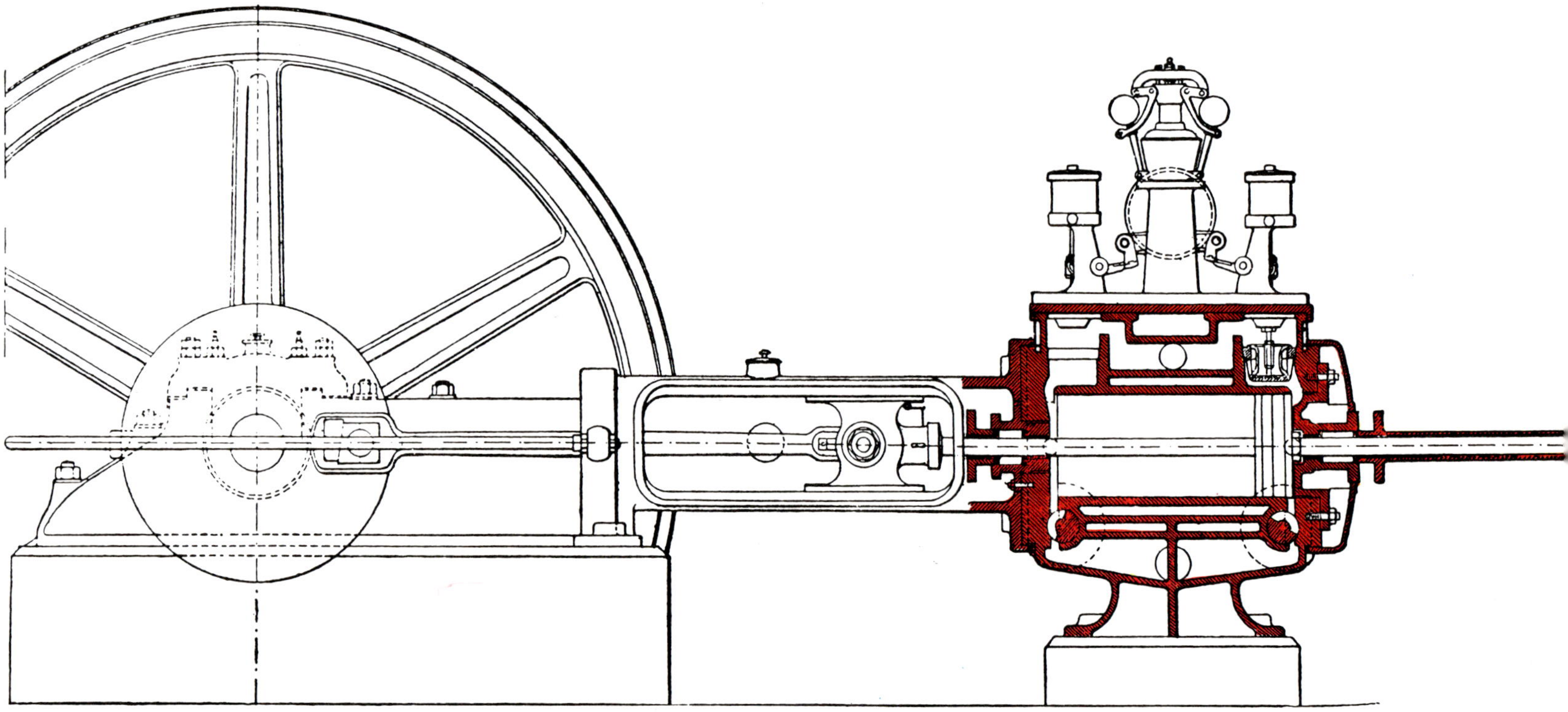

Machine horizontale conçue par Proell et Scharowsky. La soupape d'admission est verticale et la soupape d'échappement, de type Corliss.

Ci-dessus : une machine d'épuisement à double détente et soupape Corliss.

A gauche : Une machine mono-cylindre « uniflow » à soupapes d'admission champignon.

Les débuts de la locomotive à vapeur

Ses machines compactes et relativement transportables donnèrent à Richard Trevithick l'idée d'en installer une sur des roues afin qu'elle puisse se mouvoir par elle-même en actionnant ses roues. Il réalisa cela d'abord sur une maquette expérimentale, puis sur un véhicule routier en même temps que pour la machine qu'il construisit pour Samuel Homfray et qui fut réellement la première locomotive au monde. Ses performances étant meilleures que celles des chevaux, elle ne manqua pas d'éveiller aussitôt l'intérêt des propriétaires de mines de charbon du nord-est de l'Angleterre. Les premiers succès revinrent cependant à Matthew Murray dont les premières locomotives furent mises en service au charbonnage de Middelton, près de Leeds (Angleterre), en 1812. Des huit machines qui y furent livrées, quatre restèrent en service pendant trente ans. En revanche, les deux machines construites quatre ans plus tard pour la Fonderie Royale de Berlin s'avérèrent nettement moins heureuses. Ces locomotives avaient deux cylindres verticaux placés au-dessus de la chaudière, avec deux crosses entraînant deux bras de manivelle disposés sous un châssis en bois. Les deux bras de manivelle engrenaient le pignon d'un arbre central doté à ses extrémités de deux roues dentées, et ces roues dentées assuraient la propulsion de la machine en tournant sur deux crémaillières parallèles aux rails. Cet entraînement à crémaillières était l'invention de John Blenkinsop, directeur des mines de Middleton, qui était injustement convaincu de ce que la friction entre des roues pleines et des rails en acier serait incapable d'assurer une traction suffisante.

William Hedley, directeur des charbonnages de Wylam, près de Newcastle (Angleterre) fut l'inventeur d'un autre modèle de

Machine à double détente en tandem construite par Willans en 1901.

locomotive dont il fut construit trois exemplaires, *Puffing Billy* et *Wylam Dilly* existant d'ailleurs toujours aujourd'hui. Leurs moteurs subirent plusieurs modifications après leur lancement, en 1813, mais leurs caractéristiques générales étaient leurs deux cylindres verticaux disposés de part et d'autre de la chaudière, et qui actionnaient par le biais de parallélogrammes deux balanciers articulés sur le sommet de la cheminée. Sous le châssis, ces deux balanciers faisaient tourner un vilebrequin qui entraînait les quatre roues motrices au moyen d'un engrenage, comme de coutume. Cette coutume dura en fait jusqu'à ce que George Stephenson sorte, en 1815, sa deuxième locomotive *Wellington* sur laquelle des crosses semblables à celle de la machine de Murray faisaient office de bielle en agissant directement sur les roues motrices, les deux autres roues étant actionnées par un dispositif de pignon et de chaîne sans fin. Cette chaîne était d'ailleurs très semblable aux chaînes à rouleaux qui sont encore courantes aujourd'hui sur les cycles.

George Stephenson — qui ne fut pas d'avantage l'inventeur de la locomotive que Watt ne fut celui de la machine à vapeur — était l'ingénieur en chef des charbonnages de « Grand Allies », la puissante ligue de plus importants charbonnages du comté anglais de Northumberland. En 1817, il construisit pour le Kilmarnoch and Troon Railway une locomotive à six roues motrices sur laquelle les essieux avant et arrière étaient actionnés par les cylindres disposés de part et d'autre de la chaudière, et l'essieu central, par chaîne. Mais la caractéristique la plus frappante de cette locomotive était sans doute un dispositif de suspension qui faisait là son apparition sur les locomotives à vapeur afin d'éviter le martellement sur les rails en fonte d'acier, courts et irréguliers de l'époque. Six petits cylindres ouverts en haut étaient disposés dans le fond de la chaudière et leurs pistons étaient reliés aux essieux par un débattement limité. Lorsque la chaudière était sous pression, cette pression abaissait les pistons qui supportaient ainsi les paliers d'essieux sous le seul effet de la vapeur. Le fonctionnement de ce dispositif ne donna cependant pas entière satisfaction et il fut abandonné à partir de 1827. Il n'en reste pas moins le grand ancêtre des suspensions hydrauliques que l'on trouve aujourd'hui sur la plupart des automobiles. Vers 1825, Nicholas Wood équipa les locomotives de Stephenson en service aux charbonnages de Killingworth de suspensions à lames d'acier mais la suspension des locomotives fut néanmoins abandonnée jusqu'à ce que la position des cylindres soit radicalement changée, en 1828.

En 1823 fut fondée la fabrique de locomotives Robert Stephenson & Co. L'une de ses machines les plus fameuses fut la *Locomotion* construite en 1925 pour l'inauguration de la première ligne ferroviaire de

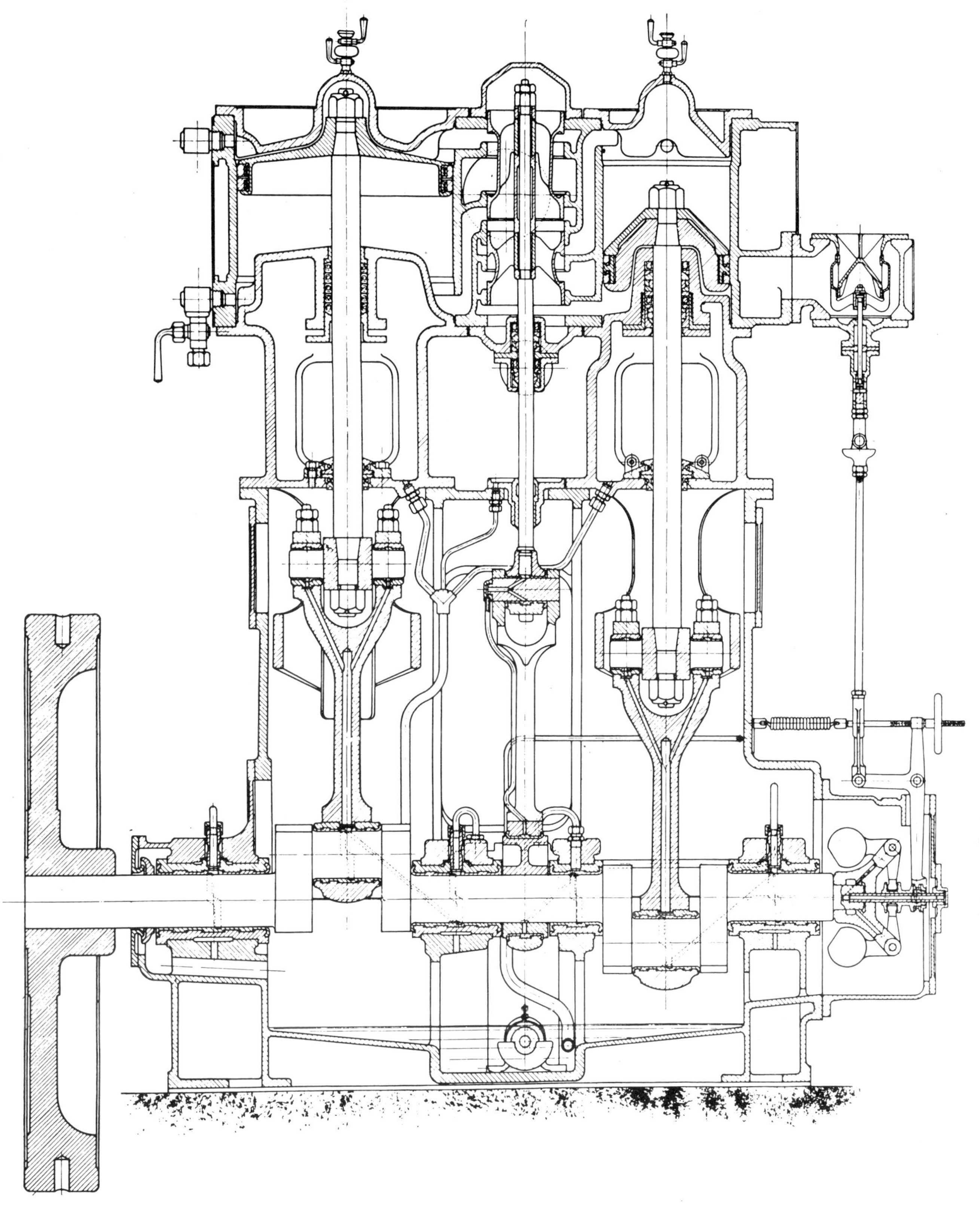

Vue en coupe de la machine à deux cylindres et régimes élevés de Belliss et Morcom.

Une pompe d'épuisement à triple détente installée à Walton, Middlesex (Angleterre).

transport passagers et marchandises au monde : la Stockton-Darlington Railway. En 1924, Robert Stephenson partit pour trois ans en Amérique et, lorsqu'il en revint, il sortit la *Lancaster Witch,* une version évoluée de la *Experiment* de son père. Les cylindres de cette locomotive étaient fortement inclinés et entraînaient directement les roues avant, les roues arrière étant actionnées par des bielles d'accouplement. Cette locomotive était au surplus dotée d'une suspension à ressorts à lames. Le mouvement vertical de la manivelle n'affectait plus le mouvement du piston mais chaque déplacement n'en modifiait pas moins l'alignement de la manivelle et de l'axe du cylindre, un mal qui affectera d'ailleurs toutes les locomotives suspendues ultérieures. La célèbre *Rocket* qui remporta, en 1829, le concours destiné à sélectionner la machine la plus apte aux besoins de la nouvelle ligne Liverpool—Manchester, et une deuxième locomotive Stephenson du même nom, présentaient également des cylindres inclinés n'entraînant que les roues avant. Et ces cylindres furent par la suite abaissés à une position presque verticale. La même année, la *Stourbridge Lion* fut expédiée aux États-Unis pour équiper le premier réseau ferré de ce pays : le Delaware et Hudson.

En 1831, la *Planet* de Stephenson apporta deux novations qui allaient être adoptées par toutes les locomotives à vapeur et ceci, jusqu'à la fin de leur carrière. Les cylindres étaient montés à l'avant, sous la boîte de fumée, et dans un plan incliné de manière à ce que les bielles habituelles puissent rejoindre l'essieu arrière formant vilebrequin en passant sous l'essieu avant. Pour la première fois également, la chaudière n'était plus la charpente de toute la machinerie mais les paliers d'essieux étaient montés sur un véritable cadre périphérique constitué de deux plaques d'acier forgé, entre lesquelles, sur quelques machines ultérieures, allait être disposée une plaque de bois dur. Cette plateforme devait d'ailleurs rester d'un emploi courant jusqu'à l'apparition, en 1841, des locomotives à chaudière longue produites par Stephenson pour les voies de 1,50 m des North Eastern Railways. Sur ces locomotives, des plaques métalliques de 19 mm s'étendaient sur toute la longueur de la machine, rigidifiées par le bloc cylindre et par des traverses rivées. Ce principe fut adopté par la quasi-majorité des locomotives britanniques tandis que sur les machines américaines on trouvait des longerons métalliques, selon une architecture introduite par l'Anglais Edward Bury qui avait exporté quelques locomotives en Amérique dans les années 1830. On allait par la suite retrouver ce principe en Allemagne et en Autriche.

Sur les tout premiers moteurs, la connexion entre le cylindre, la vapeur ou l'échappemnt était réalisée au moyen de robinets primitifs qui étaient commandés au moyen de taquets fixés à la tige du piston et butant sur une fourchette à la fin de chaque course. Pour inverser la marche, des poignées disposées sur les robinets permettaient au conducteur — non sans acrobaties de sa part — de démarrer dans la direction voulue, après quoi les taquets prenait le relais. Les soupapes coulissantes de Matthew Murray vinrent bientôt remplacer ce système peu économique de « tout ou rien ». Sur quelques unes des premières locomotives, Stephenson Nicholas Wood installa un excentrique sur l'arbre moteur qui, par le biais d'une timonnerie, actionnait les soupapes coulissantes. Ceci permettait une détente plus complète de la vapeur et donnait, par le fait même, un fonctionnement plus économique en charbon. Ces excentriques étaient actionnés par un goujon placé sur l'arbre de telle sorte qu'ils pouvaient effectuer un demi-tour par rapport à l'arbre et déclencher ainsi la marche avant ou la marche arrière. Ils ne pouvaient en fait y parvenir que lorsque la locomotive se déplaçait dans la direction désirée, car pour la mettre en marche, il fallait avoir recours soit à un cheval, soit à un tirant de manière à ce que les roues effectuent leur premier demi-tour. Une commande

HATHORN DAVEY & Co. Ld
ENGINEERS LEEDS

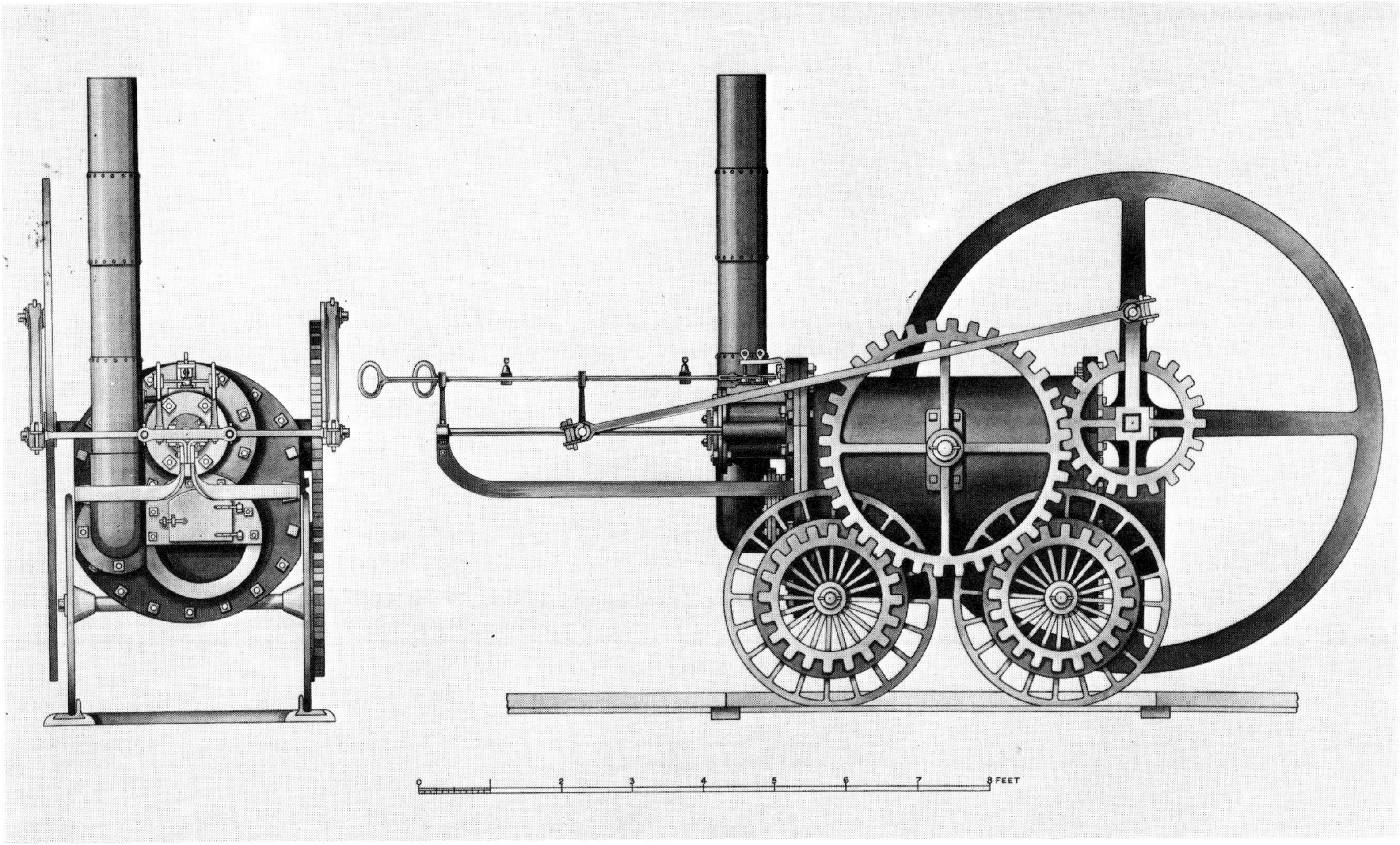

Le *tram* de Trevithick fut, en 1804, la première locomotive du monde.

manuelle fut plus tard ajoutée dans l'engrenage de transmission mais elle nécessitait toujours une solide expérience de la part du conducteur. Dans les années 1840, Stephenson perfectionna la commande des soupapes grâce à un système à deux excentriques par cylindre, l'un pour la marche avant l'autre pour la marche arrière. Chaque excentrique était prolongé par une bielle se terminant par un crochet, et un balancier commandé depuis le poste de conduite par un « levier de relevage » permettait de lever ou d'abaisser un balancier de manière à connecter l'un ou l'autre des crochets avec la tige de soupape. Ce système présentait néanmoins l'inconvénient de ne fonctionner correctement qu'aux positions extrêmes. Et c'est en cherchant à remédier à cet inconvénient que William Williams, un apprenti aux bureaux de dessin de Stephenson, imagina, en 1841, de remplacer les deux crochets et leur balancier par une coulisse dans laquelle glissait un coulisseau actionnant la tête de la tige de soupape. Ainsi le déplacement de la soupape pouvait-il être réglé à volonté depuis l'arbre de relevage, pour couper la vapeur avant la fin de course et permettre une détente variable de la vapeur en marche avant ou arrière. Cette « timonerie de marche Stephenson » fut dès lors utilisée aussi bien sur les locomotives que sur les machines stationnaires ou les moteurs marins.

David Joy, l'homme qui avait eu l'idée de remplacer, dans la gorge des pistons, la corde de chanvre par le segment métallique, conçut également, en 1879, une commande de soupapes sans excentriques. Son invention qui fut d'abord essayée sur une vieille locomotive à quatre roues du Furness Railway et fut ensuite appliquée à de nombreuses machines à cylindre interne où l'espace entre les deux manivelles était insuffisant pour installer quatre excentriques. Avec ce système, une bielle à mouvement elliptique — en raison de sa connexion à mi-longueur — était reliée, par son extrémité, à une autre biellette. Une troisième biellette était articulée à l'extrémité d'un levier commandant le déplacement de la tige de soupape. A son extrémité opposée, cette troisième biellette comportait un doigt guidé par la gorge d'une glissière en arc de cercle. L'inclinaison de cette glissière pouvait être modifiée de part et d'autre d'une position neutre correspondant à l'alignement avec le levier reliant la première et la seconde biellette. En augmentant l'inclinaison de la glissière d'un côté ou l'autre de la position neutre, on allongeait la course de la soupape et le sens de l'inclinaison déterminait le sens de marche de la machine.

Une autre timonerie de commande de soupape permettant à la fois l'inversion de marche et des points de coupe variables fut inventée par le Belge Egide Walschaerts en 1844. La distribution Walschaerts qui a été une solution de longue durée n'avait qu'un excentrique disposé à angle droit avec la manivelle motrice, les mouvements de la tige de tiroir étant commandés à la fois par le jeu de la coulisse et par celui d'une tige articulée

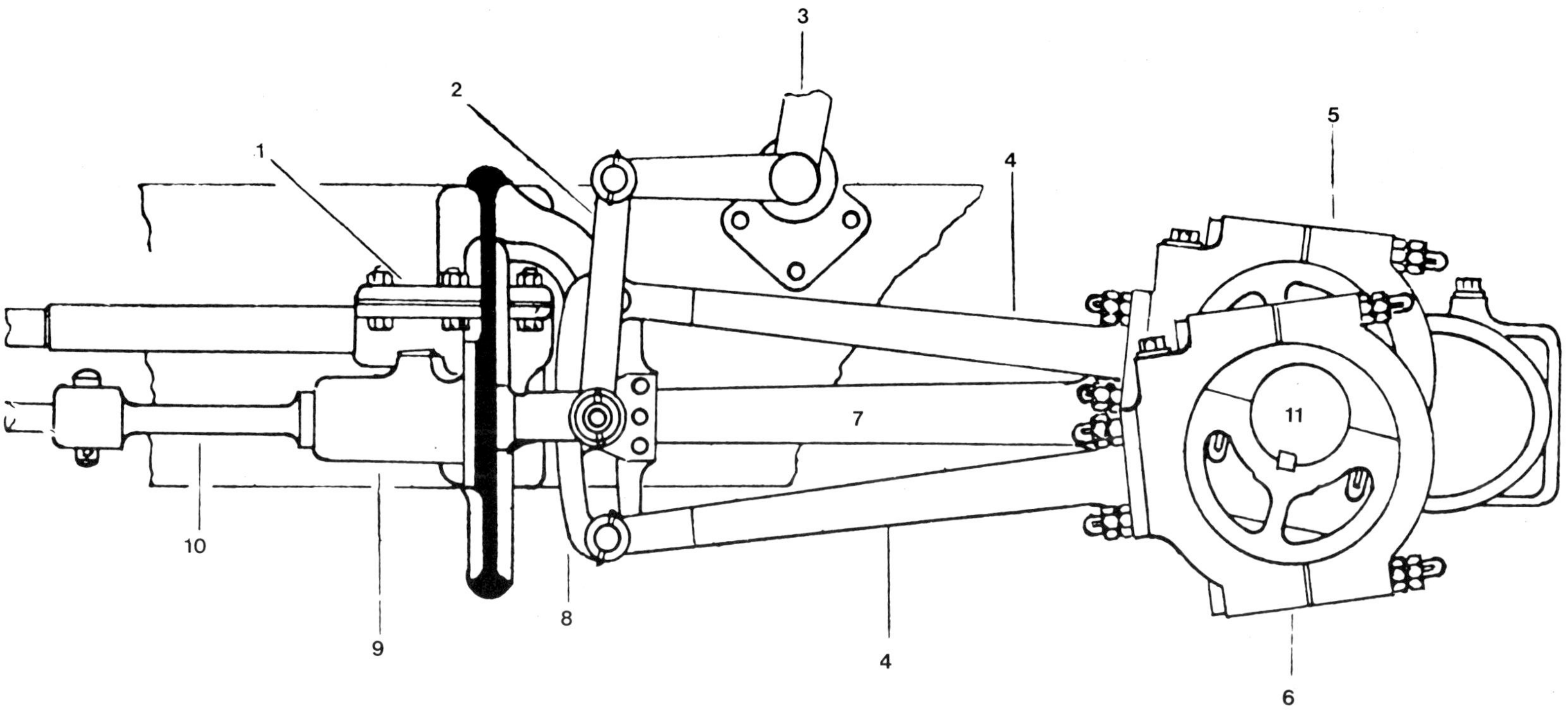

La coulisse de Stephenson :
1 Crosse de piston.
2 Arbre de relevage.
3 Levier d'inversion de marche.
4 Biellette d'excentrique.
5 Excentrique de marche avant.
6 Excentrique de marche arrière.
7 Bielle.
8 Tringlerie de quadrant.
9 Guide.
10 Tige de tiroir intermédiaire.
11 Arbre.

sur la tige du piston. Ce système fut inauguré sur les locomotives Killingworth et repris sur la *Locomotion* pour coupler les roues avant et arrière.

Avec la commande Walschaerts, le mouvement de la manivelle de retour était transmis à un levier incurvé et articulé par le milieu. Le levier commandant la tige de tiroir pouvait être déplacé en hauteur, en corrélation avec le levier incurvé de manière à donner des points de coupe différents et, de par son déplacement de chaque côté de l'articulation, de permettre l'inversion du sens de marche. La connection de la crosse assurait en plus une constance entre l'avance du tiroir par rapport à celle du piston quel que soit le point de coupe, et c'était là un progrès par rapport à tous les autres systèmes de distribution.

Lorsqu'à partir de 1910 on eut recours à des températures plus élevées, ce qui impliquait des points de coupe anticipés afin de majorer la chaleur contenue dans la vapeur, le système Walschaerts prit sa pleine valeur. Ces températures plus élevées étant obtenues par un « sur-chauffage », on dut prévoir des tiroirs suffisamment résistants et des lumières plus importantes pour accepter ce débit de vapeur accru. Le sur-chauffage fut mis à profit dès son apparition par G.J. Churchward qui travaillait pour la Great Western Railway anglaise, et la démonstration la plus convaincante en fut fournie par la supériorité de ses locomotives *Castle* de 1925.

C'est cependant Anatole Mallet qui conçut la première véritable locomotive « compound ». Elle comportait deux cylindres de diamètres différents : le plus petit, le cylindre haute-pression (H.P.) alimentant par son échappement le tiroir d'un cylindre basse-pression (B.P.) de dimensions plus importantes. Mais pour assurer la mise en mouvement des locomotives attelées à leur lourd convoi, il fallait que le maximum de couple puisse être transmis aux roues. A cet effet, la vapeur était envoyée au cylindre H.P. et, grâce à une soupape de renversement, s'en échappait par une tuyère. Simultanément, de la vapeur sous pression était également introduite dans le cylindre B.P. par un conduit étranglé de faible section. Après le démarrage, la soupape était inversée et l'échappement du cylindre H.P. repassait normalement dans le cylindre B.P. Cette faculté laissée au conducteur de revenir au système à simple détente (non-« compound ») était aussi de la plus grande utilité lorsqu'un tel convoi avait à franchir de fortes lampes. Ce système fut donc rapidement généralisé sur toutes les locomotives compound françaises et aussi sur celles de la Norfolk and Western Railway (N&WR) américaine. La dernière locomotive de type Mallet fut construite en 1952 pour la N&R alors que la première avait commencé son service en 1876 sur la ligne Biarritz—Bayonne.

En 1884, Francis Webb conçut une locomotive compound à trois cylindres pour la London and North Western Railway anglaise. Ses deux cylindres H.P. externes à commande de tiroir Joy entraînaient l'essieu arrière et un gros cylindre B.P. placé entre les longerons du châssis entraînait l'essieu avant. La commande du tiroir B.P. était cependant du type plus ancien à excentrique et, comme les deux essieux moteurs n'étaient pas couplés, le sens de marche désiré était d'abord imprimé par les roues arrière, en attendant que l'excentrique B.P. n'entre en action. Ceci posa des problèmes initiaux mais, après que le dessin original ait été repensé, ces locomotives furent produites à plusieurs centaines d'exemplaires. Des locomotives à trois cylindres de meilleure conception furent par la suite construites pour plusieurs compagnies européennes, avec pour apogée les superbes conceptions d'André Chapelon pour les Chemins de Fer du Nord. Ces locomotives pouvaient atteindre des puissances de 3 700 ch (2 760 kW) et leur vitesse, dépasser largement 160 km/h.

Des locomotives compound à deux cylindres dans le châssis furent construites par Thomas Worsdell pour la North Eastern Railway anglaise, les axes de leurs cylindres étant disposés en diagonale par rapport aux longerons du châssis. Elles étaient dotées d'un système de démarrage automatique qui

Ci-dessous :
La commande de distribution Joy :
1 Articulation de la tige de soupape.
2 Guide de la plaque pivotante.
3 Plaque pivotante.
4 Arbre.
5 Point fixe de la biellette inférieure.
6 Bielle.
7 Crosse de piston.
Les lignes discontinues figurent le déplacement des différentes articulations.

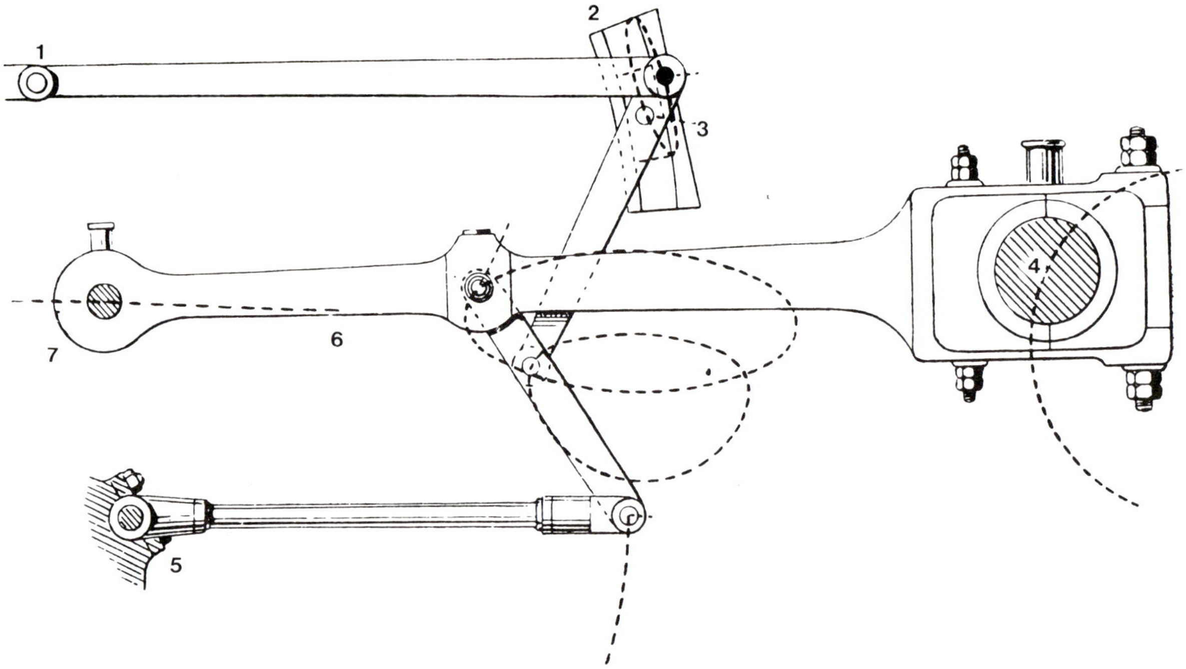

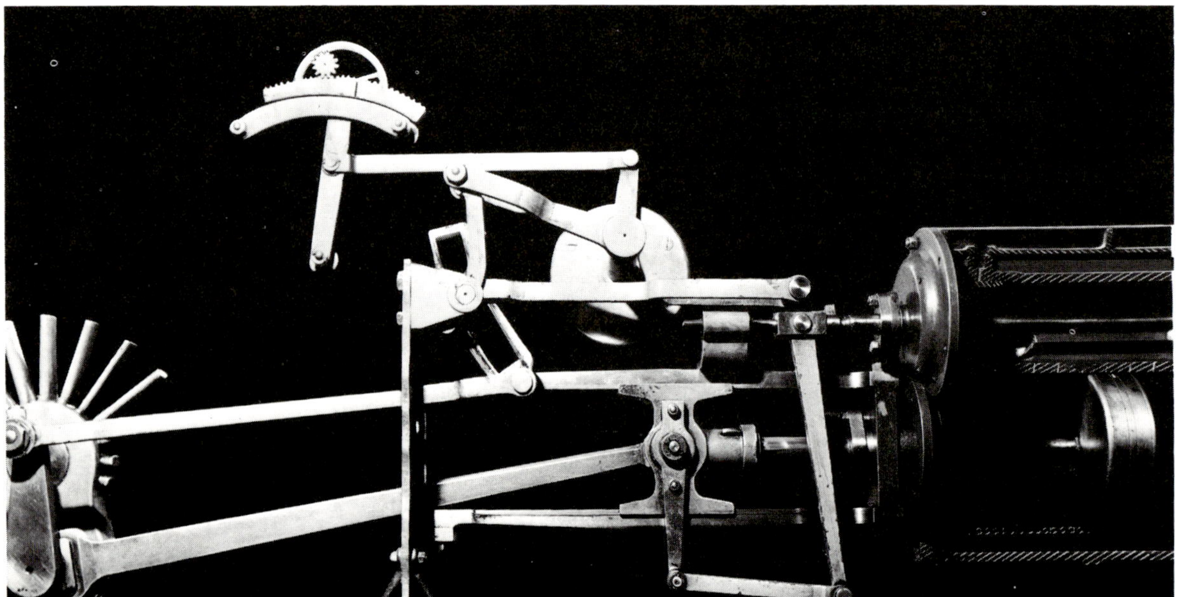

Ci-dessus : la *Locomotion* construite en 1825 par Robert Stephenson pour la Stockton and darlington Railway.

A gauche : la commande de distribution Walschaerts.

assurait le passage de la marche simple à la marche compound aussitôt que la valeur de la pression de vapeur mesurée dans un récipient situé entre les deux cylindres excédait un seuil pré-déterminé. Ce système était l'invention d'un ingénieur allemand, A. von Borries, qui avait aussi essayé des cylindres externes de dimensions différentes sur sa machine de 1889. Mais les machines compound à cylindres externes souffraient d'une largeur excessive, un obstacle particulièrement gênant avec les quais surélevés des gares anglaises. Ceux-ci n'existaient cependant pas en Europe et en Amérique où fut construite, en 1893, une locomotive équipée de cylindres de 53 et 79 cm d'alésage.

Des « compounds en tandem » avec le cylindre H.P. placé derrière le cylindre B.P. furent produites par Gaston du Bousquet pour les Chemins de Fer du Nord, en 1887, et avec le cylindre H.P. au-dessus de cylindre B.P., par l'Américain Samuel Vauclain en 1889. Vauclain qui allait plus tard devenir le président de Baldwin Locomotive Works, avait conçu sa locomotive sur un double principe, de manière à ce que premièrement les deux cylindres actionnent une crosse commune de chaque côté, et, que deuxièmement la vapeur puisse être distribuées par un seul tiroir commun. Au départ, ces locomotives furent construites au rythme d'une centaine d'exemplaires par an.

En 1886, Alfred de Glehn, un Anglais émigré en France, dessina une quatre cylindres compound dont les deux cylindres H.P. étaient logés entre les longerons du châssis et les cylindres B.P., à l'extérieur. Un dispositif de distribution compliqué permettait à chaque pair, ou aux 4 cylindres, de fonctionner en processus simple, ou à tous les quatre de marcher en compound, selon les besoins.

Bien que les soupapes coulissantes, et, plus tard, le tiroir, aient été d'un usage quasi-universel sur les locomotives dès le début du XIXe siècle, certains avaient pensé à utiliser des soupapes « champignon » à ressort. Le premier système de ce genre à être utilisé fut conçu par Lentz, en 1906. Une tige profilée, assez semblable à un arbre à cames, y était actionnée par une timonnerie de type Walschaets pour ouvrir quatre soupapes indépendantes sur chaque

Construite en 1882 pour le New York, New Haven and Hartford Railway, la *Locomotive 106* était l'œuvre des Ateliers de New Haven.

cylindre, deux d'admission et deux d'échappement à chaque extrémité. Plus tard furent également utilisées des cames oscillantes actionnées par une distribution conventionnelle, et même des cames entièrement rotatives et engrenées sur l'arbre de manivelle. En général, ces systèmes n'apportèrent que peu d'avantage sur le tiroir largement expérimenté. Aussi peut-on dire qu'à la fin de sa carrière, la locomotive à vapeur n'était qu'une version développée, agrandie et très développée de celles du milieu du XIXe siècle.

Les véhicules routiers à vapeur

La faculté de se déplacer sans avoir à marcher ayant de tous temps été l'un des grands symboles de condition sociale, il ne tarda pas à paraître évident aux ingénieurs — et à plus forte raison aux expérimentateurs payés — que la machine à vapeur était de nature à supplanter le cheval. La légende voulant que Murdock ait épouvanté le curé en essayant, de nuit, son véhicule à trois roues dans la cour de l'église est probablement exagérée eu égard aux dimensions très réduites de l'appareil à vapeur en question. Mais il n'en reste pas moins vrai que James Watt, son employeur, lui enjoignit de cesser de perdre ainsi son temps, et que ceci marqua malheureusement la fin des expériences de Murdock sur des véhicules routiers à vapeur. En 1805 Oliver Evans construisit son « Oructor Amphibolis » qui représentait un hybride de véhicule routier, de bateau et de drague. Ceci se passait deux ans après que Trevithick ait mis au point son deuxième véhicule à vapeur qui accomplit un tour dans les rues de Londres, à titre d'expérience. A cette même époque, la querelle qui opposait partisans et détracteurs de la roue métallique pleine sur un rail lisse se développa également à propos des véhicules routiers. Ainsi William Brunton construisit-il un véhicule se déplaçant à l'aide de deux véritables jambes arrière. Cet appareil extraordinaire avait un cylindre unique qui actionnait directement l'une des jambes, l'autre étant mue par l'intermédiaire d'un engrenage inverseur à pignon et crémaillère. Sa vitesse ne pouvait guère dépassait 3 kmh mais elle s'accompagnait d'une bonne dose de bruits mécaniques. Une autre expérience dans ce sens fut tentée par David Gordon qui eut aussi l'idée de monter un moteur de locomotive dans un tambour de 2,70 m de diamètre et de 1,50 m de large avec un rail denté circulaire de type Blenkinsop à l'intérieur.

La première moitié du XIXe siècle fut une période d'expériences poussées sur l'utilisation de la vapeur dans la propulsion des véhicules routiers. Les plus réussies furent très probablement celles qui débouchèrent sur le véhicule de Walter Hancock et celui de Sir Goldsworthy Gurney. En 1824, Hancock avait inventé une machine à vapeur dans laquelle le piston et le cylindre étaient remplacés par un sac de caoutchouc qui était alternativement rempli et vidé de manière à produire une action de va-et-vient. Une version de 4 ch (3 kW) lui servit de moteur dans son atelier pendant quelques temps mais la température de vapeur tolérable était limitée et, qui plus est, Hancock s'aperçut qu'il ne pouvait pas adapter cet appareil à un véhicule routier. Achevé en

Une locomotive à double détente (compound) française à cylindres basse-pression dans le châssis.

1824, son véhicule suivant comportait deux cylindres oscillants qui actionnaient deux manivelles disposées de part et d'autre de l'unique roue motrice. Quatre ans après, il décida que les cylindres oscillants — qui allaient cependant être utilisés pendant une longue période sur les bâteaux à aubes — étaient inadéquats et il revint aux cylindres fixes conventionnels pour tous ses autres véhicules. Il en construisit en tout une dizaine en seize ans et un bon nombre d'entre eux servirent dans les transports publics londonniens.

Sir Goldsworthy Gurney était plus ambitieux. En association avec Sir Charles Dance, il ouvrit un service de passagers régulier entre Gloucester et Cheltenham dont la capacité était de 3 000 passagers en quatre mois, sur un parcours de 14,5 km. Les voitures étaient une adaptation des diligences à chevaux contemporaines et les moteurs à deux cylindres à double effet étaient montés sur un châssis de bois, la chaudière étant à l'arrière. Un autre collègue de Gurney était un certain Colonel Maceroni, fils d'un marchand italien, ancien aide de camp du Roi de Naples et soldat de fortune qui, comme tant d'autres inventeurs de cette époque, oscillait entre la construction d'omnibus à vapeur et la faillite. Il dut même une fois laisser sa montre en gage pour obtenir le sac de charbon indispensable à un dernier essai, avant de partir en prison pour dettes impayées. Il fut très certainement le premier des enthousiastes de la motorisation.

Les premiers véhicules routiers à vapeur avaient tous des moteurs conventionnels à deux cylindres, tiroir de distribution, et timonnerie d'inversion de marche type Stephenson pour ceux, rares, qui devaient reculer. Le progrès le plus important résidait dans leur chaudière qui devait nécessairement être de taille réduite, pouvoir accepter des pressions élevées, être rapides à allumer et dégager une vapeur de pression suffisante.

Malheureusement les amoureux des chevaux et les marchands britanniques se liguèrent contre la vapeur et furent à l'origine de lois tellement restrictives que le véhicule à vapeur fut pratiquement contraint à disparaître des routes. Ces lois n'existant pas en France et en Amérique, les voitures à vapeur légères connurent donc un développement bien plus intéressant dans ces pays qu'en Angleterre où le développement des moteurs de traction se limita un temps aux tracteurs de ferme.

L'un des pionniers du véhicule routier à vapeur fut le Français Onésiphore Pecqueur, le contremaître de l'atelier de mécanique du musée dans lequel était conservé le fardier de Cugnot. Et c'est alors qu'il procédait à une réparation sur cet ancêtre du véhicule à vapeur que Pecqueur découvrit le défaut fondamental de cette machine. En 1828, il fut ainsi à même de construire un chariot présentant une bien meilleure chaudière, l'une des premières timonnerie de direction à pignon et crémaillère et, pour la première fois sur un véhicule, un différentiel qui permettait aux roues motrices, dans un virage, de conserver des vitesses relatives différenciées.

Amédée Bollée Père, un fondeur de cloches du Mans qui désirait pouvoir parcourir à une vitesse plus élevée les routes entourant sa ville natale mis au

Ci-dessus et page de droite, en haut : vues en coupe de la locomotive *Ellerman Line.*

point, en 1873, une voiture de voyage qu'il baptisa *L'Obéissante* en raison de ce qu'elle était facile à manœuvrer et qu'elle obéissait exactement à ce que l'on lui demandait. Ceci le mena à entreprendre la construction de voitures plus petites, d'omnibus et de fardiers. Il fut imité en cela par le marquis Albert de Dion, descendant d'une famille belge dont les origines remontaient à un croisé du XIIe siècle. Surnommé « le Comte », il était surtout connu comme joueur de cartes, comme duelliste et comme joyeux parisien. Il n'en n'avait pas moins un profond intérêt pour les choses mécaniques. En association avec Georges Bouton et son beau-frère Trépardoux, il construisit plusieurs voitures à vapeur légères, à trois et à quatre roues, l'une d'elles s'étant même distinguée comme la voiture la plus rapide du monde, après avoir remporté la première course Paris—Rouen, en 1884.

Le titulaire de ce qui fut sans doute le premier permis de conduire, Léon Serpollet eut, alors qu'il n'était âgé que de dix-sept ans, l'idée d'une chaudière à vaporisation quasi-instantanée. Le moteur et ce qui devait passer à la postérité sous la désignation de « chaudière à vaporisation instantanée » furent adaptés par Serpollet à un tricycle existant et ceci le conduisit à la construction en nombre de véhicules à vapeur qui, en apparence étaient difficile à différencier des véhicules à essence et furent exportés dans plusieurs pays étrangers. En 1889, Serpollet s'associa à un riche Américain, Frank Gardner. Ces véhicules adoptèrent alors la marque *Gardner-Serpollet* et eurent notamment pour clients célèbres le roi Édouard VII d'Angleterre

Ci-dessous : l'omnibus à vapeur construit en 1820 par Sir Goldsworthy Gurney.

et le Shah de Perse. Comme combustible, ils utilisaient le kerosène mais, dès 1903, Serpollet modifia son dessin, créant un approvisionnement en carburant et en eau indépendants du moteur afin que la petite chaudière puisse fournir une plus grande réserve de puissance. A l'origine, les pompes étaient entraînées par des cônes qui donnaient une course variable aux pistons plongeurs, mais ce système fut par la suite remplacé par des coulisses de Stephenson. Serpollet eut aussi recours à des condenseurs de surface pour conserver l'eau et pour aider, en même temps, à créer le vide dans les cylindres.

Une entreprise qui devait avoir une carrière beaucoup plus longue que celle de Gardener et Serpollet fut celle que créèrent en 1897 les frères Stanley. Elle allait en effet rester en activité jusqu'à 1927. Le *Woggle Bug* de Stanley qui, en 1906, portait le record du monde de vitesse sur terre à 205 kmh était doté d'un moteur à deux cylindres et d'un châssis constitué de quatre tiges de section circulaires. L'alésage x course était de 114 × 165 mm et, avec une pression de vapeur de 70 kg/cm^2, cet appareil développait 250 ch (186 kW). Une coulisse de Stephenson y était employée à faire varier les points de coupe et à assurer la marche arrière. L'année suivante, la pression de vapeur fut portée à 91,4 kg/cm^2 mais le véhicule eut un accident alors qu'il évoluait à plus de 305 kmh. L'ultime voiture à vapeur, et la plus sophistiquée fut la Doble américaine sur laquelle la vaporisation durait moins de deux minutes, après qu'un circuit électrique ait allumé le brûleur situé sous la

L'une des premières voitures à vapeur; *l'Obéissante* construite par Amédée Bollée en 1872-1873.

chaudière. Elle avait quatre cylindres et un condenseur logé à la place du radiateur d'une voiture normale. Elle pouvait ainsi atteindre une autonomie de 2 400 km avec 109 litres d'eau. Bien qu'il n'en n'ait pas été produit plus de cinquante, les Doble représentaient de sérieuses concurrentes pour leurs contemporaines à essence, mais la lenteur de leur mise en marche et leur prix de vente élevé précipitèrent leur perte en 1932.

Élevé pour entrer dans les ordres, Robert William Thomson s'enfuit en Amérique et revint en Écosse à l'âge de 22 ans. Deux ans après, il inventait le bandage pneumatique. Il construisit aussi plusieurs véhicules routiers à trois roues. La demande étant alors croissante, d'autres constructeurs de machines à vapeur, comme Robey, Ransomes et Burrell fabriquèrent des véhicules sur les plans de Thomson. Ils comportaient trois roues montées de solides bandages de caoutchouc, deux d'entre elles étant mues par un moteur à deux cylindres monté verticalement à l'arrière d'une chaudière dont la conception émanait également de Thomson. Ces véhicules pouvaient transporter 20 tonnes ou plus à des vitesses de l'ordre de 25 kmh. En Grande-Bretagne cependant, la loi limitait les véhicules à vapeur à une vitesse maximum de 4 mph (6,4 kmh). Thomson décida donc de se tourner vers le marché indien. Les machines qu'il y exporta fonctionnèrent dans le Pendjab à partir de 1872 et l'une d'elles gagna même une certaine notoriété, lors d'une démonstration publique, en enflammant les robes des dames avec les étincelles sortant de sa cheminée.

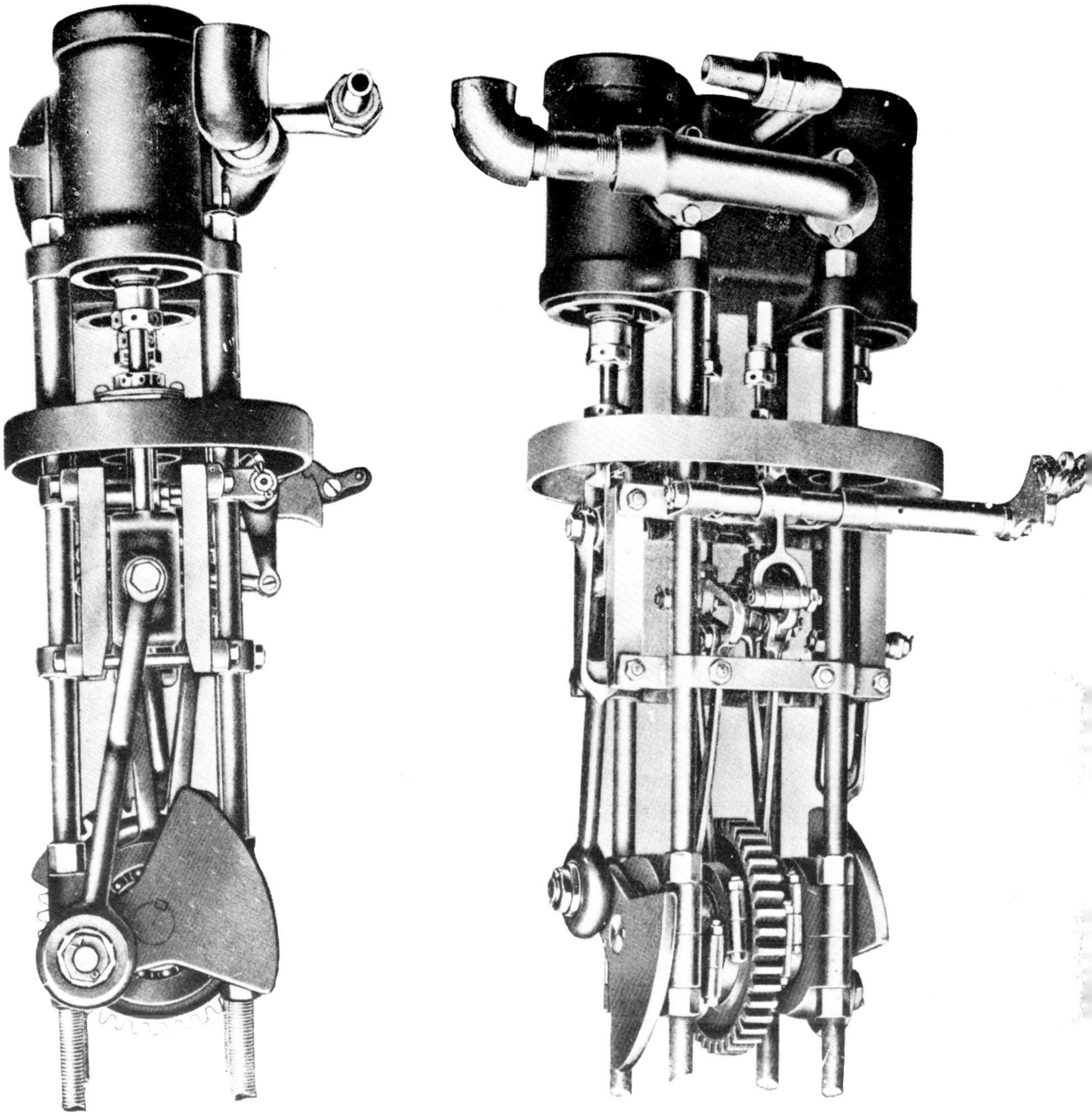

Deux vues du moteur de la voiture à vapeur Stanley montrant les deux cylindres haute-pression.

L'agriculture et les autres applications de la vapeur

Entre temps, l'utilisation de la vapeur en remplacement du cheval n'était pas restée inexplorée. On dota des machines mobiles de chaudières semblables à celles des locomotives, le moteur étant placé soit au-dessus, soit au-dessous, et le cylindre — généralement unique —, à l'arrière, au-dessus du foyer. Et il devint vite évident que ces machines n'avaient plus à être remorquées par des chevaux. En 1849, Robert Willis, chef projeteur à la fonderie ferroviaire E.-B. Wilson & Co, créa le *Farmer's Friend (L'Ami du Fermier),* un petit tracteur à vapeur à deux cylindres et chaudière type locomotive. Les cylindres étaient logés sous la boîte de fumée et l'arbre moteur tournait sur des paliers fixés à l'avant du foyer. La distribution était assurée par des excentriques et des pignons pouvaient être déplacés sur l'arbre moteur pour engrener l'essieu arrière moteur. Un certain nombre de machines de ce type furent fabriquées par différentes firmes mais elles disparurent totalement dans les années 1860-1870.

Plus simple, l'autre manière de rendre une machine auto-mobile consistait en un entraînement par chaîne entre l'arbre moteur et — au moins une — roue arrière, conversion qui pouvait d'ailleurs s'appliquer aux engins existants aussi bien qu'aux nouveaux modèles. Des conversions à l'entraînement par chaîne furent proposées sur le marché par Ransome et May en 1842, Bach en 1855 et Aveling en 1859. Et des machines proposant cet

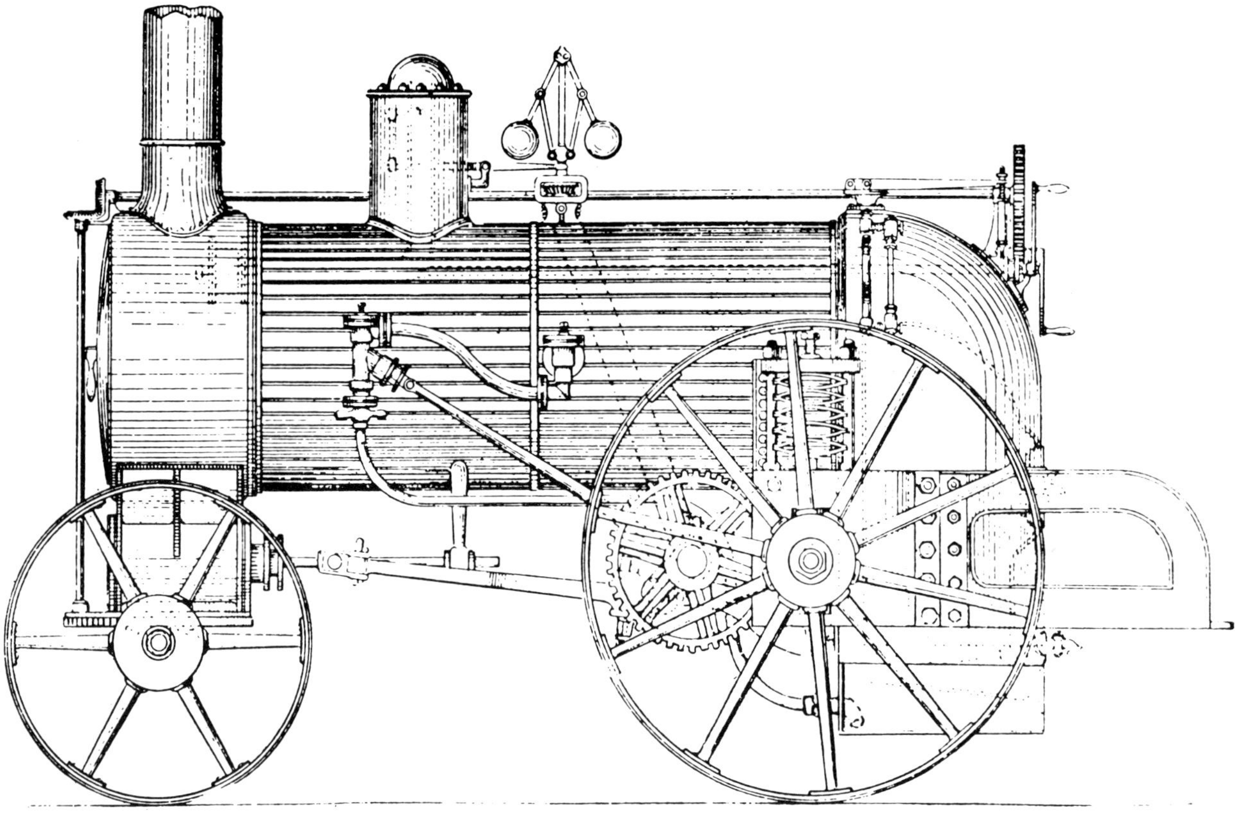

équipement à l'origine furent lancées par Burrell en 1857.

En 1861, Thomas Aveling inversa le moteur, le cylindre passant au-dessus de la boîte de fumée, et l'arbre moteur arrière entraînant une roue motrice au moyen d'une chaîne beaucoup plus courte. Pour résoudre le problème de la tension de la chaîne malgré les débattements de l'essieu arrière suspendu, Brown and May de Devizes (Angleterre) créèrent, en 1863, une machine dont l'arbre moteur situé à l'arrière était relié par chaîne avec un arbre intermédiaire placé sous la chaudière, lequel arbre intermédiaire était relié par une seconde chaîne à la roue arrière gauche.

En 1871, William Allchin avait démarré la production de machines de traction sur lesquelles les roues arrière étaient entraînée par pignons depuis un arbre moteur arrière. Il utilisa pour cela un arbre intermédiaire doté d'un pignon lent d'un côté, et d'un pignon rapide de l'autre, créant ainsi l'un des premiers exemples de machine à trois arbres : vilebrequin, ou arbre primaire, arbre secondaire et arbre tertiaire ou moteur. En 1870, T. Aveling introduisit un système qui allait être généralisé à tous les tracteurs à venir; il étendit les côtés de la chaudière jusqu'au foyer, par-dessus le corps de la chaudière, les plate-formes ainsi créées étant utilisées comme support pour les paliers d'arbres et d'engrenages. La direction était assurée depuis une plate-forme de conduite ménagée derrière la chaudière et d'où partait un axe incliné qui se terminait par une vis sans fin, laquelle vis engrenait un tambour denté autour duquel s'enroulait une chaîne rattachée aux deux extrémités de l'essieu avant. Ainsi, la direction, la chauffe et toutes les commandes étaient-elles groupées à l'arrière du tracteur, ce qui en facilitait la conduite en ligne, notamment lorsqu'il était attelé d'instruments agricoles. Leurs moteurs étaient dotés de coulisse de distribution commandée par un nouveau système d'excentrique. L'excentrique simple était en effet monté sur une chemise qui s'enclanchait sur une gorge pratiquée en diagonale sur le moyeu de l'excentrique. Lorsque celui-ci était déplacé latéralement, au moyen d'un levier à commande manuelle, il pivotait par rapport à l'axe et permettait ainsi d'inverser le sens de la marche.

Comme les machines stationnaires, comme les locomotives et les moteurs à vapeur marins, les machines transportables et les véhicules routiers avaient adopté le fonctionnement « compound » ou à double détente, de manière à obtenir une meilleure efficience de la détente complète de la vapeur. Richard Garrett & Sons, de Leiston (Angleterre), construisit en 1879 une machine transportable à double détente croisée qui fut suivie par un tracteur d'un fonctionnement similaire produit par John Fowler, à Leeds, en 1881. Ce dernier comportait deux coulisses montées entre les cylindres, et, plus tard, les

Ci-dessus, ci-dessous et page suivante, en bas : le tracteur de ferme de Willis; *l'Ami du Fermier.*

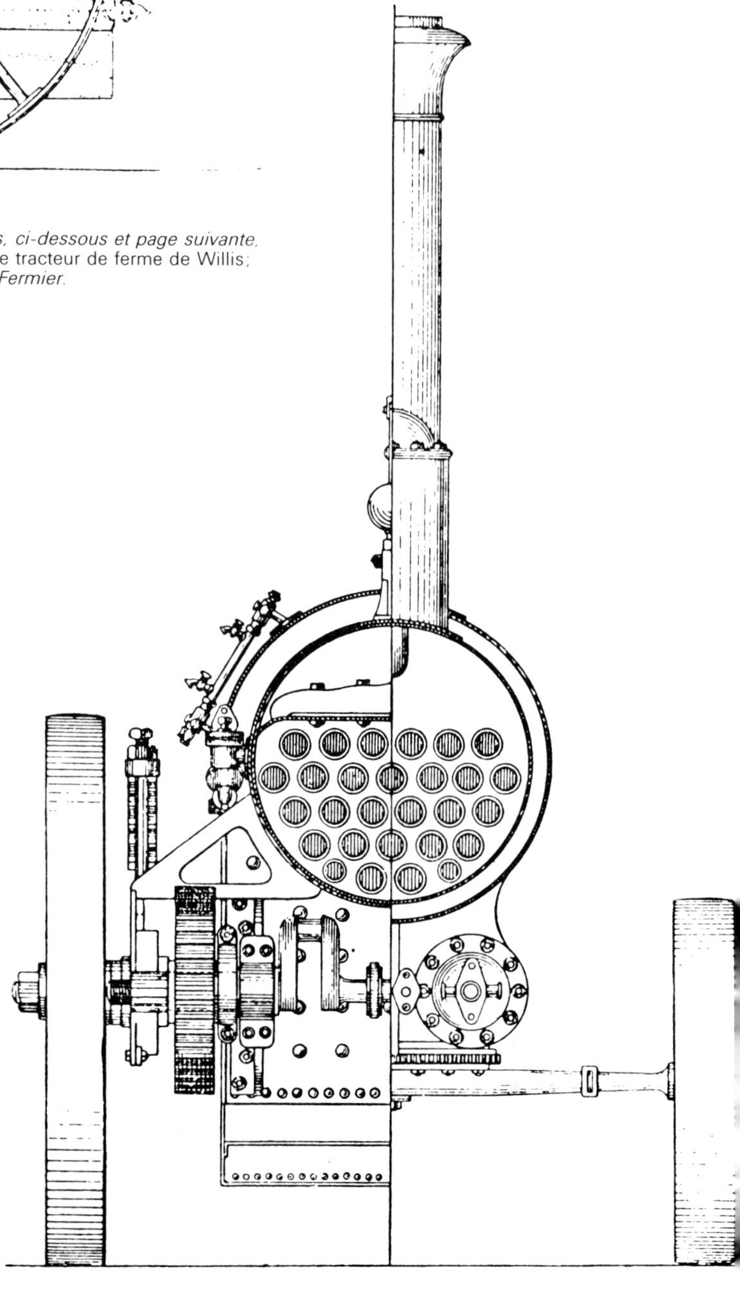

machines de Fowler reçurent deux soupapes placées en haut des cylindres et inclinées vers le bas, à l'arrière, afin que leur commande puisse être réalisé en ligne droite depuis les excentriques de l'arbre moteur. Ces soupapes furent aussi inclinées latéralement dans l'espace en V ménagé entre les hauts de cylindres. Mais malgré sa netteté, cette disposition posait des problèmes de fabrication et d'entretien. Foden, Burrell et d'autres positionnèrent donc leur coulisses sur la face externe des cylindres, sur la ligne médiane du moteur. Les moteur en étaient simplifiés en dépit d'un léger accroissement en largeur.

En 1888, Eddington and Stevenson, de Chelmsford (Angleterre), sortirent une machine à double détente en tandem, avec le cylindre B.P. vissé à l'enveloppe de la chaudière et le cylindre H.P. disposé en cantilever sur le couvercle avant du système B.P., les deux coulisses étant du même côté. Frederick John Burrell conçut, en 1889, une « compound » à une seule manivelle dans laquelle le cylindre H.P. de 15,24 cm d'alésage était monté au-dessus et sur un côté du cylindre B.P. de 25,40 cm d'alésage. Les deux tiges de pistons et les deux axes des coulisses étaient connectées par paires respectivement à une crosse unique et à une timonerie Stephenson.

Frederick Savage, dans le Comté anglais de Norfolk, s'était spécialisé dans les machines d'entraînement de manèges forains. Sa première machine foraine, construite en 1894, comportait deux cylindres concentriques, le cylindre B.P., annulaire, entourant le cylindre H.P. Les deux tiges du piston B.P. étaient, au moyen d'un long bouton de manivelle, articulées à la tige du piston H.P. et à une crosse unique. Une timonerie Stephenson déplaçait une coulisse double sur quatre lumières de vapeur et une lumière d'échappement, tandis que la vapeur relâchée par le cylindre H.P. gagnait le cylindre B.P. par un conduit ménagé dans la double coulisse. Bien que l'une d'elles soit restée en service pendant trente ans, ces machines ne furent pas un succès commercial et Savage revint bientôt au système plus classique à double détente

Le mécanisme d'inversion de marche à excentrique coulissant de Thomas Aveling.

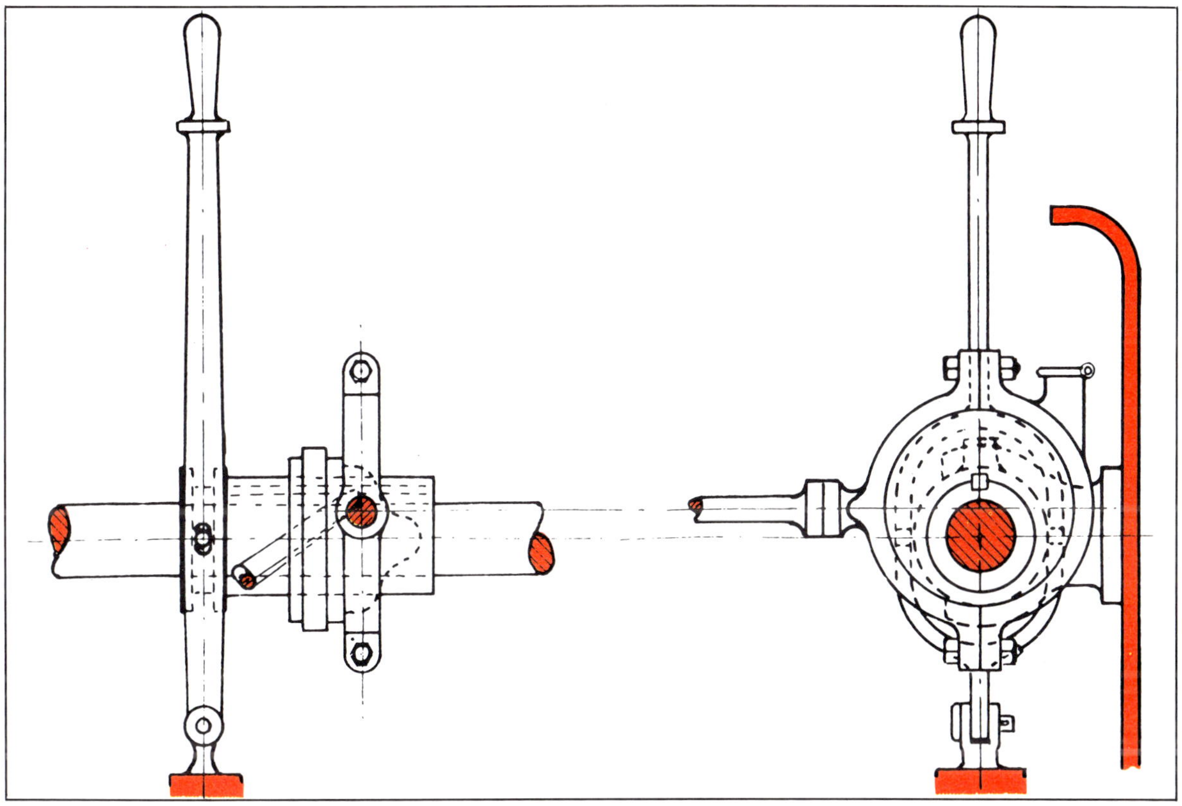

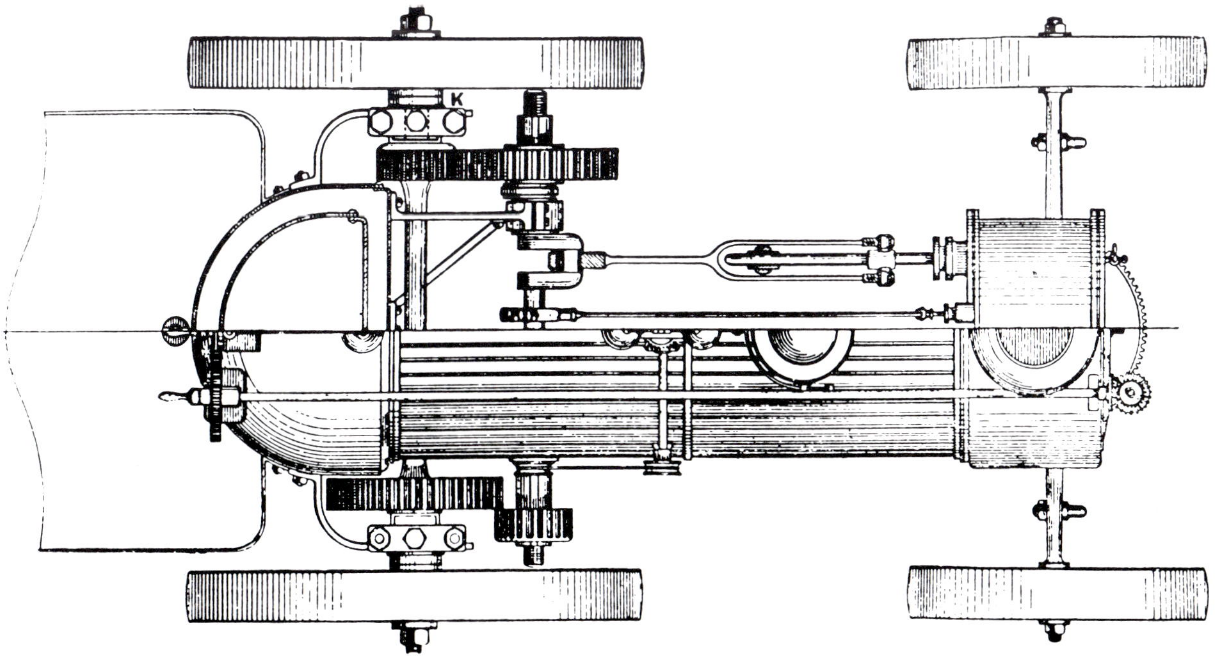

Une machine décorée de Savages Ltd destinée à l'entraînement d'un manège forain.

croisée et deux manivelles.

Fowler, de Leeds, produisit, jusqu'en 1934, quelques-uns des carrousels forains les meilleurs et les plus décorés. Ils étaient animés par des machines à trois cylindres double détente comportant un cylindre H.P. monté en porte à faux à l'avant de deux cylindres B.P. parallèles. Deux commandes de distribution indépendantes étaient utilisées, l'une pour les deux cylindres en tandem et l'autre pour le cylindre en surplomb, la vapeur relâchée par ce dernier passant par un réceptacle intermédiaire avant d'alimenter les deux cylindres B.P.

Sur la plupart des machines, la distribution était le fait de tiroirs plats mais des soupapes à pistons furent également utilisés par la suite, notamment sur les rouleaux compresseurs de Aveling et Porter.

Le tracteur américain a suivi une évolution comparable à celle de ses homologues européens. D'une manière générale, il était cependant de construction plus légère, étant rarement employé à remorquer de lourdes charges mais, plus souvent, à des tâches agricoles. Son moteur, à simple ou double détente, était plus petit et ses cylindres étaient simplement lattés et non chemisés comme en Europe. Ces chemises ayant pour fonction d'empêcher que l'eau ne pénètre avec la vapeur dans le tuyau de vapeur. Sur les machines américaines, cette fonction connue sous la désignation d'« amorçage » était assurée par des dômes de vapeur.

En définitive, les tracteurs à vapeur ont laché leurs volutes de fumée dans les champs et sur les routes, des deux côtés de l'Atlantique, ainsi que dans les autres parties du monde vers lesquelles ils furent exportés.

La machine à vapeur et les bateaux

L'application de la machine à vapeur à la propulsion des navires pose des problèmes bien spécifiques, comme Jonathan Hills a pu s'en rendre compte en 1737, lorsqu'il envisagea d'utiliser une machine Newcomen à cet effet. Ces machines avaient en effet une puissance si faible et un poids si élevé qu'une seule aurait suffit à faire couler un bateau. Un autre pionnier du bateau à vapeur fut James Rumsey, de Virginie (U.S.A.). Il reprit l'idée qu'avait eue le Dr John Allen en 1730 et utilisa une pompe à vapeur pour prendre l'eau à l'avant du navire et la rejeter à la poupe. Sur le Potomac, son embarcation approcha les 3,5 nœuds (6,4 km/h) à contre-courant. Mais, en 1793, Rumsey trouva la mort sur la Tamise alors qu'il essayait un autre bateau de ce type et le dossier de la propulsion à réaction allait être clos pour de longues années.

En août 1797, l'Américain John Fitch équipa une embarcation d'une chaîne à aubes actionnée par une machine double effet à condenseur dont le piston avait 30,5 cm d'alésage et 91 cm de course. Il équipa par la suite d'autres navires de diverses machines parmi lesquelles des machines à balancier actionnant des aubes arrière à mouvement alternatif. Son principal succès fut cependant le *Steam Boat* qui, avec une machine à balancier et un piston de 25,7 cm d'alésage, accomplit une expédition commerciale de 3 220 à 4 830 km sur le Delaware, en transportant passagers et marchandises de Philadelphie à Bordentown. Les réalisations de cette époque devaient cependant faire une place trop grande aux machines, ce qui ne ménageait qu'un faible espace disponible pour une exploitation rentable.

John Stevens, un homme de loi du New Jersey, s'associa avec Marc-Isambard Brunel pour construire, en 1802, un petit bateau à vapeur dont l'originale chaudière à tubes générait une pression de vapeur suffisante pour alimenter une machine haute-pression qui agissait sur une hélice spiroïdale. Mais, ayant constaté l'encrassement des tubes par les eaux traversées, et franchement effrayé par les hautes pressions atteintes, Stevens en revint aux machines Watt à basse-pression. Il garde néanmoins à son actif le fait d'avoir été le premier, en 1808, à faire évoluer un navire à vapeur en mer.

L'Écossais Patrick Miller chargea en 1801 William

Une machine à levier latéral de 272 ch (203 kW) construite par Maudslay pour P.S. Dee, en 1832.

S. J. WHARTON FOR MECHANICAL & ELECTRICAL ENGINEERING
SUPREME
EU 5313

Symington de la construction d'un petit remorqueur à aubes, le *Charlotte Dundas,* qui fut mis en service sur le Canal de la Clyde malgré les craintes des propriétaires du canal qui redoutaient de voir ses berges dégradées par les projections d'eau de la roue à aubes arrière. Celle-ci était mue au moyen de bielles, par deux cylindres double-effet horizontaux de 55 cm d'alésage et 120 cm de course.

Robert Fulton, né en 1765 en Pensylvannie de parents émigrés d'Irlande, remporta un franc succès commercial en 1807 avec son *Clermont* (ex-*North River*) qui était animé par un unique cylindre vertical de 60 cm d'alésage et de 120 cm de course. Construit par Boulton et Watt, pour la partie machine, et par Ch. Browne, en Amérique, pour le restant, cette embarcation avait coûté la somme royale de 548 livres. La tige du piston était reliée à une barre transversale dont le déplacement horizontal était guidé par des coulisses. Deux bielles en retour agissaient sur deux balanciers en T disposés en bas du cylindre et qui, par un engrenage, transmettaient le mouvement moteur à deux roues à aubes d'un diamètre de 4,50 m. Une pompe à air était actionnée par balancier et un briquetage intégré à la coque contenait la chaudière horizontale.

Avant sa mort prématurée, en 1815, Fulton dessina et fit construire sur ses propres plans au moins seize navires à vapeur. La plupart comportaient deux balanciers latéraux et des bielles actionnant l'arbre des roues à aubes. Ils peuvent être considérés comme les précurseurs des machines à balanciers latéraux dont l'emploi allait être généralisé sur les bateaux à aubes. Sur le *Comet* de Henry Bell qui fut, en 1812, le premier navire à vapeur européen à réussir une percée commerciale, ces leviers latéraux articulés d'un côté, actionnaient de l'autre côté un vilebrequin monté sous le cylindre vertical. En aidant à réduire la hauteur des machines, ces leviers latéraux permirent d'abaisser notablement leur centre de gravité. Le dernier steamer à aubes, le *Scotia* de la Cunard Line fut d'ailleurs encore construit sur ce principe, en 1861.

Le problème de la hauteur totale entre les cylindres situés dans le fond de la coque et l'arbre des roues à aubes tournant au-dessus de la ligne de flottaison déboucha sur plusieurs solutions intéressantes. Le premier steamer à aubes et coque métallique, le *Aaron Manby* de 1822, reprenait une solution originale suggérée par William Murdock en 1785 et dans laquelle les cylindres suspendus à des tourillons pouvaient osciller, la tige de piston servant alors de bielle et pouvant être articulée directement à la manivelle. Ainsi débarrassées des crosses et des bielles, la hauteur des machines avait été réduite de manière appréciable. La distribution de la vapeur était également simplifiée avec ce

Page de gauche : Suprême, la dernière des machines foraines construite par Fowlers, de Leeds (Angleterre).

Ci-dessous : une machine nautique à balancier construite sur les plans de Robert L. Stevens par la Pussey & Jones Co de Wilmington (U.S.A.) en 1884. Elle avait 90 cm d'alésage et 270 cm de course.

système par lequel un méplat s'accordait avec une surface semblable prévue sur le palier du tourillon. Aux extrémités du cylindre, un conduit d'admission menait à une lumière sur la face du cylindre, à la distance voulue du centre du tourillon. Cette lumière s'ouvrait à la vapeur sous pression fournie par une lumière située dans la partie fixée du tourillon, lorsque le cylindre oscillait dans une direction, et s'ouvrait à l'échappement lorsque le cylindre oscillait dans l'autre sens. Ce système a d'ailleurs été longtemps appliqué aux jouets à vapeur mais il péchait par une importante déperdition de vapeur. Il empêchait aussi une utilisation optimale de la pression, en raison de ce que la lumière n'était ouverte que pour une position donnée du piston. Enfin il ne permettait aucune intervention sur le cycle de fonctionnement.

Henry Maudslay conçut en 1827 une distribution efficace pour les grosses machines nautiques qui fut plus tard perfectionnée par John Penn.

L'une des plus grosses machines à cylindres oscillants fut construite en 1758 par John Scott Russel pour le *Great Eastern* de Isambard Kingdom Brunel, le fils de Marc Isambart B. Cette machine à 4 cylindres de 1,90 m d'alésage et 4,20 m de course développait 3 400 ch (2 540 kW) à 10,75 tr/mn, avec une pression de chaudière de 1,05 kg/cm^2. Les tourillons de cylindres étaient creux pour assurer l'admission et l'échappement de la vapeur dont la distribution était assurée par des soupapes coulissantes en haut et en bas de chaque cylindre, ces soupapes étant commandées, depuis le bas des cylindres, par un système de coulisse Stephenson. Les machines en A à cylindres inclinés actionnant un vilebrequin unique reprenaient un système breveté en 1882 par Brunel Père. Les cylindres disposés en angle droit les uns par rapport aux autres et formant un V renversé actionnaient un vilebrequin au moyen des traditionnelles crosses et bielles. Une machine de ce type équipait le *Great Britain.* L'arbre d'hélice logé entre les cylindres était entraîné par chaîne depuis un pignon de 5,48 m de diamètre branché sur un vilebrequin d'un diamètre de 71 cm et dont le refroidissement était assuré par circulation d'eau. Les 4 cylindres de 2,23 m de diamètre comportaient des trappes d'accès pour permettre l'inspection des pistons de 1,88 m d'alésage. Les machines travaillaient à la pression réduite de 0,35 kg/cm^2 et utilisaient un système d'inversion de marche à excentrique coulissant. Une autre solution au problème posé par l'espace limité dans la coque et la nécessité d'abaisser les masses, particulièrement lorsque les hélices vinrent supplanter les roues latérales, fut apportée par l'anglais John Ericson avec le moteur qu'il mit au point pour le navire de guerre *Princeton.* Les moteurs des navires de guerre nécessitaient en effet une position encore plus basse pour rester hors d'atteinte des tirs d'artillerie. Cette machine avait donc des pistons rectangulaires pivotant sur leur partie supérieure dans des cylindres de

Une machine oscillante construite par Harveys, de Hayle, en 1870.

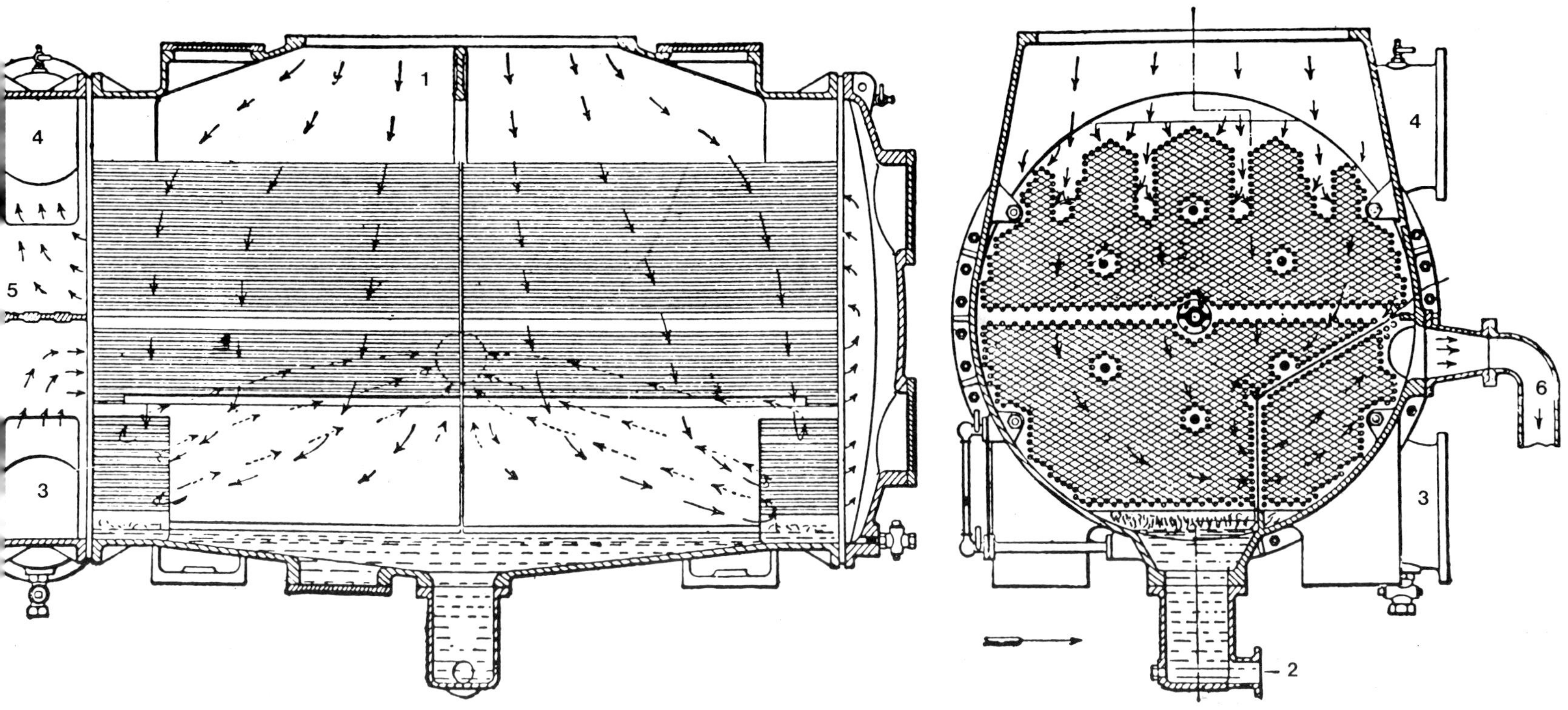

Condenseur à surface :
1 Admission de vapeur.
2 Eau condensée.
3 Entrée de l'eau de refroidissement.
4 Sortie de l'eau de refroidissement.
5 Chicane de circulation de l'eau.
6 Prise d'air de ventilation.

section segmentaire, leurs tiges actionnaient des manivelles communiquant par des bielles avec le vilebrequin situé sous la machine, entre les tiroirs de vapeur latéraux. Afin d'être encore plus compacts, des moteurs horizontaux furent pourvus de bielles de plus en plus courtes et leur course fut diminuée jusqu'à ce que la géométrie du mouvement des bielles ne devienne elle-même un facteur limitatif. Pour surmonter cette limitation on en vint à relier les tiges de piston au vilebrequin par des crosses passant de l'aute côté du cylindre. La machine à pistons-coffre suggérée en 1784 par Watt et développée par John Penn, en 1845, apporta encore une autre solution. Sur la machine Penn, telle qu'elle fut utilisée en 1861 sur le *Warrior,* le premier navire de guerre britannique, les cylindres horizontaux opposés étaient prolongés de part et d'autre par de grosses tiges tubulaires et les bielles étaient articulées entre le centre de ces coffres et le vilebrequin. Ceci donnait des machines relativement peu encombrantes qui s'adaptaient à l'exiguïté des coques tout en conservant un centre de gravité assez bas.

Cette dernière configuration présentait en plus l'avantage d'autoriser des tailles de cylindres différentes et donc de permettre la double détente. La première machine marine à double détente fut construite en 1854 par Randolph Elder et, comme pour le *Brandon* de la John Elder Line, c'était une machine verticale du type Woolf dont les deux pistons fonctionnaient simultanément dans des directions opposées. La détente de la vapeur s'effectuait jusqu'au degré désiré dans le premier cylindre H.P. et se poursuivait simultanément dans les deux cylindres jusqu'à ce que la vapeur soit envoyée au condenseur par le cylindre B.P. Cela représentait un léger progrès par rapport à la machine à simple détente mais des réelles économies ne furent atteintes que lorsque la vapeur du cylindre H.P. fut transférée au cylindre B.P. via un réceptacle intermédiaire et un second tiroir. L'idée en revenait à E.A. Cowper qui l'avait préalablement expérimentée en 1838 sur un petit bateau, l'*Era.*

Avec l'accroissement en hauteur des coques et l'apparition sur les navires de guerre de blindages au-dessus de la ligne de flottaison, les machines verticales devinrent prééminentes dès la 2e partie du XIXe siècle. La hauteur désormais disponible permit de monter des machines à double détente en tandem avec cylindre H.P. positionné au-dessus du cylindre B.P. Beaucoup de ces machines comportaient même deux paires de cylindres côte à côte qui agissaient sur un seul vilebrequin. D'autres machines marines à double effet présentaient un seul cylindre H.P. logé entre deux plus gros cylindres B.P. et un vilebrequin à trois mannetons, la machine qui équipa le *Servia* de la Cunard Line peut donner une idée des cotes alors usitées. Le cylindre H.P. avait un diamètre de 1,82 m centré 2,54 m pour chacun des 2 cylindres B.P. La course était uniformément de 2 m pour les trois pistons.

En 1871, Benjamin Vornand fit breveter en France la machine à triple détente et en installa une sur un navire, deux ans après. En Grande-Bretagne, les premières machines marines à triple détente furent construitent en 1874 par A.C. Kirk pour le *Propontis* de la John Elder Line. La conception déjà avancée de ces premières machines à triple détente leur permit de travailler à des pressions de vapeur aussi élevées que 10,5 kg/cm². Vers la fin du XIXe siècle, des pressions

Une machine marine à triple détente de 700 ch (522 kW) construite en 1928 pour le chalutier *Glen Strathallan.*

encore plus élevées donnèrent naissance à des machines à quadruple détente et permirent des navires encore plus gros et plus rapides. Le stade final de développement fut probablement atteint avec les machines des *Olympic* et *Titanic* construits en 1912. Ces bateaux avaient chacun une batterie de 29 chaudières, requérant à elles seules 250 hommes pour assurer leur chauffe. Les machines consistaient en deux et 4 cylindres alternatifs à triple détente qui actionnaient directement les hélices latérales et, par une turbine à vapeur, l'hélice centrale. Les pistons H.P. avaient un alésage de 1,37 m et fournissaient une puissance de 15 000 ch (11 190 kW). La turbine fonctionnant avec la vapeur relâchée par ces machines produisait pour sa part 1 600 ch (11 936 kW).

Dans sa forme la plus répandue, la machine marine verticale reposait sur une plate-forme de fonte supportant également les demi-paliers inférieurs du vilebrequin, les coquilles supérieures étant maintenues par des goujons et des vis. D'un côté, des colonnes de fonte, rectangulaires et creuses, supportaient chacune un côté de cylindre dont les autres extrémités étaient supportées par des montants d'acier forgé. Le montant arrière comportait de plus une face plate servant de palier pour les déplacements de la crosse.

Les cylindres en fonte étaient réunis entre eux par des chemises de vapeur en acier, pour les cylindres H.P. et de pression intermédiaire, et en fonte pour les cylindres B.P. Les pistons en fonte avaient des têtes coniques. Avec l'augmentation des pressions, il était en effet devenu impossible d'obtenir des pistons à tête plate suffisamment solides et qui n'entraînent pas un supplément de poids considérable. Il faut en effet noter qu'à plein régime, ces pistons se déplaçaient à quelque 18 km/h et changeaient de direction 150 fois par minute. Ces pistons étaient habituellement de la même hauteur de manière à ce que leurs tiges puissent être interchangeables, ces tiges ayant par ailleurs des contraintes semblables à supporter en raison de ce que leurs alésages étaient proportionnels à la pression qu'ils transmettaient.

Les crosses comprenaient deux tourillons sur lesquels les bielles étaient articulées par une tête en deux parties et les queues étaient également articulées en deux coquilles au vilebrequin. Des étriers en deux parties reliaient les excentriques au vilebrequin, chacun au bras d'un manneton, et de l'autre côté, ces excentriques étaient articulés à la tige incurvée d'un mécanisme de coulisse Stephenson. Ces tiges se déplaçaient en avant et en arrière pour inverser le sens de marche et modifier l'admission, au moyen d'une timonnerie opérée par pignon et vis sans fin, sur les petites machines, et par un servo-cylindre à vapeur, sur les plus grosses. Des cales sur les tringles incurvées communiquaient avec chacune des tiges de soupapes (comportant chacune leur propre guide) et actionnaient les soupapes coulissantes de chaque cylindre. Sur les plus gros moteurs à haute pression l'emploi de soupapes à piston était habituel pour les cylindres H.P. et à pression intermédiaire (M.P.).

La vapeur s'échappant du cylindre B.P. passait par un condenseur à surface vissé au dos des colonnes arrière. Le condenseur consistait en une grande boîte de fonte traversée de part en part par de nombreux tubes de laiton dans lesquels circulait l'eau de refroidissement. La vapeur circulait, elle, dans la boîte autour des tubes et, une fois condensée, elle était aspirée par une pompe à air. La circulation d'eau froide qui pouvait provenir soit de la mer, soit de la cale, était activée par une pompe centrifuge actionnée par la vapeur.

Sur les premières machines, le produit de la condensation constitué d'eau, de gaz, d'air et de vapeur était pompé par une pompe alternative à simple effet. Vers le milieu du siècle, on utilisa la pompe Edwards qui ne comportait plus qu'un seul jeu de soupapes sur le couvercle du cylindre. Le piston avait une face inférieure conique, comme le fond du cylindre, ce qui laissait un léger espace. Un anneau de lumières

5

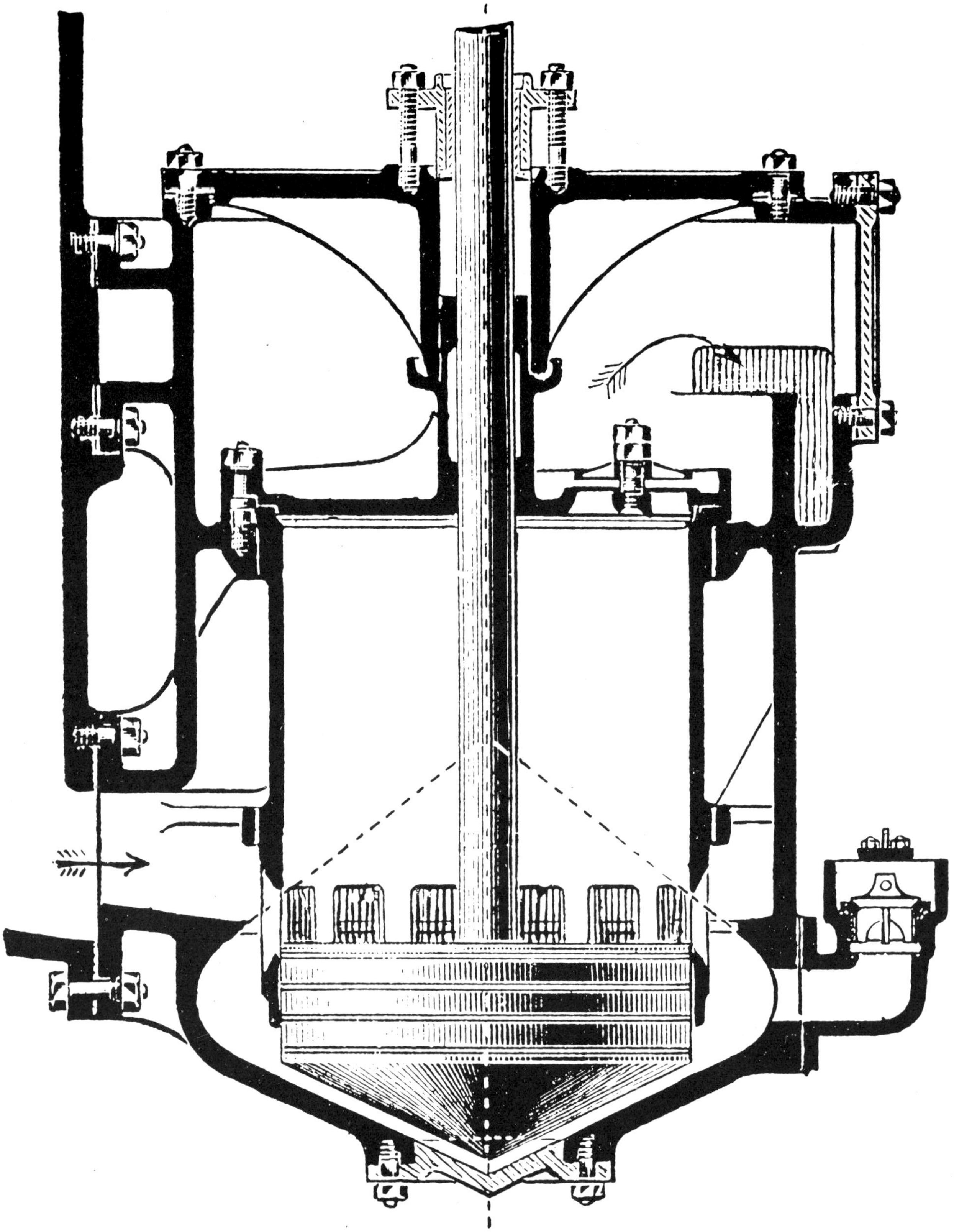

Pompe à air Edwards.

pratiqué dans le cylindre était intégralement dégagé par la tête plate du piston en position inférieure. Ces lumières avaient la même hauteur que le piston et ouvraient sur une chambre annulaire disposée entre le cylindre et sa chemise. Cette chambre était divisée par une couronne horizontale à mi-hauteur des lumières, le rebord inférieur de la couronne était incurvé pour coïncider avec la face inférieure conique du piston, de manière à ce que les gaz chassés par la course descendante du piston soient renvoyés au-dessus de celui-ci, et l'espace existant au-dessus de cette couronne communiquait avec la sortie du condensateur. La pompe fonctionnant de la manière suivante :

Lorsque le piston descendait, il créait un vide au-dessus de lui jusqu'à ce qu'il dégage les lumières. Le mélange en provenance du condensateur était alors aspiré par le vide du cylindre en même temps que l'eau refoulée par le piston ne repasse au-dessus de lui. Lorsque le piston commençait sa course ascendante, les lumières étaient d'abord closes. Elles s'ouvraient ensuite pour laisser l'eau entrer dans le fond du cylindre. En remontant, le piston chassait l'air et l'eau par une valve existant en haut du cylindre. L'espace laissé par le piston était tel qu'il ne pouvait rester que de l'eau au-dessus du piston.

Ces pompes à air étaient actionnées par des leviers connectés à une ou plusieurs crosses. Elles déchargeaient leur eau dans un réservoir. Étant donné que l'eau provenant du condensateur avait gardé une certaine température et qu'elle avait subi au moins une évaporation elle était débarrassée de sa chaux et des autres impuretés. Elle pouvait ainsi être réutilisée dans la chaudière.

Un important dispositif qui a été généralisé sur les machines à vapeur à mouvement alternatif est le robinet de purge du cylindre. Dans toute machine arrêtée après avoir fonctionné, subsiste toujours un reste de vapeur qui en se condensant, forme des nappes d'eau sur le piston ou dans le fond du cylindre. Cette eau étant incompressible, elle peut, lorsque le piston est remis en marche, soit entraver sa course complète, soit endommager le cylindre. Pour éviter cela, des robinets à commande manuelle ont été disposés dans les parties basses afin de permettre une purge complète avant que la machine ne soit remise en marche. Ainsi l'eau que l'on voit s'échapper des cylindres des locomotives, lorsqu'elles sont démarrées provient-elle de l'ouverture de ces robinets de purge.

Quant à dire quelle a été la plus belle forme de machine à vapeur alternative, de la « Cornouailles » d'épuisement à balancer à la machine horizontale à soupapes Cortiss, des machines à triple ou quadruple détente des bateaux ou des locomotives, cela ne peut émaner que d'un jugement subjectif. Elles sont toutes admirables dans leur genre. Elles sont toutes fascinantes à voir fonctionner et constituent toutes de remarquables sculptures métalliques à l'arrêt. Elles ont en tout état de cause, été supplantées par la turbine à vapeur, et plus tard, par le moteur Diesel. Heureusement, un bon nombre de ces machines ont été préservées. Elles restent aujourd'hui les témoins de la naissance et de la croissance de l'industrialisation dans le monde.

La turbine à vapeur

Avant de retracer le développement de la turbine à vapeur depuis Héron d'Alexandrie, il serait utile d'examiner les propriétés de la vapeur et des fluides. Dans toute turbine la force agissant sur le rotor pour produire la puissance est obtenue par l'énergie cinétique du fluide travaillant, que ce fluide soit de l'eau, de la vapeur ou un gaz chaud. Cette énergie cinétique résulte de l'energie potentielle, c'est-à-dire de l'énergie disponible de manière statique du fait de la position ou de la pression du fluide. Lorsque la vapeur est chauffée, elle acquiert une énergie potentielle sous forme de pression et lorsque celle-ci est transformée en énergie cinétique, les particules de vapeur sont accélérées à une vitesse dépendant de la pression, ceci conférant à la vapeur une énergie représentant le produit de sa masse par sa vitesse.

Cette énergie peut animer une turbine de deux manières : soit en produisant une impulsion sur une aube mobile du fait de la masse de vapeur frappant l'aube, soit en produisant une réaction sur l'aube du fait d'un changement de direction dans le moment de la masse de vapeur. Ces deux utilisations de la vapeur ont donné deux types de turbines : la turbine à impulsion et la turbine à réaction.

L'aéolipile de Héron, en 55 av. J.-C. constituait une forme primitive de turbine à réaction dans laquelle la pression de la vapeur s'échappant de deux tubes coudés à angle droit faisait tourner en sens inverse la sphère métallique creuse sur laquelle ces tubes étaient montés radialement. La vapeur était admise dans la sphère par des tubes qui constituaient également son axe. Selon la loi de Newton, la force accélérant la masse de vapeur a une force égale et inverse s'appuyant sur la vapeur immobile et la paroi la contenant. Cette paroi n'étant en fait que la partie du tube opposée à l'orifice d'évacuation, la force pousse le tube radial, causant la rotation de la sphère et des gicleurs. Il faut remarquer que le jet de vapeur ne prend appui sur rien si ce n'est sur lui-même et que le contraire l'aurait en fait ralenti, ceci expliquant la raison pour laquelle les avions à réaction se déplacent d'autant plus rapidement que la pression atmosphérique ralentissant la poussée de leurs réacteurs est faible.

La seconde turbine dont on ait gardé trace fut conçue par Giovanni Branca en 1629 et est au contraire un exemple de turbine à impulsion. Elle consistait en une simple bouilloire surmontée d'une boule métallique creuse ayant forme de tête humaine. Par la bouche de cette tête sortait un tube crachant de la vapeur sur les aubes radiales d'une roue horizontale. La masse des gaz frappant de cette roue la faisait tourner sur son axe vertical, dégageant une énergie rotative suffisante pour activer, par un engrenage, un concasseur de minerai. On a prétendu que Branca avait eu l'idée d'utiliser une roue similaire pour propulser un bateau mais il ne semble pas que cette idée ait été matérialisée.

Dès l'apparition du moteur alternatif, le principe de la turbine hantait déjà les cerveaux de quelques inventeurs. Wolfgang von Kempelen avait déposé un brevet pour une machine à réaction actionnée par le feu, l'air, l'eau ou d'autres fluides qui était censée utiliser l'énergie de la vapeur dégagée par des eaux en ébullition. Redoutant que cette invention vienne concurrencer ses machines, James Watt, demanda que l'on n'en parle pas pour éviter « que l'on lui fasse découvrir des améliorations ce dont il est fort capable ». Richard Trevithick mit au point en 1815 son *Whirling engine*, une turbine à réaction selon le principe de Héron et dont le rotor pouvant tourner à 300 tr/mn était constitué de deux bras radiaux creux de 2,30 m. En Amérique, John Stevens monta en 1802 sur un bateau de 7,60 m de long une petite turbine consistant en une chambre cylindrique de 20 cm de diamètre et 10 cm de long contenant un rotor à deux pales. A la même époque, à Philadelphie, Oliver Evans mit au point un aéolipile pouvant tourner à 1 000 tr/mn pour une pression de vapeur de 4 kg/cm^2 et fournir dit-on, plus de puissance que deux hommes.

En 1846, une turbine expérimentale à impulsion fut installée dans les Surrey Docks, sur la Tamise, par James Cordes et Edward Locke, cette turbine qui développait 32 ch (24 kW) allait servir de base à une grosse turbine marine donnant 150 ch (112 kW) à 300 tr/mn à partir d'un rotor de 5,80 m de diamètre.

Le Dr Karl Gustaf Patrick de Laval, un ingénieur suédois, avait entrepris ses expériences sur la turbine à impulsion vers

Les injecteurs et les aubages d'une turbine De Laval.

Une machine bi-cylindre de 682 ch (509 kW) construite en 1849 par John Penn pour le *H.M.S. Arogant.*

1882. En 1888, il avait mis au point la buse idéale pour transformer la pression de la vapeur en débit masse. Au fur et à mesure que la pression décroît, la vitesse et le volume de la vapeur s'accroissent; la vitesse croissant initialement plus vite que le volume, la buse de De Laval, était donc conçue de manière à converger rapidement, dans un premier temps, jusqu'à ce que sa section soit réduite d'environ 60 % par rapport à la section d'admission. Alors cette section divergeait au même rythme que la détente de la vapeur. Ainsi la détente était-elle si rapide que la vapeur ne subissait aucun échange de chaleur, donnant alors une détente dite « adiabatique ». La buse convergente-divergente de De Laval convertissait dont l'intégralité de la pression de vapeur en débit masse. Autrement dit avec par exemple une pression d'entrée absolue (soit dans des conditions de vide parfait) de 10,5 kg/cm^2 et une pression de sortie absolue (soit à 71 cm de mercure) de 0,0703 kg/cm^2, la vapeur quittait la buse à plus de 4 390 km/h.

Avec la turbine de Laval, une ou plusieurs buses dirigeaient le flux de vapeur à haute vitesse sur un côté d'un rang d'ailettes montées sur un rotor unique et la vapeur quittait ce rotor dans une direction axiale, après avoir déployé l'intégrabilité de son débit masse initial. Du fait même de la vitesse élevée de la vapeur, le rotor est animé d'une vitesse extrêmement élevée, certaines turbines pouvant atteindre des régimes de rotation de 40 000 tr/mn. A de telles vitesses, un grand soin doit être apporté au dessin des aubages qui se trouvent soumis à une force centrifuge intense. En conséquence ils sont épais au centre et très affinés à la naissance des pales. Les autres problèmes qui se posent, avec ces vitesses sont l'équilibrage et l'homogénéité du matériau utilisé. Pour y remédier la section des arbres est réduite au minimum de manière à leur conférer une certaine flexibilité et leur permettre d'adopter leur propre plan de rotation, comme cela est le cas avec les toupies. En 1897, De Laval utilisait déjà des pressions de 211 kg/cm^2 et, pour l'entraînement de générateurs électriques à des vitesses considérablement moins élevées, il avait inventé un complexe engrenage hélicoïdal dont la taille dépassait parfois celle de la turbine elle-même.

La puissance des turbines De Laval fut cependant limitée par le fait qu'elles ne comportaient qu'un seul aubage et que le diamètre de leur rotor ne pouvait dépasser certaines contraintes centrifuges. Pour échapper à ces contraintes, l'Américain Charles Gordon Curtis conçut en 1895 une turbine à impulsion à plusieurs étages. Il en installa un exemplaire, à arbre vertical, pour l'usine General Electric Co de Schenectady (New York) en 1900 et un autre, développant 6 500 ch (4 850 kW) à Chicago en 1903. L'accroissement de la consommation d'électricité entraînant un accroissement de la taille des turbines génératrices, les Curtis à axe vertical furent abandonnées au profit de turbines à axe horizontal.

Dans la turbine Curtis, le débit masse de la buse s'exerçait sur plusieurs rangs d'ailettes, chacun absorbant sa part d'énergie. Entre chaque rang d'ailettes mobiles était placé un aubage fixe destiné à dévier le flux de manière à ce qu'il attaque dans les meilleures conditions le rang suivant. Ces aubages ayant pour effet de dévier le flux de vapeur, ils n'entraînaient donc aucune baisse de pression.

Il était de plus fréquent de trouver des turbines Curtis compound en ce que l'effet de la vapeur y était réparti sur deux ou plusieurs étages. La vapeur se détendait d'abord par une première buse à une pression moyenne et passait ensuite par un second jeu de buses pour être réaccélérée avant de passer par un second jeu d'aubages. Habituellement ces étages compound étaient au nombre de quatre, chacun se composant de deux aubages mobiles. Ce dispositif permettait entre autre de ramener les régimes à des niveaux plus utilisables. Sur les turbines Curtis plus anciennes, comme celles qui furent construites par la General Electric américaine et par la British Thomson Houston, on trouvait des étages compound au nombre de deux, au minimum. A partir de 1920, les dernières turbines comportaient un premier étage à vitesse uniforme suivi de plusieurs étages simples ayant pour effet de réduire, chacun à leur tour, la pression. C'était par exemple le cas d'une turbine de 40 200 ch (30 000 kW) qui comportait quatorze étages de pression.

La turbine à impulsion étant essentiellement un appareil à vitesse de rotation uniforme, elle fut communément employée à l'entraînement d'alternateurs produisant le courant alternatif de consommation courante. Ces turbogénérateurs devaient donc être très précisément réglés à la vitesse désirée de manière à éviter toutes fluctations de fréquence dans le courant produit. Ils comportaient à cet effet un régulateur centrifuge qui était entraîné par un filetage hélicoïdal sur l'axe de rotor et actionnait une soupape pilote ayant pour fonction de limiter à environ 3,5 kg/cm^2 la pression de carburant fournie au servo-moteur. Celui-ci consistait en un unique aubage dont le moyeu était fixé sur un arbre à cames. L'aubage était installée dans un cylindre muni d'une cloison fixe accolée à son moyeu, et une chambre de vapeur qui entourait l'avant de la turbine était munie d'une série de soupapes. Ces soupapes, actionnées par l'arbre à cames contrôlaient également des injecteurs individuels. Ainsi, lorsque les charges s'accroissaient sur la turbine, tendant à faire chuter son régime, le régulateur agissait sur la soupape pilote qui alimentait en carburant sous pression les deux espaces libres entre l'aubage et la cloison du servo-moteur. Ceci faisait tourner l'arbre à cames et ouvrait successivement les soupapes des injecteurs de vapeur, jusqu'à ce que la turbine ait repris son régime de rotation régulier. La soupape pilote était actionnée par un levier flottant dont l'une des extrémités était articulée au régulateur, le centre, à la soupape de régulation et l'autre extrémité, à une crémaillère solidaire d'un pignon de l'arbre à cames, de manière à pouvoir revenir en position neutre, dès que le rotor avait retrouvé son régime. Le régime d'un générateur de 50 cycles/sec est de 3 000 tr/mn et il est en général accouplé directement à l'axe du rotor.

Dans la première décennie du XXe siècle, le professeur Rateau, en France, et le Dr Zoelly, en Suisse, dessinèrent des turbines à impulsion semblables aux Curtis à plusieurs étages. Dans ces deux systèmes, les pertes de pression étaient réparties entre plusieurs étages. Jusqu'à 24 dans certains cas, chaque étage représentant en fait une turbine De Laval. Tous les rotors étaient montés sur un seul axe commun et entre chacun d'eux était disposé un diaphragme supportant des injecteurs étudiés pour faire baisser la pression. Ces injecteurs n'occupaient cependant pas tout le tour du

Schéma des injecteurs et des aubages d'une turbine Curtis :
1 Chambre de vapeur et soupapes.
2 Injecteurs.
3 Aubages mobiles.
4 Aubages fixes.

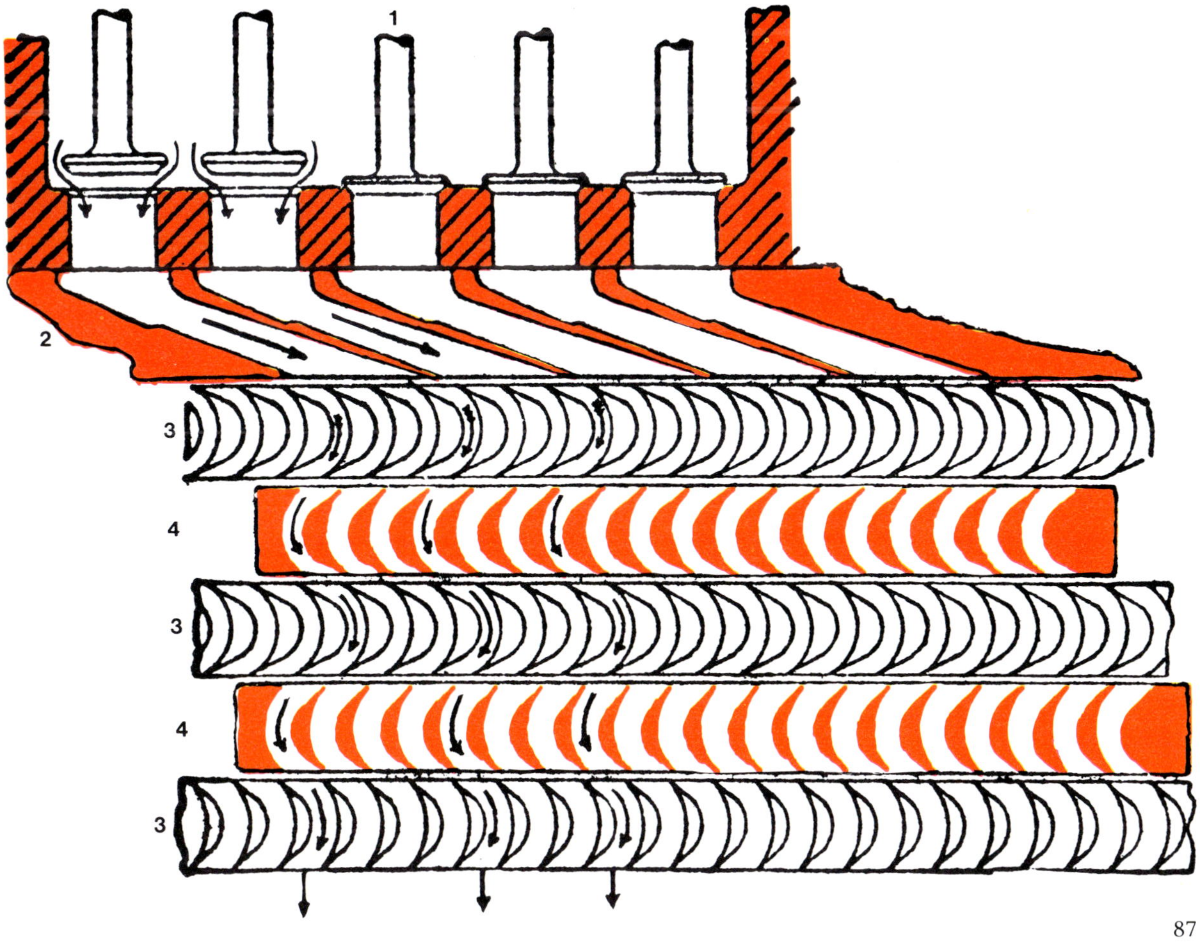

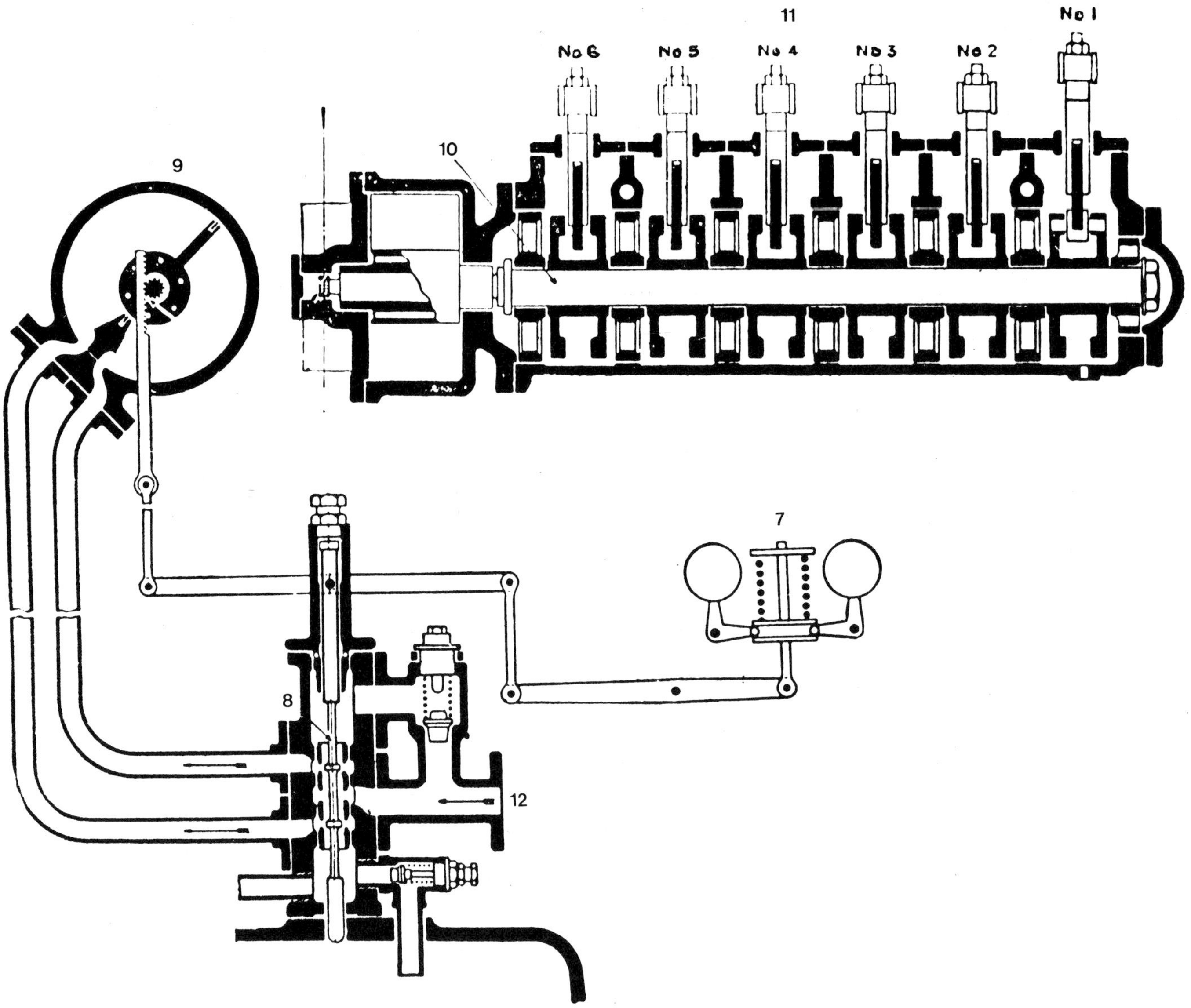

Ci-dessus et page voisine : Une turbine Curtis construite par British Thomson-Houston dans les années 1920, avec ses injecteurs commandés par servo à pression d'huile et son régulateur :
1 Corps haute-pression.
2 Soupapes de commande des injecteurs haute-pression.
3 Soupapes de commande basse-pression.
4 Corps basse-pression.
5 Échappement vers le condenseur.
6 Passage de la vapeur et réchauffage.
7 Régulateur.
8 Soupape du servo à huile.
9 Servo-moteur.
10 Arbre à cames.
11 Ordre d'ouverture des soupapes.
12 Admission d'huile.

diaphragme, comme dans les turbines Curtis. Mais l'arc séparant chaque groupe d'injecteurs grandissait avec la progression de la vapeur et tous les arcs étaient disposés de manière à ce que la vapeur ne tombe jamais sur une aire vide du diaphragme.

Sans aucun doute les progrès les plus importants de la turbine à vapeur ont été le fait de Sir Charles Algernon Parsons. Né en 1854, il fit ses études d'ingénieur à Cambridge. A trente ans, il déposait son premier brevet sur les turbines et en construisit plusieurs exemplaires, à titre expérimental, pour Clarke, Chapman & Co, chez qui il était alors employé.

La turbine Parsons était une turbine à réaction en ce que le débit masse de la vapeur y était utilisé à faire tourner le rotor par le fait de la réaction provoquée par le changement de direction du flux de vapeur. En fractionnant la détente en plusieurs étapes, Parsons empêcha que la vapeur ne puisse atteindre une vitesse trop élevée. A chaque étage ne se produisait en effet qu'une chute de pression légère, et l'augmentation de la vitesse n'en était donc que peu importante. Entre chaque aubage mobile, la vapeur passait par un aubage fixe et elle subissait une accélération égale entre chacun de ces aubages. Les espacements dans lesquels étaient logés les injecteurs n'étaient d'ailleurs pas uniformes en surface. Lorsque la vitesse relative de la vapeur par rapport à celle des aubes augmentait, il se produisait une réaction additionnelle à celle provoquée par le changement de direction de la masse de vapeur. Qui plus est, Parsons dessina ses aubes de manière à ce que les changements de pression et de vitesse soient égaux dans les espacements fixes et dans les espacements mobiles, chaque paire d'aubage, un fixe et un mobile constituant un corps. Les nombreux corps se succédaient d'une extrémité à l'autre de la turbine, les aubes mobiles tournant dans l'espace annulaire compris entre le tambour et le stator des aubes fixes. La suppression des disques qui les supportaient sur les turbines à impulsion permit ainsi de réduire le diamètre des turbines à réaction. Le diamètre du cylindre était croissant et les espacements de vapeur étaient de plus en plus importants afin de permettre un plus gros débit au fur et à mesure de l'accroissement en volume de la vapeur, la section du rotor était, elle, décroissante pour permettre une vitesse périphérique plus élevée aux aubes basse pression,

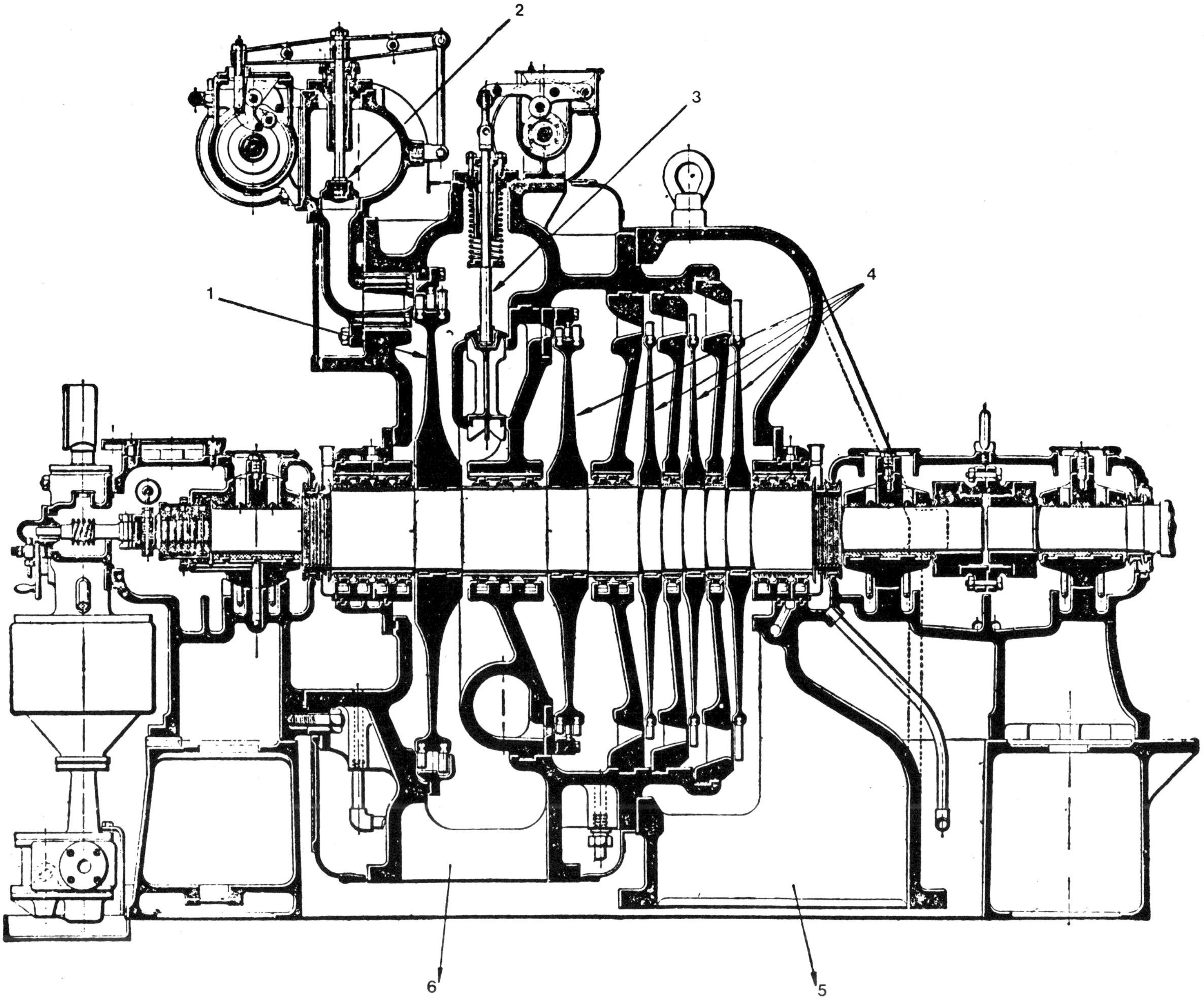

ce qui autorisait de hautes vitesses de vapeur sans pour autant nécessiter des aubes basse-pression plus longues. Cet échelonnement combinant l'effet « compound » et l'effet de réaction fut instauré par Parsons en 1887. L'année suivante furent installées les premières turbines dans une centrale électrique publique, celle de la Newcastle & District Electright Light Co, qui comportait quatre turbo-génératrices de 100 ch tournant à 4 800 tr/mn et, comme à cette époque le régime maximum des dynamos ne dépassait pas le quart de ce chiffre, Parsons mit également au point un générateur à haut régime susceptible d'être utilisé avec ses turbines.

La pression de la vapeur décroissant au fur et à mesure que celle-ci avance dans la turbine, il en résulte, dans les corps B.P., une poussée axiale sur le rotor. Dans les premières turbines Parsons, cet effet fut contre-balancé en échelonnant symétriquement les rotors au centre, et en introduisant de la vapeur H.P. dans cette zone. On a par la suite, supprimé cet effet au moyen de disques d'équilibrage, dont la taille peut d'ailleurs être réduite dans les applications marines, la poussée de l'hélice étant utilisée pour contre-balancer celle de la vapeur. En raison des diamètres usités et des vitesses périphériques atteintes, l'étanchéité à la vapeur de ces disques et de l'axe des rotors ne peut plus être assurée par l'habituel presse-garnitures; les fuites furent donc minimisées par un joint labyrinthe, système mettant en contact une série d'anneaux solidaires de l'axe des rotors avec une autre série d'anneaux fixés aux parois du cylindre. Ces anneaux étaient suffisamment minces pour s'user rapidement s'ils venaient à entrer en frottement avec les surfaces fixes et ainsi, ne pas causer de dégâts.

Les applications nautiques de la turbine à vapeur

En 1889, Charles Parsons quitta Clarke Chapman pour former sa propre firme, C.A. Parsons & Co, à Newcastle on Tyne (Angleterre). Ceci lui fit perdre le bénéfice de son brevet sur les turbines à flux axial et l'obligea donc à se concentrer sur les turbines à flux radial. Sa première turbine axiale qui était dotée d'un condensateur à l'échappement B.P. pour accroître la chute de pression sur le rotor, était constituée de six disques H.P. dont les aubes axiales tournaient entre des aubes fixes, en rangées concentriques. A la fin du rotor, un corps B.P. était doté d'aubes fixes et mobiles plus longues et montées sur des disques d'un diamètre double par rapport à celui du corps H.P., la vapeur H.P. étant introduite au centre de la rangée d'aubes concentriques et relachée à la périphérie du disque B.P. dans un carter circulaire communiquant avec l'entrée du condenseur à surface. Une turbine à flux radial de ce type fut construite pour le premier des navires à turbine, le *Turbina* lancé en 1894. Le régime de cette turbine s'avéra cependant trop rapide, les hélices ne pouvant le supporter sans être endommagées.

En 1896, Parsons put recouvrer ses droits sur la turbine axiale et le *Turbina* fut modifié pour recevoir trois turbines axiales, chacune

La machine à balancier de Easton et Anderson conservée au Engineerium Museum de Hove, Sussex (Angleterre).

actionnant une hélice. Ces trois turbines fonctionnaient comme une machine à triple détente. L'élément H.P. à tribord alimentait un élément H.P. à babord, qui alimentait à son tour une turbine L.P. centrale. Avec une pression de vapeur de 10,9 kg/cm², chacune de ces turbines donnait une puissance de l'ordre de 700 ch (522 kW). Le *Turbina* fournit une inoubliable démonstration des vitesses dont il était capable à Spithead, en 1897, lors de la revue Royale de la grande flotte. Le petit bâtiment évoluant parmi les plus grands navires de guerre, atteignit en effet 34,5 nœuds, ce qui représentait, et de loin, la plus grande vitesse jamais atteinte sur l'eau à cette époque.

Le premier navire marchand à vapeur, le *King Edward,* fut construit en 1901. Fruit de la collaboration entre le capitaine John Williamson, Deny et C.A. Parsons il comportait une turbine H.P. centrales, et deux turbines B.P. latérales. Le premier transatlantique à turbine fut, en 1904, le *Carmania,* de la Cunard Line.

Un inconvénient inhérent à la turbine est celui de ne pas permettre l'inversion du sens de marche, inversion pourtant indispensable en matière nautique. Pour combler cette lacune, les plus petites turbines furent équipées d'aubages H.P. supplémentaires permettant d'inverser le sens de rotation de l'arbre. Les plus gros navires, tels que le *Mauretania* reçurent en plus des quatre turbines « avant » (deux H.P. et deux B.P.) fournissant 20 000 ch (14 920 kW) deux turbines L.P. de marche arrière logées devant les turbines L.P.

La turbine à vapeur fut universellement adoptée dans les centrales électriques les plus puissantes où des installations hydro-électriques étaient impossibles, et quelques exemplaires particulièrement importants et puissants en ont été construits. Elles fonctionnaient à des températures et pressions de vapeur élevées, la vapeur H.P., étant utilisée en premier lieu dans des corps à impulsion puis, une fois la pression réduite, dans des corps à réaction. Pour un vide de 74 cm de mercure (chiffre usuel pour les turbines modernes), 1 kg de vapeur occupe un volume de 17 m³, et sur une turbine de 40 200 ch (30 000 kW) il s'écoule quelques 85 000 m³ à la minute par le dernier aubage. Pour que la vitesse de la vapeur reste peu élevée sans avoir à allonger la longueur des aubes, ces turbines combinent un petit carter H.P. avec une turbine L.P. L'admission y est centrale et deux échappements sont prévus, un à chaque extrémité.

Sur les turbines mises au point en Suède par les deux frères F. et B. Ljungström, la réaction se produit sur les deux jeux d'aubes. L'air est admis dans ces turbines à flux radial à proximité de l'arbre et s'écoule au travers de rangées concentriques d'aubes. Des anneaux successifs sont fixés aux disques de chaque côté du flux de vapeur radial. Les disques tournent dans des directions opposées et entraînent deux arbres pouvant être couplés à des alternateurs ou à un engrenage réducteur de marine. Sur les plus grosses de ces turbines, le corps final est du type à action et à flux axial mais conserve des aubes d'injecteurs fixes et les aubes mobiles sont montées sur des disques couplés aux arbres moteurs.

Les progrès de la chaudière

La désignation de « générateur de vapeur » qui, en quelques 200 ans, vint progressivement remplacer celle de « chaudière » est un indice des changements qui se sont produits dans l'utilisation de cet appareil. Les chaudières des pionniers Savery, Newcomen, Smeaton et Watt étaient de simples chambres dans lesquelles l'eau était portée à ébullition, car tout ce dont ces premières machines avaient besoin était simplement que l'eau soit transformée en vapeur. Cela pouvait s'effectuer à la pression atmosphérique ou bien, pour obtenir une énergie potentielle, à des pressions légèrement plus élevées. Condensée, la vapeur était retransformée en eau et n'occupait plus alors que 0,0006 % de son volume à l'état gazeux, le volume restant

constituant le vide requis. Dans ces applications primitives, les chaudières telles qu'elles étaient utilisées par les cuisiniers ou les brasseurs faisaient l'affaire, mais si, leur forme sphérique était la plus adéquate pour supporter les pressions alors requises, cette configuration était la moins favorable lorsqu'il s'agissait de mettre en contact avec le feu la surface d'eau la plus étendue possible.

A l'origine, ces chaudières étaient fabriquées en cuivre, en fer forgé et parfois même en plomb. Plus tard on leur donna la forme de meules de foin ou de ruches, avec un dôme sphérique et des flancs et une base coniques. Les gaz chauds du charbon circulaient autour de ces chaudières de forme plus efficace dont certaines avaient des dimensions impressionnantes pour l'époque, 6 m de diamètre étant une mesure alors courante. Elles étaient fabriquées à la main à partir de lames de fer forgé rivetées en carrés de quelques centimètres de côté. Souvent leur fond était en fer alors que les parties supérieures, plus éloignées du feu, étaient mises en forme à partir de feuilles de plomb. Certaines chaudières Newcomen comportaient, en haut de leur corps conique, un évasement qui permettait un dôme sphérique de plus grand diamètre. Mais on découvrit bientôt que, pour obtenir un transfert de chaleur favorable, il était indispensable de prévoir la surface de chauffe la plus vaste possible. Et c'est à cet effet qu'en 1763, Keane Fitzgerald équipa sa chaudière d'un foyer circulaire central surmonté d'une cheminée en spirale. Lorsqu'il modifia la machine Newcomen, en 1765, Smeaton conçut un foyer sphérique intérieur allumé par un tube partant d'un côté de la chaudière et une cheminée entourée d'eau pour la fumée. En 1771 apparurent quelques chaudières en fonte, matériau que l'on jugerait pauvre aujourd'hui mais qui suffisait aux pressions peu élevées alors utilisées. A la fin du XVIIe siècle la conception des chaudières commença à changer. Certaines comportaient des cheminées et des tubes pour transmettre

Ci-dessus : les aubages d'une turbine parsons à flux radial.

A gauche : ce turbo-générateur Parsons de 1901 produisait 60 kW d'électricité à 4 000 tr/mn.

également à l'eau la chaleur de la fumée. On les désigna chaudières à tube de fumée. Dans d'autres chaudières, au contraire, l'eau était chauffée en circulant dans des tubes disposés dans le feu. C'était les chaudières à tubes d'eau. Leur objectif commun était bien sûr, d'accroître la surface de chauffe. Les chaudières à tubes de fumée furent principalement utilisées sur les machines stationnaires les locomotives et les tracteurs routiers ou fermiers. Les tubes à eau supplantèrent les tubes à feu en utilisation nautique et, avec l'accroissement des pressions et des températures, pour toutes les grosses génératrices à vapeur des centrales électriques.

L'amélioration du transfert de chaleur

Richard Trevithick et Oliver Evans furent les premiers à saisir les changements fondamentaux qui s'imposaient sur les chaudières primitives. Dans leur recherche de pressions de vapeur toujours plus élevées, Trevithick et Evans conçurent tous les deux des chaudières à corps cylindrique rivé et à dômes sphériques. Elles étaient presque entièrement noyées dans un bati en briques qui laissait circuler la fumée aussi longtemps que possible autour de la chaudière, accroissant ainsi la surface de chauffe. Trevithick alla encore plus loin en concevant ses machines routières et ferroviaires. Dans l'impossibilité où il se trouvait d'entourer la chaudière sphérique de briques, il la dota d'un conduit de fumée interne, le foyer se trouvant à une extrémité et une haute cheminée, de l'autre côté. Le stade suivant vit le conduit de fumée en U revenir à une cheminée prenant naissance près de la grille du foyer. Le tube de fumée unique et droit, dans un cylindre souvent doté de dômes en forme d'œuf, allait devenir la chaudière classique des machines stationnaires.

Dans le même temps les chaudières de locomotives suivaient les idées de Trevithick,

La turbine de type Curtis lancée au milieu des années 1920 pour la production d'électricité.

avec des tubes de fumée droits puis en U. Sur la locomotive *Experiment* de 1827, Stephenson monta un foyer à tubes d'eau auquel on pouvait accéder, pour le nettoyage, par un logement en fonte situé à l'arrière de la machine. En 1828, la *Lancaster Witch* présentait deux foyers et deux tubes de fumée réunis, à l'avant, par une boîte de fumée servant de base à la cheminée. Le Français Marc Seguin qui, cette même année, avait commandé quelques locomotives à Stephenson, jugea que leurs chaudières avaient une surface de chauffe insuffisante. Il les modifia donc en multipliant le nombre des tubes entre le foyer et la boîte de fumée, une idée qu'avait eu auparavant le Londonien James Neville, lorsqu'il avait en 1824, monté un tel dispositif sur son véhicule à vapeur. La locomotive *Rocket* du Liverpool and Manchester Railway comportait elle aussi vingt-cinq tubes de 7,6 cm de diamètre partant d'un foyer en cuivre situé à l'arrière de la chaudière. Des compartiments d'eau reliés à la chaudière existaient également sur les côtés, le dessus et l'arrière du foyer en cuivre.

Bien avant déjà, en 1659, Robert d'Acres (Thornton était son autre nom) avait dans son ouvrage en anglais : *The elements of water drawing,* dit entre autres choses intéressantes : « le meilleur moyen de chauffer est d'utiliser l'air dégagé par un feu clos... ».

Trevithick suivit ce précepte en 1800 pour son premier véhicule routier construit à l'atelier Tyack de Camborne, en Cornouailles. La chaudière comportait un soufflet actionné par la crosse et qui avait pour mission d'aviver le feu. Bien que ce soufflet ait été abandonné après le premier essai du véhicule, il constituait un premier précédent au système de l'injection forcée qui allait être adapté plus tard aux chaudières marines et à d'autres chaudières. « Cap'n Dick », tira également parti de la vapeur s'échappant du cylindre pour créer un courant d'air ascendant dans la cheminée qui aspirait l'air dans le tube de feu et créait ainsi un feu d'une chaleur intense. Ces tubes de tirage furent également utilisés par Seguin et, en 1827, par Thimothy Hackworth dont le dessin ajoutait un haut de cheminée effilé en cône ayant pour effet d'accroître la vitesse de la fumée dans la cheminée. Les tubes de tirage furent donc généralisées sur les locomotives parce qu'ils assuraient un bon tirage dans le foyer, ce à quoi la cheminée s'avéra insuffisante. Néanmoins, dès que ces machines à tubes de tirages étaient stoppées, le tirage cessait et le feu mourait rapidement. John Nicholson surmonta cet obstacle en 1806, par le biais d'un jet de vapeur envoyé dans la cheminée. Ce soufflet à commande manuelle devint une caractéristique essentielle des chaudières à tubes de fumée.

Les premières locomotives, pour fonctionner au charbon de qualité moyenne des mines dans lesquelles elles étaient en service, avaient de gros foyers et des tubes de section importante qui retardaient la combustion. Par voie de conséquence, cette combustion incomplète ne dégageait que peu de fumée, les tubes de feu et de tirage devenant donc indispensables pour accroître la production de vapeur. Mais la fumée dégagée devint rapidement un fléau et une législation fut instaurée afin que les machines absorbent leur propre fumée. La combustion de coke était évidemment une solution pour réduire le dégagement de la fumée. C'est celle qui fut retenue pour les locomotives des principaux réseaux publics. Les diverses solutions essayées furent, entre autres; l'admission d'un surcroît

Chaudière à alimentation en eau par gravité et indicateur de niveau d'eau à flotteur.

d'air dans le foyer, une chambre de combustion additionnelle et un allongement du parcours des gaz brûlants.

L'idée de la chambre de combustion additionnelle accroissait l'espace alloué à la combustion des gaz. Cette chambre était obtenue en étendant la moitié supérieure du foyer en un seul carneau sur une longueur représentant un tiers à la motié de la chaudière. John Gray tenta cette expérience en 1837 sur une locomotive qu'il construisit pour la Hull and Selby Railway : la suggestion émanait de Chanter, un assistant de Gray.

C'est encore Chanter qui eut l'idée d'utiliser des tubes d'eau pour supporter des parois de briques réfractaires, ce qui permit un nouvel allongement du parcours des gaz, sur la locomotive *Bee* que Samuel Hall construisit en 1841, pour la Midland Counties Railway, les parois étaient remplacées par une arche de briques ayant pour fonction de renvoyer les gaz chauds de fumée, avant qu'ils n'atteignent les tubes de fumée par-dessus l'arche de briques. Bien qu'il n'ait pas été la raison de la disparition de ces locomotives, l'arche de briques disparut pendant quelques quinze années avant de redevenir un accessoire quasi-standard des chaudières de locomotives. Un autre de ses avantages étant d'ailleurs d'empêcher que du charbon en cours de combustion puisse être aspiré dans les tubes lorsque le tirage était particulièrement fort.

La chaudière de locomotive avait trouvé sa configuration définitive vers le milieu du XIXe siècle et elle n'allait pratiquement plus évoluer, si ce n'est de par le fait des progrès réalisés dans la technologie des matériaux.

La configuration définitive consistait en un foyer de forme parallélépipédique entouré d'eau sur cinq de ses faces et dans lequel le combustible était introduit manuellement depuis l'arrière, par un canal traversant la chaudière. Au-dessus de l'arche de briques, la paroi frontale du foyer supportait les nombreux tubes de fumée reliés par ailleurs à la paroi avant de la chaudière. La boîte de fumée située à l'avant supportait la cheminée qui prenait naissance dans la boîte de fumée elle-même, en un cône, pour transmettre à la vapeur l'effet des tubes de tirage. A l'avant de cette boîte, une trappe de visite étanche permettait un ramonage périodique des tubes de fumée. La vapeur était prise dans la partie supérieure de la chaudière, la plupart du temps, dans un dôme afin d'éviter que

Cette réplique écorchée de la *Rocket* révèle l'architecture de la chaudière.

Le double tube de tirage Kilchap.

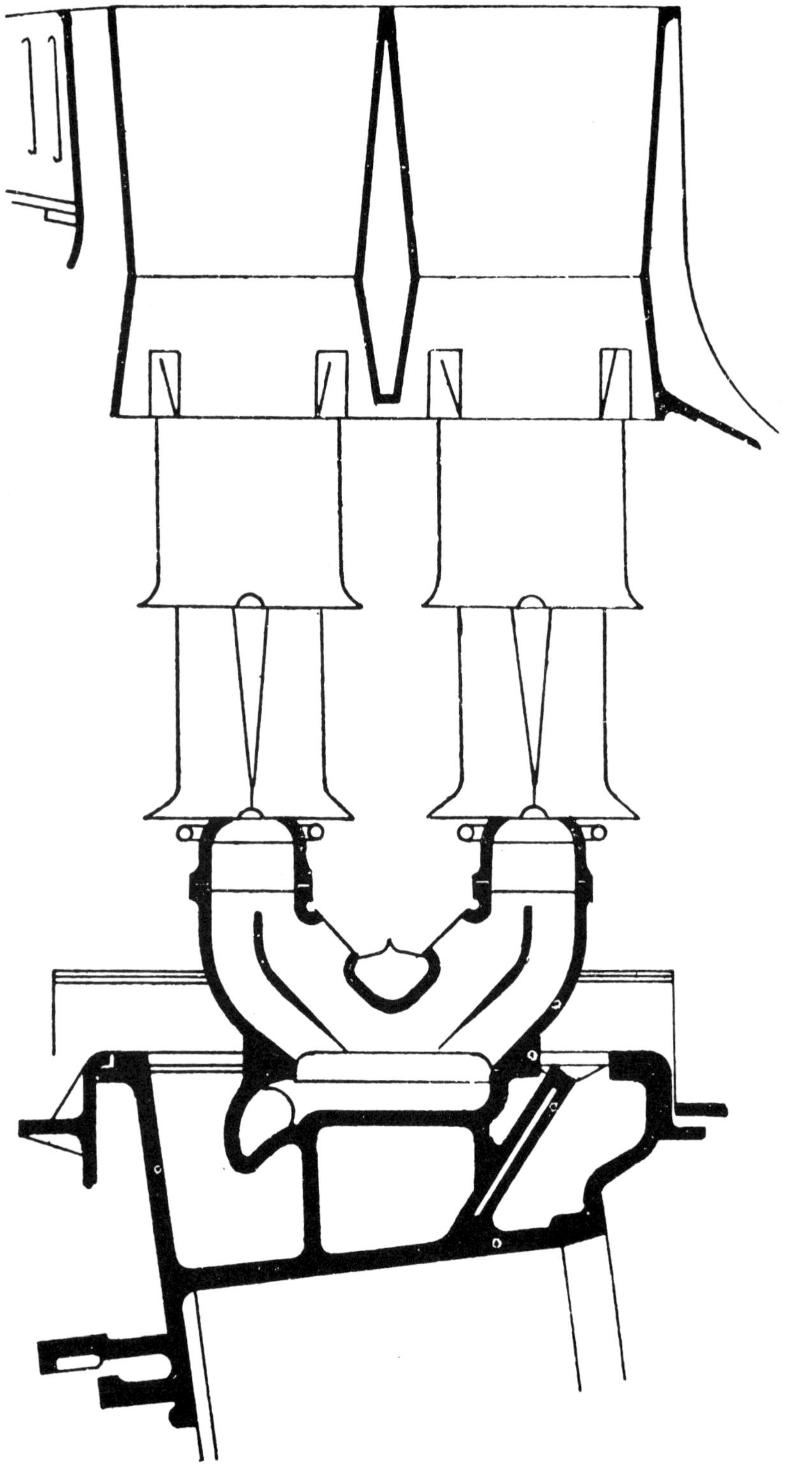

de l'eau ne s'y mélange.

En 1844, William Fairbairn et John Heatherington mirent au point, pour un usage stationnaire, une chaudière cylindrique horizontale qui comportait deux carnaux reliant deux foyers d'un côté, à une cheminée commune, de l'autre, cette « chaudière Lancashire » donnait une plus grande surface de chauffe grâce à ses deux carnaux, de section réduite. Plus tard, Elijah Galloway fit en sorte que ces deux carnaux se rejoignent et les renforça au moyen de tubes transversaux effilés dans lesquels l'eau pouvait circuler, accroissant ainsi la surface chauffée et, en même temps, la quantité d'eau en circulation dans la chaudière. Ces tubes de Galloway comportaient une collerette à chaque extrémité, et leur forme effilée permettait de les faire passer dans les carnaux et de les river par leurs deux collerettes. Enfin, pour renforcer ces carnaux cylindriques et pour les rendre plus résistants à la détente de la vapeur, Samson Fox imagina, en 1880, de les doter de parois ondulées.

A l'origine, les chaudières Lancashire étaient constituées de plaques de fer forgé rivetées mais, en 1865, une nouvelle législation autorisa l'usage d'acier doux, dix ans après l'invention, de l'acier par William Kelly de Pittsburg (U.S.A.) et, simultanément, par Henry Bessemer, à Londres. Les chaudières en acier doux avaient des extrémités plates. Ce qui nécessitait des étais internes pour résister aux pressions. Mais en 1904, John Thompson de Wolverhampton, introduisit des extrémités concaves qui rendirent les étais inutiles et permirent de monter à des pressions de 17,5 kg/cm^2.

Pour les navires, où la place disponible primait, on mit au point une chaudière dont les boîtes à feux et les carnaux comportaient des flancs plats, accroissant ainsi leurs surfaces tout en leur laissant la capacité de supporter 0,35 kg/cm^2 de pression. Ces premières chaudières utilisaient l'eau de mer qui déposait du sel et d'autres impuretés. Elles requéraient donc des nettoyages fréquents. De plus le fer forgé dont elles étaient constituées, était corrodé par le sel et l'on devait avoir recours à des foyers (et même parfois, à des chaudières tout entières) en cuivre.

L'Amiral Thomas Cochrane, partisan convaincu de la chaudière à tubes de fumées du type de celles qui équipaient déjà les locomotives, en fit monter une, en 1840, sur le *Pénélope*. Les chaudière à boîtes multiple s'avérèrent cependant peu efficaces avec l'augmentation des pressions et, après une explosion, en 1876, elles furent abandonnées.

Ci-contre : chaudière Lancashire :
1 Porte du foyer.
2 Barres à feu.
3 Carneau en retour sous la cheminée.
4 Carneau de cheminée.
5 Vapeur.
6 Corps de la chaudière.
7 Gousset de support arrière.
8 Soupape de sécurité.
9 Régulateur d'admission d'eau.
10 Prise de vapeur.

La chaudière marine « écossaise » apparut en 1862 et son emploi fut vite généralisé. Cylindrique et trappue, elle avait des faces plates renforcées par des étais. Trois ou quatre foyers circulaires qui en occupaient presque toute la longueur se terminaient par des chambres de combustion verticales et entourées d'eau de tous côtés. Les nombreux tubes de fumée s'étendaient de la face avant à la face arrière dans laquelle était ménagée l'ouverture du foyer. Souvent ces chaudières étaient accolées dos-à-dos et leurs chambres de combustion étaient parfois couplées. Pour accroître la circulation d'air dans le foyer, les salles dans lesquelles ces chaudières étaient installées étaient souvent rendues étanches et pressurisées par des

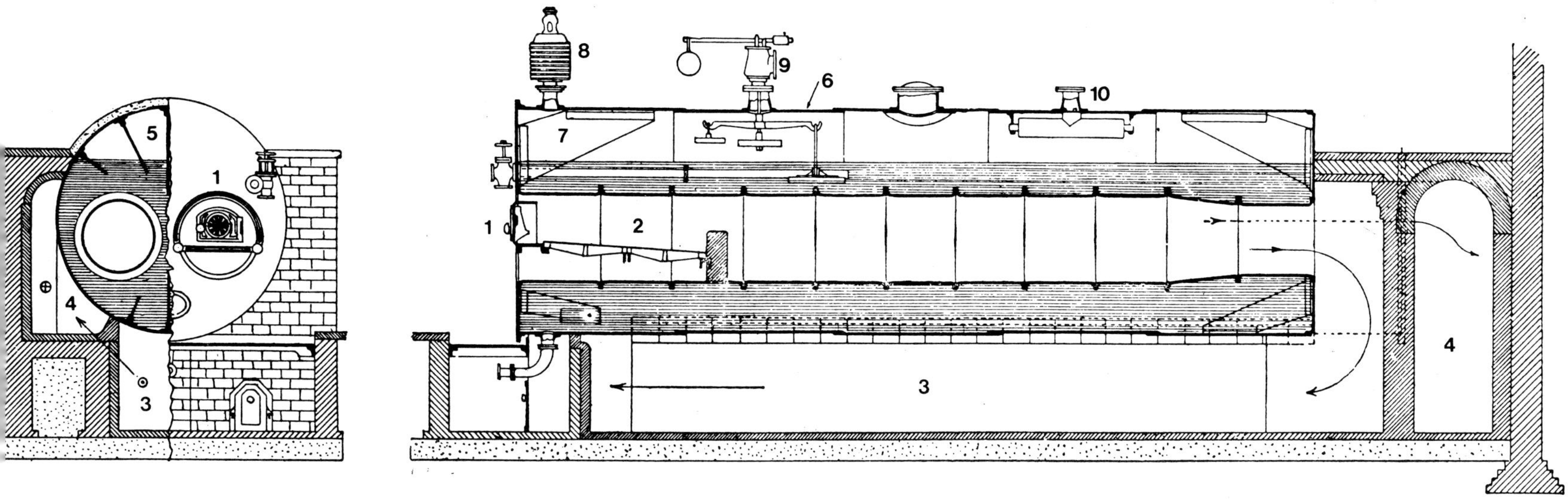

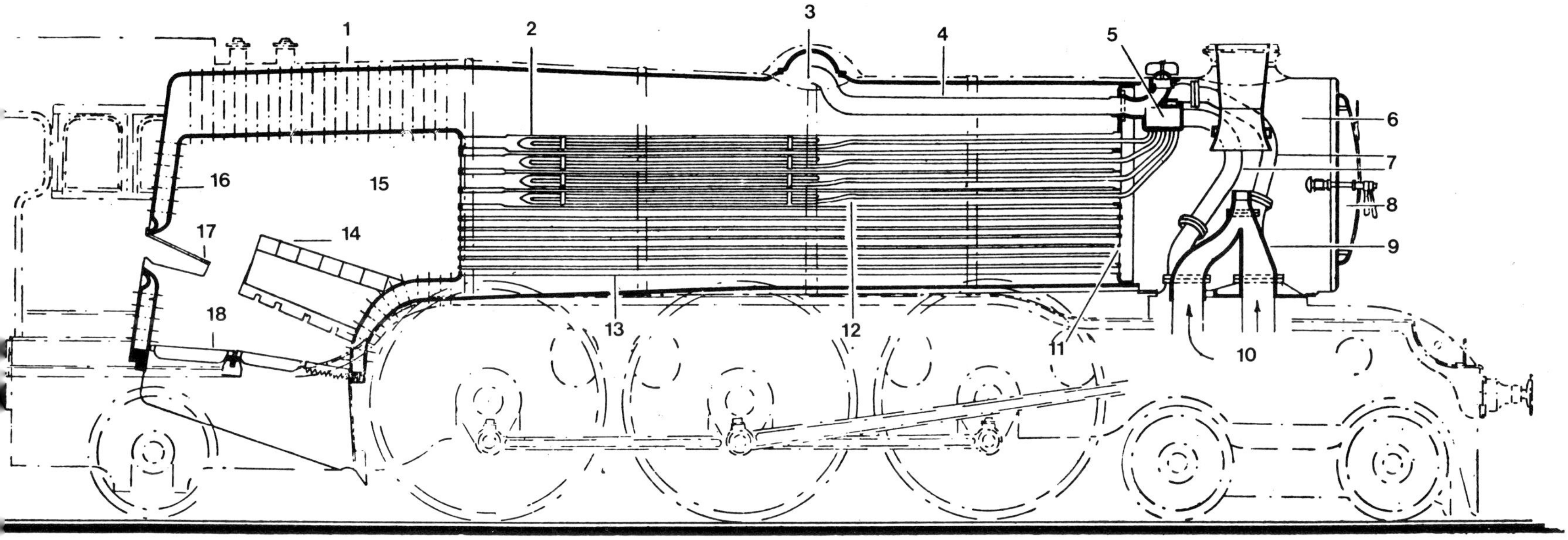

ventilateurs centrifuges. Ceci était du moins le cas sur les bâtiments militaires qui pouvaient à certaines occasions, réclamer une quantité de vapeur considérable et de manière instantanée. Ainsi le *Mauretania* ne comportait-il pas moins de 23 chaudières doubles et deux chaudières simples. Toutes ces chaudières tubulaires à retour de fumées étaient du type à 4 foyers ce qui représentait un total de 192 foyers. La consommation de charbon de cet impressionnant ensemble était de 1 000 tonnes par jour. Il était remonté des soutes et concassé par 120 soutiers, et 200 chauffeurs se relayaient toutes les quatre heures pour pelleter le charbon dans les foyers, et, comme ceux-ci ouvraient à des hauteurs différentes, il fallait parfois lever la pelle à plus de 1,20 au-dessus du sol. C'était un travail dur, chaud et sale auquel venait s'ajouter le ramassage de quelque cent tonnes de cendres et de machefer chaque jour. Lorsque le bateau fût converti à des foyers à pétrole, en 1919, les effectifs des chambres de chauffe furent réduits à 38 personnes.

Pour les petites machines d'ateliers, les grues, les pompes transportables, les premiers véhicules à vapeur et les pompes d'incendie, les chaudières à tubes de vapeur verticaux pouvaient alimenter en vapeur des machines développant jusqu'à environ 20 ch (14 kW). Les boîtes à feu utilisées pour ces applications étaient coniques et comportaient à la base une collerette permettant de les riveter dans le fond des chaudières. Leur paroi supérieure était en général légèrement dômée pour une plus grande résistance et étaient percée d'un orifice dont partait le carneau unique qui traversait le toit de la chaudière et formait la cheminée. Des tubes de Galloway étaient souvent montés en travers de la boîte à feu pour la renforcer et pour accroître la circulation d'eau autour du feu. Ces foyers étaient alimentés par deux trous concentriques percés dans le corps de la chaudière et celui du foyer, un anneau riveté fermant l'espace entre les deux parois.

Un autre type de chaudière verticale, conçu plus tard par Edward Field, présentait un dispositif de tubes original. Ces tubes « Field » plongeant dans la boîte à feu étaient clos à leur extrémité inférieure. A l'intérieur de ces tubes, des

Vue en coupe d'une chaudière de locomotive :
1 Étais de la couronne de boîte à feu.
2 Tubes de réchauffage.
3 Régulateur.
4 Conduit de vapeur interne.
5 Réservoir de réchauffage.
6 Boîte de fumée.
7 Conduits de vapeur principaux.
8 Ouverture de la boîte de fumée.
9 Tube de tirage.
10 Échappement de vapeur des cylindres.
11 Plaque tubulaire de la boîte de fumée.
12 Élément de réchauffage.
13 Tubes de fumée.
14 Cintre de brique.
15 Intérieur de la boîte à feu.
16 Étais latéraux de la boîte à feu.
17 Déflecteur.
18 Barres à feu.

Page suivante : le véhicule d'incendie à vapeur de Shand Mason (1896).

Ci-dessous : chaudière tubulaire cylindrique à retour de fumées de 1892 :
1 Barres à feu.
2 Chambre de combustion.
3 Tubes de feu.
4 Sortie vers la cheminée.
5 Vapeur.

tubes de moindre section et à haut conique en étaient maintenus écartés par des nervures. L'eau tombait dans les tubes inférieurs pour être chauffée dans l'espace clos du tube extérieur. Par simple convection, l'eau chaude remontait ensuite par l'espace annulaire prévu entre les tubes. Ces tubes « Field » qui maintenaient une circulation d'eau rapide et continue furent adaptés à un grand nombre de chaudières. Field inventa aussi une chicane de fonte suspendue sous l'orifice central du carneau qui empêchait qu'une partie de la chaleur ne remonte directement à la cheminée et la renvoyait entre les tubes où elle avait mieux à faire.

Une autre petite chaudière verticale très répandue fut celle que fabriquaient Cochran & Co, à Birkenhead (Angleterre). Cylindrique, elle avait un dôme hémisphérique et une boîte à feu d'une seule pièce logée à proximité de la base. Elle était alimentée par une ouverture latérale à l'opposé de laquelle un carneau circulaire faisait remonter les gaz vers une chambre de combustion. Les tubes à feu, en nombre important, étaient disposés horizontalement dans le corps de la chaudière. Ils ouvraient sur la paroi d'une boîte de fumée en partie externe et sur laquelle prenait la cheminée. Ces chaudières Cochran furent produites en plusieurs dimensions, avec un diamètre variant entre 68 et 183 cm et une hauteur comprise entre 160 et 425 cm. Elles contenaient entre 30 et 140 tubes à feu et coûtaient, en 1885, de 36 à 287 livres sterling, en ce compris une cheminée de 183 cm.

Les chaudières à tubes de feu étaient tout à fait adaptées à une utilisation économique de la vapeur qui représentait déjà un marché assez étendu. Elles s'accommodaient aussi d'une alimentation en eau qui n'était pas toujours exempte d'agents corrosifs. En revanche, elles n'étaient pas faites pour satisfaire à des besoins en vapeur par trop changeants. Et, qui plus est, leur constitution limitait les pressions auxquelles elles pouvaient travailler. Ceci en raison de l'importance des surfaces planes, ou presque planes, et de la nature des matériaux entrant dans leur fabrication. Pour contre-balancer ces inconvénients, le rôle des tubes de chauffe était alterné et la construction faisait appel à un nombre de pièces multiplié, ce qui avait également pour effet

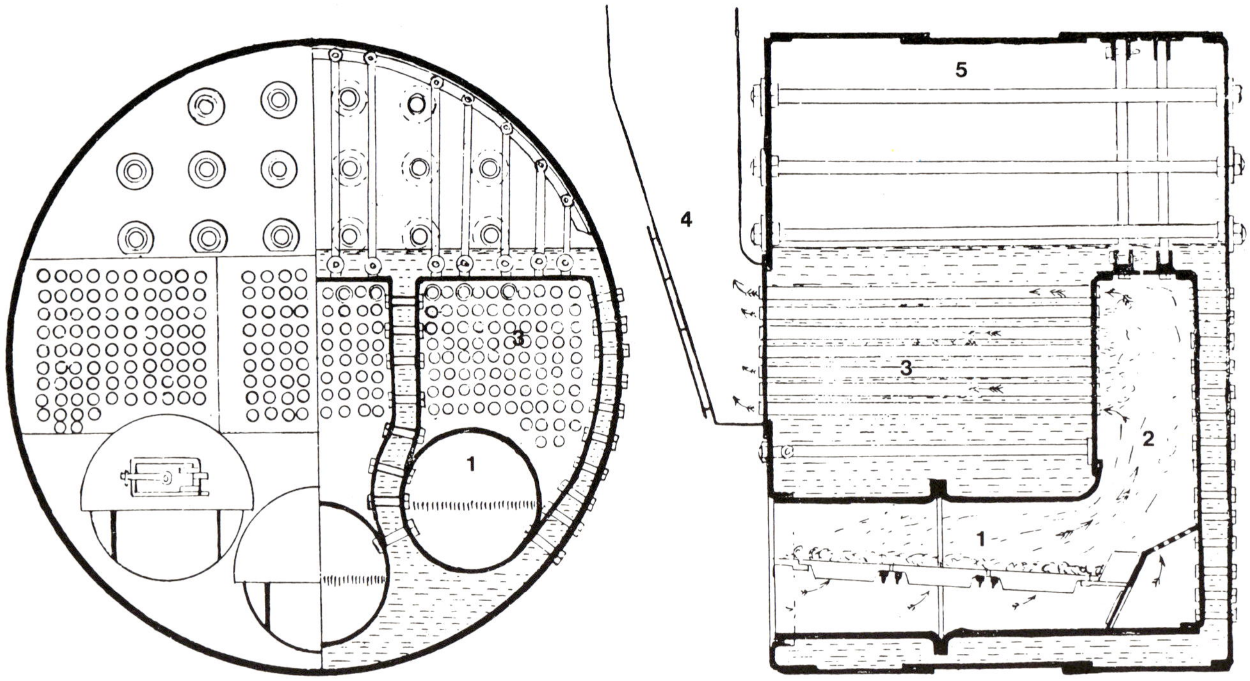

LETCHWORTH
SHAND, MASON & Co.
ENGINEERS
LONDON

de faciliter le transport et de minimiser les dégâts en cas d'avarie. Les progrès apportés à ces chaudières à tubes de feu peuvent en grande partie être attribués aux pionniers du véhicule à vapeur.

La première chaudière à tubes à eau fut conçue par John Blakey, en 1774. Elle comportait trois tubes inclinés dans un foyer de briques et reliés entre eux par des tubes en U. L'eau entrait par le tube le plus bas et la vapeur était dégagée par le haut du tube supérieur. James Rumsey utilisait une chaudière de ce type sur le bateau à réaction dont il démontra les possibilités sur le Potomac. John Fitch fit un choix similaire pour le navire avec lequel il remonta le Delaware, en 1876. Sur le bateau expérimenté par Robert Fulton, sur la Seine, en 1803, la vapeur provenait d'un petit cylindre de cuivre chauffé par un foyer. L'eau tombant goutte à goutte dans cette chambre chaude se vaporisait instantanément et actionnait le piston moteur. Ce fut là la toute première des chaudières dites « instantanées » et sur lesquelles l'eau était mise en pression dans un serpentin de tube porté à température élevée.

En 1804, Arthur Woolf déposa un brevet pour une chaudière à tubes de fonte horizontaux et reliés individuellement par le centre à un grand réceptacle de vapeur. L'intérieur du foyer y était conçu de manière à ce que les gaz chauds passent alternativement au-dessus et au-dessous de ces tubes à eau.

Pour son périple de 135 km entre Londres et Bath, en 1828, l'omnibus à vapeur de Sir Goldsworthy Gurney était doté d'une chaudière à tubes d'eau qui allait longtemps demeurer exemplaire. Un tambour d'eau inférieur y était connecté à une rangée de tubes inclinés constituant également la grille du foyer. En haut, ces tubes se prolongeaient à la verticale puis reprenaient une direction oblique pour déboucher dans un tambour supérieur au-dessus duquel un autre tambour avait pour fonction de récupérer la vapeur. Entre les deux tambours, les tubes étaient espacés pour permettre d'envoyer les pelletées de coke dans le foyer. Certaines versions de cette chaudière fort réussie ne comportaient que deux tambours et leurs tubes, en U, étaient installés à l'horizontale. Walter Hancok, Sir Charles Dance et le Colonel Maceroni firent tous appel à des chaudières de ce type pour équiper leurs véhicules à vapeur. Leur capacité en eau et les passages réservés à celle-ci y étaient cependant réduits pour minimiser les dangers d'explosion, dans le cas où une pièce serait venue à céder sous l'effet de la pression qui pouvait déjà dépasser 10 kg/cm².

En 1843, le Dr Alban, à Mecklembourg, conçut une chaudière dont les tubes horizontaux sortaient en rangées échelonnées d'un réservoir vertical disposé à l'avant. Ils étaient reliés aux tambours de vapeur placés au-dessus du foyer. La plaque supportant les tubes étaient percée de deux ouvertures pour chaque tube afin de faciliter la circulation de l'eau et de la vapeur.

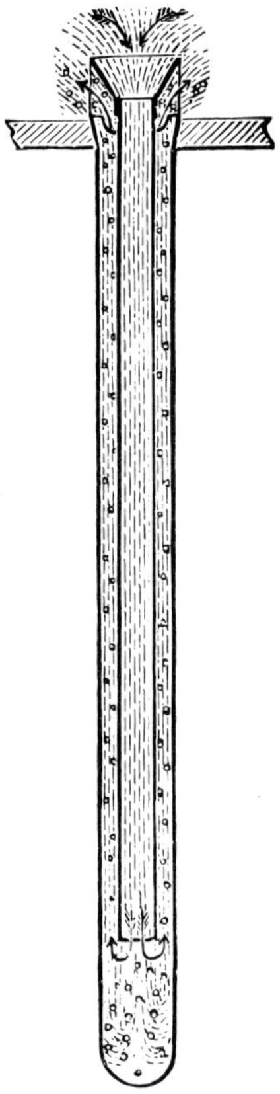

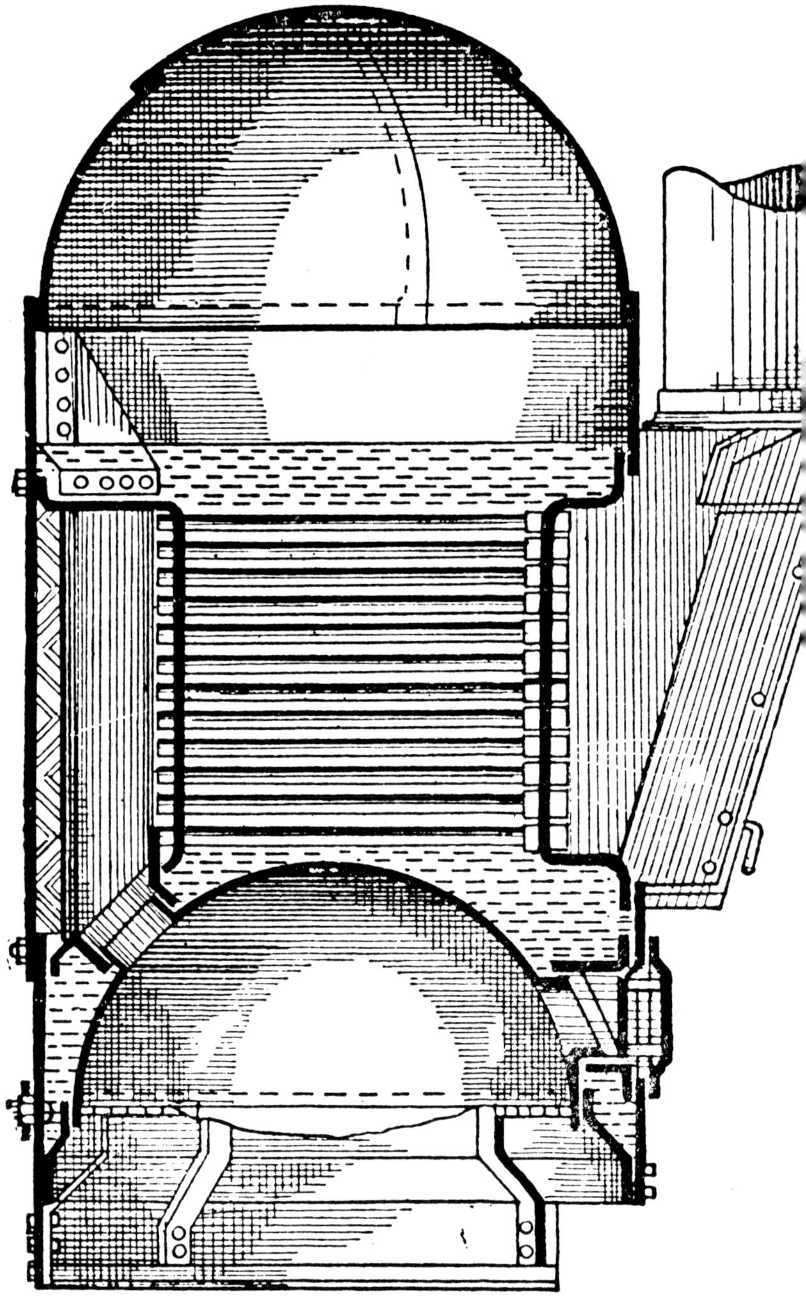

Ci-dessus : l'un des tubes d'eau mobiles d'une chaudière Field.

A droite : une chaudière verticale Cochran.

Les petites chaudières pour véhicules

Les premiers véhicules routiers à vapeur n'utilisaient comme combustible que le coke ou le charbon. Sur les gros véhicules commerciaux ou de remorquage à bord desquels se trouvait un « chauffeur » pour alimenter le foyer, cela ne posait pas de problèmes. Sur les véhicules domestiques, en revanche, les combustibles solides étaient hors de question. Aussi le Français Joseph Ravel mit-il au point, en 1868, un tricycle à vapeur utilisant un combustible liquide. Sa chaudière était constituée d'un tube d'eau en serpentin compris dans un dôme dont l'objet était de renvoyer sur les tubes la chaleur dégagée par des brûleurs de pétrole.

Sur la voiture Lamplough-Albany qui fut construite à Willesden (Angleterre) en 1903, une pompe alimentait en eau sous pression un tube « Field » plongeant au centre de la chambre de combustion. Depuis le fond surchauffé de ce tube, la vapeur effectuait un long parcours dans des tubes placés en travers de la chaudière et débouchait sur une chambre supérieure elle-même traversée par des tubes à eau ayant pour effet de réchauffer encore davantage la vapeur.

Plus simple fut la chaudière utilisée en 1887 par le Parisien Léon Serpollet. Un tube unique y formait plusieurs grilles tubulaires chauffées par du coke fin qui était introduit dans le foyer par une trémie. Lorsque Serpollet entreprit de se rendre, aux commandes de son véhicule, au bureau des mines pour demander sa licence de conducteur, les rues cahoteuses de Montmartre firent tomber les grilles et la production de vapeur cessa. Après avoir rassemblé les pièces et reconstruit sa chaudière, l'inventeur parvint cependant à destination mais, pour ses autres véhicules ultérieurs, il adopta un système de chauffe à combustible liquide. Les véhicules à vapeur qui s'ensuivirent furent équipés de serpentins tubulaires, comme le Toledo ou le White. D'autres, comme le Locomobile et le M.C.C. furent dotés de chaudières à tubes verticaux, qu'ils soient à eau ou à feu. Avec la généralisation des brûleurs à commande automatique, le dégagement de vapeur était par ailleurs devenu proportionné aux exigences momentanées.

A gauche : la chaudière Gurney de 1825.

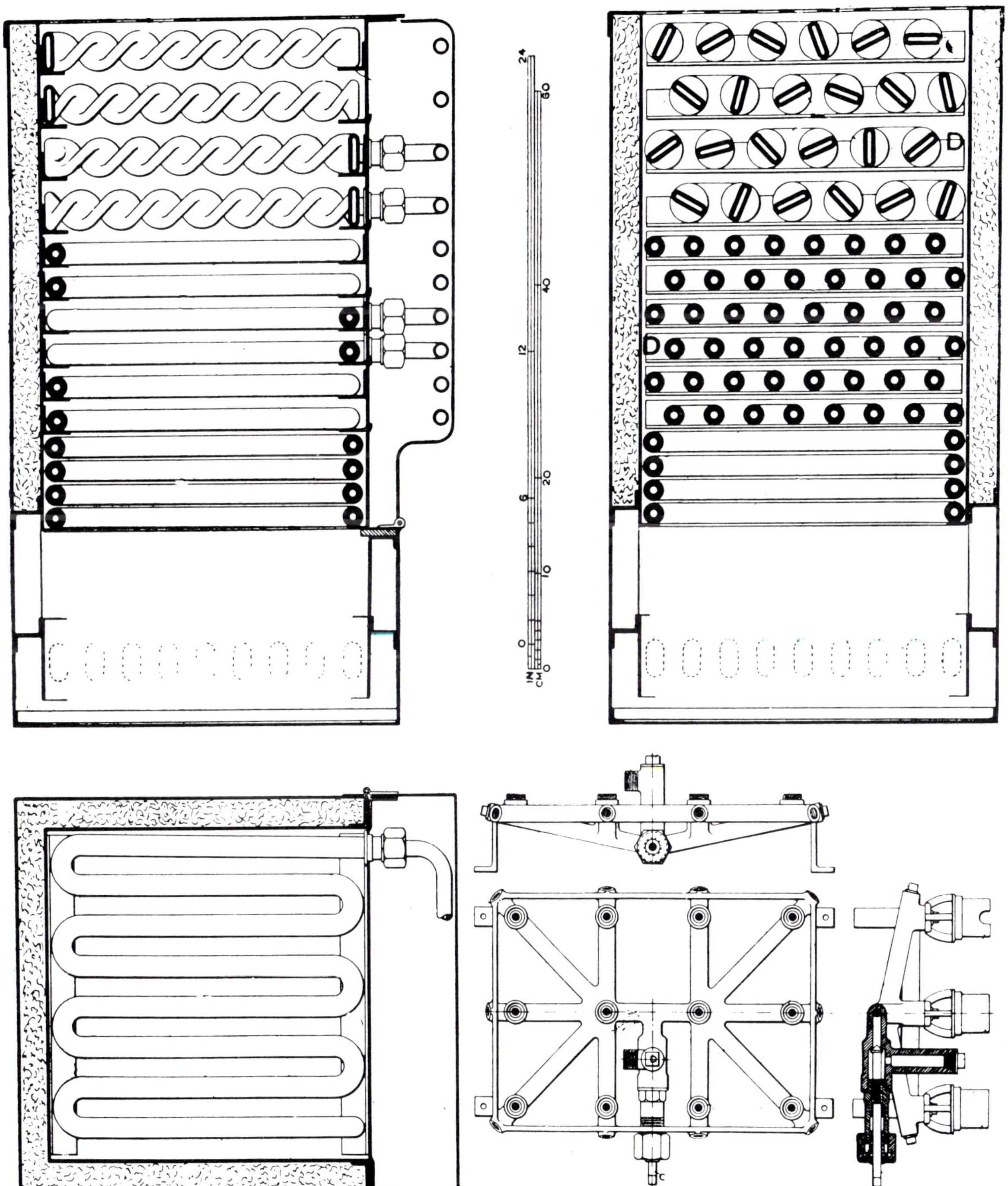

Ci-dessous : le générateur de vapeur Serpollet avec ses tubes de réchauffage torsadés. En bas à droite : la plaque de brûleurs.

Ci-dessous : mise en place de la cuve du réacteur de la centrale nucléaire de Bugey 2 (France), en avril 1975.

Au centre : une chaudière Badcock & Wilcox.

Page de droite : les dispositifs de chargement et de déchargement des éléments combustibles de la centrale nucléaire anglaise de 600 MW à Oldbury-on-Severn, Gloucestershire.

Le dessin des chaudières

Les frères J. et F. Howard, de Bristol (Angleterre), avaient bien dessiné une chaudière à tubes à eau dont la construction fut assurée par Barrow Shipbuilding Co, mais c'est en réalité la firme américaine Babcock & Wilcox qui allait franchir le pas le plus important et servir de référence. En 1856, Stephen Wilcox et son associé du départ, Stillman, avaient mis au point une chaudière à tubes incurvés. Mais son entretien posait des problèmes, aussi Wilcox et son nouvel associé Herman Babcock lancèrent-ils en 1867 une chaudière à tubes rectilignes. Les rangées horizontales de tubes étaient prolongées de part et d'autre par des collecteurs en fonte de section rectangulaire. Les collecteurs supérieurs, ou collecteurs de vapeur, débouchaient sur la paroi avant d'un réservoir horizontal, et les collecteurs d'eau étaient alimentés par des pipes depuis un réservoir situé derrière la chaudière. Des trappes de visite étaient prévues, dans ces collecteurs, pour le nettoyage et, le cas échéant, le remplacement

des tubes. En usage stationnaire, la chaudière Babcock & Wilcox était installée dans un briquetage échelonné qui supportait les différents éléments et aidait à la circulation des gaz chauds. Dans la centrale électrique ouverte en 1882 par Edison, Pearl Street, à New York, des chaudières Babcock & Wilcox alimentaient en vapeur des machines alternatives Porter & Allen, lesquelles machines étaient capables d'entraîner des dynamos de 110 volts.

En application marine, ces mêmes chaudières recevaient des tubes à eau plus courts. Ceux-ci étaient inclinés vers le haut depuis les collecteurs avant et, à l'arrière, ils communiquaient avec un tambour transversal. Les collecteurs arrière communiquaient par le haut avec le tambour de vapeur. En plus de ce qu'elle réduisait la taille de la chaudière, cette disposition permettait aussi un foyer plus étendu et l'installation de chicanes aidant à canaliser entre les tubes les gaz remontant vers la cheminée du navire. Ces chaudières avaient un très bon rendement et elle présentaient également l'avantage de pouvoir être mises

sous pression en un temps assez court. Elles furent l'un des rares modèles à être utilisé de manière courante par la Royal Navy, à partir de la fin du XIXe siècle.

Une chaudière de type similaire fut dessinée en 1878 par A. Collet. Construite par J. et A. Niclausse, à Paris, elle connut un succès important et fut utilisée longtemps par la Marine française. Son tambour de vapeur était transversal et des collecteurs cloisonnés y pénétraient par le bas. Les tubes obliques reprenaient le principe « Field », les tubes internes et externes étant reliés aux compartiments avant et arrière des collecteurs cloisonnés. La partie avant de chaque ensemble de collecteurs était réservée à l'eau et la partie arrière, qui se poursuivait jusque dans le tambour, à la vapeur. L'eau était dirigée, au travers d'une chicane disposée dans le tambour d'acier, vers la partie avant des collecteurs.

Après avoir été expérimentée sur un torpilleur, en 1886, une chaudière conçue dans les ateliers de Sir John Thorneycroft fut montée sur le *Speedy* en 1893. Ce fut la première chaudière à tubes à eau utilisée par la Royal Navy. Un tambour de vapeur longitudinal était supporté dans sa partie avant par deux tubes de gros diamètre menant à deux tambours d'eau. A l'arrière, ce tambour était supporté par des étais fixes aux extrémités des tambours d'eau. Les tubes à eau, multiples et de faible section partaient du haut du tambour deux arcs de vapeur et décrivaient un arc de cercles de part et d'autre de ce tambour, pour revenir au centre de la chaudière, sous le tambour. Ils s'en écartaient ensuite pour aller rejoindre les tambours d'eau latéraux. De par l'arc de cercle qu'ils formaient au-dessus du foyer central, ces faisceaux de tubes présentaient une surface de chauffe particulièrement avantageuse.

Les modèles précédents de la chaudière Thorneycroft ressemblaient à celle conçue par Alfred Yarrow en 1889. La chaudière était cependant d'une conception beaucoup plus simple. L'unique tambour de vapeur longitudinal était cylindrique et les deux tambours d'eau, situés aux deux extrémités inférieures du triangle avaient une section en D. Des rangées de tubes à eau rectilignes reliaient le tambour de vapeur aux deux tambours d'eau entre lesquels était situé le foyer. Et, pour allonger au maximum le parcours des gaz chauds, des chicanes étaient ménagées en travers des rangées de tubes. La chaudière connut une carrière longue et bien remplie avant d'être redessinée pour fonctionner au pétrole.

La même année 1889 vit également apparaître, aux États-Unis, la chaudière Alan Stirling destinée aux centrales électriques et aux stations de pompage où une importante production de vapeur primait sur l'encombrement. A l'origine, elle comportait trois tambours de vapeur transversaux, avec un tambour central en surplomb et deux tambours d'eau à la base. Des tubes à eau verticaux reliaient le tambour d'eau avant et le tambour de vapeur arrière, l'autre moitié du tambour central étant reliée au tambour d'eau arrière. La chaudière était chauffée par le dessous du premier rang de tubes et des chicanes de brique allongeaient au maximum le cheminement des gaz chauds entre les tubes à eau et la cheminée.

La chaudière John Thompson fut également utilisée dans des cas où un important dégagement de vapeur était requis. Elle était semblable à la Stirling avec toutefois un nombre égal de tubes pour l'eau et la vapeur. Elle comportait un nombre important de tubes verticaux mais était plus simple que la Stirling en ce que les connexions entre les tambours d'eau et de vapeur y étaient moins nombreuses. Au début de ce siècle, ces chaudières atteignaient une production de vapeur de 5 500 kg/h à une pression de 14 kg/cm^2.

Le chargement des chaudières

Pendant longtemps, les chaudières furent chargées selon l'ancienne et pénible méthode qui consistait à envoyer des pelletées de charbon dans le foyer. Les « chauffeurs » déployaient d'ailleurs une adresse remarquable pour déposer chacune de leurs pelletées de charbon en un point précis du foyer. Une pelle étroite spéciale et un sérieux coup de main leur permettait en effet de maintenir compact le contenu de la pelle jusqu'à son dépôt en l'endroit souhaité du foyer. La tâche n'en était

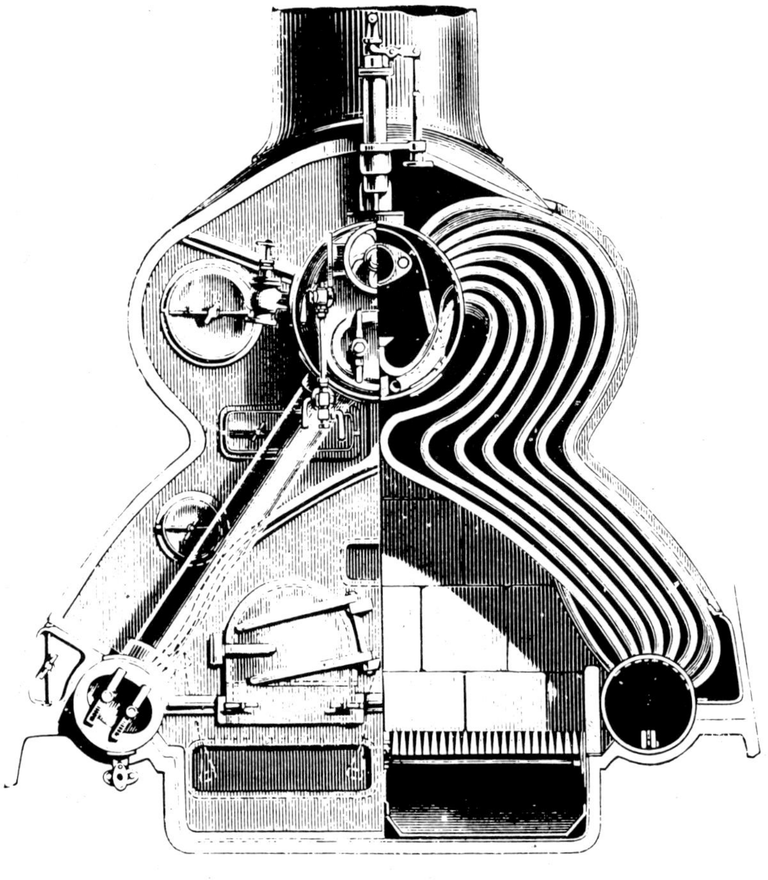

cependant pas moins pénible. Dès 1812, William Brunton avait songé à une grille circulaire sur laquelle le charbon, déposé en un point, était brûlé au fur et à mesure que foyer tournait. La même année, il inventa un mouvement linéaire du foyer. John Bodmer étudiait parallèlement une cage circulaire qui aurait acheminé le charbon dans le foyer. Mais sans succès, aussi se tourna-t-il vers la grille à chaîne qui avait déjà été envisagée par John Juckes, en 1841.

Ces grilles à chaîne qui furent utilisées sur toutes les grosses chaudières stationnaires consistaient en une succession de courtes barres de feu articulées entre elles de manière à former une longue ceinture. Ce tapis sans fin, tendu entre deux rouleaux, traversait le foyer de part en part. Les parcelles de charbon, de la taille d'un pois y étaient déposées au travers d'une trémie, à l'avant du tapis, et une lame réglable en hauteur écumait la charge déposée afin d'assurer un approvisionnement constant. Par simple réglage de la vitesse de ce tapis et de l'épaisseur de la couche de charbon on pouvait obtenir un débit de vapeur constant. Les cendres fines tombaient entre les barres tandis que les parcelles de mâchefer, plus grosses, tombaient, en fin de course du tapis, directement dans les bennes des camions chargés de les emporter. Plus tard, le charbon fut pulvérisé en une fine poussière qui pouvait être simplement soufflée dans le foyer. Selon un procédé très proche donc de celui utilisé pour l'injection du pétrole lourd.

En application marine, la chaudière à pétrole fut généralisée à partir du début de ce siècle. Elle fut inaugurée en 1895 sur un sous-marin de la Marine Américaine construit par John P. Holland. Il était animé par deux machines de 1 120 kW à triple détente.

L'utilisation de la vapeur dans les centrales nucléaires

Dans un réacteur nucléaire, la chaleur résultant de la fission est mise à profit pour créer la vapeur destinée à actionner des turbo-générateurs. Dans un réacteur à eau sous pression, l'eau normale ou l'eau lourde sont utilisées comme refroidisseurs et sont acheminées autour du corps du réacteur. Les températures et pressions créées dans ce corps sont telles qu'elles empêchent l'eau de se transformer en vapeur puisque la température de

Chaudière de Stirling.

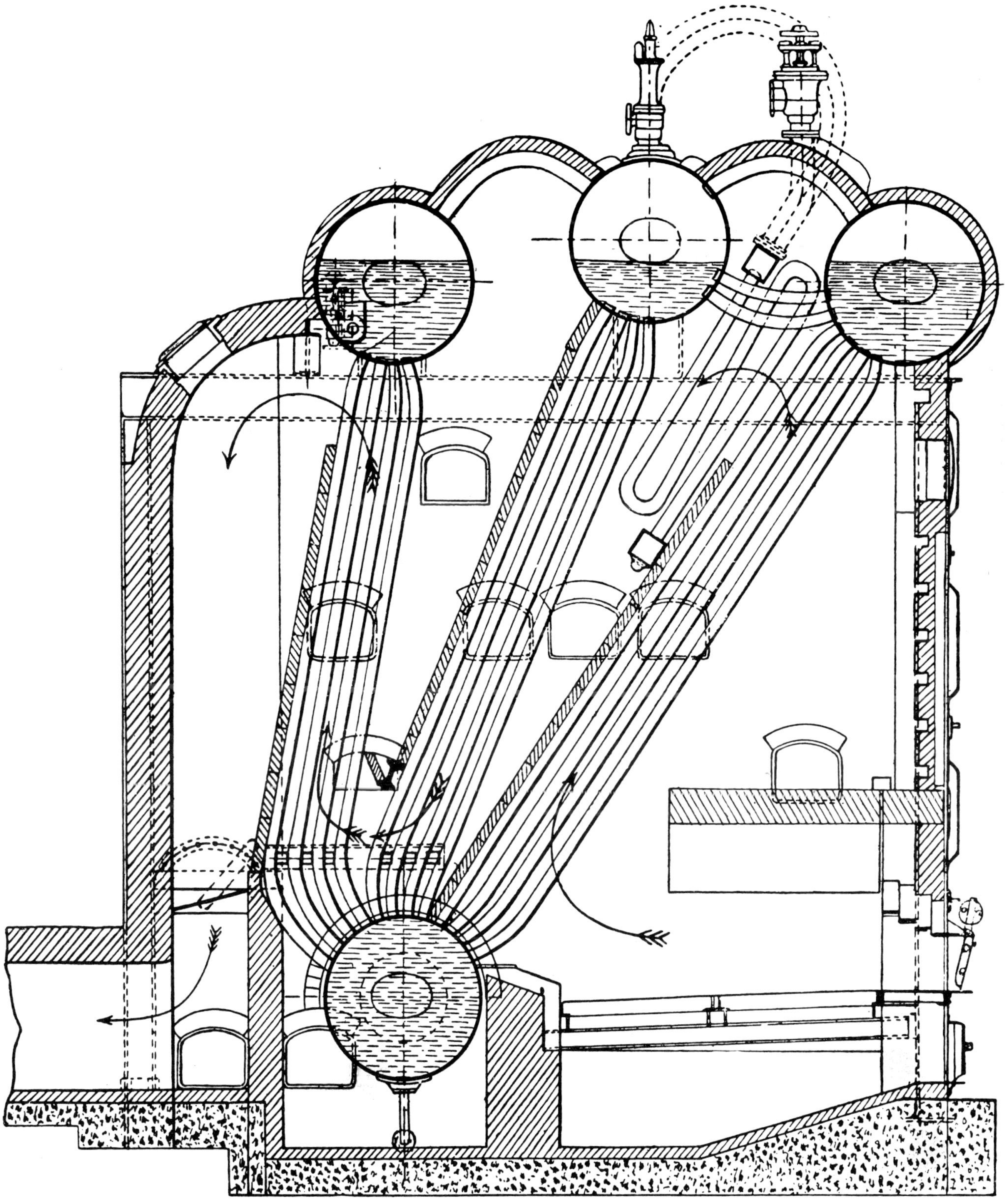

Chaudière à tubes à eau Thorneycroft du type *Speedy*.

Les centrales nucléaires génératrices de vapeur « Cherokee » et « Perkins », en Caroline du Sud et Caroline du Nord (U.S.A.). Chacune de ces centrales génère une puissance électrique nette de 1 280 MW.

1 Bâtiment réacteur.
2 Cheminée de ventilation.
3 Sphère en acier.
4 Pont de manutention.
5 Sacs d'accès du personnel.
6 Salle des assemblages neufs.
7 Dalle de protection.
8 Générateurs de vapeur.
9 Canalisations de vapeur principales.
10 Réservoirs de stockage.
11 Pressuriseur.
12 Dispositif de refroidissement des barres de contrôle.
13 Mécanismes de barre de contrôle.
14 Ringard barillet.
15 Bloc réacteur.
16 Support du bloc réacteur.
17 Pompes de refroidissement du réacteur.
18 Écran du générateur de vapeur.
19 Pont de manutention des assemblages.
20 Canal d'alimentation.
21 Sas des combustibles.
22 Réservoir de vidange du réacteur.
23 Instrumentation du cœur.
24 Vaporisateurs.
25 Conduit d'eau d'alimentation.
26 Ventilation.
27 Échangeurs de température.
28 Pompes des échangeurs de température.
29 Pompe de chargement.
30 Canal de manutention.
31 Cables électriques.
32 Purges des échangeurs de température.
33 Salle de manutention des assemblages.
34 Pont de manutention.
35 Plateforme de manutention.
36 Bassin d'évacuation.
37 Sas.
38 Robinet de commande.
39 Tapis de manutention.
40 Commande du sas.
41 Aire du fut.
42 Conditionnement de l'air.
43 Sas de réception et d'évacuation.
44 Salle des assemblages neufs.
45 Traitement des effluents.
46 Salle de déminéralisation.
47/48/49 Réservoirs de stockage.
50 Salle des soupapes de vapeur.
51 Soupapes primaires.
52 Soupapes de sécurité.
53 Générateur Diesel.
54 Coupleurs.
55 Salle de commande.
56 Salle des ordinateurs.
57 Aire de contrôle des génératrices.
58 Bâtiment des turbines.
59 Turbine H.P.
60 Turbine B.P.
61 Génératrice.
62 Alterrex.
63 Condenseurs.
64 Sécheurs.
65 Re-surchauffeurs.
66 Ballons supérieurs.
67 Pont-roulant de 15 tonnes.
68 Pont-roulant de 115 tonnes.
69 Pont-roulant de 25 tonnes.
70 Soupape de commande.
71 Couloir de communication.

A Barres de commande.
B Aiguilles d'assemblage.
C Colonnes de maintien.
D Corps du réacteur.
E Plateforme supérieure du cœur.
F Sortie du cœur.
G Entrée du cœur.
H Ergot de support du cœur.
J Assemblages combustibles.
K Chicane.
L Protection neutronique.
M Sommier.
N Cendrier.
O Plaque inférieure
P Cosses-guides de l'assemblage

a Bâtiment réacteur.
b Bâtiment auxilliaire.
c Salle de commande.
d Auxilliaire de commande.
e Aire des bassins combustible.
f Locaux-laboratoires.
g Traitement des effluents.
h Aire de déminéralisation.
j Stockage des déchets contaminés.
k Salle des machines.
l/m/n Réservoirs de stockage.
o Plateforme de manutention.
p Bâtiment des turbines.
q Couloir d'inter-connexion.
r Station de transformation.
s Stockage de l'huile de lubrification.
t Stockage de l'azote.
u Stockage de l'oxygène.
v Stockage de l'hydrogène.
w Bâtiment de services.

transformation monte avec la pression jusqu'au seuil critique de 226 kg/cm^2 et que la vapeur occupe exactement le même volume que l'eau. Ainsi un échangeur de température est-il prévu, sur un circuit séparé, pour la production de la vapeur.

Un autre type de réacteur est le tube de pression dans lequel une série de tubes parallèles à ceux du refroidissement contiennent les éléments de combustible radio-actifs. Les tubes sont entourés par un dispositif appelé modérateur et, comme le refroidisseur et le modérateur sont séparés, des températures et des pressions plus basses sont produites. En utilisant le bi-oxyde de carbone comme refroidisseur, la vapeur dégagée peut atteindre une pression de 108 kg/cm^2 à une température de 986°. Un système similaire est appliqué aux réacteurs à refroidissement par gaz sur lesquels les gaz circulent dans l'espace ménagé entre les conduits de carburant et le corps de graphite. Le dégagement de vapeur se produit directement dans le réacteur à eau bouillante où l'eau de refroidissement fait également office de modérateur. Ce type de réacteur nucléaire peut aussi bien produire de la vapeur humide que de la vapeur surchauffée.

Lorsque l'eau se transforme de liquide en vapeur, à une pression donnée, ceci se produit toujours à une certaine température. Ainsi, par exemple, à la pression atmosphérique, cette température est-elle de 212°, tandis qu'à 0,703 kg/cm^2, la température passe à 165°. La vapeur dégagée dans ces conditions étant alors dite « humide ». Lorsque la température ou la pression de cette vapeur humide est réduite, une partie de la vapeur se retransforme en eau. En revanche, lorsqu'elle est plus élevée que celle qui est nécessaire à la vapeur humide, ou autrement dit, qu'elle est supérieure à 212°, à la pression atmosphérique, la vapeur dégagée est alors dite « surchauffée » et elle ne se retransformera pas en eau avant que la température ne soit redescendue au-dessous du seuil de vapeur humide. Le rendement d'une machine à vapeur étant directement dépendante des températures sous lesquelles celle-ci peut fonctionner, il est évident que la faculté d'utiliser des plus hautes températures de vapeur élimine les risques de la voir se retransformer en eau et, par là-même, limite les déperditions de chaleur. Ceci est particulièrement important sur les turbines où la vitesse atteinte par les particules d'eau pourraient éroder les aubages. Pour obtenir cette vapeur « sèche », les canalisations venant de la chambre de vapeur passent par une série de tubes constituant un « réchauffeur » et situés sur le trajet des gaz chauds. Dans les chaudières à tubes de feu, les tubes du réchauffeur sont généralement enroulés autour de quelques-uns des tubes de feu supérieurs. Dans les chaudières à tubes à eau, le réchauffeur est en général situé au sommet du foyer.

Chambre de chauffe équipée de chaudières Babcock & Wilcox à alimentation par grilles mécaniques à chaîne.

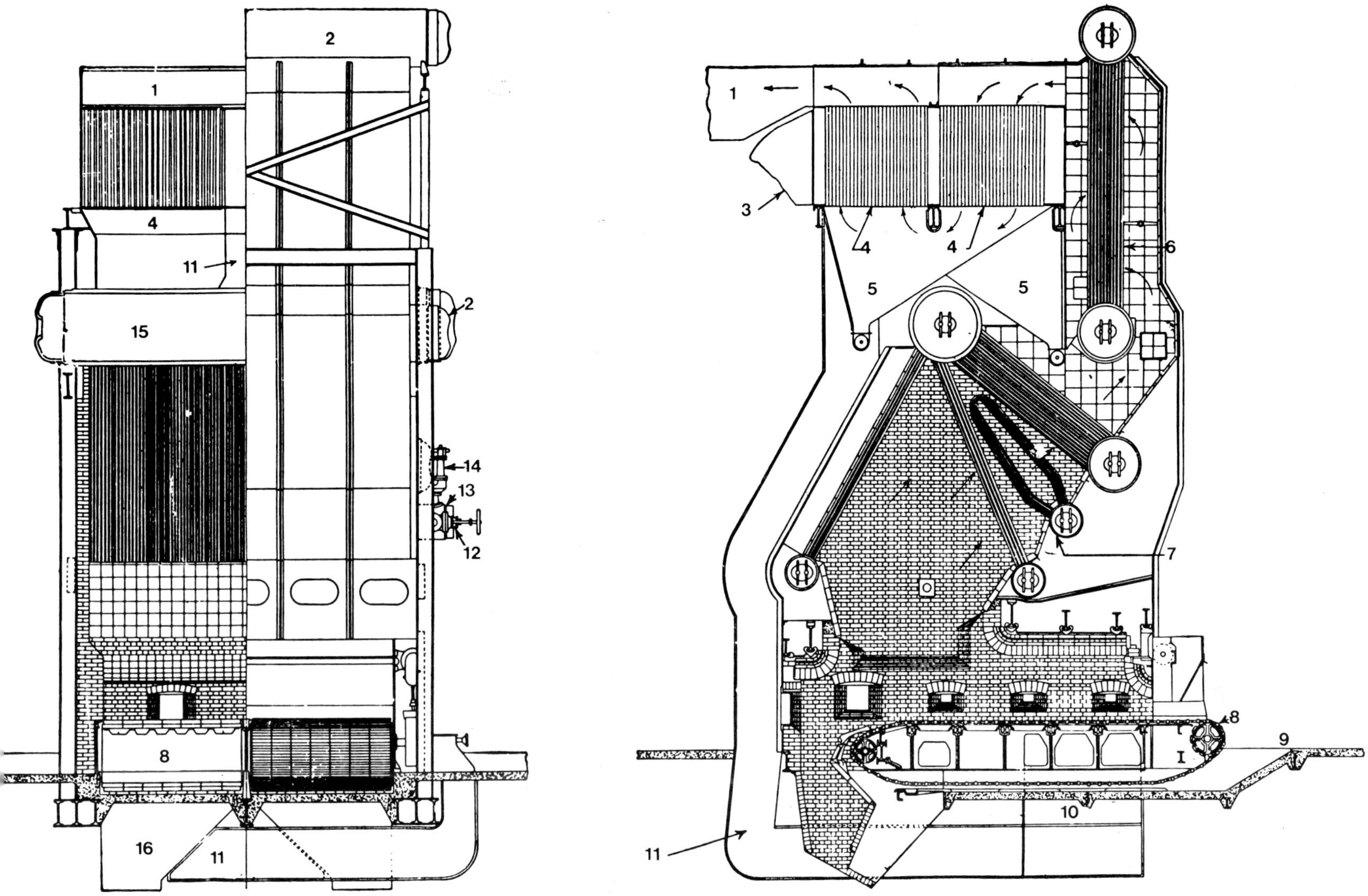

L'alimentation en eau

Pour des pressions n'excédant que de peu la pression atmosphérique, un niveau d'eau constant pouvait n'être assuré que par la simple gravité, depuis un réservoir placé en surplomb. Mais dès que les pressions de fonctionnement commencèrent à augmenter, il fallut pomper l'eau vers la chaudière au travers d'une valve à sens unique ou soupape à volet. Sur les machines à balancier, la pompe était actionnée par une tige articulée au balancier. Sur les machines à manivelle, l'entraînement de la pompe était assuré depuis la tête de crosse ou la tige de piston. Plus tard, on eut recours à des pompes fonctionnant à la vapeur; le plus souvent à une tige de piston commune. Cette tige comportait alors un percuteur provoquant le mouvement de va-et-vient de la tige commandant la soupape coulissante. Sur d'autres machines, la tige de piston actionnait d'abord la manivelle et se prolongeait ensuite pour entraîner le piston de la pompe.

Les premières locomotives avaient des pompes alternatives actionnées soit par un excentrique tournant sur l'un des essieux moteurs, soit par une extension de la crosse. Mais celles-ci ne fonctionnaient que lorsque la locomotive était en marche. Si donc un long arrêt devait être prévu, la locomotive devait continuer à effectuer de brefs aller et retour sur une voie d'évitement. En 1859, l'ingénieur français Henri Giffard mit au point le premier véritable injecteur. Un jet de vapeur y donnait à l'eau d'alimentation son mouvement initial. Le moment de l'eau suffisait à l'introduire dans la chaudière malgré la pression régnant dans celle-ci. Pour faire fonctionner l'injecteur, la vapeur était poussée dans une tuyère entourée par l'eau du réservoir. La baisse de pression provoquée par l'augmentation de la vitesse de la vapeur aspirait l'eau dans le jet de vapeur. L'eau et la vapeur étaient alors poussées dans un cône convergent dans lequel la vapeur se condensait en eau et transmettait son énergie à l'eau. Sous ce cône convergent était situé un autre cône, divergent, dans lequel l'énergie de l'eau était transformée en pression pour ouvrir le clapet et permettre l'admission de l'eau dans la chaudière.

Les tout premiers inventeurs avaient déja réalisé que l'eau pénétrant dans la chaudière devait être aussi chaude que possible. Les réchauffeurs d'eau d'alimentation utilisaient soit la vapeur d'échappement soit la chaleur du foyer. Le dispositif le plus courant, pour les machines stationnaires, fut l'« économiseur » de Green qui

Chaudière haute-pression Yarrow :
1 Carneau.
2 Tambour de l'économiseur.
3 Ventilation d'air froid.
4 Réchauffeur d'air.
5 Trémie à suie.
6 Économiseur.
7 Surchauffeur.
8 Chargeur mécanique.
9 Niveau de chargement.
10 Foyer d'air chaud.
11 Coffre d'air chaud.
12 Soupape d'arrêt.
13 Barillet de surchauffage.
14 Soupape de sécurité.
15 Barillet de vapeur saturée.
16 Trémie de cendre.

3 TOP
3 BOTTOM
3 TOP
3 BOTTOM

consistait en un faisceau de tubes disposé dans le carneau de la cheminée. Ces tubes constituant le circuit d'eau d'alimentation étaient dotés de grattoirs se déplaçant de haut en bas de manière à éviter tout dépôt de suie.

Afin d'éviter les explosions, il était indispensable de maintenir dans la chaudière un niveau d'eau suffisamment haut afin que les tubes ne puissent céder à une température excessive. Les chaudières des toutes premières locomotives, et notamment celle de Savery, comportaient deux robinets au niveau requis. Si les deux laissaient de l'eau s'échapper, c'était que la chaudière était trop pleine, s'ils laissaient sortir de la vapeur, c'était parce qu'elle était trop vide. Si le robinet supérieur laissait sortir de la vapeur et l'inférieur, de l'eau, c'était que le niveau était à peu près bon.

En 1829, l'Anglais John Rastrick, de Stourbridge, équipa ses locomotives d'une jauge d'eau à niveau visible. Elle consistait en un tube de verre vertical, relié par ses deux extrémités à deux robinets placés au-dessus et au-dessous du niveau d'eau idéal. Ce dispositif n'allait d'ailleurs pas tarder à devenir un équipement standard à toutes les chaudières. Pour minimiser l'intervention humaine et éviter qu'un chauffeur inattentif n'omette de remarquer une éventuelle baisse de niveau, Richard Trevithick ajouta sur la couronne de la chaudière une bonde traversée par un fil de plomb. Lorsque le niveau d'eau tombait trop bas, le plomb fondait et tombait dans le foyer, adoucissant le feu. Ce dispositif allait également être généralisé sur les chaudières à foyer.

L'indication de la pression de vapeur

Pour de simples raisons de sécurité, on dut acquérir des connaissances précises des propriétés de la vapeur sous pression. Avec les premières chaudières qui étaient alimentées par gravité, toute pression excessive était annulée par simple passage dans les conduits d'admission. Mais, lorsque ce système fut abandonné, on mesura la pression au moyen de tubes de verre en U remplis de mercure. Pour satisfaire au règlement de la compétition de Rainhill, la *Rocket* de Stephenson avait été dotée d'une jauge de pression à colonne de mercure positionnée verticalement, le long de la haute cheminée. Sans ces jauges de pression, le seul moyen que l'on avait de mesurer la pression

A gauche : pompes jumelées pour l'alimentation en eau d'une chaudière.

Ci-dessous : les chaudières alimentant les machines Watt à Balancier de Crofton, Wiltshire (Angleterre).

était d'estimer la pression manuelle nécessaire pour lever la soupape de sécurité. En 1849, l'ingénieur français Eugène Bourdon remarqua que l'application d'une pression hydraulique permettait de redresser un tube écrasé sur une partie de sa longueur. En remarquant que sous l'effet de la pression, le tube enroulé avait tendance à se redresser et à reprendre sa section circulaire, Bourdon eut l'idée d'utiliser un serpentin de tube applati comme jauge de pression. En fixant l'une des extrémités du tube et en reliant l'autre à une aiguille, il réalisa une jauge, ou « manomètre » de pression qui donnait ses indications sur un cadran gradué. Le manomètre à tube Bourdon allait rapidement devenir courant sur les chaudières à vapeur.

Les indications chiffrées de ces jauges n'éliminèrent cependant pas le problème des pressions à ne pas dépasser, problème auquel les pionniers avaient souvent été confrontés de la manière la plus brutale. Sur sa première marmite autoclave, en 1681, Denis Papin avait eu la prudence de prévoir une soupape de sécurité s'ouvrant à une pression pré-déterminée de manière à laisser s'échapper la vapeur en excédent. Cette soupape de sécurité allait d'ailleurs équiper pendant de nombreuses années la plupart des chaudières. Elle se composait d'un bouchon cônique maintenu dans une cavité de même configuration par un levier. Celui-ci, se servant du bouchon comme point d'appui, était articulé d'un côté et, de l'autre, comportait un contre-poids coulissant. En modifiant la position de ce contre-poids, on déterminait la pression nécessaire pour soulever le bouchon et laisser ainsi la vapeur s'échapper. Cette soupape de sécurité à contre-poids fut utilisée pour la première fois par le Dr Desaguliers sur sa machine Savery modifiée, l'« Ami du Mineur », en 1917.

Une soupape de sécurité à poids mort fut ensuite introduite. Elle consistait en un tube droit, dressé sur le sommet de la chaudière et reposant sur un siège de soupape. La soupape était maintenue sur son siège par des poids posés sur un plateau, au-dessus du tube. Mais ces poids présentaient l'inconvénient de pouvoir être majorés par un chauffeur ambitieux, et de nombreux incidents découlèrent de telles situations. Vers 1850, John Ramsbottom, le surintendant des locomotives de la London and North Western Railway mit au point un dispositif à ressort qui se composait de deux soupapes, une à chaque extrémité d'un tube de fonte d'acier. Les bras du levier en T étaient reliés à chacune de ces soupapes tandis que le levier lui-même était attaché, par sa base, à un ressort de tension. Dans ce dispositif, les soupapes ne pouvaient avoir qu'une course égale puisque si l'une d'elles se levait d'abord, la charge sur la seconde était réduite d'autant. Une manette prolongeant l'un des bras du T permettait une intervention manuelle tout en interdisant un accroissement de la charge. Les soupapes elles-mêmes comportait habituellement des sièges étroits et plats, comme les soupapes de sécurité marines qui étaient maintenues par un ressort de compression agissant directement sur la tête de la soupape par un poussoir.

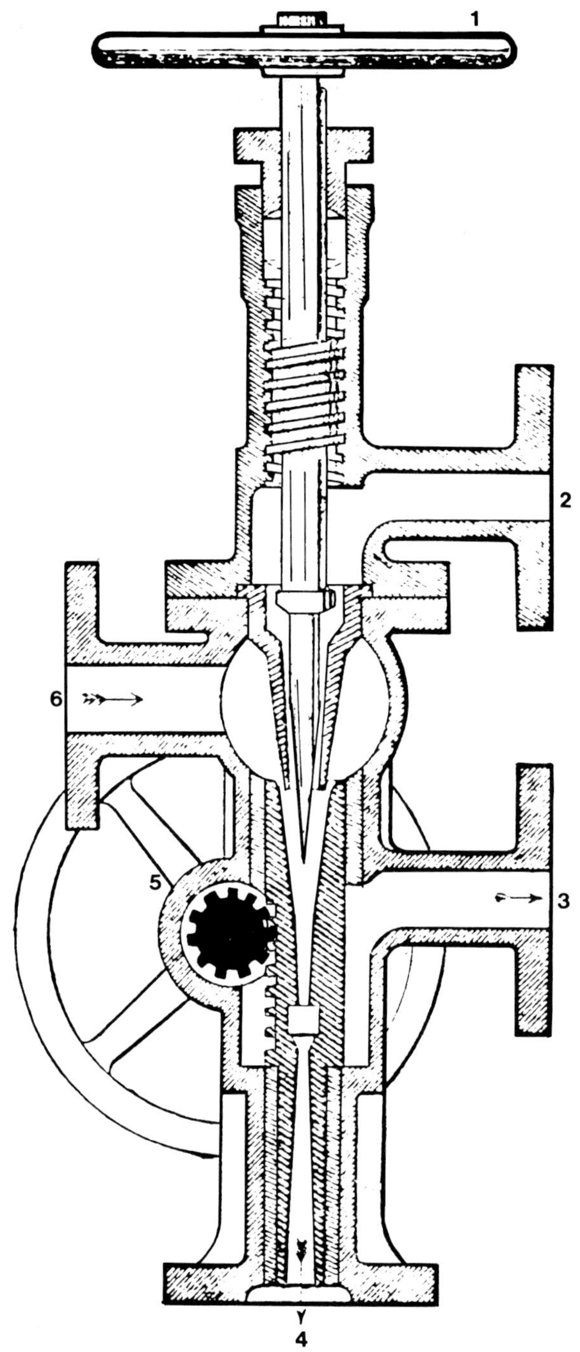

Un injecteur Giffard (vue en coupe) :
1 Régulateur de vapeur.
2 Vapeur.
3 Trop-plein.
4 Vers la chaudière.
5 Régulateur d'eau.
6 Eau.

Les moteurs à gaz

A peu près à l'époque où les pionniers de la vapeur réalisaient, que pour pousser un piston la vapeur constituait un moyen plus efficace que la pression atmosphérique, les premiers expérimentateurs du moteur à combustion interne eurent l'idée de se servir de la combustion des gaz pour pousser le piston plutôt que simplement, pour raréfier l'air dans le cylindre. La différence fondamentale entre les machines à vapeur et celles à gaz est que dans les premières, la chaleur est produite en dehors du cylindre-moteur et qu'un intermédiaire, l'eau, intervient entre le feu et le travail. Alors que dans les moteurs à gaz, la chaleur est produite à l'intérieur même du cylindre moteur et que le travail est fourni directement par la combustion du gaz.

La machine conçue par Robert Street en 1794 semble avoir été le premier exemple d'un moteur utilisant la combustion d'un mélange de gaz et d'air dans un cylindre pour produire un mouvement alternatif continu, sans intervention de la pression atmosphérique. En tant que fabriquant de vernis, Street connaissait bien les propriétés d'inflammabilité de la térébenthine, et c'est cette essence qu'il employa comme combustible. Sa machine comportait un cylindre de fonte vertical dont le fond était chauffé par un robuste poêle. Un lourd piston, en fonte d'acier également, était articulé à un levier actionnant une pompe. Déversée par un entonnoir sur le fond surchauffé du cylindre, la térébenthine se vaporisait et se mélangeait avec l'air attiré dans le cylindre par le déplacement du piston au moyen d'un levier à commande manuelle. Ce levier laissait également une flamme pénétrer dans le cylindre par une lumière et enflammer la vapeur de térébenthine, ce qui faisait poursuivre sa course au piston. En fin de course, le piston sortait du cylindre, ce qui permettait l'échappement des gaz brûlés. Guidé par des glissières, il retombait ensuite dans le cylindre, par simple gravité, et tout le cycle pouvait alors recommencer.

Né et élevé dans le milieu des brûleurs de charbon de bois de Brachay, Philippe Lebon étudiait, en même temps que William Murdock, la possibilité d'obtenir un gaz à partir de la distillation du charbon et du bois. Bien qu'aucun de ces deux personnages ne puisse être considéré comme pionnier de la production du gaz, ils ont cependant joué des rôles prééminents dans la popularisation du gaz comme moyen de chauffage et d'éclairage. Venu à Paris en 1801, Lebon pensa à un moteur pour donner de nouveaux débouchés à son gaz. Le gaz et l'air devaient d'abord être conduits respectivement à des pompes à gaz et à air qui alimentaient une chambre de mixage et d'allumage. De là, le mélange passait par des soupapes, alternativement vers le haut et le bas d'un cylindre à double effet. Les deux soupapes jouant, en plus de leur rôle de soupapes d'admission et d'alimentation, celui de soupape d'échappement. Il était également possible, le cas échéant, de modifier le taux du mélange air-combustible. Pour enflammer ce mélange non compressé, une étincelle électrique était nécessaire et la détente ainsi provoquée repoussait le piston vers le bas. S'il avait été construit, ce moteur de Lebon aurait constitué un moteur à combustion interne fonctionnant sur le cycle d'une machine à vapeur.

Tout comme la locomotive fit accomplir à la machine à vapeur ses progrès les plus décisifs, les véhicules routiers furent les principaux responsables des progrès du moteur à combustion interne. Le premier construit fut celui du Suisse Isaac de Rivaz, en 1805

Le moteur à térébenthine de Robert Street. (Croquis d'après le dessin annexé au brevet déposé en 1794) :
1 Cylindre à ciel ouvert.
2 Piston.
3 Carter.
4 Poêle assurant la vaporisation de la térébenthine.
5 Lumière d'allumage des gaz.
6 Levier manuel.
7 Levier actionnant la pompe.
8 Pompe à eau.

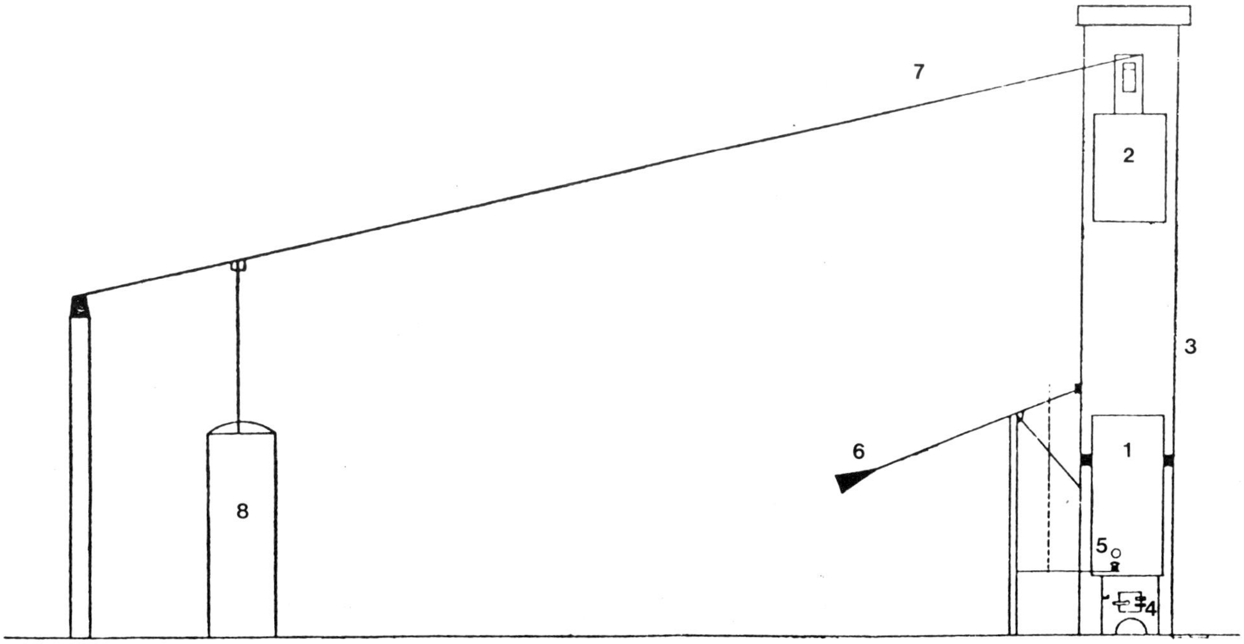

puis en 1813, après que le Suisse soit intervenu dans le perfectionnement du fardier de Cugnot. En combinant les techniques de la machine à gaz de Lebon et du condensateur inventé par Alessandro Volta en 1776, Rivaz mit au point un véhicule à moteur dont le piston montait sous l'effet de la combustion et redescendait par gravité, actionnant les roues par l'intermédiaire d'un mécanisme à chaîne et rachet. Un soufflet actionné par le moteur pompait le gaz en quantités mesurées dans un réservoir et le conduisait vers un carburateur où il était mélangé avec l'air. Ce mélange était envoyé dans le bas du cylindre par un piston commandé par un levier à main, lequel levier actionnait également la soupape d'admission. Au bas de sa course réduite, le piston établissait un contact qui déclenchait une étincelle. Celle-ci provoquait la détente qui repoussait le piston vers le haut. En utilisant le condensateur, Rivaz avait inventé l'allumage à décharge capacitive, un système qui allait rester dans l'ombre pendant quelques 150 ans avant de devenir courant.

Le Révérend William Cecil, fils d'un pasteur anglican de Cambridge, conçut en 1820 un moteur à gaz expérimental dont le cylindre vertical faisait tourner une manivelle par le biais d'un balancier. Une soupape rotative conique réglait à la fois l'admission d'hydrogène et l'échappement des gaz brûlés. L'allumage était le fait d'une flamme nue atteignant la chambre de combustion au travers d'un étroit passage ménagé dans la soupape. La tringlerie qui commandait les différentes positions de la bougie était complexe mais elle fit néanmoins de ce moteur le tout premier moteur à combustion interne intégralement mécanique. Sans aucune assistance manuelle, il s'avéra à même de tourner régulièrement à 60 tr/mn. Comme ses prédécesseurs, ce moteur à gaz dépendait néanmoins de la pression atmosphérique bien que Cecil ait soutenu qu'il aurait très probablement pu fonctionner sous le seul effet de l'explosion.

Le premier à introduire l'effet du vide dans le moteur à gaz fut le Londonien Samuel Brown qui en vint à produire un certain nombre de moteurs de pompage, de marine et de véhicules routiers, après avoir démarré sa vie active comme tonnelier. Avec ce moteur, la combustion du gaz se réalisait sous le piston d'un cylindre vertical. L'air contenu ayant ainsi été chauffé, il était ensuite refroidi par l'eau circulant dans une chemise entourant le cylindre. Une injection mesurée d'eau dans le cylindre produisait alors un vide permettant à la pression atmosphérique de faire redescendre le piston. Des versions à deux et trois cylindres en furent construites. Les deux cylindres agissaient sur les deux bras d'un balancier au moyen des chaînes classiques, et ce balancier faisait tourner une manivelle. Sur le trois cylindres, chacun des cylindres était individuellement relié par balancier à un vilebrequin à trois mannetons. En mai 1826, Sam Brown fut le premier à conduire sur la route un véhicule propulsé par un moteur à combustion interne. Il avait, pour cette occasion, gravi la pente à 10 % de Shooters Hill, dans le Kent (Angleterre). Son véhicule était équipé de deux cylindres de 30 cm d'alésage et 60 cm de course actionnant deux manivelles par l'intermédiaire d'un balancier en tête. Ces manivelles étaient engrenées aux deux essieux dotés de roues de 1,50 m de diamètre et distants entre eux de 1,80 m. Le poids total de ce véhicule n'atteignait pas une tonne. Les réservoirs d'eau et de gaz en constituaient le châssis mais, d'après les seuls documents qui subsistent de ce véhicule, il semble qu'aucun dispositif de direction n'ait été prévu. L'année suivante, Brown expérimentait son moteur sur un bateau doté, à l'arrière, d'une hélice à vis de sa conception.

Le premier moteur à combustion interne américain fut construit par Samuel Morey, dans le New Hampshire, en 1826. On y trouvait plusieurs idées novatrices qui n'allaient pas manquer de faire école. La première, qui devrait d'ailleurs classer ce moteur dans une famille différente de celle des moteurs à gaz, était la vaporisation d'un combustible liquide, comme l'alcool ou la térébenthine, ce qui supprimait la bonbonne de gaz. Le carburateur consistait en un labyrinthe de tube de 12 mm de section dans lequel circulait le carburant. Ce labyrinthe était contenu dans un boîte portée au rouge par une lampe autonome, et les retours de flamme depuis la soupape d'admission étaient neutralisés par un filtre de toile métallique. Ce moteur était également caractérisé par ses soupapes champignon commandées par cames et par son vilebrequin situé sous le

Le moteur de pompage de Samuel Brown (1824) d'après une gravure contemporaine.

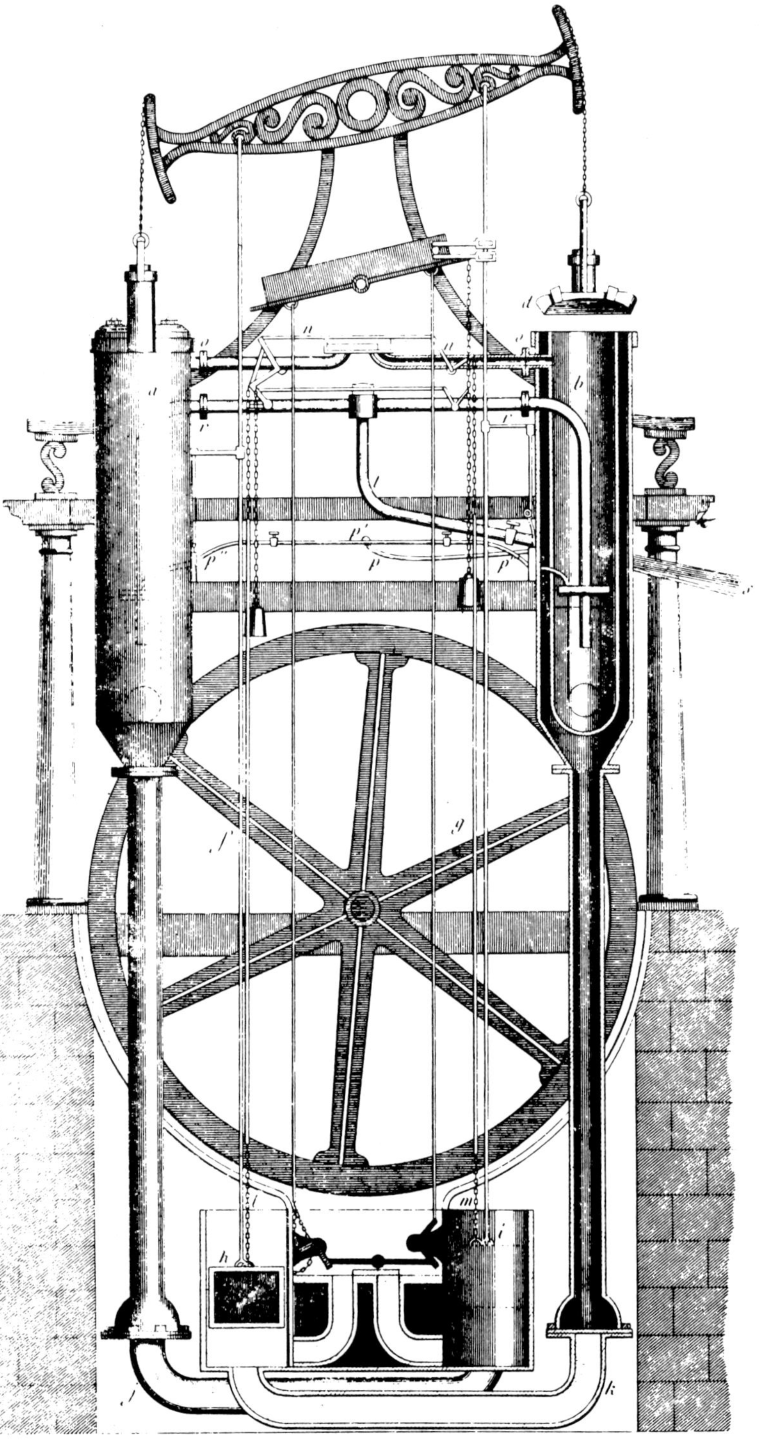

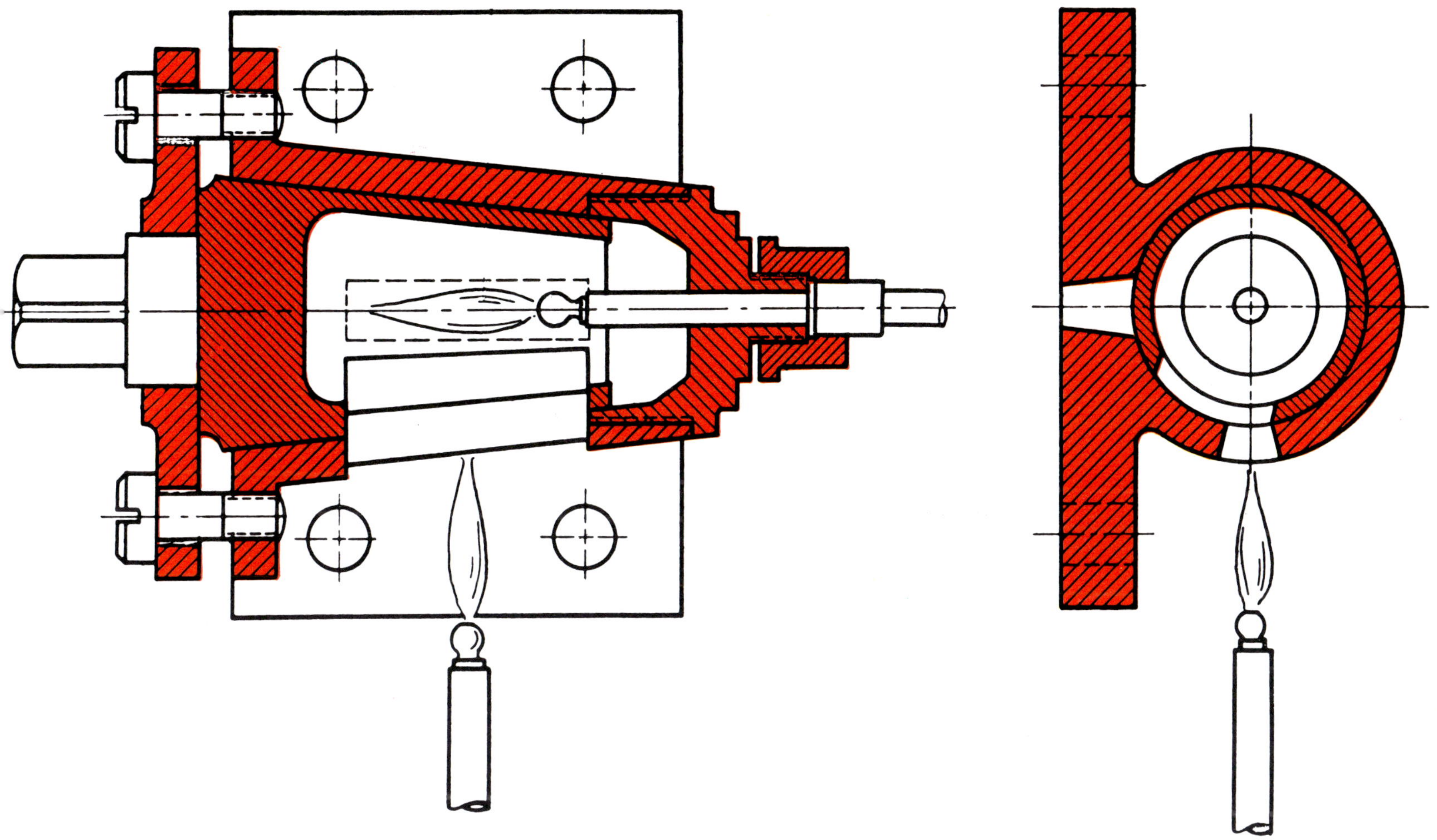

cylindre et tournant à 50 tr/mn.

Le Londonien Samuel Wellman Wright fit, vers 1833, la description d'un moteur doté d'un cylindre à double effet qui laissait la seule détente des gaz effectuer le travail. Les soupapes étaient rotatives et le cylindre était refroidi par eau. Cinq ans plus tard, William Barnett, un fondeur d'acier de Brighton, réalisa que la combustion serait plus efficace pour peu que le mélange ait été compressé avant l'admission. Barnett inventa également un robinet rotatif d'allumage, indispensable pour allumer la charge compressée sans en réduire la pression. Ce robinet comportait une couronne centrale rotative à un seul jour, et une pièce coulée à deux jours reliant une flamme permanente à la chambre de combustion. A l'intérieur du robinet, une seconde flamme alimentée par un conduit de gaz séparé restait allumée (ou était rallumée à chaque révolution par la première flamme) et enflammait la charge aussitôt que les deux jours superposés découvraient la chambre de combustion. Ce système devait rester la base de ce type d'allumage pendant de nombreuses années. Son second moteur, également à double effet, comportait une soupape à piston ouvrant alternativement les lumières du cylindre à l'air compressé et à l'échappement par une pompe à plongeur. Wright inventa encore un système d'allumage catalytique qui allait être repris par la suite. En 1843, Alfred Drake, de Philadelphie, utilisa comme allumeur un tube à incandescence, technique qui allait être reprise par Daimler en 1866 et sur bon nombre de moteurs à gaz et à autre combustibles, dans la seconde moitié du siècle.

L'association née en 1851 entre un prêtre florentin, Eugenio Barsanti, et un ingénieur en hydraulique, Felice Matteucci, devait être à l'origine du premier moteur à combustion interne de production. Mais une maladie allait en décider autrement. Ces moteurs italiens étaient tous à piston « libre » en ce que celui-ci montait sous l'effet de l'explosion et redescendait, pour le temps-moteur, sous l'effet de la pression atmosphérique. Par la suite, ces moteurs reçurent, à l'exemple du Rivaz, des cylindres opposés transmettant leur mouvement, par un système à rachet. En positions extrêmes, ces pistons étaient synchronisés par un mécanisme de cames qui pouvait également donner une légère poussée supplémentaire en cas de nécessité. L'allumage était donné par une étincelle électrique qui se produisait lorsque le méplat d'un arbre s'écartait, à chaque tour, d'un contact monté sur ressort. Le courant provenait d'une batterie Bunsen et d'une bobine électromagnétique. Ce système fut plus tard remplacé par une bobine à induction et un vibreur produisant un courant haute tension. Le moteur présenté à l'Exposition de Florence, en

Le robinet à flamme de William Barnett (1838).

1861, développait une puissance de 20 ch (14 kW) mais les deux associés décidèrent d'axer leur production sur un moteur plus petit. A cet effet, ils entrèrent en relation, en 1863, avec la société belge John Cockerill. Mais Barsanti mourait avant la fin des premiers essais et le projet était abandonné. Des années plus tard, cette firme belge fabriqua des moteurs fonctionnant au gaz dégagé par les hauts fourneaux. Ces moteurs qui comptèrent parmi les plus gros de cette espèce furent utilisés pour la production d'électricité.

Le premier moteur à gaz de production fut dessiné en 1860 par Jean-Joseph-Étienne Lenoir, un Belge habitant Paris et qui allait par la suite devenir émailleur sur métal. Dans un autre ordre d'idée, Lenoir allait également se signaler par l'invention du revêtement électrolytique et de systèmes de télégraphe ferroviaire. Vendus à plus de 400 exemplaires, les moteurs Lenoir furent fabriqués sous licence en Allemagne, aux États-Unis et Angleterre. Ils ressemblaient beaucoup aux moteurs à vapeur horizontaux. Leurs cylindres à double effet avaient des soupapes d'admission et d'échappement séparées. Celles-ci étaient coulissantes et logées de part et d'autre de chaque cylindre. Leur mouvement alternatif était dirigé par des excentriques. L'allumage par bobine à trembleur haute-tension produisait une succession d'étincelles jusqu'à ce que les rupteurs de contact se referment. Les premiers moteurs avaient un distributeur rotatif sur le vilebrequin mais ils adoptèrent plus tard un distributeur linéaire actionné depuis la crosse. Leur forte consommation en gaz de ville coûteux et la fréquence du nettoyage des bougies et du rechargeage des batteries qu'ils imposaient furent les principales raisons de leur abandon, après une dizaine d'années de fabrication.

L'un des ennuis du moteur Lenoir était sa prédisposition à l'auto-allumage causé par une élévation trop brutale de la pression du mélange enflammé, en raison de la turbulence des gaz dans la chambre de combustion. Pierre-Constant Hugon y remédia partiellement, en 1865, en enrichissant le mélange air-gaz. Hugon combina également l'allumage par flamme Barnett avec les soupapes de Lenoir, ce qui donna un fonctionnement plus régulier, en permettant un meilleur contrôle de l'allumage. Ce système d'allumage à flamme et coulisse allait d'ailleurs être généralisé sur les meilleurs moteurs à gaz pendant les vingt-cinq années suivantes.

Nicolaus August Otto, fils d'un hotelier allemand, avait interrompu ses études secondaires à Francfort pour entrer chez un épicier, et devenir ensuite voyageur de commerce autour de Cologne. Il étudia — de manière livresque — le moteur Lenoir et investit tout son temps libre et son argent dans des expériences pour

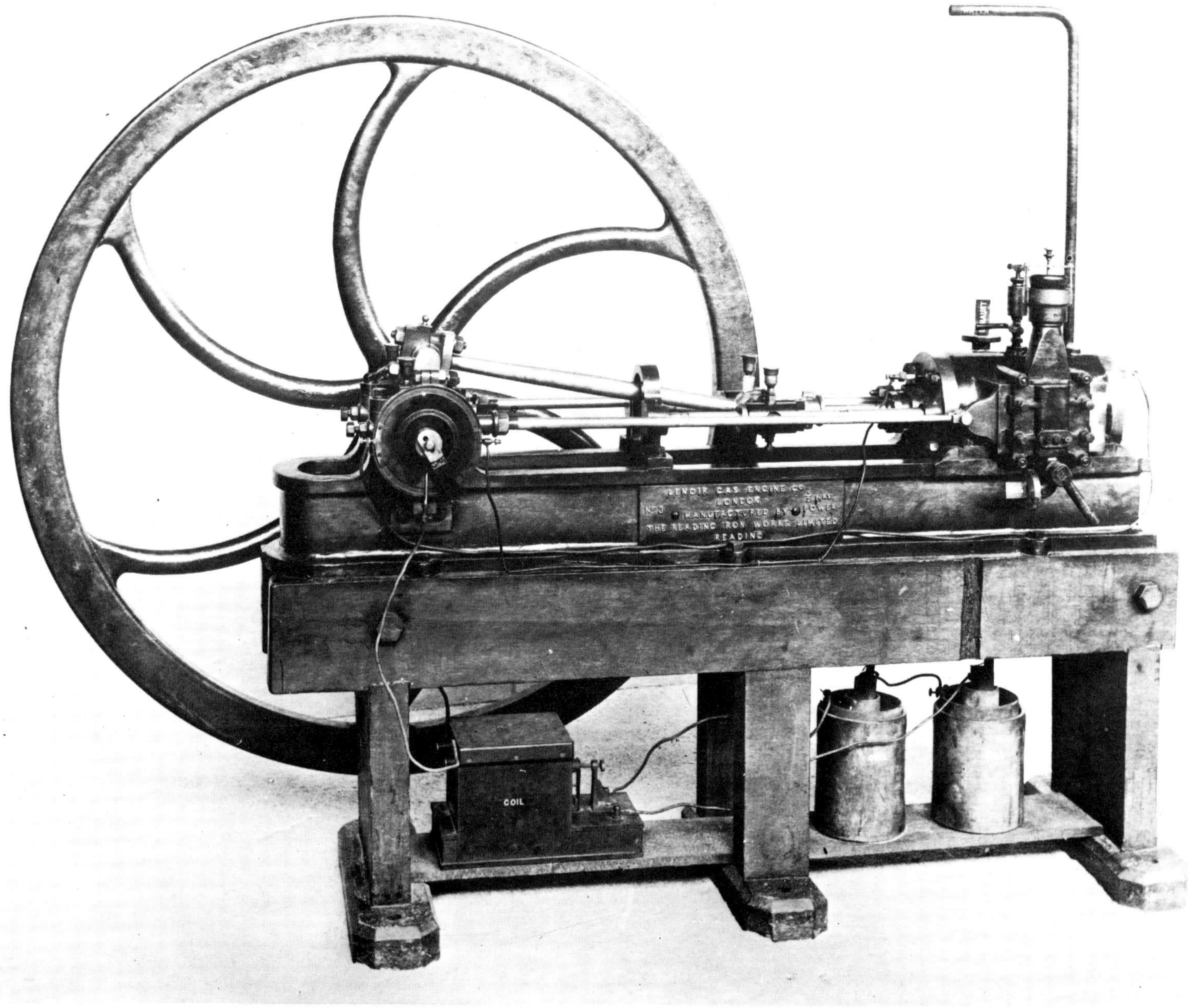

Ce moteur Lenoir qui porte le N° 3 est l'un des exemplaires fabriqués sous licence en Angleterre par les Reading Ironworks. Il présente un dispositif d'allumage par bobine à trembleur et bougies.

supprimer le problème du cognement. Il réalisa alors qu'en allouant un temps à l'aspiration du mélange et le temps suivant, à le compresser, il pouvait allumer à la main la charge compressée au point mort haut, c'est-à-dire lorsque le piston approchait du sommet du cylindre. L'explosion produite dans ces conditions était assez forte pour provoquer à elle seule plusieurs révolutions du vilebrequin. Cette invention capitale était en fait postérieure à un article écrit d'origine inconnue qui fut découvert à Vienne en 1861 par Gustav Schmidt, et à un moteur à gaz à quatre temps dessiné en 1872 par Christian Reithman, horloger de la Cour à Munich. Elle n'allait en fait pas être suivie d'effets avant quinze ans, en 1876.

Entre-temps, Eugen Langen avait achevé ses études à l'Institut de Technologie de Karlsruhe. Travaillant dans la raffinerie de sucre familial, il cherchait quelque chose de plus à faire. C'est ainsi qu'il s'intéressa au moteur Lenoir et apprit que Otto se débattait dans des difficultés financières qui l'empêchaient de mener à bien son projet de moteur à gaz. Langen décida alors d'investir dans cette aventure et, en mars 1864 naissait la société N.-A. Otto & Co (aujourd'hui devenue Klöckner-Humbolt-Deutz A.G.). Le moteur Otto et Langen de 1876 comportait un cylindre vertical de 12 cm d'alésage et 64 cm de course. Atmosphérique, son piston se prolongeait par une crémaillère qui engrenait une roue libre sur l'arbre moteur. Un second arbre tournant à la même vitesse était engrené à l'arbre moteur et commandait le mouvement alternatif d'une soupape coulissante. Ce second arbre provoquait la montée initiale du piston par le biais de deux excentriques séparés, libres sur l'arbre mais à même de lui être couplés par un mécanisme de cliquet et de rachet. Ce mécanisme complexe assurait un fonctionnement de la soupape d'admission et d'échappement proportionnel à la vitesse et à la position de la tige du piston. Le grand progrès de ce moteur à piston libre était son embrayage à rouleau imaginé par Langen

Le moteur athmosphérique à gaz Otto et Langen de 1876.

Un moteur Crossley de 14 ch (10 kW).

d'après le dispositif que C.H. Wilcox avait conçu en 1861 pour une machine à coudre. L'embrayage permettait un meilleur transfert du couple et un fonctionnement bien moins bruyant malgré la persistance du claquement du rachet et des leviers. Les moteurs ultérieurs furent dotés d'un régulateur permettant un contrôle du régime par réduction du flux de l'échappement et ralentissement de la course descendante du piston.

En accroissant son capital, l'entreprise devint, en 1872, la Gasmotoren-Fabrik Deutz A.G. et, huit mois plus tard, y entraient deux des personnages les plus célèbres de l'histoire du moteur à essence : Gottlieb Daimler et son protégé Wilhelm Maybach. Entre 1867 et 1878, plus de 2 500 moteurs furent construits par cette firme et au moins autant sous licence à l'étranger; par Schleicher, Schumm & Co. à Philadelphie (U.S.A.), par Langen & Wolf à Vienne (Autriche), par Bauer à Milan, et à Paris, par Édouard Sarazin et par Panhard qui allaient tous les deux prendre une part active au développement de l'automobile. En Angleterre, les deux frères Francis William et William John Crossley, à Manchester, produisirent plus de 1 400 moteurs Otto & Langen, beaucoup avec leurs modifications propres. Les frères Crossley avaient fait leur apprentissage chez Robert Stephenson & Co. et chez Sir W.G. Armstrong & Co. Tempérents, ils donnèrent aux œuvres tous les profits des contrats passés avec des brasseurs.

En 1876, Otto revint aux expérimentations de ses débuts et décida que le gaz devait être compressé et allumé dans le même cylindre. Il réalisa que ceci devait être obtenu en prévoyant quatre mouvements du piston (deux tours de vilebrequin) par cycle : dans un premier temps, le mouvement du piston provoque l'aspiration de la charge. Dans le deuxième temps, le piston revient et compresse cette charge. Dans le troisième temps, le piston repart, poussé par la détente. Et dans le quatrième temps, le retour du piston chasse les gaz

SLEY

brûlés. Ainsi était né le moteur à quatre temps.

Le premier moteur Otto à quatre temps comportait un cylindre horizontal de 16,1 cm d'alésage et 30 cm de course. Il développait 3 ch (2,24 kW) à 180 tr/mn. Dans son souci d'éviter le pré-allumage, Otto s'arrangea de manière à ce que demeure en permanence au-dessus du piston une mince couche de gaz brûlés afin que la couche suivante soit de l'air et, qu'au-dessus seulement, vienne le mélange combustible. Ainsi, en ménageant une charge stratifiée, la pression soudaine sur le piston pouvait-elle être amortie. Ceci était le fait d'une soupape coulissante contrôlant l'admission d'air et d'un allumeur à flamme placé dans le fond de la culasse et commandé par une petite manivelle sur l'extrémité d'un arbre à cames longitudinal. La soupape d'admission de gaz et la soupape champignon d'échappement étaient toutes les deux actionnées par les cames de cet arbre tournant à mi-régime.

Les premiers moteurs présentaient une tête de crosse sur une tige de piston guidée mais ceci fut remplacé par un piston-coffre et un régulateur écartant la came d'admission de gaz de son doigt en cas de régime excessif. Ce moteur révolutionna le monde du moteur à combustion interne et, en 1889, il en avait été construit plus de 40 000 exemplaires de puissances variant entre 1 et 16 ch (0,7 à 12,7 kW).

Deutz et les frères Crossley apportèrent un certain nombre de perfectionnements au moteur Otto 4-temps. La soupape coulissante causait des problèmes de cautérisation des contours de lumières et d'encrassement de l'allumeur. Les frères Crossley redessinèrent la culasse pour adapter des soupapes d'air et de gaz type champignon qui étaient ouvertes par cames et fermées par

Le premier moteur 4-temps de Nicholaus Otto (1976).

ressort. Ils substituèrent aussi à l'allumage par flamme un système d'ampoule à incandescence dont la température était maintenue par une flamme de gaz indépendante. Deutz en dériva pour sa part un bi-cylindre avec mannetons de vilebrequin à 180° de manière à donner un temps-moteur par révolution. Ces moteurs furent employés à l'entraînement à vitesse constante de dynamos, et plus de 1 000 exemplaires en furent fabriqués. Pour résoudre le problème de l'allumage à flamme, Otto conçut une magnéto qui donnait une impulsion de courant à chaque fois qu'un induit en H passait entre les pôles d'un aimant permanent. Le mouvement de cet induit était provoqué par un bosselage sur l'extrémité de l'arbre à cames qui frappait un levier sur l'arbre de l'induit, et son retour était assuré par un ressort de rappel. Le courant était transmis à une bougie basse tension logée dans la culasse. La bougie comportait une électrode centrale pivotante qui créait un arc électrique à chaque fois qu'elle s'écartait de l'électrode de masse.

Dès avant la fin du XIXe siècle, le moteur Otto avait progressé dans ses caractéristiques majeures et allait être le moteur à gaz le plus communément employé pendant les trente années à suivre, jusquà ce qu'il soit supplanté par le moteur Diesel et le moteur électrique. Les plus petits de ces moteurs, tels qu'ils servaient dans les petits ateliers ou pour la production d'électricité dans les importantes propriétés isolées, étaient, de tous les moteurs à combustion interne, les plus intéressants à regarder fonctionner. Grâce à leur régime relativement lent, à leurs manivelles, leurs bielles et leur distribution apparentes, on pouvait observer l'intégralité de leurs pièces en mouvement. Et le chuf-chuf intermitent produit par le blocage des soupapes, en cas de sur-régime, était fascinant, non sans rappeler d'ailleurs celui des machines à vapeur travaillant à faible charge.

En dépit du succès du 4-temps Otto, et peut-être aussi en raison des restrictions du brevet, certains s'efforcèrent d'obtenir un temps moteur pour chaque révolution. Parmi eux se trouvaient Sir Dugald Clerk, James Robson et Joseph Day, en Angleterre, Wilhelm Wittig, Wilhelm Hees et Karl Benz, en Allemagne, et Lewis Nash, aux États-Unis. L'Écossais Clerk fut le premier à pouvoir expliquer et à concevoir scientifiquement le cycle thermodynamique du moteur à combustion interne. Après avoir travaillé pour Thompson, Sterne & Co. jusqu'à 1884, chez Tangyes Ltd de Birmingham pendant quatre ans, il devient associé de Marks & Clerk, un bureau de représentation en brevets. Sur les moteurs donnant un temps-moteur à chaque révolution (on les appelera moteurs deux-temps), il se produit un échappement, une admission et une compression du mélange à chaque révolution du vilebrequin. Clark dota son premier moteur en 1879, de deux cylindres d'égales dimensions. L'un d'eux aspirait le mélange, le compressait et l'envoyait à un réservoir d'où il pénétrait dans le cylindre-moteur. Lorsque le piston de ce deuxième cylindre entammait sa course descendante, la charge était admise par une soupape coulissante dans laquelle était logé un allumeur à incandescence platiné. Et dans sa course ascendante, le piston-moteur chassait les gaz brûlés par une soupape champignon. En 1881, le moteur de Clerk avait été redessiné pour fonctionner sous une pression de mélange réduite. Sa distribution était également modifiée de manière à ce que la charge fraîche, en passant par une valve d'admission à sens unique, chasse les gaz brûlés par des lumières pratiquées dans la paroi du cylindre, ces lumières étant découvertes par le piston vers la fin de sa course descendante. L'allumage était toujours assuré par une flamme passant à travers d'une soupape coulissante étudiée pour fonctionner au rythme de 400 passages à la minute. Plusieurs centaines de moteurs de ce type furent produits, en cinq tailles différentes, par Sternes et par Tangyes.

James Robson s'était intéressé aux moteurs dès 1857 mais ce n'est pas avant 1857 qu'il commença à travailler à un deux-temps basé sur un système de double piston semblable à celui de Clerk. Ce moteur entra en production chez Tangyes en 1891 et, lorsque Robson quitta cette firme, il en avait été produit quelques 300 exemplaires.

Les moteurs conçus par Wittig et Hees, qui travaillaient tous les deux à la Hannoverische Maschinenbau A.G., comportaient eux aussi un cylindre de compression et un cylindre de travail, des manivelles en tête, des soupapes coulissantes à excentriques et des soupapes d'échappement champignon actionnées par cames.

Le premier moteur de Karl Benz était aussi un deux-temps qui fonctionna pour la première

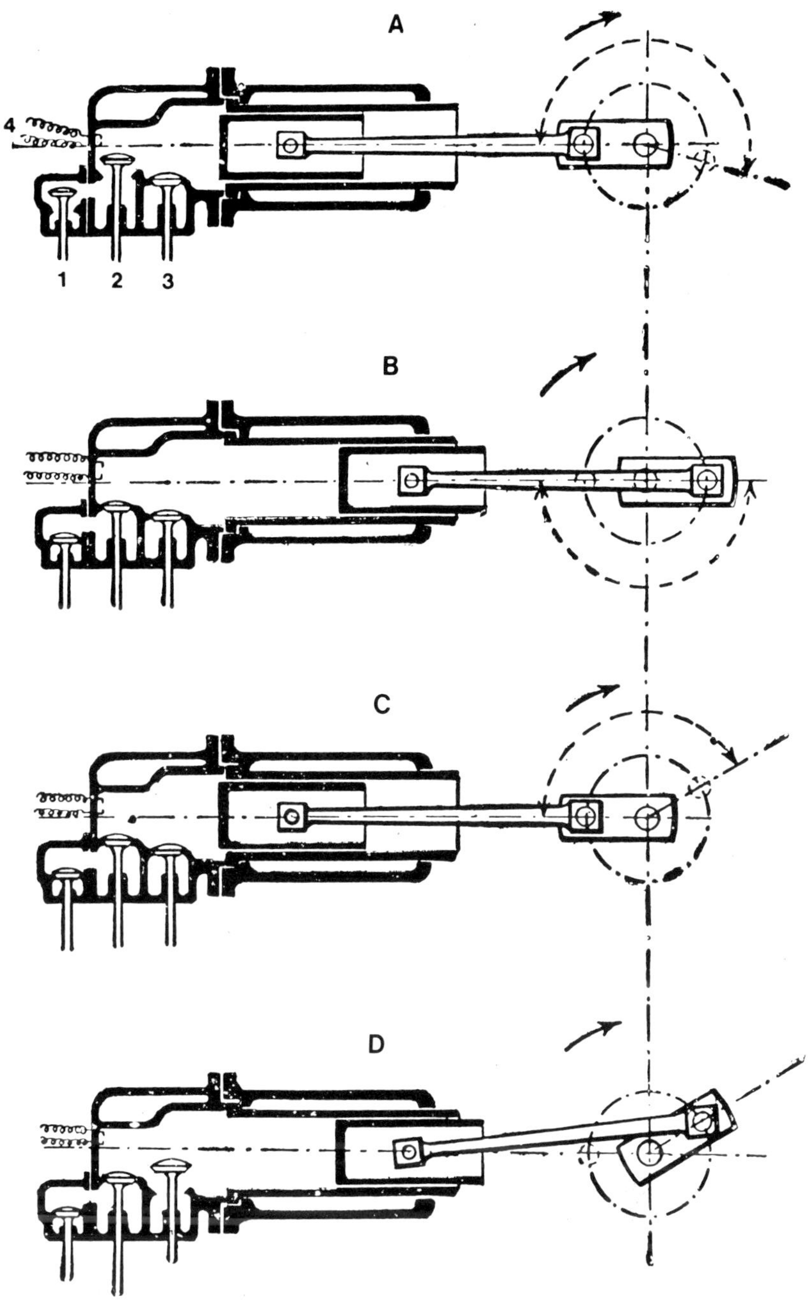

Le quatre-temps, ou cycle Otto :
1 Soupape d'admission de gaz.
2 Soupape d'admission d'air.
3 Soupape d'échappement.
4 Bougie d'allumage.
A Temps d'admission.
B Temps de compression.
C Temps moteur ou de détente.
D Temps d'échappement.

fois la veille du nouvel an 1879. Il fut suivi, en 1884, par un modèle horizontal sur lequel l'air était compressé par le dessous du piston-moteur et le gaz, par un plus petit piston. A l'exception de l'admission qui était assurée par une pompe à air, toutes les soupapes étaient de type champignon et actionnées par un excentrique et une petite manivelle du vilebrequin. L'allumage était donné par une bougie électrique basse-tension très semblable à une bougie moderne.

A New York, en 1888, Nash abandonna les soupapes au profit de lumières pratiquées dans la paroi du cylindre et que le seul déplacement du piston ouvrait ou fermait. L'air et le gaz étaient introduits dans le carter par une valve à sens unique, lors de la montée du piston, et était ensuite compressée par sa course descendante. Lorsque le piston approchait de son point mort bas, un passage de transfert contenant une seconde valve à sens unique laissait le mélange passer du carter aux lumières découvertes par le piston, dans la paroi du cylindre. Un déflecteur disposé sur la tête du piston faisait effectuer à la charge nouvelle une boucle qui repoussait les gaz brûlés de l'autre côté du déflecteur, vers les lumières d'échappement situées au bas de la paroi du cylindre, à l'opposé des lumières de transfert. Ce moteur inspira les deux-temps si populaires en Amérique sur les hors-bords, les tondeuses de jardin et les petits générateurs électriques. Il est également à l'origine des deux-temps qui animent aujourd'hui les motos de compétition. En 1891, l'anglais Joseph Day élimina les valves à sens unique en installant à la place une autre lumière qui était découverte par l'extrémité inférieure du piston lorsqu'il remontait. Ce principe du « deux-temps, trois-lumières » est toujours utilisé en Europe.

Le moteur deux-temps à gaz de Joseph Day.

Le gaz de ville initialement consommé par les machines à vapeur était coûteux, particulièrement dans les quantités requises par les plus grosses machines. Comme il était essentiellement composé d'hydrogène, avec une faible proportion d'oxyde de carbone et que, par ailleurs, ce type de machine était peu sensible à la quantité du combustible pour autant qu'il brûlat, Joseph Emerson Dawson conçut en 1881 un appareil, le « gazogène », permettant de convertir l'anthracite en un gaz utilisable par les moteurs. Ce gaz contenant jusqu'à 25 % d'oxyde de carbone était obtenu en faisant passer un courant mélangé d'air et de vapeur au travers d'un foyer de charbon ou de coke incandescent. La vapeur se décomposait en oxygène et en hydrogène, l'oxygène se combinant avec le carbone pour donner de l'oxyde de carbone, l'hydrogène restant tel quel et le surplus étant constitué par l'azote de l'air. Le gaz produit par ce gazogène passait ensuite par un épurateur refroidi par eau pour le débarrasser de sa poussière et d'autres impuretés solides, et pour le refroidir. Il était ensuite conservé dans un réservoir avant d'être utilisé, à pression constante, par le moteur. Le gazogène fut par la suite modifié de manière à ce que le passage du courant de vapeur dans le foyer soit provoqué par l'aspiration du moteur. Des gazogènes à aspiration furent souvent vendus avec le moteur par Deutz, Crossley et Tangyes. Ils connurent un succès particulièrement important aux États-Unis où le gaz de ville et le gaz naturel étaient assez rares.

Un autre avantage du gaz produit par ces gazogènes était

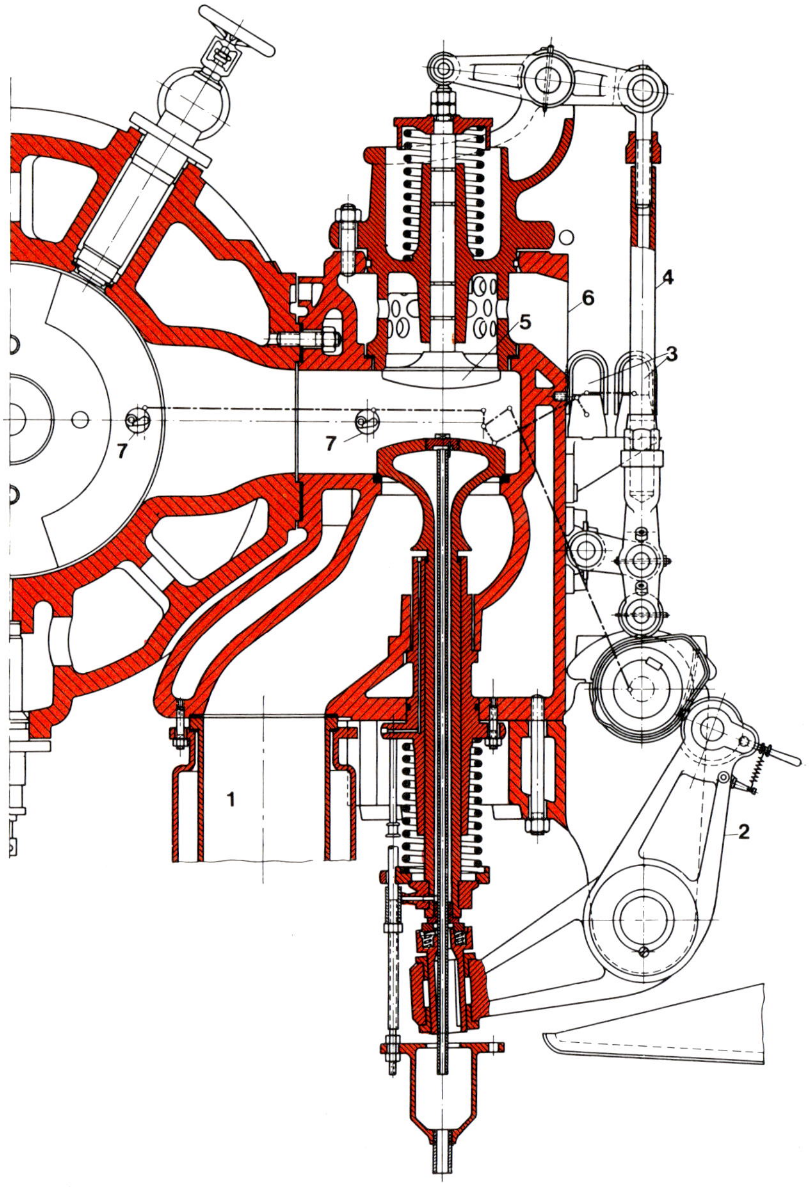

La distribution d'un moteur Körting à gaz quatre-temps et double-effet :
1 Lumière d'échappement.
2 Culbuteur de la soupape d'échappement.
3 Magnétos.
4 Poussoir de la soupape d'admission.
5 Soupape d'admission.
6 Entrée du mélange air-gaz.
7 Bougies.

le faible taux de propagation de sa flamme en raison de sa plus faible teneur en hydrogène. Ceci autorisait des compressions plus fortes dans le cylindre. Ce taux de compression plus élevé qui représente le rapport des volumes combinés de la chambre de combustion et du cylindre selon les positions extrêmes du piston, donnait un meilleur rendement aux moteurs. Cette aptitude à fonctionner à des taux de compression de l'ordre de 7:1 donna aux véhicules à essence la faculté de carburer au gazogène pendant les périodes de restriction. Ces gazogènes étaient alors installés sur une petite remorque ou sur le véhicule même.

En plus des petites unités d'atelier pouvant atteindre jusqu'à 100 ch, les moteurs à gaz ont été produits dans toutes les tailles et ils pouvaient développer plusieurs milliers de chevaux. Les plus gros, qui utilisaient généralement le gaz de rejet des hauts fourneaux, furent construits par Cockerill, en Belgique, Lilleshall, en Angleterre, et Oechelhäuser, en Allemagne. Beaucoup présentaient des cylindres à double effet en tandem et, sur les plus gros, deux paires de cylindres actionnaient un unique vilebrequin dont le diamètre atteignait parfois un mètre. C'était des géants pour leur époque.

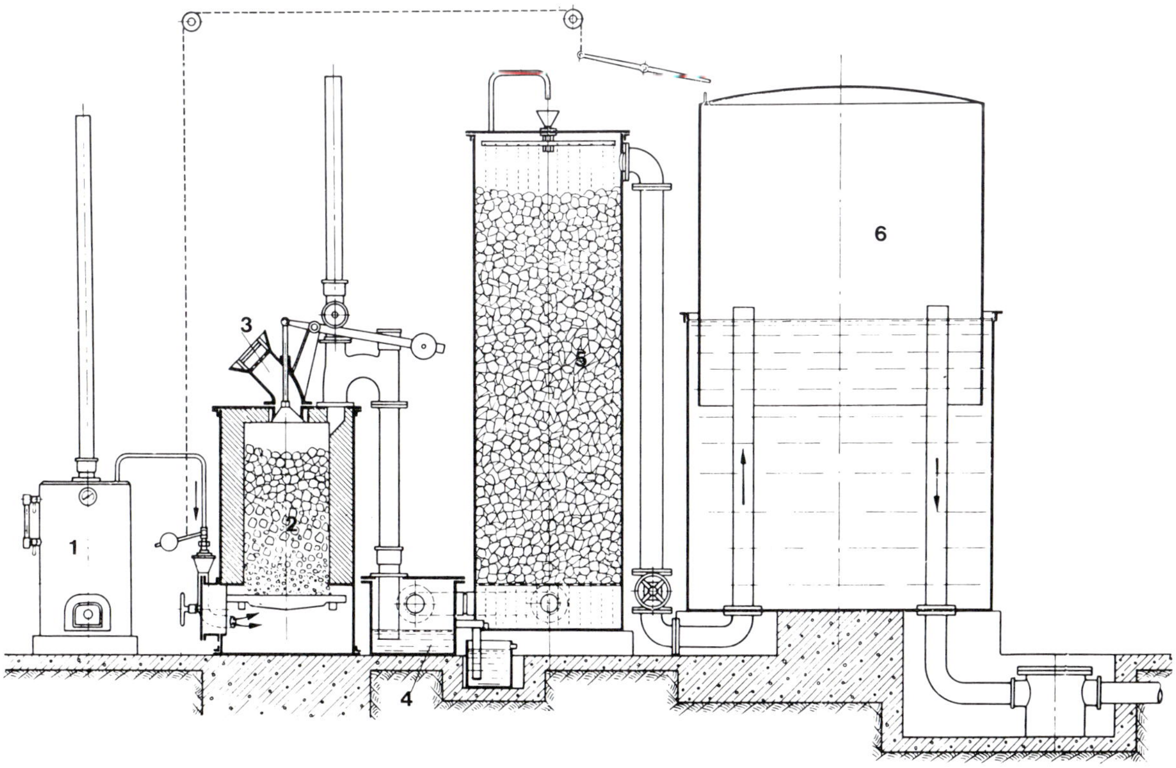

Ci-dessus : la distribution d'un moteur National.

A gauche : le gazogène de Dawson (1887) :
1 Chaudière.
2 Coke en combustion.
3 Trémie d'alimentation en coke.
4 Refroidisseur.
5 Épurateur.
6 Réservoir de gaz.

Les moteurs à huile lourde

Page de droite : les moteurs deux-temps américains Brayton Ready furent également fabriqués sous licence dans divers pays. Cet exemplaire qui est toujours en état de marche peut fonctionner et au fuel lourd et au gaz. *(Museum de Munich.)*

Lorsque le moteur à gaz eut atteint son stade de développement final, stade à partir duquel les gaz chauds ne servaient plus seulement à créer le vide mais où la détente du mélange air-combustible produisait le travail en poussant le piston, les inconvénients de ce combustible sont vite devenus apparents. Le gaz était souvent difficile à obtenir et toujours cher à l'usage. Dans une certaine mesure, le gazogène a constitué une solution intéressante mais il n'était pas bon marché non plus, il était encombrant et requérait lui aussi la présence d'un « chauffeur ». Un autre inconvénient du gaz était sa propension à l'explosion qui le rendait inutilisable dans certains environnements. Enfin le gaz était encombrant, particulièrement pour les véhicules et les moteurs transportables, et, même compressé à un degré élevé, il ne permettait qu'une autonomie réduite. Aussi les recherches s'orientèrent-elles sur un combustible plus pratique et vers des moteurs capables de fonctionner avec des combustibles différents.

Il existe deux catégories de combustibles liquides : ceux qui se vaporisent à température normale et ceux dont la vaporisation exige des températures nettement plus élevées. La première catégorie a donné naissance au moteur à essence dans lequel la vapeur remplace pratiquement le gaz. La deuxième catégorie a donné les principaux combustibles du moteur à huile lourde qui a évolué en ce que nous connaissons aujourd'hui sous l'appellation de moteur Diesel.

Les moteurs atmosphériques à combustion interne mis au point par Robert Street (1794), Samuel Morey (1826) et Stuart Perry (1844) étaient en réalité des compromis entre le moteur à gaz et le moteur à pétrole en ce qu'ils réchauffaient tous de la térébenthine pour obtenir un combustible gazeux, et qu'ils fonctionnaient alors comme des moteurs à gaz. Un pas capital fut franchi en 1873 par les Liégeois Louis-Charles Errani et Richard Anders qui conçurent un moteur dans lequel le combustible liquide n'était pas mis en contact de l'air avant d'entrer dans le cylindre. Ce moteur horizontal à simple effet, bien dans la ligne des machines à vapeur, présentait un piston à clapets rabattants qui ne laissait l'air pénétrer dans la chambre de combustion que lorsque la pression y était sub-atmosphérique. Une pompe à diaphragme de caoutchouc actionnée par une came du vilebrequin envoyait, par un injecteur, l'air et le combustible liquide d'un réservoir pressurisé dans le bas du cylindre. L'injecteur était conçu pour vaporiser le combustible en fines gouttelettes qui étaient aisément enflammées par une bougie électrique. Le régime du moteur pouvait être modifié en réduisant la pression régnant dans le réservoir, ce qui avait pour effet de raréfier le combustible délivré.

Aux États-Unis, en 1872, George Bailey Brayton mit au point pour Exeter Machine Works, dans le New Hampshire, un moteur à gaz qui donnait un temps-moteur à chaque révolution et utilisait, dans un souci de meilleur rendement, un mélange gaz-air compressé. La compression était réalisée dans un cylindre séparé et la charge était envoyée à la chambre de combustion du cylindre-moteur via un réservoir sous pression. Les soupapes d'admission et d'échappement étaient actionnées par des cames et le mouvement du piston était transmis à la manivelle par un balancier. Brayton avait eu beau prévoir une grille pare-flammes entre la chambre de combustion et le réservoir, des retours de flamme se produisirent et il dut avoir recours au pétrole, deux ans plus tard, pour éliminer les risques d'explosion.

Sur certains de ces moteurs à pétrole Brayton, l'air était compressé soit par le dos du piston, soit par un plus petit piston monté sur la même tige. D'autres comportaient un cylindre de compression séparé. Ils furent uniformément désignés « Brayton Ready » et étaient tous dotés d'un réservoir d'air comprimé. Une pompe à piston actionnée par excentrique mettait en pression le combustible liquide mais, comme les clapets de retenue étaient encore insuffisants à cette époque, une soupape coulissante contrôlait de manière plus précise l'alimentation. Le combustible n'était pas injecté dans le cylindre mais imbibait une rondelle de feutre au travers de laquelle passait également l'air compressé destiné au cylindre. La production des moteurs Brayton s'est poursuivie jusqu'en 1892 et ils furent également fabriqués et vendus sous licence par plusieurs firmes, en Amérique, en Allemagne et en Angleterre. L'un d'eux équipait la voiture construite par George B. Selden en 1877 et dont le brevet fit l'objet d'un long litige avec Ford. Il s'agissait dans ce cas d'un trois-cylindres à trois pistons de compression d'air qui était installé transversalement et entraînait les roues avant.

Deux importantes améliorations furent ensuite apportées au moteur à pétrole en Angleterre. Elles furent en fait encouragées par le Petroleun Act de 1879 qui stipulait que la composition du pétrole lampant devait être telle que les vapeurs dégagées au-dessous de 22 °C ne puissent pas être enflammées par une flamme nue. Des conditions très strictes étaient également appliquées au stockage et à l'utilisation des combustibles plus volatiles et plus inflammables, et les primes d'assurance au stockage de ces produits pétroliers étaient très élevées. Comme l'utilisation des lampes à paraffine ou à pétrole se généralisait un peu partout, un débouché important s'ouvrait aux combustibles peu volatiles.

William Dent Priestman qui avait fait son apprentissage dans les ateliers de Sir W.G. Armstrong & Co, à Newcastle-on-Tyne et avait par

la suite démarré sa propre entreprise, la Holderness Foundry, à Hull, entreprit en 1880 ses expérimentations en mettant au point un moteur type Lenoir dans lequel un carburant à haute volatilité était vaporisé dans une étincelle électrique. Il passa bientôt à un carburant à basse volatilité et abandonna le deux-temps pour un quatre-temps, payant à Crossley les droits d'exploitation de sa licence sur le brevet Otto.

En 1886, Priestman avait élaboré un moteur dont la base constituait le réservoir de carburant. Ce réservoir était pressurisé au moyen d'une pompe actionnée par un excentrique du vilebrequin. L'air en sortait par le haut, à une pression d'environ 1,05 kg/cm^2, et par un autre conduit, en bas, sortait le carburant. Air et carburant alimentaient un injecteur placé à l'extrémité d'une chambre de vaporisation qui conduisait au cylindre, et se composait d'un jet central de pétrole entouré d'un passage d'air annulaire inversé pour provoquer la pulvérisation d'un nuage de mélange. Sous l'injecteur était disposée une soupage à ressort pour l'air additionnel qui passait par des orifices pratiqués dans l'extrémité conique de la chambre de vaporisation. Au démarrage, le vaporiseur était réchauffé par un chalumeau et, dès que le moteur était en marche, une chemise réchauffée par les gaz d'échappement prenait le relais. La commande du régime de fonctionnement s'opérait par un clapet dans le passage de carburant et par une valve papillon dans le passage d'air principal. Une batterie et une bobine assuraient l'allumage. Une faiblesse de ce moteur provenait cependant des lourds dépôts de carbone qui résultaient d'une combustion incomplète et se déposaient sur les parois du cylindre. On a dit récemment d'un moteur Priestman conservé en état de marche qu'il était possible de le démarrer en moins d'une heure pourvu qu'il soit de bonne humeur...

De 1890 à 1905, l'usine Priestman de Philadelphie qui était dirigée par l'un des frères de l'inventeur-industriel assura la production de deux bi-cylindres développant 30 et 65 ch (22 et 48 kW) et destinés à des remorqueurs ou à servir de moteur d'appoint à des voiliers. Le plus gros de ces deux moteurs avait une hauteur de plus de 2,50 m et un alésage de 35,5 cm.

Akroyd Stuart, le fils du propriétaire des Bletchley Iron and Tinplate Works, Buckinghamshire (Angleterre), avait entrepris, en 1886 ses expérimentations visant à perfectionner le moteur à

Ci-dessus : ce moteur Priestman était toujours en service pour le pompage de l'eau pedant la Seconde Guerre mondiale. *(Westcott Stationary Engine Museum.)*

A droite : un dessin en coupe du moteur Ackroyd Stuart. On dit que c'est pendant l'étude de ce moteur qu'Ackroyd Stuart découvrit incidemment le principe de l'allumage par compression.

Page de droite : les moteurs Hornsby-Ackroyd entrèrent en production à la fin du siècle dernier, assurant, dans les ateliers, l'intérim entre la machine à vapeur stationnaire et le moteur électrique.

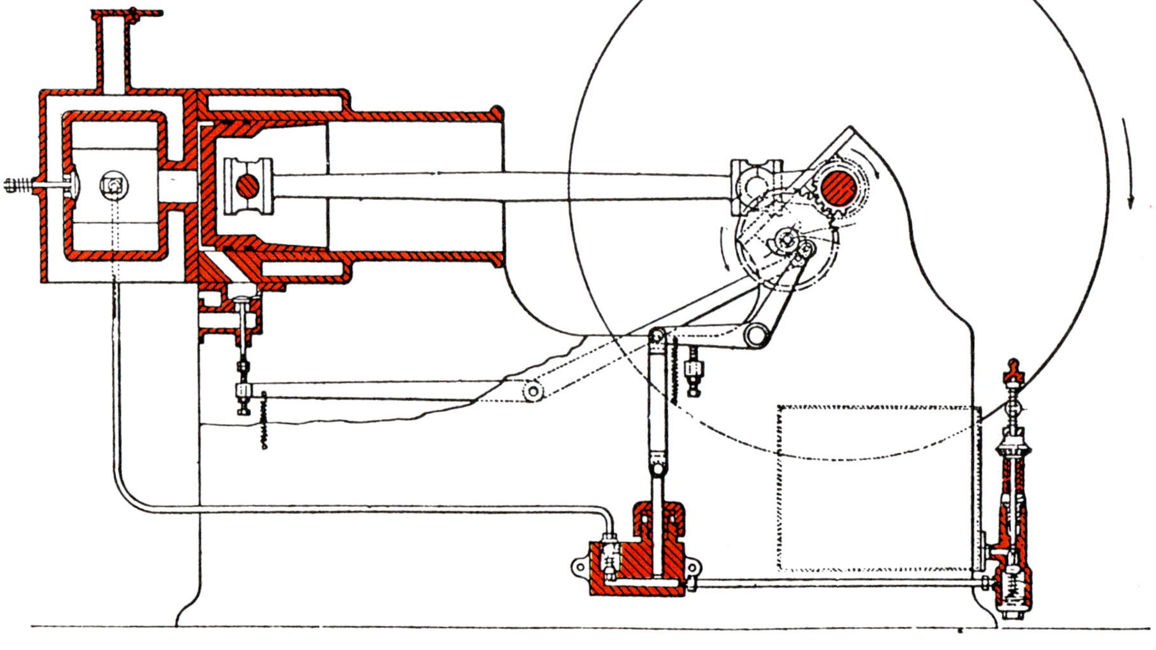

pétrole de Priestman. Ses recherches étaient axées sur l'injection du pétrole dans une chambre de vaporisation formant partie intégrante de la chambre de combustion, et sur le mélange de ce pétrole avec l'air attiré dans le cylindre. Il aboutit à un dessin proche de celui de Priestman mais qui tirait profit de la température élevée de la paroi interne de la chambre de vaporisation pour favoriser l'allumage.

Sur les premiers moteurs, le temps d'induction attirait l'air dans la chambre de vaporisation par une soupape à ressort, et de là, dans le cylindre. Le temps suivant avait pour effet de compresser l'air, et, à la fin de cette compression, une charge dosée de carburant était vaporisée dans la chambre, se transformait en vapeur et s'enflammait. Les gaz chauds en expansion passaient dans l'étranglement compris entre la chambre et le cylindre pour provoquer le temps-moteur. Dans le temps d'échappement, une soupape était ouverte par la came d'un arbre engrené à vitesse réduite de moitié depuis le vilebrequin. Une autre came disposée sur cet arbre actionnait le levier d'une pompe à pétrole alternative munie d'une soupape de décharge réglable pour déterminer la pression de carburant. Un débit de carburant constant était assuré par le piston de la pompe levé par la came et ramené contre sa vis d'arrêt par un ressort de rappel. Pour permettre des variations de régime, une soupape placée sur le côté aspiration de la pompe pouvait être maintenue ouverte pendant que la pompe débitait, ce qui provoquait le reflux d'une partie de la charge de carburant. Ce reflux limitant le débit de la pompe allait d'ailleurs être réutilisé plus tard sur les pompes Diesel. Le principal inconvénient de ce type de pompe simple était la lente interruption de l'injection qui entraînait la formation de dépôts de carbone néfastes.

En 1880, Stuart modifia son dessin afin que l'air principal soit attiré directement dans le cylindre et que le carburant soit vaporisé sur les nervures internes de la chambre de vaporisation, là où la présence de gaz d'échappement

empêchait la vapeur de prendre feu. Et c'est seulement lorsque la charge d'air était compressée dans la chambre que le carburant s'enflammait pour provoquer le temps-moteur. Il faut d'ailleurs rappeler que l'allumage n'était pas provoqué par la température dégagée par la compression mais par celle des parois de la chambre.

L'année suivante, un moteur expérimental de 23,4 cm d'alésage et 40,6 cm de course développait 7,6 ch (5,6 kW) à 216 tr/mn. Les droits mondiaux de production en furent acquis par R. Hornsby & Sons Ltd de Grantham (Angleterre). Ces moteurs « Hornsby-Ackroyd » sont restés célèbres depuis.

La version de production présentait, pour un allumage et une distribution plus précis, une soupape d'admission mécanique commandée par came, et la pompe à pétrole, également commandée par une came, avait été modifiée pour obtenir une interruption plus nette de l'injection et pour supprimer la formation des dépôts de carbone. Un régulateur de reflux dans l'injecteur évitait les blocages d'air dans la partie aspirante. L'injecteur était refroidi par eau et un ventilateur maintenait en constance la température inférieure à celle de la formation de carbone. Ces moteurs pouvaient être mis en marche en moins de 10 minutes et tourner à bas régime tout à fait régulièrement, ce qui changeait des moteurs à régulateur. En 1895 furent construits des bi-cylindres marins et en 1903, un moteur de 76 cm d'alésage et 35,3 cm de course développant 400 ch (298 kW) était disponible. En Amérique, ces moteurs étaient fabriqués par De La Vergne Machine Co à New York et furent utilisés, en 1898, pour actionner les générateurs éclairant la Statue de la Liberté. En 1900, plus de 1 000 moteurs avaient été fabriqués par Hornsby.

En Allemagne, J.M. Grob & Cie, à Leipzig, fabriquait des moteurs conçus par Émile Capitaine dont le premier moteur, en 1885, était caractérisé par son vilebrequin situé au-dessus du cylindre. La soupape d'admission d'air était placée au centre de la tête du piston. Elle ouvrait en forçant sur un ressort par l'effet combiné de l'aspiration et de l'inertie, au point mort du piston. La pompe à huile entraînée par le poussoir de la soupape d'échappement alimentait en carburant un tube

Le second moteur de Rudolf Diesel au Musée M.A.N. de Augsbourg.

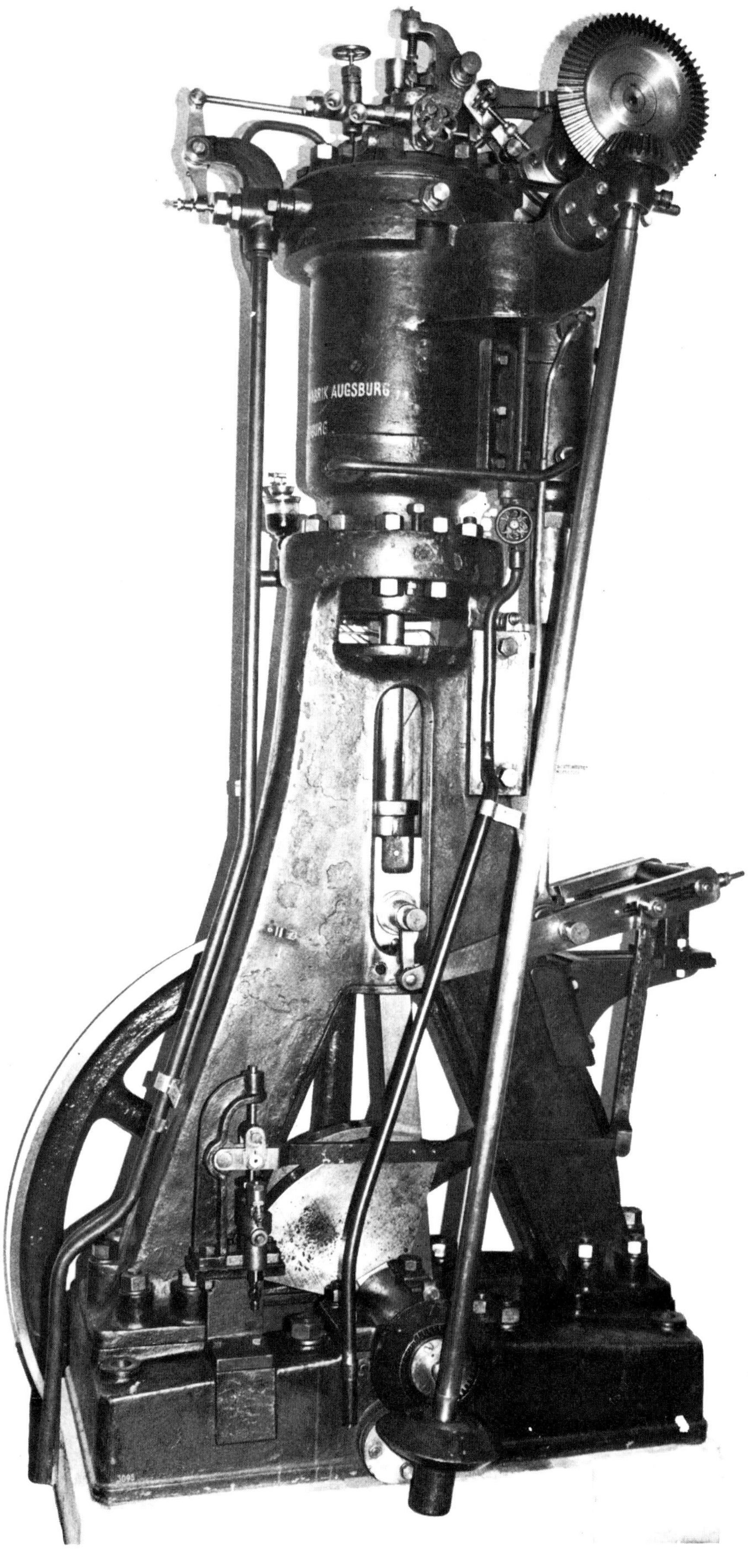

fixe pointant vers un second tube plus grand supporté par le piston et menant au dos de la soupape d'admission. Lorsque la soupape d'échappement s'ouvrait, au point mort bas, les deux tubes s'emboîtaient l'un dans l'autre et le pétrole était aspiré vers la soupape d'admission et commençait à se vaporiser. Lorsque la soupape s'ouvrait, le mélange entrait dans la chambre de combustion où il était allumé par un tube à incandescence. Le modèle de 1888 était un moteur vertical plus conventionnel avec vilebrequin en position inférieure et soupape d'admission dans la culasse, à aspiration et rappel par ressort, ce que l'on appelera admission automatique. Une plaque disposée sous la soupape d'admission déviait une partie de l'air vers un conduit horizontal en U passant dans un vaporisateur chauffé. Le pétrole était pompé dans le vaporisateur dont une branche retournait vers la chambre de combustion. Le tube d'admission au vaporiseur servait d'allumeur incandescent.

En 1891 le dessin avait été modifié. Les moteurs étaient alors fabriqués par une autre firme de Leipzig, Swiderski, et étaient munis d'une petite chambre de vaporisation à réchauffage externe dans laquelle le pétrole était injecté. Le temps d'aspiration ouvrait une petite soupape d'air pour acheminer la charge dans le cylindre, et la partie chaude de la chambre jouait le rôle d'allumeur. Ces moteurs furent fabriqués jusqu'en 1904.

Plusieurs moteurs furent fabriqués après cette période, souvent par des firmes réputées. Ils étaient uniformément dotés de chambre de vaporisation et de l'allumage par tube à incandescence. Pour la plupart, ils dérivaient de la technique des moteurs à gaz. Le seul moteur à pétrole américain notable fut fabriqué par August Mietz en 1897, sur un dessin de Carl W. Weiss, dans la ville de New York même. C'était un deux-temps avec compression d'air dans le carter. Le balayage des gaz était réalisé en déviant la charge d'admission sur le déflecteur du piston, de manière à ce que la boucle ainsi formée chasse les gaz brûlés de la chambre de combustion. Et le carburant était injecté au travers des parois du cylindre, de manière à atteindre une ampoule à incandescence autonome.

Rudolf Christian Karl Diesel était né à Paris de parents allemands en 1858. Pour échapper à la Guerre de 1870, la famille Diesel se réfugia à Londres mais Rudolf fut envoyé chez un cousin, à Augsburg où il fit de brillantes études. A l'École Supérieure Technique de Munich, ensuite, Diesel fut l'élève du Professeur Carl von Linde, célèbre pour ses expériences sur la réfrigération. Von Linde expliqua à Diesel le fonctionnement d'un briquet basé sur le vieux principe du piston à feu indonésien. Un matériau inflammable, par exemple de l'amadou, était disposé au bas d'un cylindre muni d'un piston étroitement ajusté. La tige du piston comportait à son extrémité un disque plat qui permettait d'enfoncer violemment le piston dans le cylindre de manière à provoquer une très rapide compression de l'air. Comme à cette vitesse, l'air n'avait pas le temps de s'échapper du cylindre, l'élévation de température provoquée par cette compression suffisait à allumer l'amadou. Cette compression sans déperdition de chaleur est appelée « adiabatique ». On peut d'ailleurs en remarquer les effets lorsque l'on manie énergiquement une pompe à bicyclette : celle-ci tend à s'échauffer. Ce principe de compression est à la base du moteur Diesel.

Dans la ville suisse de Winterthur, les frères Sulzer procédaient à la construction d'une usine de réfrigération Linde. Diesel se joignit à eux pour parfaire son expérience pratique et diriger par la suite les usines Linde de Paris et de Berlin. A Berlin, il cristallisa les idées qu'il nourrissait depuis plusieurs années et déposa, en 1892, un brevet de moteur quatre-temps dans lequel l'air était compressé par le piston à 250 kg/cm^2. Ceci portait l'air à une température de 800 à 1 000 °C, température évidemment bien supérieure au point d'inflammation du carburant. Il envisageait aussi que le carburant soit lentement ajouté alors que le piston effectuait sa course motrice, de manière à ce que la combustion se produise à température et pression constantes et qu'une fois l'alimentation interrompue, la détente des gaz se poursuive sur le reste de la course.

L'usine Linde ne montra pas d'intérêt pour ce projet, aussi Diesel se rendit-il chez Maschinenfabrik-Augsburg A.G. dont le directeur, Heinrich Buz manifesta un intérêt immédiat. En 1893, un accord était passé avec M.A.N. et Krupp afin de partager les coûts et les profits tandis que Diesel recevrait un salaire et percevrait les royalties. Le premier moteur expérimental apparut en juillet de la même année. Il présentait un cylindre vertical de 150 mm d'alésage et 400 mm de course mais aucun dispositif de refroidissement n'avait été prévu. La tête du long piston creux présentait une profonde poche cylindrique faisant office de chambre de combustion. L'étanchéité était assurée par un segment ménagé dans la paroi du cylindre, mais sur les moteurs suivants, plusieurs segments allaient être montés sur le piston même. La culasse plate comportait quatre soupapes. La première était une soupape à double siège combinant l'admission et l'échappement et dont la lumière de culasse s'interrompait juste avant le conduit d'échappement. Cet espace permettait ainsi à l'air d'être aspiré alors que les gaz brûlés, plus compressés, passaient directement dans le conduit d'échappement. La deuxième soupape était celle de l'injecteur de carburant. La troisième était une soupape de démarrage qui donnait l'air compressé d'une réserve externe pour les démarrages. Lorsque le moteur tournait, cette soupape servait, en retour, à réalimenter la réserve d'air comprimé. La quatrième était une soupape de sécurité, rappelée par ressort et communiquant avec la réserve d'air.

Après vingt jours consacrés au rodage mais aussi à résoudre les problèmes de trop faible compression que posaient une étanchéité insuffisante et le dessin peu satisfaisant de la poche du cylindre, le moteur fut mis en marche. La pression dégagée (80 kg/cm^2) fit aussitôt exploser une soupape qui traversa le bloc et blessa Diesel. Dix-huit jours après, le moteur avait démontré le bien-fondé de la théorie de l'allumage par compression, mais il s'était également avéré insuffisamment puissant pour tourner par lui-même. La décision fut donc prise d'en construire un second avec des modifications.

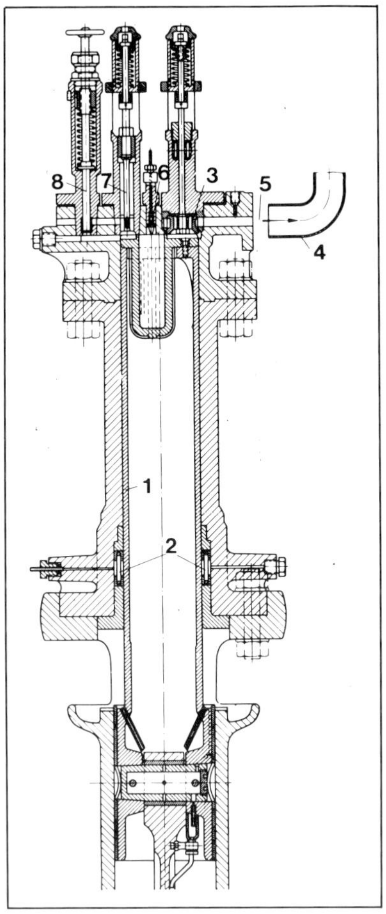

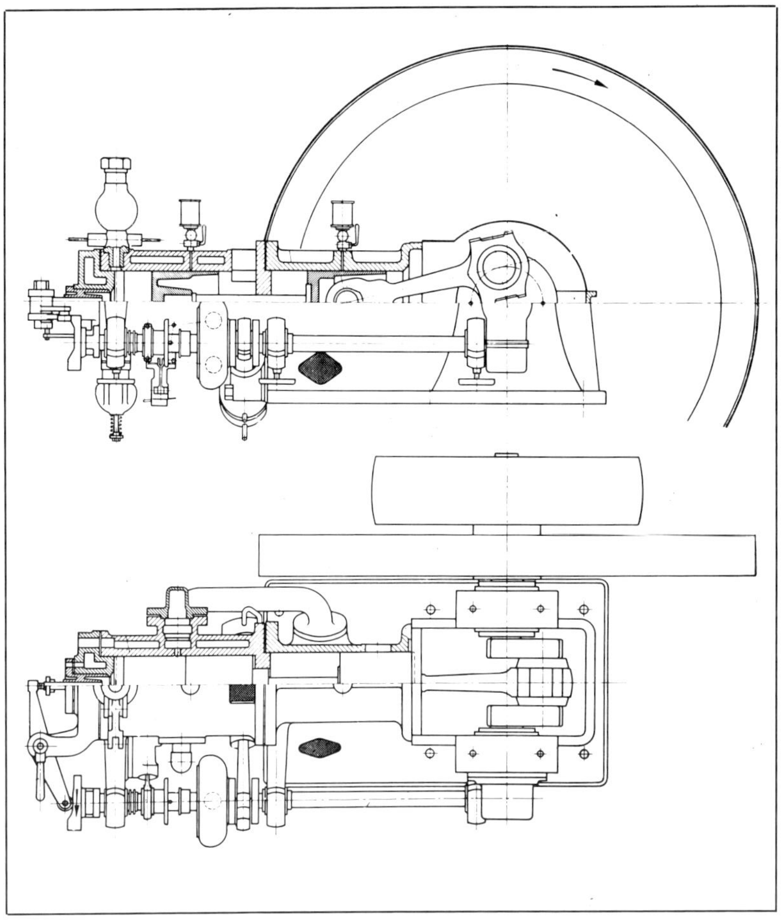

Ci-dessus, à gauche : vue en coupe du cylindre du premier moteur Diesel :
1 Paroi du piston.
2 Étanchéité.
3 Soupape d'admission-échappement.
4 Échappement.
5 Passage d'air d'admission.
6 Injecteur de carburant.
7 Soupape de démarrage.
8 Soupape d'air comprimé.
L'espace situé sous l'injecteur, dans la tête du piston en fonte, forme la chambre de combustion.

Ci-dessus à droite : le premier moteur Diesel deux-temps fut conçu en 1899 par Hugo Güldner.

En janvier suivant le second moteur était mis à l'essai. Un mois après, il fonctionna de lui-même pendant une minute entière, au régime de 88 tr/mn. Il présentait une tubulure d'échappement refroidie par eau et une chemise de refroidissement dans la partie supérieure de la culasse. Les soupapes d'admission et d'échappement étaient séparées tandis que les soupapes de démarrage et de sécurité étaient combinées. Le carburant était dosé dans l'espace annulaire entourant l'aiguille de la soupape d'injection, et l'air comprimé de la réserve était utilisé pour projeter le carburant dans le cylindre lorsque l'aiguille de la soupape était levée de son logement par un basculeur. Cette projection s'avéra néanmoins insatisfaisante en raison de ce que la pression de la réserve ne pouvait évidemment pas être supérieure à celle de la compression dont elle était issue. L'injection ne pouvait donc pas se produire avant que la pression régnant dans le cylindre soit devenue inférieure à celle de la réserve. On remédia à cela en installant une pompe à air alimentant la réserve à une pression plus élevée.

Les progrès furent rapides et un troisième moteur ne tarda pas à voir le jour. Il avait un cylindre de 220 mm d'alésage et une culasse entièrement repensée, un circuit complet de refroidissement d'eau et un arbre à cames en tête. La chambre de combustion était désormais comprise dans la culasse, comportant la soupape d'injection et, en haut, un injecteur prolongé par un tube à collerette perforée en étoile pour élargir la gerbe de carburant. Une bougie mise au point par Robert Bosch était également montée, en secours, dans la chambre de combustion. Les flux d'admission et d'échappement passaient par la même soupape champignon au-dessus de laquelle, une autre soupape contrôlait si l'air entrait ou si les gaz d'échappement sortaient. La bougie se révéla inutile mais le tube de l'injecteur causa de nombreux problèmes en ce que ses orifices étaient rapidement obstrués par les dépôts de carbone. Diesel étudia plusieurs injecteurs à orifices différents qui s'avérèrent plus efficaces que le disque en étoile. Un compresseur d'air entraîné par le moteur fut également ajouté, mais on dut lui adjoindre un circuit de refroidissement d'eau après qu'il ait mis le feu à l'huile de lubrification.

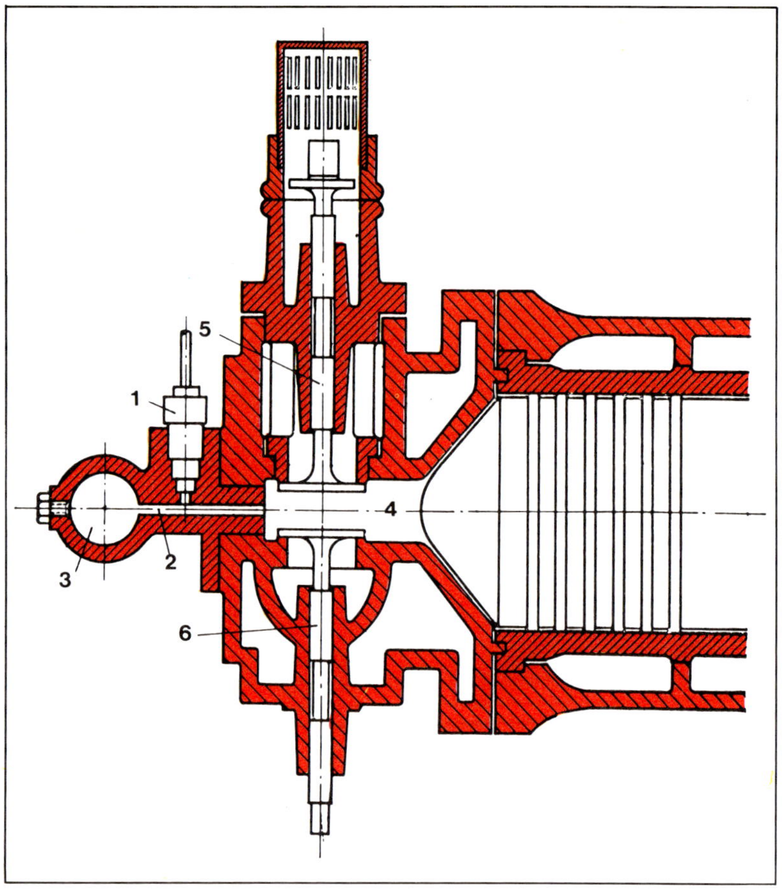

Schéma en coupe d'une chambre de combustion L'Orange :
1 Injecteur.
2 Passage de gaz à haute vitesse entre la chambre de combustion primaire et la chambre principale.
3 Chambre de combustion primaire.
4 Chambre de combustion principale.
5 Soupape d'admission.
6 Soupape d'échappement.

Ces trois premiers moteurs avaient néanmoins confirmé l'intérêt du projet de Diesel et justifiaient la mise en chantier d'un quatrième moteur entièrement repensé. Celui-ci était constitué d'une colonne de fonte unique avec un guide de crosse et une entretoise tubulaire, dans le genre des machines à vapeur marines. Au-dessus était installé le cylindre refroidi par eau, de 250 mm d'alésage et 400 mm de course. Les soupapes d'admission et d'échappement étaient indépendantes et le système d'injection, avec sa soupape de relevage et son vaporisateur, était placé au centre de la chambre de combustion, à côté de la soupape de démarrage. Toutes ces soupapes et la pompe de carburant étaient actionnées par un arbre à cames entraîné par un engrenage conique et tournant sur des consoles de la culasse. A l'origine, le dos du piston fut mis à profit pour compresser l'air mais on s'aperçut que ce système consommait plus d'énergie qu'il n'en produisait et il fut remplacé par un compresseur indépendant, refroidi par eau et engrené sur le vilebrequin. Ce moteur subit de nombreux tests et fut même examiné par des experts étrangers. Il développait 17,8 ch (13,2 kW) à 154 tr/mn et prouva que Diesel avait inventé le moteur le plus efficient qui soit. Les tests démontrèrent en effet que son rendement était au moins deux fois supérieur à celui des meilleurs moteurs à huile lourde de l'époque.

Le premier moteur Diesel à deux-temps fut construit en 1899 par la Allgemeine Gesellschaft für Diesel Motoren. La conception en était de Hugo Güldner. Au lieu d'utiliser la compression du carter, l'air d'admission était fourni par un second cylindre qui remplissait également la fonction de crosse. Cet air était ensuite envoyé à une série de lumières pratiquées dans la paroi du piston moteur. Une soupape champignon logée au centre de la culasse était chargée de l'échappement. Elle était commandée par un arbre à cames qui actionnait également la pompe de carburant et la pompe d'injection. L'alésage de la pompe à air était légèrement supérieur à celui du cylindre-moteur qui était de 175 mm pour une course de 210 mm. La puissance développée était de 12 ch (8,9 kW) à 250 tr/mn.

Malheureusement, la société d'Augsburg qui détenait les brevets de ces moteurs sombra dans des difficultés financières qui affectèrent également les fonds personnels de Rudolf Diesel. La conception et la fabrication de moteurs Diesel se poursuivirent néanmoins dans le monde entier et, en 1900, on ne comptait pas moins de cinquante firmes ayant acquis les droits de licence. Parmi celles-ci se trouvaient M.A.N., Krupp et Deutz en Allemagne, Sulzer en Suisse, F. Dyckhoff & Fils en France, Carel Frères en Belgique, Adolphus Busch, le fondateur de la Diesel Motor Corp. of America, et Mirlees, Watson & Yaryan en Écosse qui avaient construit le premier Diesel britannique, en 1897. Par parenthèse, ce moteur de 20 ch (15 kW) fonctionna quotidiennement pendant plus de 30 ans.

Rudolf Diesel disparut tragiquement du pont d'un bateau traversant la Manche, en 1913. Il avait joué un rôle capital dans l'histoire des moteurs, comme allaient le démontrer les années à venir.

En 1912, les usines M.A.N. de Nuremberg sortirent le premier moteur Diesel deux-temps à double effet, les deux côtés du piston de 760 mm de diamètre contribuant à développer une puissance de 1 000 ch (764 kW). Un gros compresseur alternatif entraîné par le vilebrequin fournissait l'air d'alimentation et de balayage. Les soupapes d'admission, de type champignon, ouvraient dans la culasse tandis que l'échappement était assuré par un anneau de lumières à mi-hauteur du cylindre. Le premier moteur marin vertical qui fut construit en 1913 par Blohm et Voss de Hambourg reprenait cette configuration. Et à ce trois-cylindres succéda le 6 cylindres de 1 600 ch (1 193 kW) de M.A.N.-Nuremberg. Un moteur de sous-marin construit par Germaniawerk en 1916 comportait six cylindres à double effet, un compresseur alternatif à deux étages et réfrigérant intermédiaire pour abaisser la température de l'air entre les deux étages. Le compresseur d'air et la pompe de pression de carburant étaient actionnés par un prolongement du vilebrequin.

Les travaux les plus importants effectués autour du Diesel deux-temps visaient à améliorer la circulation de l'air et à assurer un remplissage complet du cylindre. Les pressions d'alimentation et de balayage furent en même temps accrues par des pompes d'alimentation à piston conique de plus grand diamètre et par des pompes de compression séparées. En 1927, Sulzer mit au point un système deux-temps dans lequel les lumières d'admission occupaient une moitié de la paroi du cylindre et celles d'échappement, l'autre moitié de la partie comprise au-dessus du point mort bas du piston, l'injecteur étant placé dans la culasse. Ce moteur présentait deux étages de lumières d'admission, l'étage inférieur pour l'air de balayage et l'étage supérieur pour l'air d'alimentation, les deux rangs de lumières étant reliés entre eux par une soupape double ou une soupape rotative. En descendant, le piston découvrait les lumières d'alimentation qui restaient étanches à l'air de balayage tant que la soupape était close. Les lumières d'échappement étaient ensuite découvertes et les gaz brûlés les empruntaient pour s'évacuer dans l'atmosphère. Le piston ouvrait alors les lumières de balayage, la soupape s'ouvrait et l'air de balayage entrait par les deux séries de lumières. En remontant, le piston recouvrait d'abord les lumières de balayage, puis celles d'échappement, laissant l'admission d'air d'alimentation se poursuivre par le rang de lumières supérieur jusqu'à ce que le piston les masque. Ce système permettait à la fois un bon balayage des gaz brûlés et une entrée d'air d'alimentation à une pression supérieure à celle de l'atmosphère.

La compréhension des phénomènes de la dynamique des fluides s'accélérait rapidement et, en 1938, l'idée de tirer parti du déplacement du piston pour aspirer de l'air frais par les lumières d'admission d'un Diesel deux-temps fut appliquée pour la première fois par Petters Ltd de Loughborough (Angleterre) sur le « Super Scavenge ». Cette idée, dérivée des travaux de Michel Kadenacy, a toujours un grand nombre d'applications. Sur le moteur Petter, comme sur le Sulzer, on trouvait un piston à tête plate, des lumières d'admission disposées autour du cylindre, au point mort bas, et une soupape d'échappement champignon dans la culasse. Cette soupape d'échappement était calée de manière à ce que les gaz brûlés aient quitté le cylindre au moment où les lumières d'admission commençaient à s'ouvrir. A ce moment la masse des gaz d'échappement avaient acquis un flux unidirectionnel dans la tubulure, ce qui provoquait une aspiration de la charge fraîche dans le cylindre vide, jusqu'au moment où l'air frais atteignait la soupape d'échappement. Cette pression de la charge sur le côté admission résultait en une surpression dans le cylindre, ou autrement dit, en une « suralimentation ».

Cette suralimentation, ou alimentation sous pression, Diesel l'avait déjà expérimentée, en 1896, sur son troisième moteur, dans le but de réduire les résidus de gaz brûlés dans le cylindre et d'éviter de réchauffer la charge fraîche. Mais ceci avait entraîné une baisse de densité, due à la combinaison du mélange avec les gaz résiduels et d'un échauffement par la paroi chaude du cylindre. Un supplément d'oxygène résultant d'une plus grande quantité d'air admise dans le cylindre permettait donc d'accroître la masse de carburant brûlée et, par là-même, de dégager une plus grande puissance. Le système Kadenacy mettait donc à profit la masse et l'énergie des gaz d'échappement. Ultérieurement, le système Wibu tira un effet équivalent de l'aspiration se produisant dans la tubulure d'un moteur tournant à régime constant et dans lequel le dispositif d'admission pouvait être réglé sur la vitesse de l'air. Les compresseurs entraînés par le moteur apportaient un net surcroît de puissance en dépit du fait que la puissance utilisée à compresser l'alimentation était soustraite au moteur lui-même,

Magnifiquement conservé, cet imposant moteur Fiat fut le premier Diesel 2-temps utilisé pour propulser un navire. Construit en 1909, il développait 300 ch (223 kW) à 500 tr/mn.

En haut : les chambres de pré-combustion sphériques ou cylindriques provoquent dans l'admission d'air une turbulence qui améliore la combustion.

En-dessous : les pré-chambres permettent l'introduction d'un mélange riche dans la petite chambre principale. Lorsque la charge en expansion rencontre un mélange relativement pauvre dans la chambre principale, la combustion ralentie et une pression plus constante améliorent la carburation.

Ci-dessous : trois exemples de chambres de combustion « ouvertes ». Cette disposition qui convient aux petits moteurs permet une injection du carburant directement dans la chambre de combustion principale.

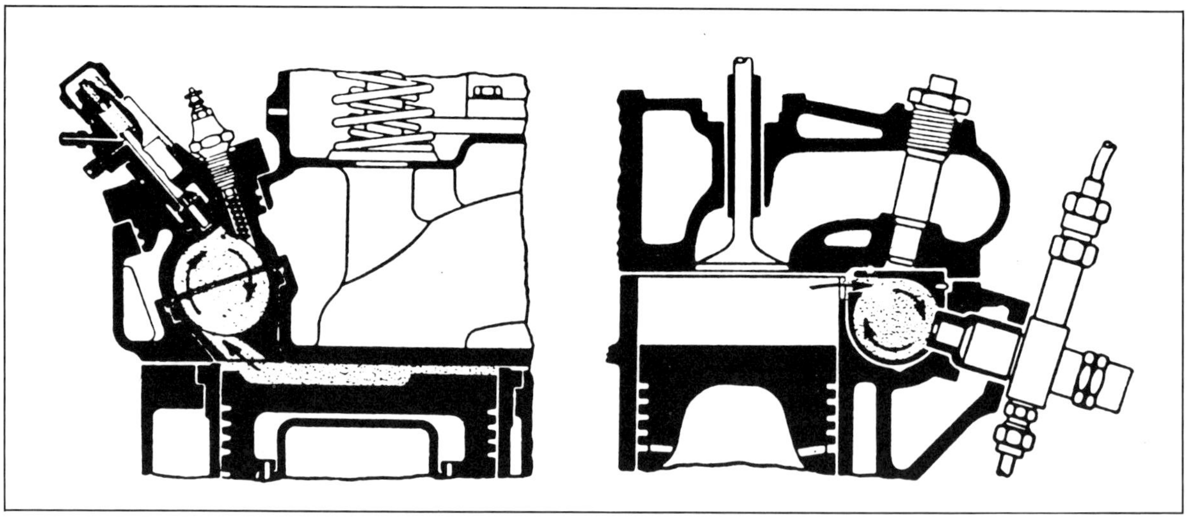

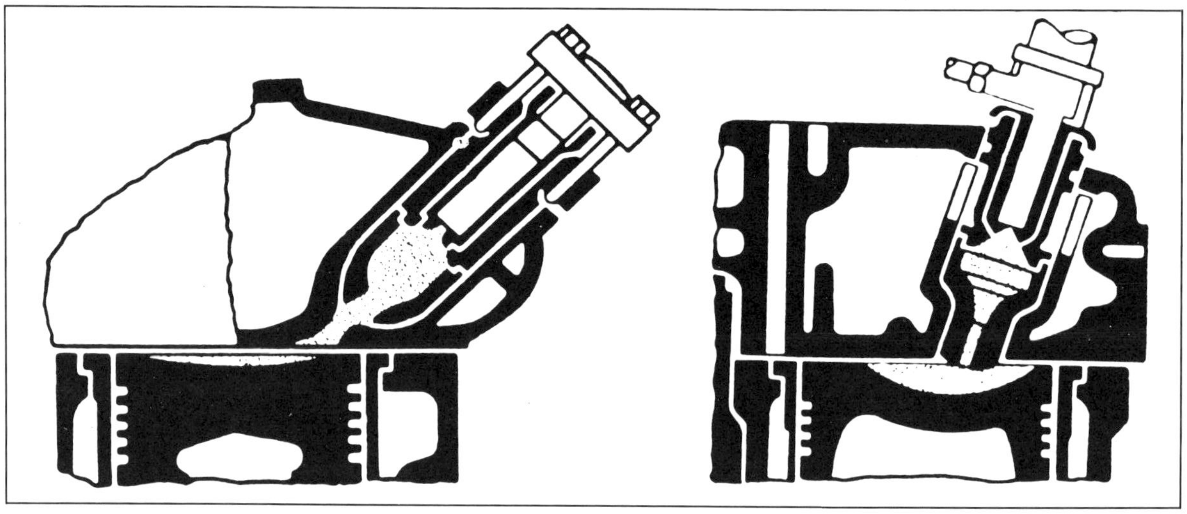

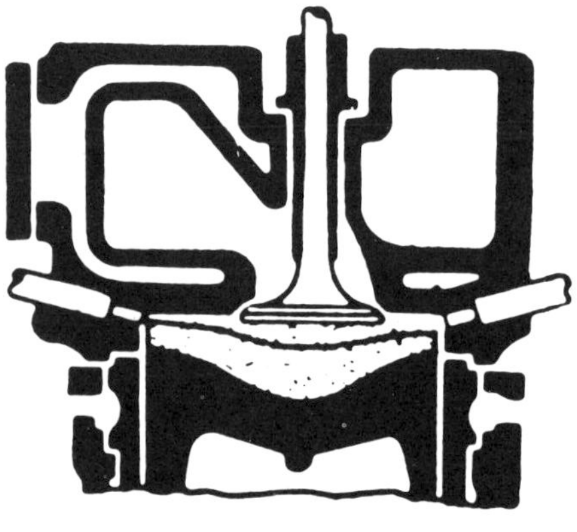

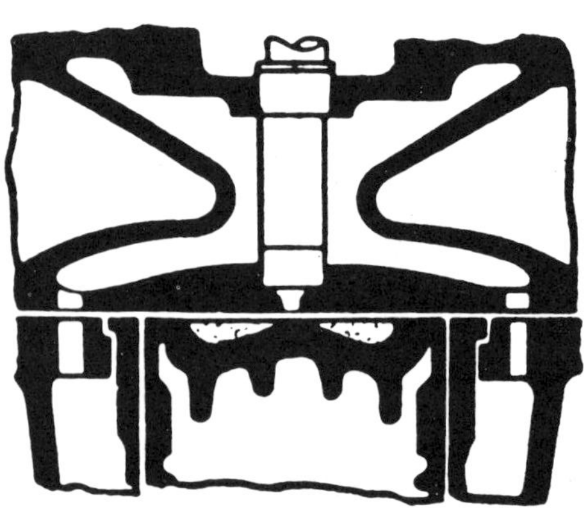

à un moteur auxiliaire plus petit, ou même à un moteur électrique.

En 1924, l'ingénieur Büchi des Swiss Locomotive and Machine Works de Winterthur inventa un compresseur d'air centrifuge qui était entraîné par une turbine récupérant la chaleur et la pression des gaz d'échappement. Le turbo-compresseur est largement utilisé aujourd'hui, particulièrement sur les gros moteurs et il devient de plus en plus courant sur les moteurs de taille moyenne, utilitaires et de tourisme. Les principaux avantages du turbocompresseur sont d'occuper une place réduite, d'adapter son régime à celui du moteur et à sa puissance et, enfin, de ne pas restreindre la puissance du moteur.

Si au départ, les moteurs Diesel furent de taille supérieure à la moyenne, tournant à des régimes peu élevés, les plus petits moteurs qui ont été élaborés par la suite et tournaient à des régimes plus rapides firent ressortir les inconvénients des injecteurs de carburant présentant un nez de section réduite. Ceux-ci étaient en effet trop rapidement obstrués par le carbone, spécialement parce que ces petits moteurs qui tournaient plus vite exigeaient une combustion plus rapide du carburant. La solution à ces problèmes résidait dans l'utilisation d'une chambre de précombustion qui démarrait l'allumage et utilisait la combustion pour allumer le restant de la charge, tout en créant une turbulence favorable à une combustion rapide.

Sur le moteur conçu en 1908 par Prosper L'Orange qui travailla d'abord pour Deutz puis pour Benz, à Mannheim, la tête conique du piston s'emboîtait très étroitement dans la culasse. Dans cette dernière était ménagée une chambre plus petite qui contenait deux soupapes champignon d'admission et d'échappement opposées face à face. Derrière les soupapes, un passage

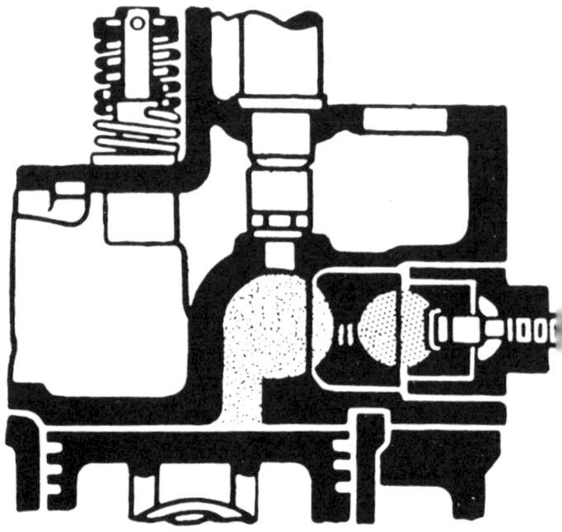

Ci-dessus : avec le principe « air-cell », la cellule joue le rôle d'accumulateur d'énergie sous la forme d'air comprimé qui facilite la combustion.

Page de droite : le moteur Diesel 2-litres de la Renault 20.

conduisait à une autre chambre sphérique, la soupape d'injection ouvrant au milieu de ce passage. Dès l'injection, le carburant était immédiatement enflammé par l'air chaud contenu dans la chambre et le passage.

En 1910, Deutz dessina sous le pseudonyme de Joachim Brandis un moteur où la précombustion s'effectuait dans la chambre des soupapes. La pression et la température y étaient élevées par une extension de la tête du piston qui pénétrait par une gorge dans cette chambre, constituant en quelque sorte un cylindre et un piston secondaires. Parallèlement, L'Orange mettait au point chez Benz des petits moteurs de 2 à 10 ch (1,5 à 7 kW) dans lesquels le carburant était injecté dans une préchambre comportant elle-même un pulvérisateur pour envoyer le mélange riche en cours de combustion dans le cylindre.

Le premier à remarquer que la création d'une turbulence dans la chambre de combustion pouvait favoriser le mélange et sa combustion fut le physicien anglais Sir Henry Ricardo. Les expériences auxquelles il se livra dans son laboratoire de Shoreham allaient déboucher, en 1920, sur un dessin de culasse dit « Ricardo-Comet » qui est toujours d'actualité, notamment sur la Volkswagen *Golf* Diesel. Cette culasse plate est caractérisée par une préchambre sphérique reliée au cylindre par un conduit tangentiel. L'air compressé par le piston est ainsi obligé de tourbillonner dans la chambre, produisant une turbulence favorisant la finesse de la vaporisation. Lorsque la combustion se produit, la charge enflammée se répand en tourbillonnant dans la chambre de combustion principale pour y provoquer également une forte turbulence. De plus, ce conduit tangentiel ne nécessitant qu'un débouché décentré dans la chambre principale, il laisse toute la place voulue à de grosses soupapes d'admission et d'échappement, ce qui contribue également à un accroissement des performances. Des versions modifiées de la culasse Ricardo-Comet sont toujours utilisées par Ford, Leyland, Perkins et d'autres sur certains de leurs véhicules commerciaux. En 1927, Ricardo allait encore perfectionner son dessin en ajoutant un déflecteur sur la tête de soupape d'admission de manière à accroître encore l'effet de turbulence donné à la charge entrant dans le cylindre.

En 1924, la firme suisse Arco mit au point une préchambre hémisphérique noyée dans la culasse et reliée au cylindre par un conduit étranglé dans lequel le carburant était directement injecté. Ce dessin déboucha par la suite sur les chambres toroïdales à injection directe logées dans la tête même du piston.

Dans ses premières expériences Diesel avait tenté de réaliser une injection de carburant mécanique. Bien que cela ait paru évident, la réalisation ne donna cependant pas les résultats escomptés, principalement en raison d'un usinage insuffisamment précis des pistons et des soupapes, ce qui ne leur permettait pas de travailler à des pressions inférieures à celle de la compression. Il en vint donc à insuffler le carburant à l'aide de l'air compressé, ce qui permettait également un timing rapide et précis de l'alimentation. Avec cette injection mécanique qui allait rester le système standard pendant de longues années, le nez de l'injecteur était muni d'une soupape à aiguille. Cette soupape passait dans une chambre annulaire contenant une série de rondelles dentelées et ouverte à la fois à une alimentation en carburant sous pression et à une alimentation en air. Poussée par une came, la soupape pouvait ouvrir dans la chambre de combustion. C'est ce qui se produisait au moment approprié du cycle et provoquait la sortie de la charge sous forme d'émulsion.

En 1905, G. Brandsetter avait inventé un dispositif dans lequel le carburant était distribué par une pompe à dosage au moyen d'une soupape ouverte par une came et rappelée par un ressort. Un accumulateur hydraulique était adjoint au circuit de telle sorte qu'il libérait sa charge dans le cylindre. Ce système d'injection mécanique fut perfectionné, cinq ans plus tard, par James McKechnie. Une came en colimaçon libérait le ressort et projetait le carburant dans le cylindre.

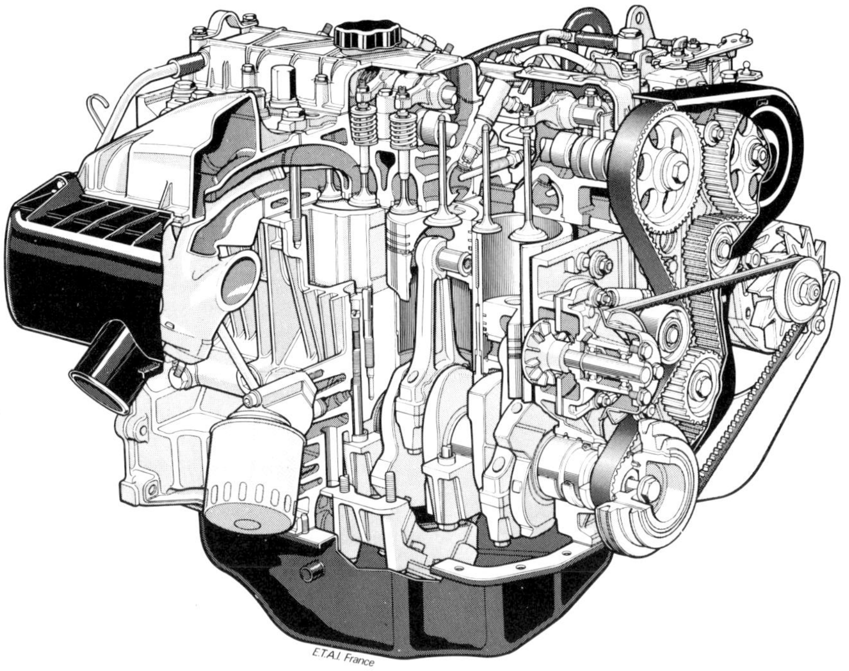

Les développements se poursuivirent dans les premières années 1920, tant sur la conception des injecteurs que sur le dessin de chambres de combustion permettant les plus basses pressions d'injection, et aboutirent aux injecteurs à téton. Ce système, dans lequel le carburant pressurisé par une pompe repousse le téton contre son ressort, donne une injection précise. Et ceci a été encore amélioré par les tolérances de fabrication des injecteurs modernes qui ne dépassent pas 0,00005 mm.

Le succès commercial de l'injection mécanique revient aussi en grande partie aux travaux de Robert Bosch GmbH, à Stuttgart, depuis 1923. Les toutes premières pompes Bosch comportaient deux pistons alternatifs, l'un d'eux dosant le carburant, l'autre acheminant cette dose vers l'injecteur. Ce système fut très vite modifié en faveur d'un piston unique assurant à la fois le dosage et l'injection de la charge requise. Les pistons d'une pompe Bosch sont actionnés, depuis un arbre comportant un nombre de cames égal à celui des pistons, par des doigts à rouleau rappelés par ressort. La tête plate des pistons est creusée d'un évidement rectangulaire formant une entaille triangulaire sur leur circonférence. Sur la paroi du cylindre, deux lumières d'adduction de carburant qui ne sont découvertes que lorsque le piston est à son point mort bas, permettant alors au carburant de pénétrer dans le cylindre. La remontée du piston obture les lumières et provoque une compression dans le cylindre. Cette compression force le ressort de fermeture d'une soupape de décharge et commence l'injection. A un point supérieur de la course du piston, son évidement découvre une autre lumière dans la paroi du cylindre et laisse le carburant s'écouler dans l'aire d'aspiration qui entoure le cylindre. Au moment où cette ouverture se produit, la pression dans le cylindre tombe et la soupape de décharge se ferme, supprimant toute pression dans le circuit d'injection et évitant ainsi que des gouttelettes de carburant continuent à perler. Un pignon

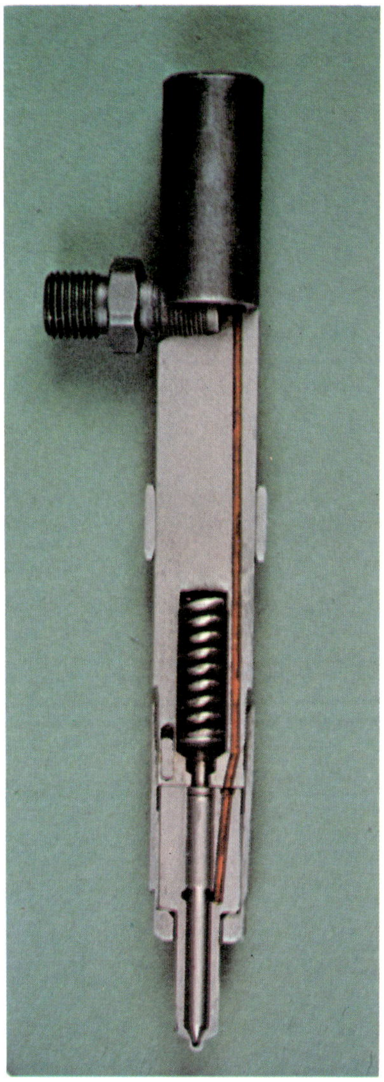

réglable manuellement ou par le biais d'un régulateur automatique, permet de faire pivoter le cylindre et ses lumières, et ainsi de régler le déversement à une course donnée du piston. Autrement dit, le travail du piston peut être réglé de manière à modifier le volume de carburant injecté avant le déversement. Une autre solution aboutissant aux mêmes effets est celle de la pompe à palettes tournante dont a dérivé le système à canalisation annulaire à haute pression et soupapes d'injecteurs actionnées par cames, un système américain rappelant les anciens procédés d'injection pneumatique.

Sur les premiers moteurs Diesel, on procédait au démarrage en utilisant l'air comprimé par le moteur pour le faire tourner assez vite, de manière à ce que la chaleur dégagée par la compression enflamme le carburant injecté. Plus tard, on eut recours à des sources de puissance auxiliaires pour faire tourner le vilebrequin. Sur certains moteurs on essaya aussi des bougies de démarrage. L'apparition de la préchambre créa une perte de chaleur encore plus considérable lorsque le moteur était froid et fit naître le besoin d'un système quelconque de préchauffage. L'Orange résolut le problème sur son projet de 1919 en prévoyant une boucle d'épais fils de fer chauffés par un courant électrique. Ce dispositif qui est toujours utilisé est connu sous la désignation de « bougie à incandescence ». Aujourd'hui, ces bougies ont la forme de crayons et leurs éléments sont noyés dans une poudre d'oxyde de magnésium pour garder une plus grande longévité.

En utilisation marine, il fallut que les moteurs Diesel puissent tourner en sens inverse. Frédéric Dyckhoff, qui construisait des moteurs Diesel sous licence à Bar-le-Duc, inventa un engrenage d'inversion simple dans lequel deux arbres à cames étaient entraînés par un même pignon. Le simple fait de basculer ce pignon central sur l'un ou l'autre des deux arbres à cames, permettait de faire fonctionner les soupapes d'admission et d'échappement selon le sens de marche désiré. Ce procédé est toujours utilisé aujourd'hui sur certains Diesel marins, mais la méthode la plus répandue consiste en deux jeux de cames montées sur un seul arbre qu'il suffit de déplacer en avant ou en arrière. Sur les moteurs deux-temps dont le cycle est déterminé par l'ouverture et la fermeture des lumières par le piston, le renversement se réalise, plus simplement, en inversant le sens de rotation et en modifiant le timing de l'injection. Ceci fut d'ailleurs réalisé dès 1908.

Dès 1893, Wilhelm von Oechelhäuser et Hugo Junkers avaient mis au point un moteur deux-temps dont les pistons travaillaient chacun à une extrémité d'un cylindre commun. L'un des pistons était normalement relié à un manneton de vilebrequin par une bielle, tandis que l'autre était relié aux deux autres

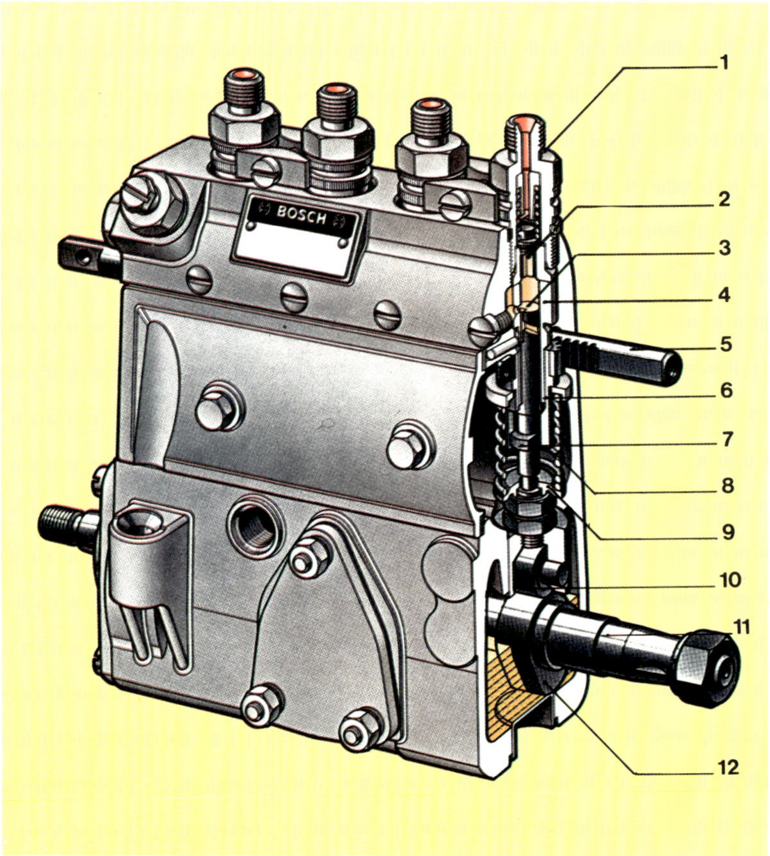

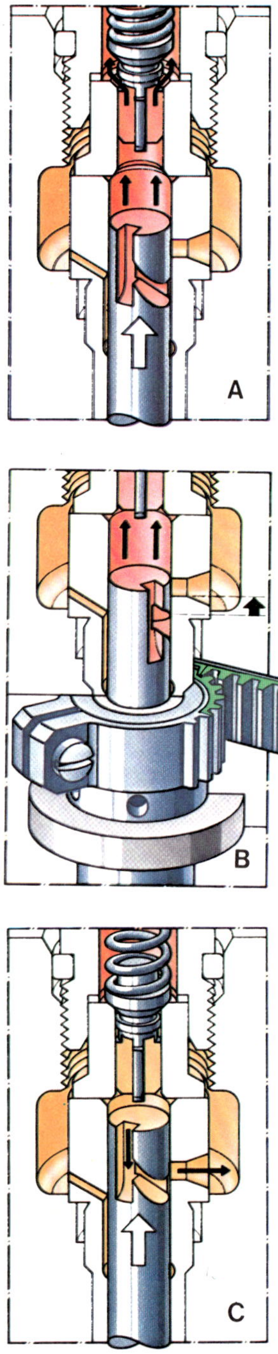

Ci-dessus : l'injecteur Lucas C.A.V. permet un jet conique.

Ci-contre : la pompe d'injection Bosch :
1 Retenue de la soupape de refoulement.
2 Soupape de refoulement.
3 Piston.
4 Cylindre.
5 Crémaillère de régulation.
6 Segment de régulation.
7 Guide du piston.
8 Ressort de piston.
9 Cuvette de ressort.
10 Culbuteur à galet.
11 Arbre à cames.
12 Came.

A droite :
A Distribution de la pompe.
B Course du piston avant le début de l'injection.
C Fin de l'injection.

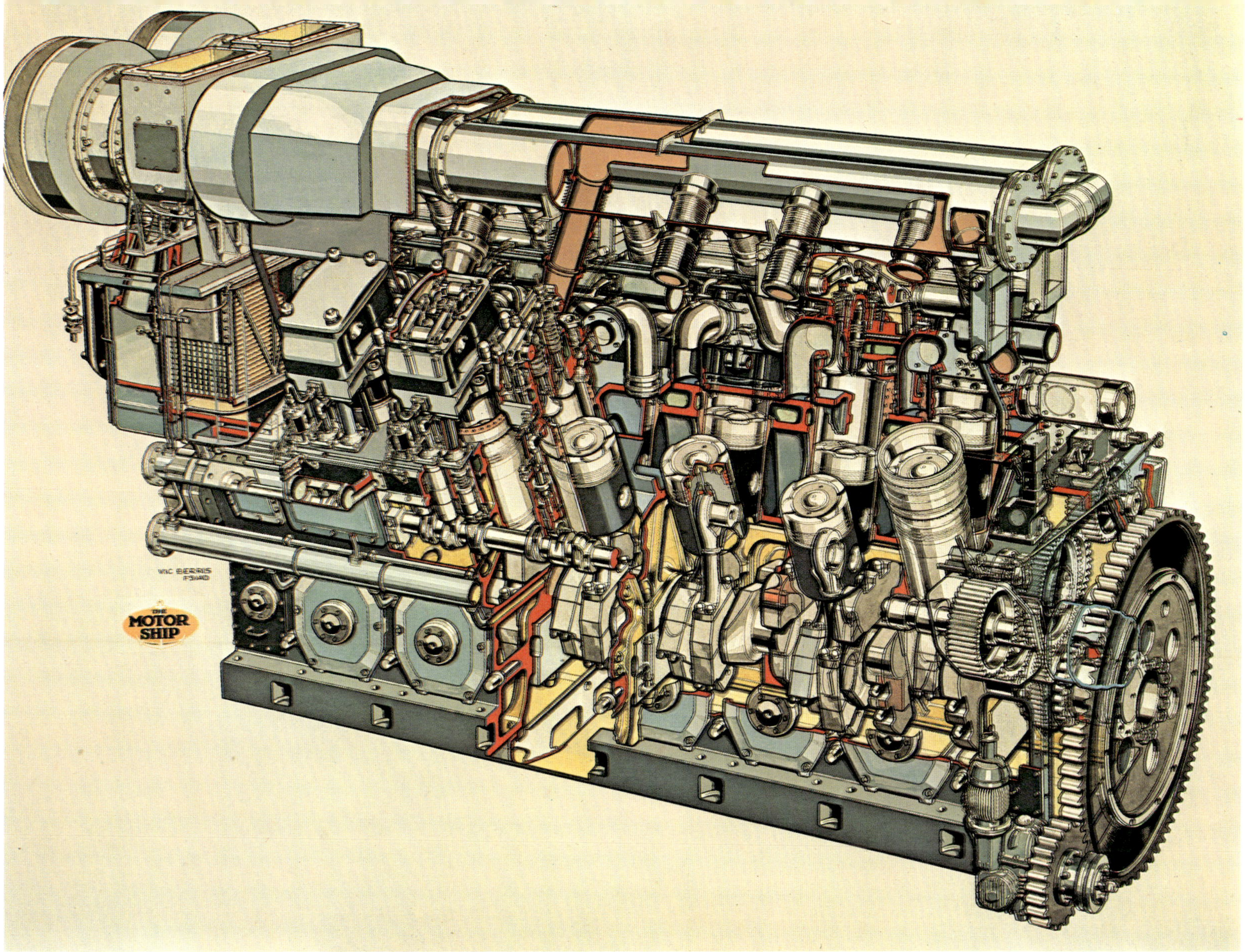

Ci-dessus : ce moteur marin M.A.N. comporte 12 cylindres en V et 4 soupapes par cylindres.

A droite : pompe d'injection Bosch de type distributeur.

mannetons terminant le même vilebrequin par l'intermédiaire d'un balancier, de bielles d'accouplement, de crosses et de deux bielles. Ce moteur était le précurseur d'une longue lignée de deux-temps à pistons opposés avec lesquels les lumières d'admission et d'échappement étaient découvertes par des pistons différents, et sur lesquels le carburant était injecté dans l'espace libre entre les deux pistons lorsqu'ils se trouvaient à leur point mort haut, c'est-à-dire au centre du cylindre.

A la fin des années 1920, H.F. Fullager dessina un moteur composé de plusieurs paires de pistons opposés. Les plus proches du vilebrequin y étaient attachés par une bielle, les autres pistons étant reliés par des bielles diagonales externes au piston opposé de l'autre cylindre. Un certain nombre de ces moteurs furent construits en Grande-Bretagne par Cammell Laird & Co, à Birkenhead, par John Brown & Co, à Glasgow et par English Electric Co, à Rugby, et employés à des fonctions marines et stationnaires.

Les gros moteurs marins actuels sont généralement des deux-temps à double effet et à alimentation sous pression. Ils comportent quatre à 12 cylindres dont l'alésage peut parfois atteindre 1 m. Leurs puissances s'échelonnent entre 6 000 et 48 000 ch (4 476 à 35 800 kW) et, pour la plupart, ils sont construits sous licence au Japon.

L'application du moteur Diesel à la traction ferroviaire fut inaugurée en 1898 par Lucien Vogels qui utilisa pour l'occasion un moteur à quatre cylindres opposés en V. Le moteur servait en fait à actionner un générateur qui alimentait des moteurs électriques montés sur les essieux. L'adoption du moteur Diesel par les compagnies ferroviaires fut en fait assez longue à venir en raison des gammes de vitesses limitées que présentaient les premiers moteurs. En 1912 Sulzer sortit une locomotrice à entraînement direct de 1 000 ch (746 kW) qui atteignit les 100 km à l'heure. En 1923, l'Allemagne et la Russie essayèrent, avec des transmissions hydrauliques, pneumatiques et électriques, des 6 cylindres M.A.N. de 1 200 ch (895 kW) étudiés à l'origine pour équiper des sous-marins. Par la suite, les motrices Diesel eurent à supporter la concurrence des motrices électriques qui commençaient à supplanter les locomotives à vapeur. Les premières furent cependant largement utilisées pour les longs convois et les lourds trains de marchandise, dans la plupart des pays. Les énormes puissances exigées pour la traction des trains de passagers express ne pouvant s'accomoder ni de transmissions hydrauliques, ni de transmissions mécaniques, la majorité des locomotrices Diesel sont dotées de générateurs de courant direct entraînés par le moteur et alimentant des moteurs électriques à enroulement série. Aux États-Unis, le premier service passager d'une motrice Diesel eut lieu en 1934 sur la ligne Chicago—Burlindton-Quincy. La motrice *Burlington Zephyr* était une coproduction de General Electric et de American Locomotive Co (GEC-ALCO). Et à la fin des années 1930, les motrices Diesel électriques entraient également en service pour le remorquage des marchandises.

Le premier essai d'un moteur Diesel sur un véhicule routier avait été réalisé par Diesel lui-même, en 1909, mais le moteur s'était avéré trop lent et trop pesant. Les expériences reprirent dans les années 1920, grâce aux progrès apportés par l'injection mécanique et les préchambres. En 1921, Peugeot mit en fabrication le *Tartrais,* un camion mu par un moteur conçu spécialement pour cette application. En 1923, M.A.N. construisit un 4-cylindres de 40 ch (30 kW) et Benz entrait en 1922 dans le domaine du petit moteur Diesel avec un bus de 4-tonnes. En 1923, l'Exposition de Berlin permit d'admirer un camion à benne basculant en trois sens, un camion 3-tonnes et un bus qui étaient tous mus par le moteur Benz 40 ch, 1 000 tr/mn à injection mécanique et chambre de précombustion L'Orange. En Angleterre, T.H. Barton monta, en 1930, un 4-cylindres Gardner *L2* sur l'un de ses bus Nottinghamshire, et la même année, La Leeds Corporation montait un moteur similaire sur un bus Crossley à impériale. Le Diesel ne tarda pas à se révéler comme la solution idéale pour les camions et les véhicules de

Un moteur Berliet 6-cylindres à injection directe et sur-alimentation par turbo-compresseur. Sa puissance est de 226 ch D.I.N. à 2 200 tr/mn.

service public, et, en dix ans, une trentaine de moteurs furent lancés sur le marché britannique par douze firmes différentes. Il en était d'ailleurs de même en Europe et en Amérique.

Malgré un rapport poids-puissance nettement plus élevé que celui des moteurs à essence, le principe Diesel fut également appliqué dans le domaine aéronautique. Sa consommation plus faible signifiait une moindre charge de carburant à emporter pour une même distance à parcourir. Et, qui plus est, un autre avantage du fuel lourd utilisé était d'être moins enclin à l'explosion que les carburants extrêmement volatils des moteurs d'avion habituels. Junkers sortit en 1931 son 6-cylindres à piston opposés, le *Jumo,* sur lequel les deux séries de pistons actionnaient deux vilebrequins engrenés. L'alimentation sous-pression était assurée par un compresseur centrifuge et la puissance initiale ressortait à 530 ch (400 kW) à 2 100 tr/mn. Après huit ans d'expériences et de progrès, celle-ci était passée à 750 ch (560 kW) à 2 600 tr/mn. En Amérique, Deschamps sortit en 1935 en V 12 inversé à deux-temps pendant que Packard expérimentait un 9-cylindres radial. Des Diesel furent aussi fabriqués par Bristol, en Angleterre, et par Clerget, en France. Ce dernier comportait 14 cylindres en deux rangs et développait 935 ch en 1935. Le 9-cylindres Bristol *Phoenix* lancé en 1934 développait 350 ch (260 kW) à 1 900 tr/mn. Monté sur un avion Westland, il s'appropria le record du monde d'altitude Diesel avec 8 540 m.

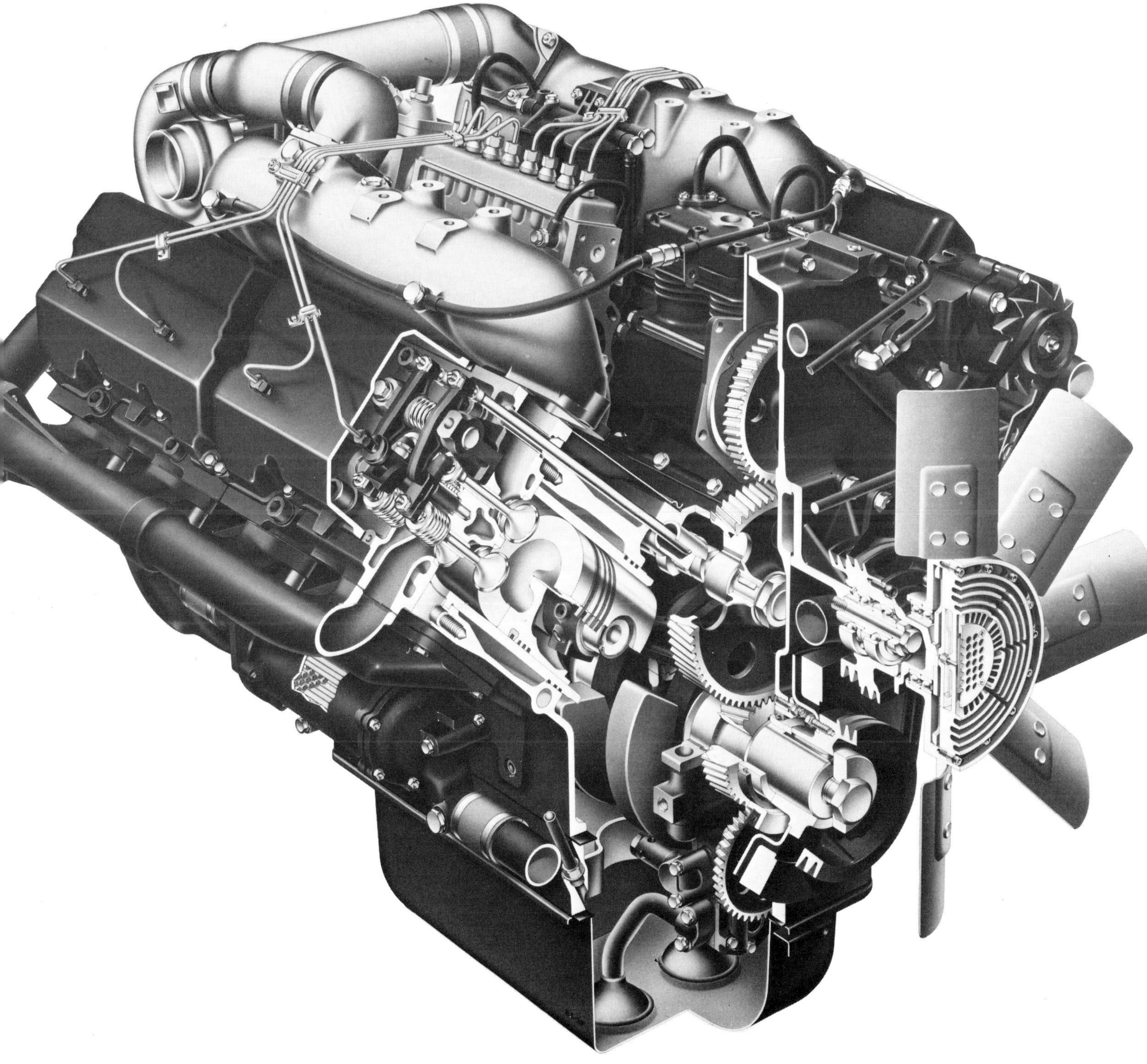

Un moteur Berliet 8-cylindres à injection directe et sur-alimentation par turbo-compresseur. Sa puissance est de 356 ch D.I.N. à 2 000 tr/mn.

Naturellement, des engins comme le *R101*, le *Hindenburg* et le *Graf Zeppelin* était tous propulsés par des moteurs Diesel.

A l'exception de quelques montages isolés, il n'y avait eu que très peu de véhicules automobiles à moteur Diesel, jusqu'à des temps assez proches. Le bruit dégagé par ces moteurs et leurs performances assez paresseuses en étaient principalement responsables, bien que Hanomag et Mercedes aient lancé des voitures de tourisme à moteur Diesel dès 1936. Aujourd'hui un nombre toujours plus important de constructeurs offrent, ou sont sur le point de lancer, des voitures Diesel de petite taille. Un bon exemple en est la Volkswagen *Golf* Diesel dont le 4-cylindres de 1 500 cm^3 n'offre en marche pratiquement aucune différence avec son équivalent à essence, si ce n'est une moindre consommation, un avantage encore plus important, dans les pays où le gasoil est sensiblement moins cher que l'essence. Un autre avantage du moteur Diesel est qu'il peut être mis en conformité avec les normes anti-pollution sans les équipements additionnels qui absorbent traditionnellement une partie non négligeable de la puissance des moteurs à essence. Le moteur de la *Golf* Diesel est un quatre temps à culasses Ricardo-Comet et chambres de précombustion à turbulences. Avec un alésage de 75,5 mm et une course de 80 mm, il développe 50 ch (37 kW) à 5 000 tr/mn. Son taux de compression est de 23,51 et l'injection est assurée par un distributeur Bosch *C.A.V.* On est bien loin des moteurs Diesel d'il y a 80 ans, ces moteurs lourds, volumineux, lents et marchant toujours à vitesse presque constante.

Il est certain que la prochaine décade verra naître de nombreuses applications nouvelles du moteur Diesel sur les voitures de tourisme. Un bon exemple en a été donné par les Diesel à turbo-compresseur équipant la Mercedes *300 SED* lancée aux États-Unis en 1978, et la Peugeot *604* Diesel Turbo apparue en 1979.

Les passerelles qui l'entourent peuvent donner une idée des dimensions de cet énorme moteur marin Sulzer R.N.D.

SULZER 8 RND90.

Les moteurs à essence

Il est difficile de situer avec précision quand le moteur à essence a commencé sa propre existence car, tout comme le moteur à pétrole, il n'est en fait qu'un dérivé du moteur à gaz.

L'idée de base était bien sûr d'assurer la combustion du carburant à l'intérieur même du moteur, et, comme il avait été constaté que la poudre à canon ne pouvait constituer qu'un carburant difficile et facétieux, les expérimentateurs se sont très tôt tournés vers le gaz. S'il eut ses applications, le gaz présentait cependant l'inconvénient d'occuper un volume trop important lorsqu'il devait être stocké à bord d'un véhicule de transport. Ce sont ainsi l'automoblie, le bateau et l'avion qui ont encouragé les progrès du moteur à essence.

Si l'on considère que la différence fondamentale entre les moteurs à gaz ou à pétrole et le moteur à essence est que dans ce dernier, le combustible liquide est vaporisé avant d'être introduit dans la chambre de combustion, et que ce combustible est suffisamment léger pour être vaporisé à des pressions et températures atmosphériques, on peut sans doute regarder Samuel Morey comme un innovateur capital.

Morey a conduit ses expériences sur le moteur atmosphérique à Orford, dans le New Hampshire (U.S.A), entre 1826 et 1829. Cherchant à débarrasser les véhicules et les bateaux de leurs volumineux réservoirs, il décida d'utiliser l'alcool et la térébenthine comme carburants et de les transformer en gaz dans un carburateur avant de les introduire dans le moteur. Cet appareil de vaporisation consistait en une boite métallique de 36,5 cm de long, 12,7 cm de large et 17,8 cm de haut remplie d'un labyrinte de tubes carrés de 1,27 cm de section. L'air et le carburant étaient introduits dans les tubes inférieurs qui étaient chauffés à basse température par une lampe extérieure. Le mélange gazeux était ensuite dirigé sur la soupape d'admission en passant par un pare-flamme en toile métallique, reprenant le principe de la lampe de mineur de Davey de manière à éviter tout retour qui aurait pu mettre le feu dans le carburateur. Ce moteur comportant un cylindre unique de 20 cm d'alésage et de 61 cm de course tournait à 50 tr/mn. Il fut utilisé pour propulser un bateau de 5,80 m à une allure maximum de près de 13 km/h.

Grossiste en produits laitiers, Stuart Perry était plutôt un « inventeur à mi-temps ». Il mit au point un carburateur assez semblable, en 1846. Comme Morey, il mélangeait l'air avec de l'essence de térébenthine vaporisée, mais il eut en plus recours à une pompe à air pour obtenir un mélange enrichi qui était dilué dans l'air en excédent de la pompe, dès sa sortie du vaporiseur. Le degré de dilution pouvait être contrôlé au moyen d'une soupape située entre la pompe et l'aire de mélange, ce qui apportait la possibilité de régler la force du mélange. Le premier moteur de Perry était doté d'une soupape rotative cylindrique percée de jours. Il fut de ce fait le premier moteur à combustion interne et soupape rotative. Perry allait cependant bientôt revenir aux soupapes alternatives entraînées par arbre à cames.

Il y eut deux autres protagonistes de ces premiers carburateurs « à surface » dans lesquels la vaporisation était assurée, en premier lieu, par l'évaporisation du carburant étalé sur de larges surfaces et mis au contact avec un passage d'air; P.W. Bolton, en 1867, et le duo des Belges Louis-Charles Errani et Richard Anders, à Liège en 1873. Ces deux derniers mirent d'ailleurs également au point un moteur dans lequel le carburant était, grâce à de l'air pressurisé, injecté sous forme de brouillard, directement dans le fond du cylindre. Une autre expérience précoce dans le domaine des moteurs à injection d'essence fut celle que réalisa Johannes Spiel pour la Halleschen Maschinenfabrik, en 1884; dans les dix années suivantes, cette firme allait fabriquer des moteurs dans lesquels une pompe à piston plongeur vaporisait le carburant directement dans la pipe d'admission.

A cette époque, le cycle à 4 temps de Otto était déjà bien connu et beaucoup commençaient à utiliser ce principe dans la conception de leurs moteurs. En 1884, le Français Édouard Delamare-Deboutteville avait mis au point un moteur à allumage par étincelle dont le carburateur était constitué par un tube vertical enrobé d'eau chaude et contenant un balai hélicoïdal. De l'essence et un peu d'eau chaude provenant du circuit de refroidissement du moteur, étaient amenées en haut du balai et se mélangeaient avec l'air en descendant. L'eau chaude provoquant l'évaporation de l'essence, en fin de course, l'eau était séparée du mélange gazeux et celui-ci pouvait alors être envoyé au moteur par l'intermédiaire d'une valve à sens unique, toujours dans le but d'éviter les retours de flamme.

En fait, ces premiers moteurs n'étaient rien d'autre que des moteurs à gaz ou à pétrole modifiés pour utiliser un carburant différent. Ils étaient donc lourds et peu rapides.

Le véritable moteur à essence est né

Trois personnages vont maintenant entrer en scène et révolutionner le monde des transports par leurs travaux sur le moteur à essence léger (pour l'époque, bien sûr) et à régime élevé. Ce sont Daimler et Maybach, qui ont travaillé ensemble pendant un certain temps, et Benz qui se joindra par la suite à Daimler pour former la Daimler Benz AG.

Gottlieb Daimler etait né à Schorndorf, dans le Wurtemberg, en 1834. Dès sa jeunesse il avait manifesté un intérêt particulier pour les sciences mécaniques et, à la fin de ses études, il travaillait dans une petite fabrique d'armes Alsacienne. Après deux années au Polytechnique de Stuttgart, et après avoir terminé son apprentissage, Daimler passait trois ans à Manchester, en Angleterre, dans les ateliers de Sir Joseph Whitworth. Il rentrait ensuite en Allemagne comme contremaître à la Karlsruhe Engine Construction Co. De 1872 à 1882, il était chef de production à la Gasmotoren-Fabrik Deutz, la firme de Nikolaus Otto et de Langen, où il avait pour assisant un brillant projeteur : Wilhelm Maybach. Après la mort de Daimler, en 1900, Maybach deviendra le directeur technique de Daimler Motoren Gesselschaft, à Unterturkheim, jusqu'en 1907. Il ira alors rejoindre le Comte Zeppelin à Friedrichschafen où il s'occupera en premier lieu de moteurs d'aviation. Mais Maybach construira également des moteurs d'automobiles et deviendra même constructeur d'automobiles, œuvre qui sera poursuivie par son fils Karl.

Le premier moteur Daimler fut, en 1883, un moteur horizontal à gaz. Il fut suivi, en 1886, par un moteur vertical à alésage course de 100 × 52 mm développant 1/2 ch (370 W) à 600 tr/mn. Pesant moins de 90 kg, il était à peu près quatre fois moins lourd que ses contemporains et tournait beaucoup plus vite. Appelé *Standhur* en raison de sa ressemblance avec une pendule verticale, ce moteur était caractérisé par une soupape d'admission fermée par un ressort et ouverte par l'aspiration du piston dans la phase d'admission. Directement opposée à la soupape d'admission, la soupape d'échappement était commandée par un jeu de cames compliqué à partir d'un sillon gravé sur l'un des deux volants moteurs qui tenaient également lieu de supports au manneton du vilebrequin. Ce rainurage avait le dessin de deux cercles tangeants, un peu comme un 8 dont le plus petit cercle aurait

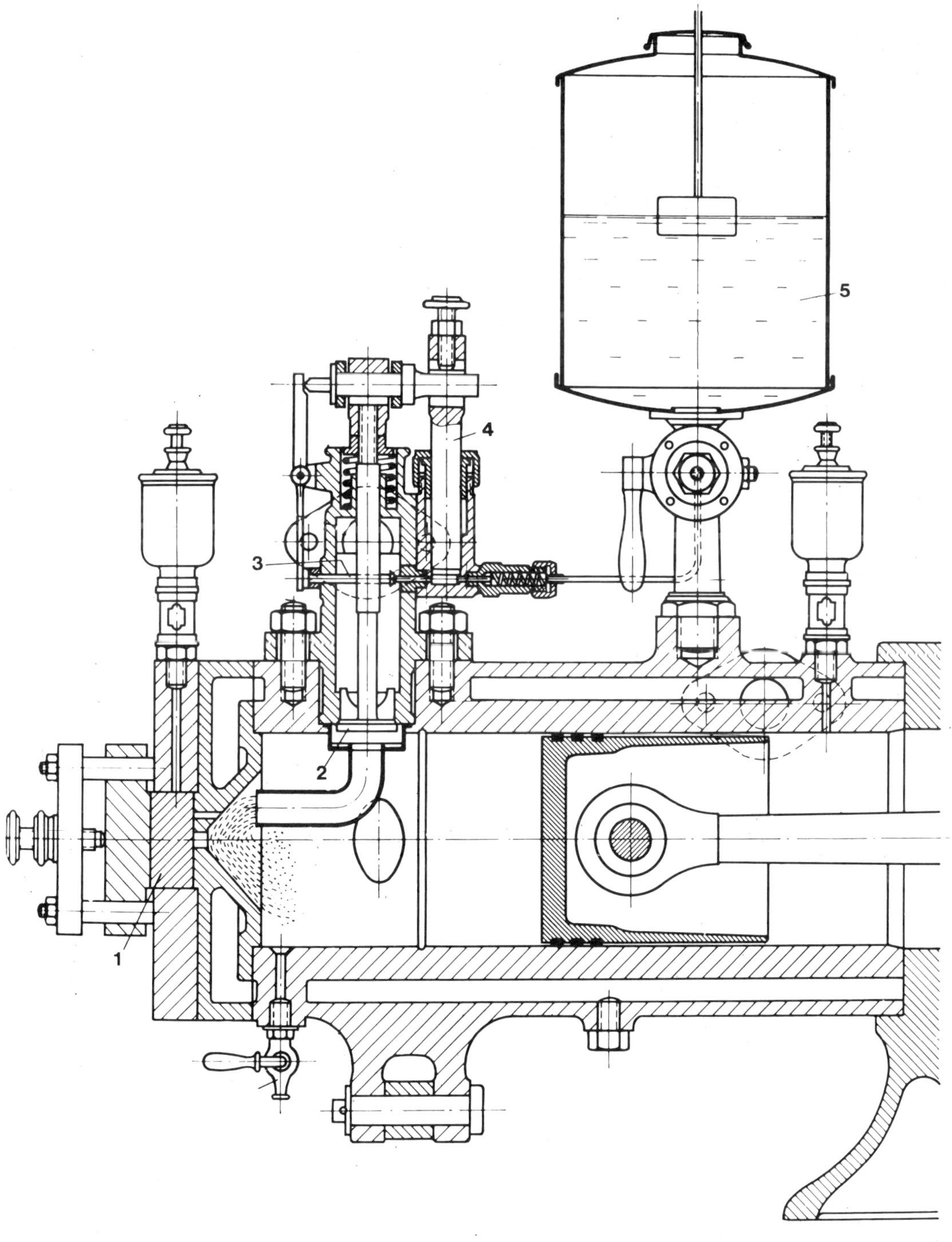

Le moteur de Johannes Spiel à injection de carburant (1884) :
1 Glissière de la flamme d'allumage.
2 Soupape d'admission.
3 Injecteur.
4 Pompe d'injection.
5 Réservoir de carburant.

Page de droite : le moteur Daimler en V de 1889.

Ci-dessous : Le Daimler *Standhur* fut le premier moteur marin.

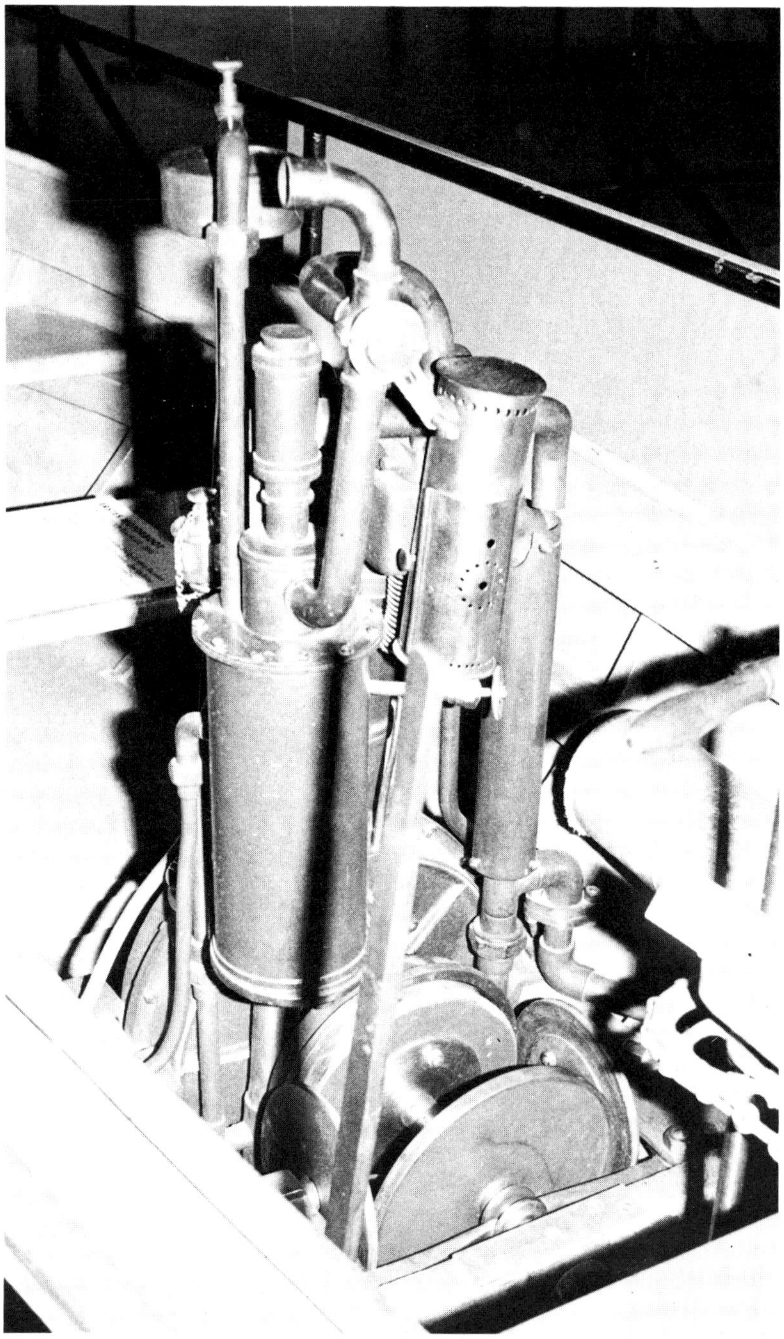

été replié dans le plus grand. Un long doigt incurvé reliait ce sillon au poussoir de la soupape et, étant donnés les deux trajets plus ou moins circulaires qu'il avait à accomplir, chaque cycle complet de la soupape demandait deux tours de vilebrequin. Un système de dérivation du doigt permettait aussi de lui fermer le trajet le plus long, empêchant donc l'ouverture de la soupape d'échappement et évitant, par le fait même, toute éventualité de surrégime.

Les deux volants circulaires remplissaient l'intérieur du carter de manière à ce que la pression engendrée par la descente du piston puisse être utilisée. Cette pression servait en effet à ouvrir une soupape pratiquée dans la couronne du piston afin d'assurer une évacuation plus complète des gaz d'échappement. L'ouverture de cette soupape était d'ailleurs renforcée par le contact avec une sorte de fourchette fixe forçant le ressort et agissant lorsque le piston approchait de son point le plus bas. L'entraînement prenait sur le volant gravé tandis que l'autre volant actionnait un important ventilateur destiné à refroidir la surface externe du cylindre. Un carburateur à surface conçu par Maybach fournissait la vapeur d'essence concentrée qui rejoignait ensuite une soupape de mixage d'air de manière à pouvoir obtenir la richesse de mélange voulue. Daimler était un partisan convaincu de l'allumage par tube à incandescence, ainsi sur ce moteur comme sur les suivants, l'allumage était-il assuré par un tel tube, clos à une extrémité et maintenu à température par une flamme externe.

Le moteur Daimler et Maybach de 1889 était très semblable à ce mono-cylindre mais il comportait désormais deux cylindres disposés dans un angle de 17°, les deux bielles étant appairées côte-à-côte sur un manneton unique. Cette disposition donnait des intervalles à peu près égaux entre chaque phases d'allumage, ce qui permettait deux doigts de commande de soupape sur le même rainurage, un doigt par soupape d'échappement. Sur ce moteur, le régulateur avait été remplacé par un régulateur situé sur le vilebrequin et permettant d'empêcher l'ouverture des soupapes d'échappement par le biais d'un jeu de tiges. Ce moteur fut réalisé en petite série et utilisé sur la voiture Maybach à roues métalliques de 1889, ainsi que sur un certain nombre de vedettes. Avec un alésage course de 72 × 126 mm, il développait 2 ch (1,5 kW) à 620 tr/mn.

En 1890, Maybach conçut un moteur à 4 cylindres en ligne de 80 × 120 mm d'alésage-course développant 5 ch (3,7 kW) à 620 tr/mn et pesant 153 kg. Deux boîtes contenaient à la fois les tubes à incandescence de l'allumage et quatre tubes réchauffant l'air destiné à un généreux carburateur à surface. Le mécanisme de commande des soupapes à partir du volant-moteur avait cédé la place à un arbre à cames entraîné par un engrenage. Tournant à la moitié de la vitesse du vilebrequin, cet arbre à cames était logé le long du carter et commandait les soupapes d'échappement par l'intermédiaire de longues tiges. La moitié supérieure de chacun des cylindres et les culasses individuelles étaient refroidies par eau. Les têtes des pistons étaient plates, comme les toits de chambres de combustion, chacune comportant une soupape d'admission automatique et une soupape d'échappement en tête commandée par un culbuteur. Le vilebrequin comptait deux mannetons et trois paliers, un à chaque extrémité et un entre les deuxième et troisième cylindres. Les bielles appairées étaient rivées en parallèle sur un seul long manneton. Ce moteur destiné en fait à un usage ferroviaire était équipé d'un engrenage inverseur à friction commandé par un front conique depuis le volant-moteur.

Le bi-cylindre Phœnix conçu par Maybach en 1892 allait être exploité pendant de nombreuses années, tant sur des voitures et des camions qu'en utilisation stationnaire. Le mélange d'air et de carburant produit par un carburateur à pulvérisation était envoyé aux chambres de combustion par des soupapes ouvrant vers le bas, et les gaz brûlés étaient évacués par des soupapes ouvrant vers le haut et positionnées latéralement sur la culasse. L'allumage était assuré par des tubes à incandescence. La chambre de combustion était hémisphérique et comportait un conduit réunissant la poche des soupapes au tube d'allumage situé sur le côté opposé. Le carter-moteur était de section circulaire et les mannetons du vilebrequin tournant sur deux paliers principaux étaient disposés à 180° pour un meilleur équilibre, avec cependant des intervalles d'allumage inégaux. Entre 1898 et 1899, Maybach a produit en cinq versions un moteur à 4 cylindres constitué en réalité de deux bi-cylindres avec double carter circulaire commun. Ils développaient des puissance de 6 ch (4,5 kW) à

900 tr/mn à 23 ch (17 kW) à 620 tr/mn.

En 1899 le bi-cylindre vertical Phœnix fut redessiné pour adopter un allumage basse tension (B.T.) par étincelle électrique dans une culasse comportant une poche séparée pour la soupape d'admission automatique. L'air destiné au carburateur vertical passait par une chemise entourant la tubulure d'échappement, principe constituant en quelque sorte un précurseur du « point chaud » utilisé aujourd'hui pour faciliter la vaporisation. Un pignon disposé sur le vilebrequin entraînait à la fois l'arbre à cames d'échappement et un plus petit engrenage actionnant un excentrique qui faisait osciller l'induit d'une magneto Bosch à basse tension. Le plus petit engrenage actionnait également un second arbre à cames qui faisait osciller les plots des allumeurs basse tension. En 1899, une version développant 10 ch (7,46 kW) de ce 4-cylindres fut utilisée sur un autorail et une version de 12 ch fut montée sur un bateau propulsé par trois hélices d'avion. L'année suivante, un 4 cylindres de 16 ch fut utilisé pour mouvoir le dirigeable conçu par Zeppelin. Un monocylindre avait d'ailleurs déjà été utilisé en 1888 pour propulser un dirigeable Wölfert.

Le Moteur à essence sur un véhicule

Tandis que Maybach faisait progresser ses moteurs, Karl Benz avait converti ses intentions sur le moteur 2-temps à gaz en un moyen pour créer un véhicule à moteur. Bien qu'ils aient produit d'intéressants véhicules, Daimler et Maybach étaient en effet fondalement axés sur les moteurs alors que Benz ne considérait le moteur que comme l'une des constituantes d'un véhicule complet. Né en 1844, Benz avait, comme Maybach, eu une enfance difficile d'orphelin, ayant perdu son père, un ingénieur en moteurs de chemin de fer, alors qu'il était encore qu'un enfant. A 17 ans, Benz entreprenait des études d'ingénieur de quatre ans au Polytechnique de Karlsruhe. Il compléta ensuite ces études de deux ans et demi d'expérience pratique dans les ateliers de Maschinen Gessellschaft Locomotive Department qu'il allait quitter trois ans avant que Daimler n'en devienne l'ingénieur en chef. En 1871, Benz s'associait avec August Ritter pour créer leur propre société, mais des problèmes financiers n'allaient pas tarder à assombrir cette association et Benz rachetait les parts de Ritter au moyen d'une avance consentie par sa fiancée, sur sa dotte. La nouvelle firme Benz et Cie (à l'origine Rheinische Gasmotorenfabrik) fut constituée en 1883 avec, pour objet, la construction de moteurs à gaz, mais l'intérêt de Benz pour les véhicules à moteur était prédominant et le premier véhicule fut terminé dès 1884.

Pour ses premières expériences, Benz monta son moteur sur un véhicule à trois roues de construction légère. Il recontra immédiatement de graves ennuis avec l'effet de renversement dû aux forces gyroscopiques engendrées par le diamètre important du volant moteur. Il surmonta le problème en inclinant le moteur à 90°, si bien que le piston horizontal entraînait à la fois un vilebrequin vertical sous lequel était disposé le volant, et un arbre horizontal tournant à vitesse réduite de moitié par le biais de pignons coniques. Cet arbre horizontal comportait à son extrémité droite une large poulie à gorge plate qui entraînait les roues au moyen de courroies, et une importante came à l'autre extrémité. Cette came opérait sur la soupape d'échappement verticale au moyen de deux culbuteurs et d'une longue tige. Un système en réalité voisin de la méthode usuelle des moteurs à gaz,

Ci-dessus : le moteur Benz de 1888 à vilebrequin vertical.

Page de gauche : le bi-cylindre Daimler-Maybach *Phoenix* de 1892 avec carburateur à gicleur et allumage par tube à incandescence.

comme l'était d'ailleurs ce moteur dans l'ensemble de sa conception. La soupape d'admission à coulissement alternatif était disposée sur le côté du cylindre refroidi par eau, et actionnée par un bouton de manivelle situé sur la came d'échappement. Le couvercle extérieur de la soupape coulissante était maintenu par quatre goujons réglables et montés sur ressorts de manière à donner un maximum d'étanchéité au gaz. Comme d'habitude, l'alimentation était assurée par un carburateur à surface et, Benz étant partisan de l'allumage électrique, une bougie haute tension alimentée par une bobine à trembleur était disposée au sommet du cylindre, l'allumage de la bougie étant commandé par un rupteur actionné lui-même par une came de l'arbre horizontal. Ce moteur de 90 × 150 mm d'alésage de course développait 0,88 ch (656 W) à 400 tr/mn.

Benz revint en 1892 à un moteur plus orthodoxe présentant un vilebrequin horizontal et un volant moteur de dimensions réduites. Monté sur un véhicule à quatre roues, ce moteur comportait une soupape d'admission automatique disposée dans un coffrage adjacent au cylindre, ce coffrage comportant également le logement de la soupape d'échappement à commande mécanique et celui de la bougie. Le dessin du rupteur monté sur l'arbre à cames permettait de régler la distribution de l'allumage ce qui, allié à une commande de réglage de richesse du mélange et à un papillon des gaz, donnait un moteur bien plus souple. En 1897, Benz en construisit une version à deux cylindres opposés horizontalement qui, connu sous la désignation de *Kontra,* développait 9 ch (6,7 kW) à 900 tr/mn et avait une cylindrée totale de 2,7 litres.

Bien que le véhicule à moteur ait contribué au progrès du moteur à essence en ce qu'il nécessitait un appareil léger et pouvant tourner rapidement, le moteur à essence a également bénéficié des enseignements recueillis dans des installations

Le moteur de 3,5 ch (2,6 kW) Dion-Bouton de 1899 avec sa soupape d'admission automatique et son allumage à étincelle.

fixes. Johannes Spiel conçut en 1884 pour la Halleschen Maschinenfabrik un mono-cylindre horizontal qui ressemblait beaucoup à un moteur à gaz, avec un arbre à cames horizontal à côté du cylindre. Les soupapes d'admission et d'échappement étaient toutes les deux actionnées par des cames, la première étant contenue dans un logement rapporté à la partie supérieure de la culasse refroidie par eau, et la soupape d'échappement, dans un autre logement situé sur le côté du cylindre. Le basculeur d'admission était relié à la queue de soupape par un pivot qui se prolongeait obliquement pour entraîner une pompe à piston plongeur, laquelle pompait l'essence dans le réservoir et l'envoyait dans la chambre d'admission. A l'autre extrémité du pivot, un rouleau actionnait un levier commandant les soupapes d'ouverture et de fermeture de la pompe, de manière à assurer un débit mesuré pour chaque cycle. A l'ouverture de la soupape d'admission, l'essence rencontrait l'air aspiré par l'aspiration du piston et le mélange était ensuite vaporisé en passant dans un tube réchauffé qui débouchait dans la chambre de combustion, cette chambre de combustion avait un toit conique et le tube y était placé de telle manière que le mélange vaporisé était répandu en tourbillonnant sur toute la surface du piston, seule une petite portion du mélange atteignait un trou central de la culasse pour être allumé par la flamme d'une lampe à alcool externe. Le calage de l'allumage était assuré par une soupape coulissante et une came, et une pompe à essence à main était prévue pour le démarrage.

Deutz s'est tourné vers le moteur à essence en réalisant pour Maybach une conversion de son moteur 4-temps à gaz de 1876. Cette adaptation faisait appel à un carburateur de surface réchauffé par la circulation de l'eau du moteur dans une chemise spéciale.

Dans la dernière décade du XIXe siècle, les moteurs à essence progressèrent et furent fabriqués en quantités de plus en plus importantes. La majorité d'entre eux utilisait l'architecture des

4-temps de Daimler et Maybach mais, le progrès aidant, de nombreuses innovations vinrent améliorer leur rendement et leur sécurité; tels les carburateurs à gicleur, l'allumage électrique et les soupapes d'admission à commande mécanique. Destinés à des utilisations différentes, les moteurs se sont chacun développés dans leur direction, selon les besoins spécifiques de chaque application, avec cependant un nombre important d'interférences dans la conception des divers composants.

Le rôle du carburateur

L'utilisation d'un combustible liquide et volatile a eu pour résultantes les vaporiseurs de Morey et d'autres et, en 1885 et 1886, les carburateurs à surface de Maybach et Benz. Ceux-ci furent parmi les premiers appareils capables de maintenir un dosage air-essence constant et d'assurer le débit de mélange adéquat. Mais avant d'aborder l'importance du contrôle de la richesse du mélange et des quantités qui en sont nécessaires, examinons d'abord le combustible lui-même.

« Essence » est un mot passe-partout désignant un mélange en proportions variées de liquides constitués d'atomes d'hydrogène et de carbone uniformément connus sous l'appellation d'hydrocarbures. Mis en contact avec de l'oxygène, les deux éléments hydrogène (H) et carbone (C) brûleront, dégageant de l'eau et du bioxyde de carbone. Comme pour obtenir de l'eau (H_20) il faut deux atomes d'hydrogène pour un atome d'oxygène, et un atome de carbone pour deux d'oxygène pour obtenir du bioxyde de carbone, soit une combustion complète et efficace, un taux déterminé d'hydrocarbone et d'oxygène est indispendable. Cette nécessité est la même entre l'essence et l'air et, comme seulement 1/5 de l'air est de l'oxygène, la proportion connue sous la désignation de « taux de stœchiométrie » est, au poids, d'environ 1 à 15, soit une dose d'essence pour 15 doses d'air. Un moteur continuera néanmoins à fonctionner dans une fourchette de variations de ce taux comprise entre 12 à 1 (mélange riche) et 18 à 1 (mélange pauvre).

Les mélanges riches produisent un travail inégal et provoquent le rejet de carbone pur, la quantité d'oxygène étant insuffisante pour faire du CO_2, voire du CO, le très toxique carbone protoxyde, qui brûlera avec de l'oxygène pour dégager du CO_2. Un excès d'essence dans le mélange est également susceptible de passer dans le système d'échappement et de s'enflammer à l'extérieur du cylindre. Au contraire, des mélanges trop pauvres s'allumeront trop rapidement, causant des vagues de pression indésirables dans la masse des gaz à brûler, et, en continuant à brûler plus longtemps, ils provoqueront une surchauffe des chambres de combustion. Ces températures trop élevées, en plus de ce qu'elles nuisent au moteur, peuvent causer la formation d'azote, elle-même génératrice de dangereux oxydes nitreux généralement appelés

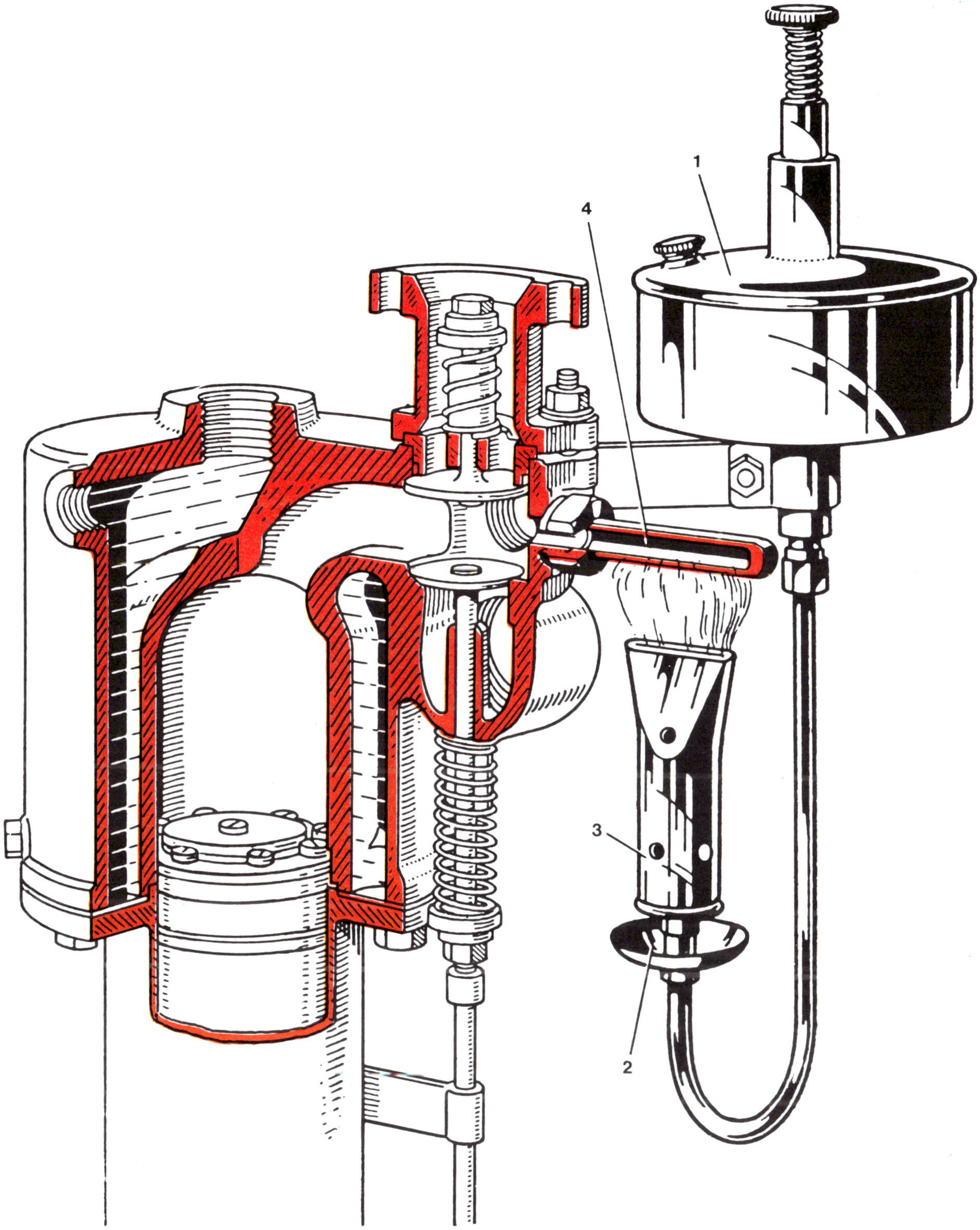

Allumage par ampoule (ou tube) à incandescence :
1 Réservoir de carburant du brûleur.
2 Soucoupe de réchauffage du brûleur pour le démarrage.
3 Brûleur.
4 Ampoule (ou tube) à incandescence.

Schéma en coupe du carburateur à surface de Maybach.

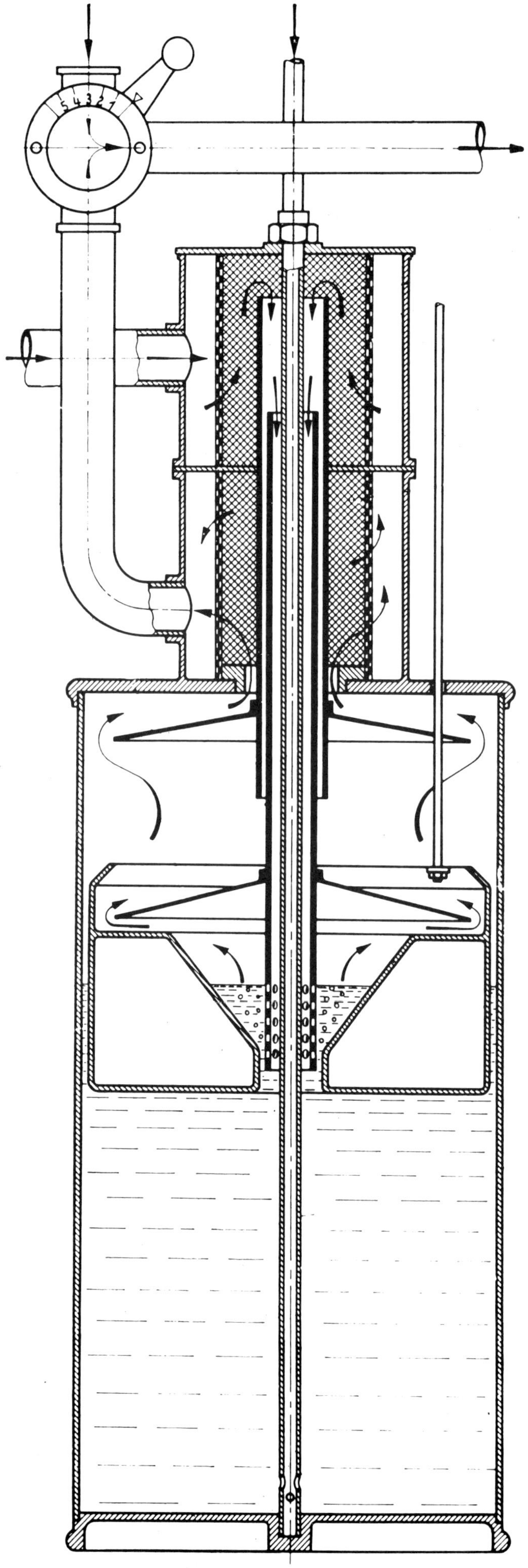

NOX. Lorsque le CO, le NOX et les hydrocarbures non brûlés passent dans l'échappement, non seulement ils signifient que le moteur ne fait pas le meilleur usage du carburant, mais surtout qu'il pollue l'atmosphère de gaz indésirables et malfaisants.

En plus de ce qu'il se doit de maintenir une proportion correcte de combustible et d'air, le carburateur doit aussi pouvoir assurer une variation de cette proportion en fonction des besoins du moteur qui peuvent varier selon les conditions dans lesquelles il est utilisé. Lorsqu'un moteur est démarré, les conduits d'admission sont froids et les gouttelettes de carburant ont tendance à se condenser sur leurs parois. Pour compenser cette déperdition initiale d'essence, le mélange doit donc être temporairement enrichi. Lorsque les conduits d'admission se réchauffent, favorisant la vaporisation du carburant, le mélange en provenance du carburateur peut alors être appauvri. De la même manière, lorsque le régime d'un moteur doit être augmenté, un surcroit d'essence est nécessité pour deux raisons, la première pour dégager d'avantage de puissance, et la seconde, pour compenser une aspiration amoindrie dans les conduits d'admission par l'ouverture du papillon des gaz. De plus, le taux du mélange étant déterminé au poids et la densité de l'air diminuant avec l'altitude ou même avec la température, une autre correction du débit d'essence est encore rendue nécessaire afin de conserver un taux de poids correct. Le développement du carburateur à partir d'un simple vaporisateur est né de la nécessité de satisfaire, en tout temps et dans des conditions fluctuantes, à ces exigeances changeantes et à d'autres encore.

Dans le carburateur à surface Maybach, l'air était échauffé par le brûleur du tube à incandescence et, au travers d'un filtre de toile métallique, passait au sommet d'un tube vertical débouchant dans une cuve cylindrique. Dans ce premier tube, un second tube de plus petit diamètre était fixé par sa base à la face conique d'un flotteur cylindrique. Le tube comportait une série de trous

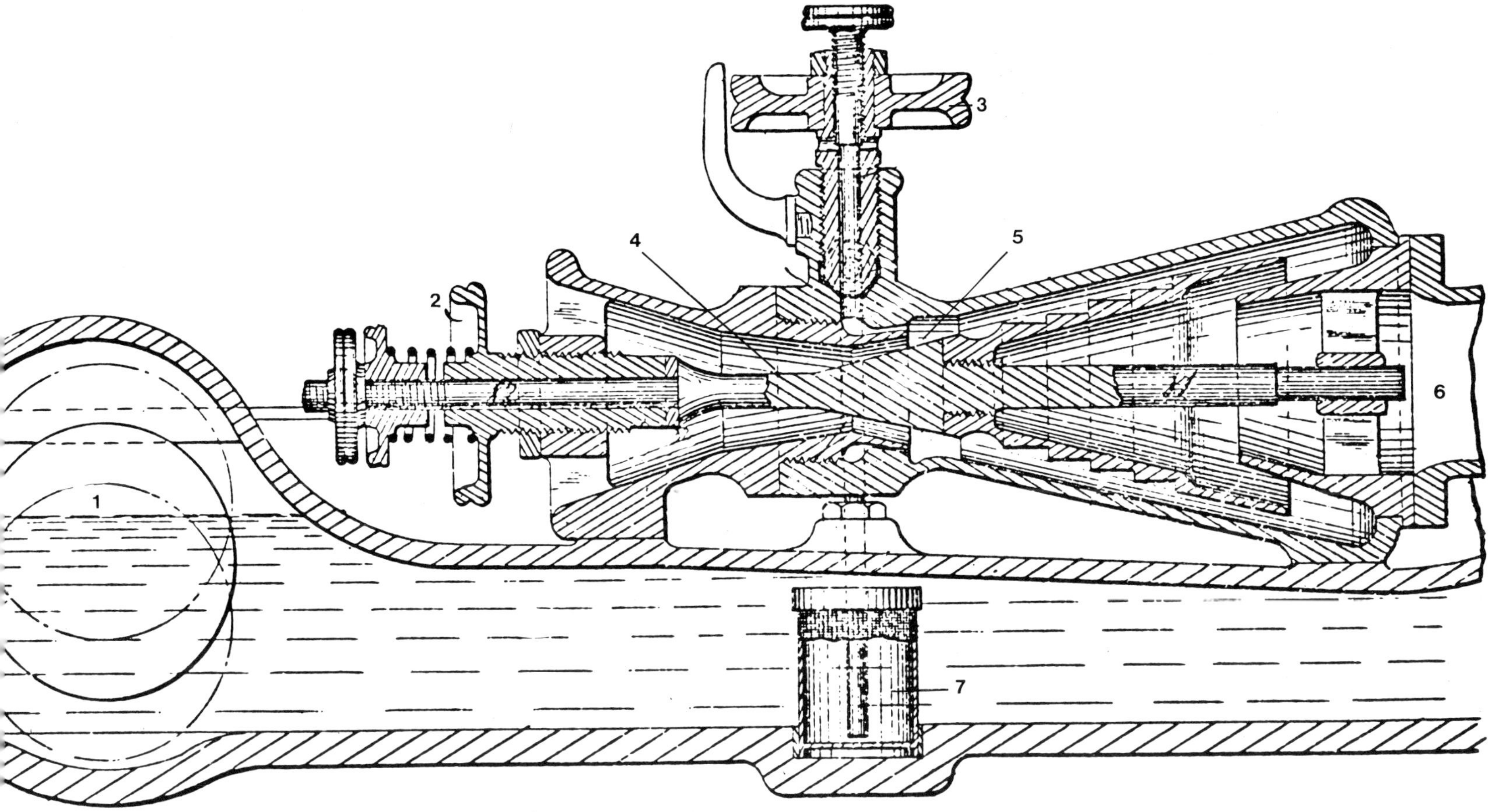

Le carburateur à vaporisation de Butler :
1 Flotteur.
2 Réglage du papillon.
3 Réglage du débit de carburant.
4 Venturi.
5 Anneau de vaporisation.
6 Passage d'admission du moteur.
7 Filtre immergé dans le canal d'alimentation.

qui laissait l'air former des bulles dans le carburant, sur la partie conique du flotteur. Comme le flotteur était positionné par le niveau de l'essence contenue dans la cuve, le niveau dans le cône et autour des trous du tube intérieur restait constant. Des chicanes disposées sur le tube intérieur, au-dessus du cône, et sur le tube extérieur, juste au-dessous du sommet de la cuve, aidait à la vaporisation et évitait tout barbottage excessif. Depuis le dessus de la chicane supérieure, la vapeur passait au travers d'un second filtre de toile métallique puis arrivait à une soupape à trois directions qui permettait de dériver une partie de la vapeur et de l'air destinés au moteur.

Karl Benz eut recours à un flotteur pour maintenir à un niveau constant le carburant contenu dans une chambre cylindrique. Le carburant était ammené à la chambre par le haut et le débit était contrôlé par une sorte de bonde solidaire d'une soupape et d'une tige reliées au sommet du flotteur. L'air pénétrait, au travers d'un filtre de toile métallique, dans un tube central évasé et perforé à l'une de ses extrémités, et venait former des bulles dans le carburant. Les gouttelettes en excès étaient éliminées par le passage dans un labyrinthe de tubes concentriques et seul le mélange gazeux passait au moteur. La vaporisation était aidée par le passage de gaz chauds au fond de la chambre.

Un autre type d'ancien vaporisateur fut le carburateur à mèche utilisé par Werner et Schwan sur leurs moteurs de motocyclettes, et dans lequel un niveau constant de carburant était obtenu, dans un compartiment séparé du réservoir principal, par un dispositif ne permettant à l'essence de passer au carburateur que lorsque l'orificie de communication se trouvait au-dessus du niveau du carburant. Une boîte perforée et enrobée de toile à sac plongeait dans le carburant et un mélange riche était extrait de l'intérieur de la boîte après être passé au travers de la toile humide. Il faut cependant avoir essayé un tel carburateur sur route cahoteuse pour pouvoir juger de son fonctionnement. En 1895, Frederick W. Lanchester mit au point un carburateur à mèche beaucoup plus sophistiqué qu'il utilisa sur la première voiture à essence construite en Grande-Bretagne.

D'importantes expériences sur l'écoulement des fluides dans des tubulures furent conduites par l'Italien Giovanni Venturi, en 1797. Il découvrit en effet que, si la vitesse d'un fluide augmente lorsqu'on réduit progressivement la section d'un tuyau et qu'ensuite cette section est agrandie petit à petit jusqu'à son diamètre d'origine, l'allure du fluide reste littéralement inchangée mais la pression dans le fluide décroit en fonction de la réduction de la section et s'accroit ensuite, au fur et à mesure que la section augmente. C'est pourquoi, si de l'air s'écoule à la pression atmosphérique dans un tuyau subissant une réduction de section, la pression tombe en-dessous de la pression atmosphérique au niveau de l'étranglement, et ceci, proportionnellement à cet étranglement.

Cet effet « venturi » est utilisé sur les carburateurs dans lesquels la vaporisation est obtenue en brisant un jet en de minuscules gouttelettes, une idée qui avait d'ailleurs présidé à la marche des premiers vaporisateurs utilisés sur les moteurs à pétrole, tel par exemple celui qu'avait mis au point Abel pour le moteur de Otto et Langen.

Le carburateur qu'Edward Butler créa et utilisa pour son tricycle entre 1885 et 1887 comportait un venturi. Celui-ci permit d'obtenir une vaporisation et un controle qui devaient rester inégalés pendant dix à quinze ans. Le niveau du carburant dans une cuve restait constant grâce à un flotteur sphérique semblable à ceux utilisés dans certains réservoirs domestiques. De là, le carburant était acheminé par un conduit vertical jusqu'à un gicleur débouchant dans un passage d'air de section circulaire muni d'un étranglement afin de créer un venturi ou une buselure. Dans sa partie croissante, cette buselure comportait en plus une aiguille conique de manière à réduire encore la pression de l'air et à le mélanger en un courant annulaire avec le carburant vaporisé, la réduction de la pression de l'air créant également l'aspiration nécessaire pour amener le carburant de la cuve à flotteur au gicleur. Butler avait également prévu une possibilité de réglage de la richesse du mélange au moyen d'une soupape à commande manuelle sur l'arrivée d'essence, et en pourvoyant l'aiguille conique d'un ressort de manière à modifier l'ouverture du diffuseur en fonction de l'aspiration du moteur.

Maybach et Daimler quittèrent Deutz en 1892 et s'établirent à l'Hôtel Hermann, à Cannstatt, pour créer le moteur Phœnix. Ce moteur utilisait un carburateur à gicleur dans lequel l'essence était conduite d'une cuve à flotteur vers un gicleur vertical muni d'un orifice de section invariable. Cet orifice était situé à un niveau légèrement supérieur à celui de l'essence et contrôlé par le flotteur de manière à éviter les pertes d'essence lorsque le moteur était arrêté. L'air passait autour du gicleur, dans une buse de section inférieure à celle de l'entrée de l'air dans le carburateur et à celle de la pipe d'admission. La baisse de pression se produisant dans ce venturi attirant ainsi l'essence du gicleur à un régime proportionnel à celui de l'écoulement de l'air. Ce carburateur était le premier à

Sur ce carburateur à gicleurs multiples de Trier et Martin, en 1907, les gicleurs entraient successivement en action au fur et à mesure du déplacement horizontal du cylindre des gaz.

présenter un gicleur situé au centre du flux d'air, disposition qui allait devenir standard sur pratiquement tous les carburateurs à venir. La cuve était alimentée par un conduit débouchant au centre de sa base et le flotteur actionnait une aiguille conique — ou pointeau — qui obturait l'arrivée d'essence lorsque le niveau souhaité était atteint. Cette cuve alimentée par le fond allait devenir standard pendant de nombreuses années, jusqu'à ce que l'on revienne, sur certaines cuves, à l'alimentation par le haut utilisée par Benz à partir de 1886.

Vers le début de ce siècle, le carburateur devint un champ d'investigation favori des inventeurs qui pouvaient sommairement, être divisés en deux camps; d'un côté les tenants du gicleur à débit constant, de l'autre côté, les tenants du gicleur à aiguille modulant le débit en fonction de l'aspiration du moteur. Typique de la première école citée était le carburateur du Français Longuemare. Sous sa forme de 1899, son gicleur à niveau constant était muni d'un capuchon conique qui vaporisait l'essence dans la buse d'admission d'air en plusieurs jets divergents, une commande manuelle permettant d'augmenter le débit d'air dans la buse de manière à obtenir la richesse de mélange adéquate.

Comme le flot d'un gicleur s'accroît proportionnellement à la vitesse de l'air dans lequel il est vaporisé, le mélange devient de plus en plus riche, au fur et à mesure qu'augmente la vitesse du moteur. Il est donc nécessaire, pour conserver une richesse de mélange constante, de pouvoir réduire le débit d'essence en conséquence. C'est ce que proposait François Baverey avec le carburateur qu'il conçut pour Zénith, en 1907. Sur ce carburateur, le gicleur principal était entouré d'un second gicleur de forme annulaire, alimenté par un puits d'essence ouvert à la pression atmosphérique. Ce puits était lui-même alimenté par la cuve à niveau constant au travers d'un orifice calibré, ou gicleur de compensation. Et, comme la surface du puits était plus importante que celle du tube de gicleur annulaire, le niveau d'essence était régulé par le flotteur, et son remplissage était réduit par le gicleur de compensation. Pour le démarrage, l'essence était fournie sans entrave par les deux gicleurs, mais, au fur et à mesure que la vitesse du moteur s'élevait, le débit du gicleur annulaire diminuait, proportionnellement au rythme de remplissage du puits, entravé par le gicleur de compensation. Sept ans plus tard, un tube permettant de régler le ralenti fut installé dans le puits afin de donner un mélange plus riche pour le ralenti et un surcroit d'essence pour les accélérations. Le tube, ouvert à chacune de ses extrémités, s'emboîtait exactement dans le puits dont la paroi était munie d'une gorge profonde qui menait du bas de ce puits à une ouverture dans la paroi du diffuseur, à hauteur du papillon des gaz ainsi placé en position fermée. Une simple rotation de ce tube permettait d'ouvrir plus ou moins la gorge à l'essence contenue dans le puits et, ainsi, de régler le ralenti. Pour le démarrage, la forte aspiration provoquée par l'ouverture du papillon des gaz déclenchait un flux important d'essence et donnait, par le fait même, un mélange riche. De la même manière, lors des accélérations, le tube laissait échapper un surcroît d'essence pour enrichir le mélange.

Sur d'autres carburateurs à gicleur constant, tels le Claudel-Hobson, le Stromberg et le Solex, la réduction du débit principal est obtenue par une prise d'air dépendante de l'aspiration dans le venturi. Sur le Solex, un long gicleur principal est combiné avec un conduit calibré prenant sous le niveau d'essence, dans la cuve. Le gicleur est maintenu dans le conduit par un capuchon creux muni d'un trou, à son sommet, et de prises d'air transversales, dans sa partie inférieure. Le gicleur principal étant situé entre la cuve et le puits, cette combinaison a pour effet de réduire le débit du puits à l'aide d'un gicleur de compensation contrôlant le débit d'air au

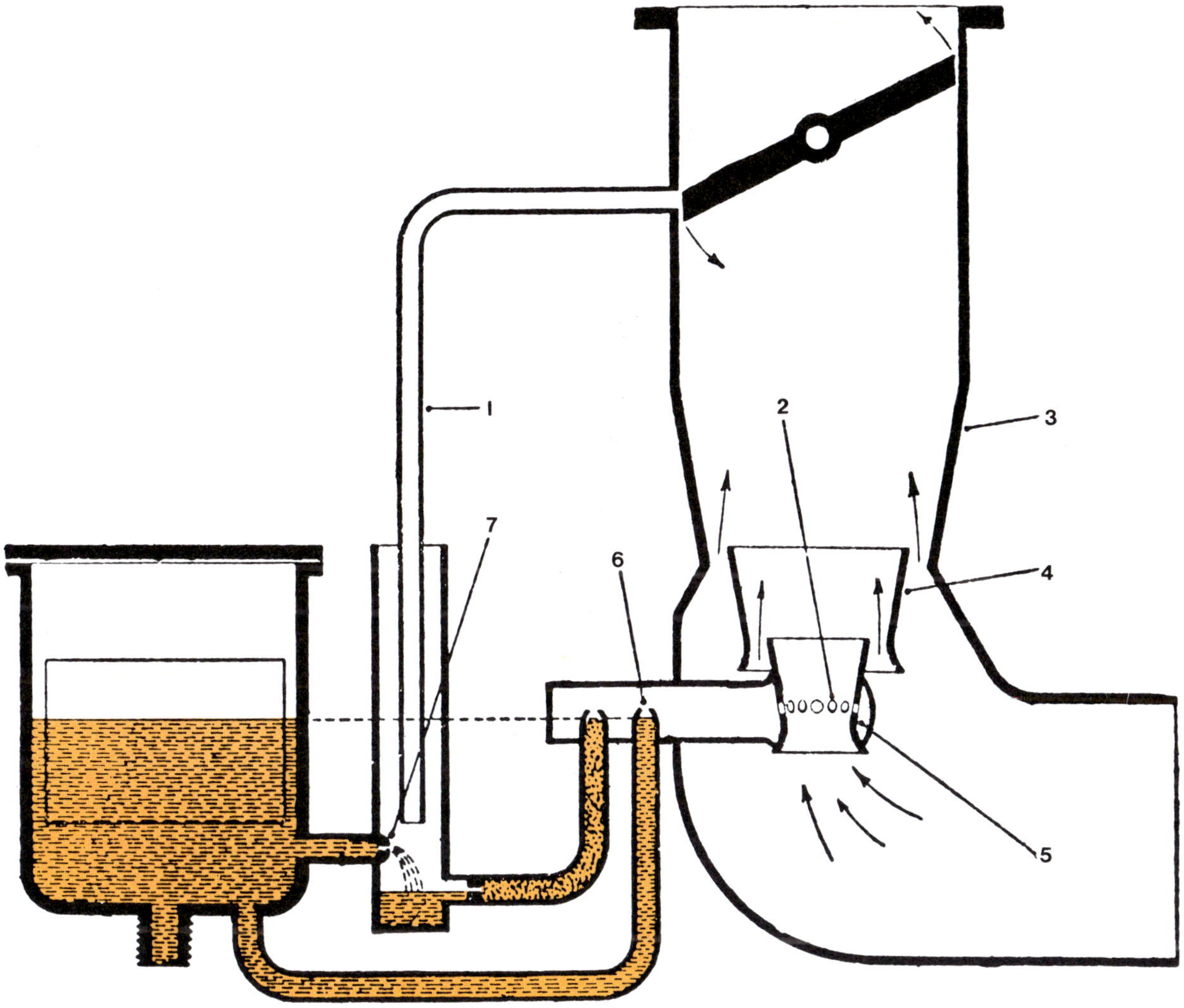

Diagramme de fonctionnement du carburateur Zenith :
1 Conduit de ralenti.
2 Diffuseur.
3 Starter.
4 Starter secondaire.
5 Alimentation du diffuseur.
6 Gicleur principal.
7 Gicleur compensateur alimentant le puits.

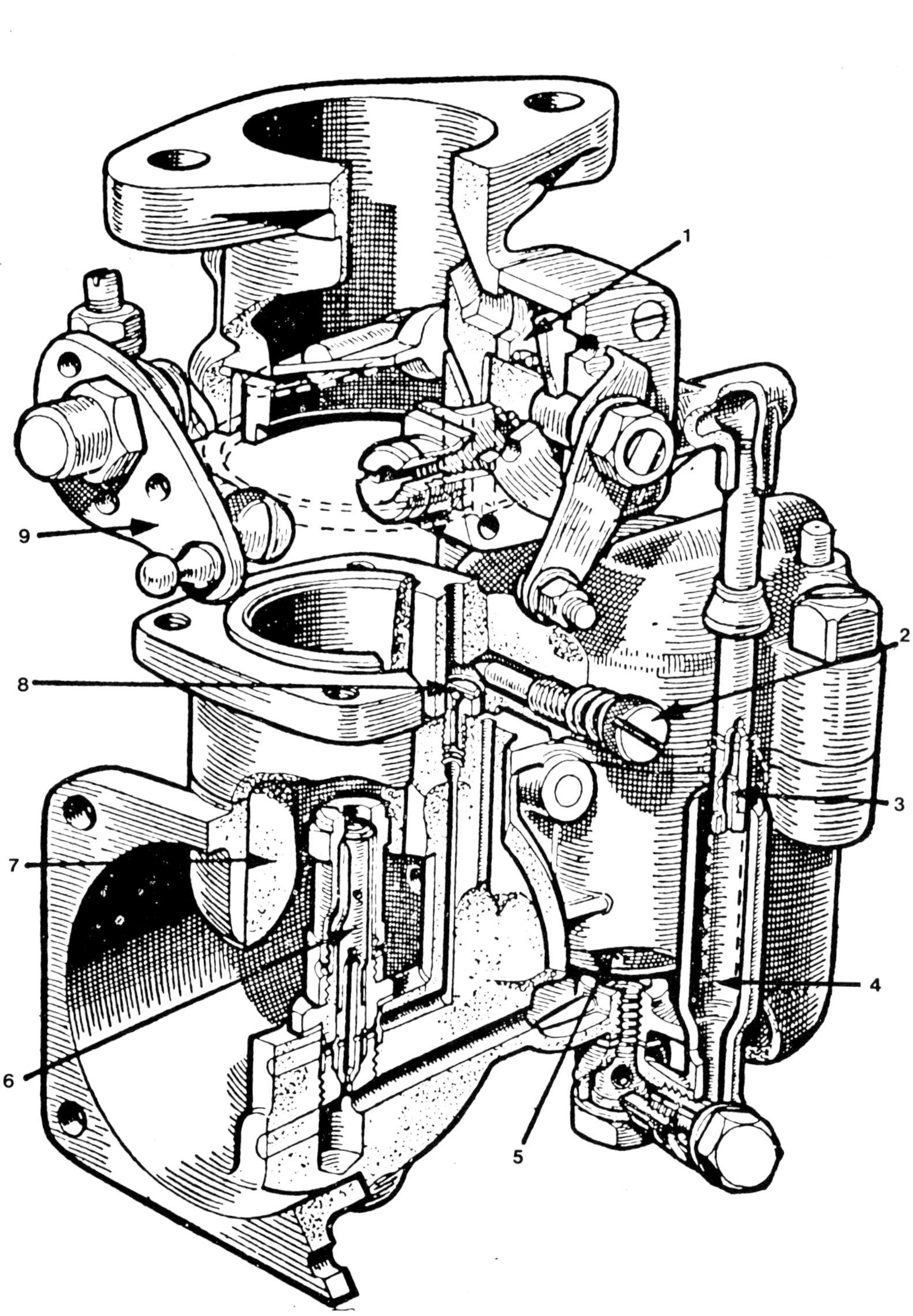

Écorché d'un carburateur Solex :
1 Starter.
2 Vis de réglage du ralenti.
3 Tube compensateur.
4 Puits compensateur.
5 Flotteur.
6 Dispositif de gicleur.
7 Diffuseur.
8 Gicleur de ralenti.
9 Commande des gaz.

sommet du puits. De surcroît, une connexion prévue au niveau du papillon des gaz, entre la paroi du venturi et le fond du puits, remplit la même fonction que le dispositif analogue du carburateur Zenith. Tous les carburateurs à gicleur fixe utilisent l'un ou l'autre de ces moyens compensateurs pour modifier la richesse du mélange en fonction du débit d'air aspiré par le moteur.

Sur les carburateurs automobiles à gicleur fixe les plus courants, le flotteur est le plus souvent rond ou en forme de fer à cheval et il est monté de manière concentrique avec le gicleur afin d'éviter tout changement du niveau de l'essence dans les virages. Pour le démarrage, un petit carburateur séparé, alimenté par la cuve, donne un mélange très enrichi, juste au-dessous du papillon des gaz en position fermée. Lorsque le moteur a démarré, l'accroissement de l'aspiration ouvre une soupape d'entrée d'air pour appauvrir le mélange. Et, lorsque le moteur est chaud, le carburateur est stoppé, soit par une commande manuelle, soit par une commande thermostatique. Le mélange de ralenti est fourni par un gicleur de ralenti dont l'action est combinée avec celle d'une prise d'air calibrée pour vaporiser le mélange adéquat au niveau du papillon des gaz. Lorsque le papillon s'ouvre, l'aspiration fait sortir le carburant d'une prise de progression située à peut près au même endroit, de telle sorte que le passage du système de ralenti au carburateur principal s'effectue graduellement. Pour obtenir les grandes quantités d'air nécessitées à hautes vitesses, on a généralement recours à deux ou plusieurs corps de carburateurs montés en parallèle, le second corps et son système d'alimentation en essence n'agissant qu'après que le premier papillon ait commencé à s'ouvrir. D'autres moyens peuvent encore être utilisés pour appauvrir le mélange, pour, par exemple, obtenir un régime économique, pour réchauffer le mélange de ralenti, pour compenser les différences dues à l'altitude, ou encore, pour lutter contre les contraintes d'un moteur neuf.

Un autre type connu de carburateurs est celui dans lequel la section du gicleur peut être modifiée par une aiguille conique concentrique avec le canal du gicleur. Les premières versions furent conçues par Huzelstein et par Abeille, en France, aux environs de 1900. Dans les deux cas, l'aspiration était utilisée pour actionner une soupape solidaire d'une aiguille conique — ou « pointeau » —, permettant ainsi de modifier le débit d'essence en fonction du débit d'air. L'appareil Chenard-Walcker de 1904, puis, un peu plus tard, les carburateurs Brotherhood-Crocker et Rover utilisaient l'aspiration du moteur pour déplacer un piston monté sur ressort qui actionnait le pointeau du gicleur et régularisait également le débit de l'air dans le carburateur.

Le plus connu de ces carburateurs dits « à dépression constante » est probablement le S.U. Il a été mis au point par les deux frères G.H. et T.C. Skinner, les fils d'un maroquinier londonien de la société Lilley and Skinner. Inventé en 1904, il utilisait dans sa version initiale un soufflet de cuir pour, à la fois, déplacer le pointeau dans le gicleur, et faire avancer un piston dans le buselure pour maintenir une dépression constante en dépit des variations de la masse d'air. Dans les versions suivantes, la section circulaire du passage d'air principal est étranglée par un plateau horizontal dans lequel est disposé le gicleur. Au-dessus de ce passage, le corps du caburateur comporte un dôme d'alliage léger dans lequel est installé un piston dont les mouvements sont contrôlés par un amortisseur, le piston ayant le même diamètre que le venturi. Ainsi, lorsque le moteur est arrêté, le piston repose sur le plateau horizontal et ferme totalement le passage d'air entre le papillon et la chambre de combustion. Un conduit intérieur relie la buse à l'espace laissé libre par l'amortisseur sous le dôme. Une aiguille conique est fixée au piston de telle manière que, lorsque l'aspiration s'accroît dans le tubulure d'admission, elle entraine une remontée du piston et, par le fait-même, l'aiguille-pointeau sort du gicleur, augmentant le débit de l'essence. De ce fait, la dépression existant autour du gicleur reste constante mais, au fur et à mesure que le débit d'air augmente avec l'ouverture du papillon, le piston remonte, permettant un plus important passage d'air, et le pointeau autorise, dans les mêmes conditions, un plus grand débit d'essence. Des versions encore plus récentes du carburateur S.U. comportent une tringlerie abaissant le gicleur pour enrichir le mélange et faciliter les démarrages à froid. D'autres types de carburateurs à dépression, enfin, utilisent un diaphragme à la place du piston.

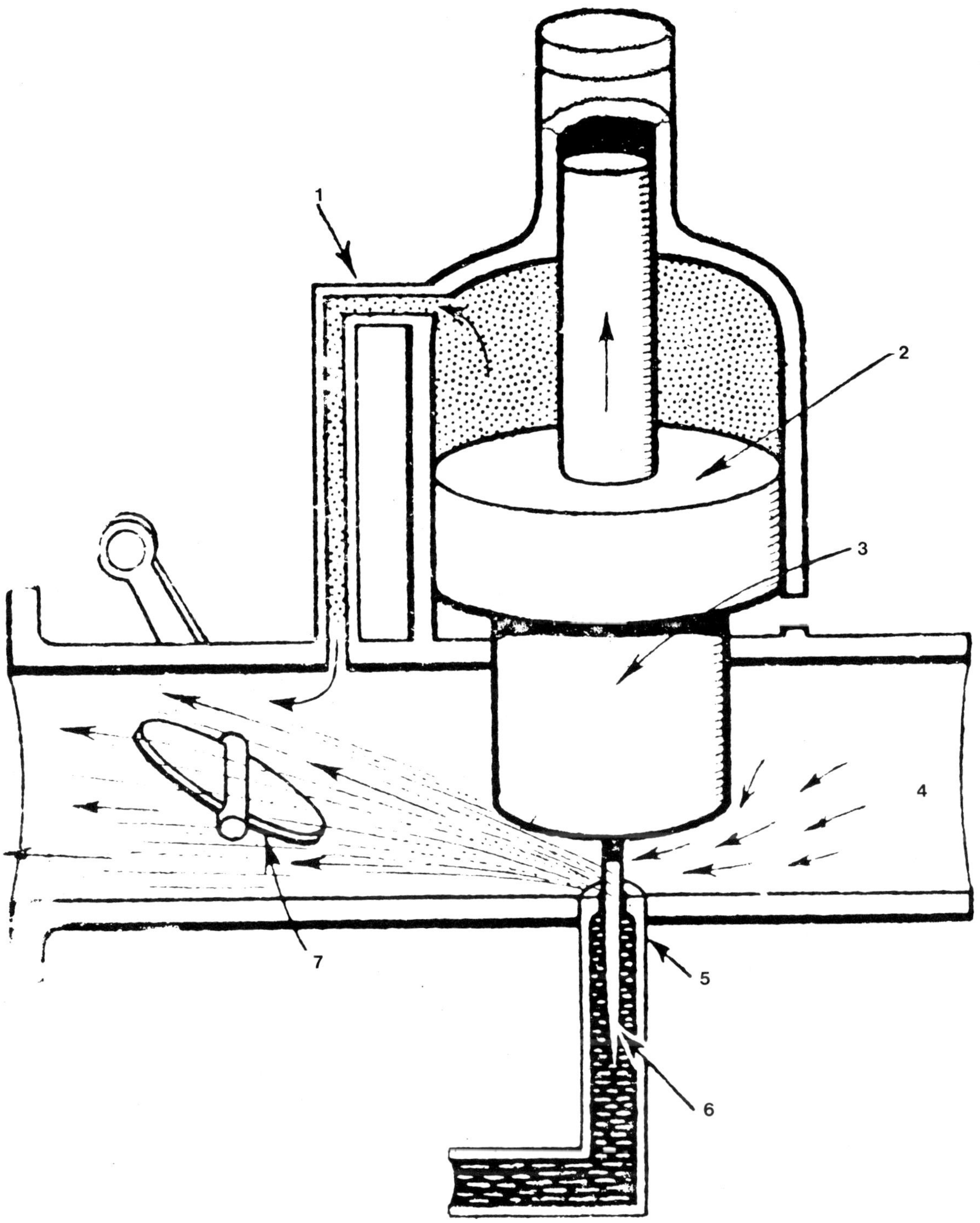

Diagramme de fonctionnement d'un carburateur S.U. :
1 Conduit d'aspiration vers la chambre de dépression.
2 Piston.
3 Piston obturateur.
4 Entrée d'air.
5 Gicleur.
6 Aiguille conique.
7 Papillon des gaz.

L'injection d'essence

Le carburateur présente deux inconvénients inhérents à sa nature même; la difficulté d'obtenir un écoulement parfait et régulier de l'air dans le diffuseur et le problème consistant à fournir un mélange d'une richesse égale à chacun des cylindres au travers de conduits d'admission tortueux. Depuis l'époque de Johannes Spiel, en 1884, de nombreux ingénieurs avaient essayé d'injecter l'essence directement dans les tubulures mais la technologie n'étaient encore pas suffisamment avancée pour que soit résolus les problèmes posés par les très petites doses à injecter et par le besoin de combustibles de faible viscosité. Un procédé d'injection simple fut bien utilisé avec succès sur les pales de compresseurs de moteurs aéronautiques, mais cela ne nécessitait le contrôle que d'un seul injecteur et encore avait-il un débit important.

En 1954, Mercedes-Benz mit au point un système très semblable à celui de l'injection Diesel Bosch, avec une pompe par cylindre et des injecteurs situés à proximité des soupapes d'admission. Le régime du moteur était contrôlé par un papillon réglant les gaz dans l'admission d'air de la tubulure, et le débit d'essence multi-pistons de la pompe était commandé par un jeu de soufflets connectés à la tubulure d'admission. En 1967, Bosch, en collaboration avec Volkswagen, lança sur le marché un système d'injection d'essence à contrôle électronique dans lequel

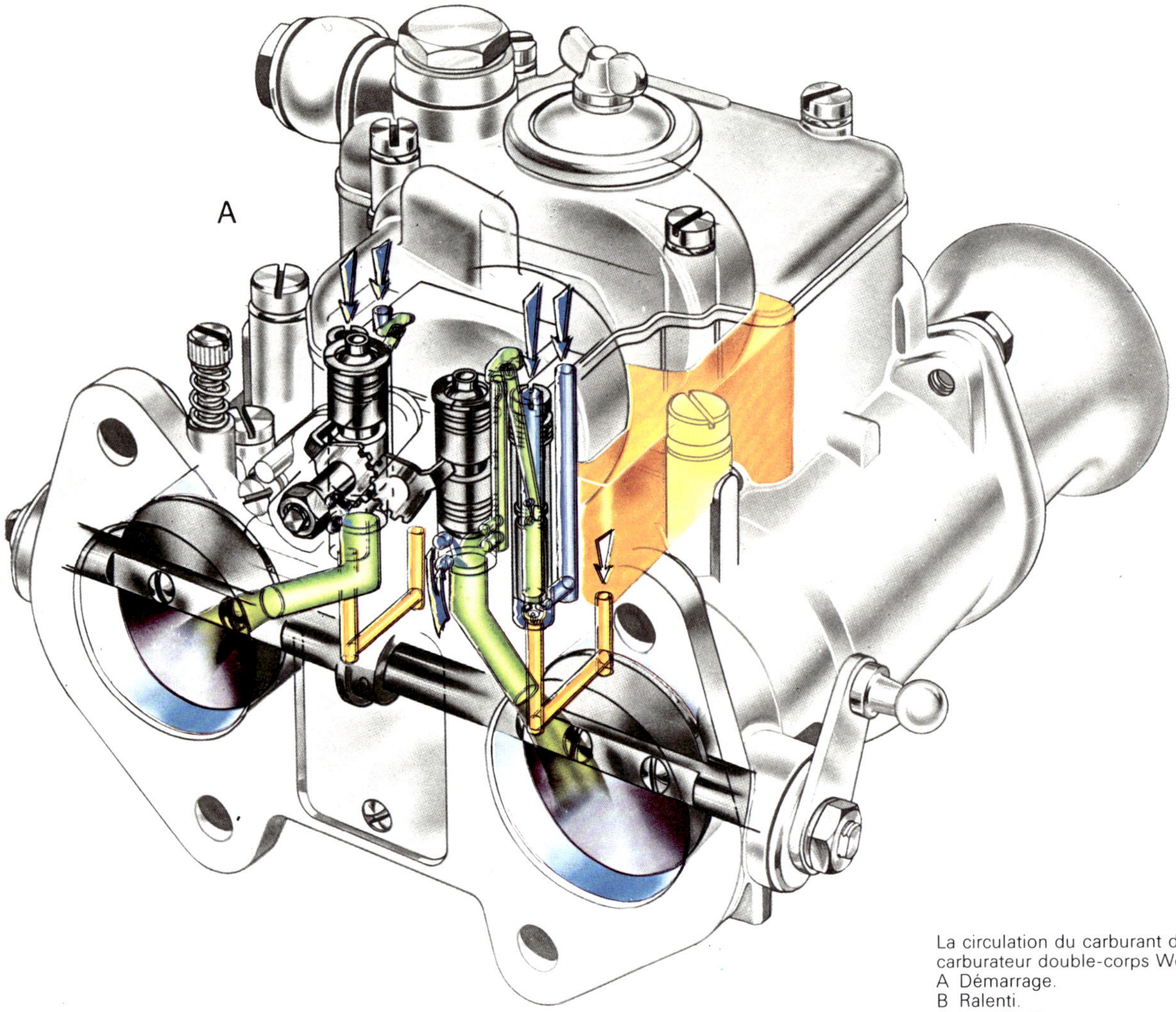

La circulation du carburant dans un carburateur double-corps Weber :
A Démarrage.
B Ralenti.
C Accélération.
D Plein gaz.

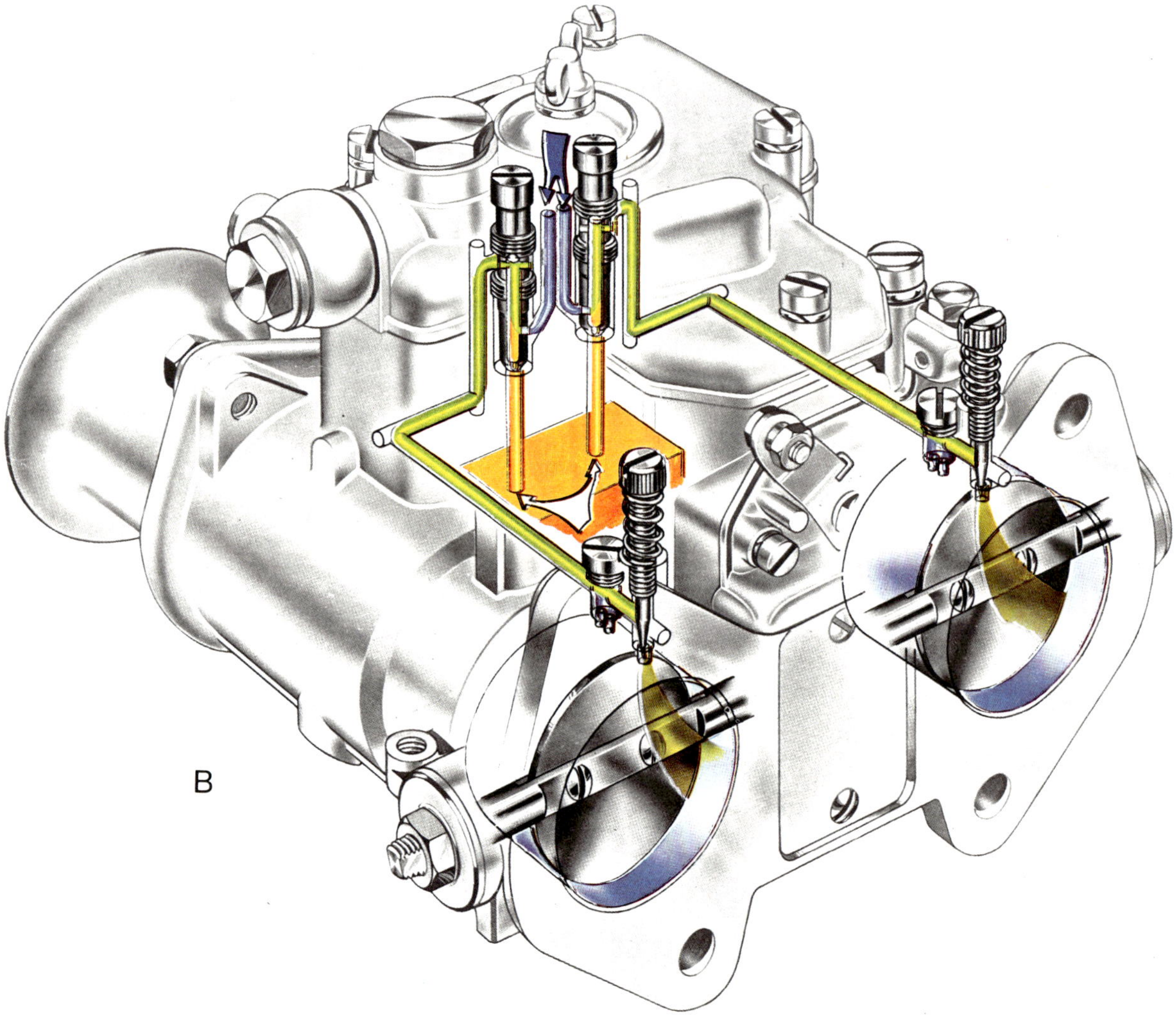

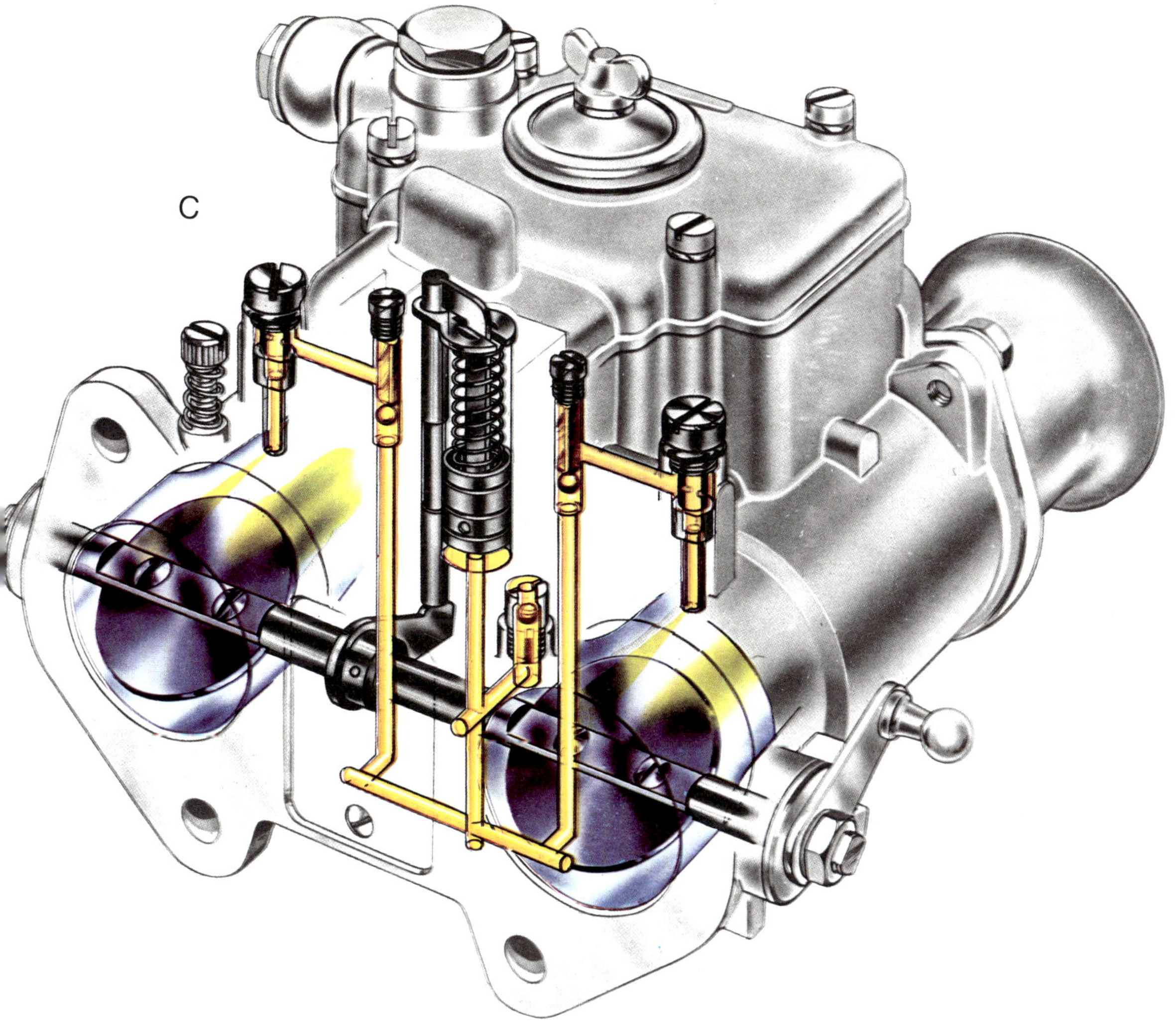

C

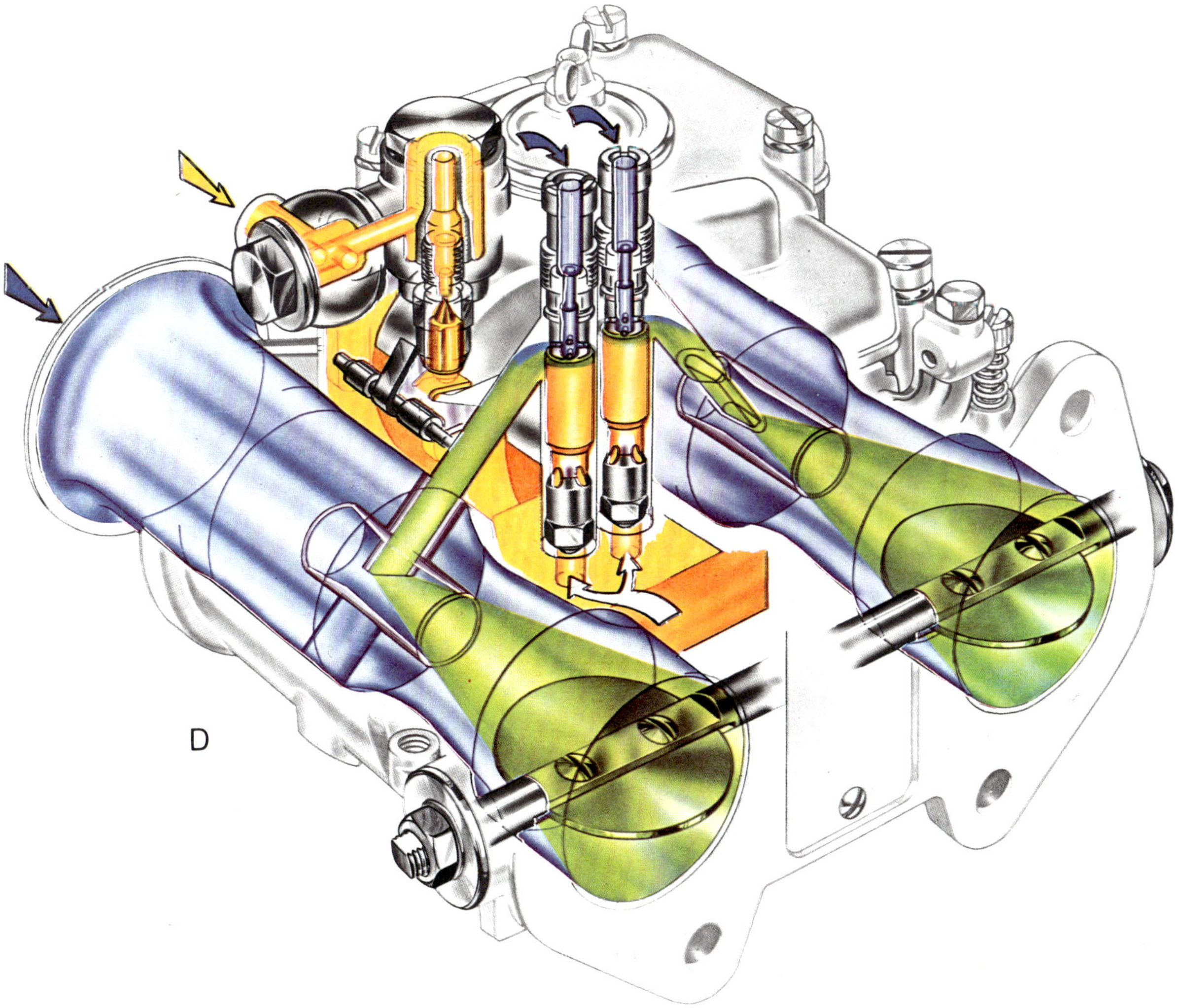

D

l'essence alimentait à une pression constante, des injecteurs dont l'ouverture et la fermeture étaient déterminés par une électrovalve, ces solénoïdes ayant pour fonction de faire varier la durée de l'ouverture des vannes selon les besoins du moteur à chaque instant. Un bloc électronique prenant en compte la température et la pression de la tubulure d'admission, la température du moteur, le degré d'ouverture du papillon des gaz et le régime du moteur, contrôle également cette ouverture.

Le système d'injection K-Jetronic introduit par Bosch, en 1973, mesure le débit de l'air dans la tubulure d'admission au moyen d'un plateau-sonde circulaire placé dans un divergent d'air. Ce plateau est déplacé par une force constante vers une position où l'espace entre le bord du plateau et la paroi du passage est proportionnelle au flux d'air. Et la position du plateau est transmise à une soupape qui règle la quantité d'essence envoyée par une pompe haute-pression commune aux injecteurs positionnés près des soupapes d'admission. Ce système est donc entièrement mécanique dans son fonctionnement. Une version plus récente, le « L-Jetronic », utilise les déplacements du plateau pour déterminer un voltage qui est envoyé à une calculatrice électronique, laquelle tient compte des paramètres essentiels (y compris la composition chimique des gaz d'échappement) pour déterminer la quantité de carburant à délivrer aux injecteurs.

L'allumage

Le mode d'allumage d'un mélange gazeux dans un lieux de combustion clos à fait l'objet de quelques suggestions intéressantes. Et ceci, tout particulièrement lorsqu'il est rapidement devenu évident aux premiers chercheurs que l'allumage devait se produire à un moment correspondant très précisément à une position du piston. L'allumage des premiers moteurs était simplement assuré par des flammes d'essence ou de pétrole mais ces feux ouverts étaient dangereux, peu précis et avaient tendance à allumer des masses plus importantes que celles destinées au cylindre. D.S. Brown suggéra de combiner une pierre à briquet pointant dans une partie du cylindre avec une petite lime attachée au sommet du piston. Mais le système le plus sophistiqué dans le genre fut inventé par J.G. Newman, en 1911. Il avait installé sur la culasse d'un moteur à soupapes latérales un arbre à cames animant des culbuteurs dont les tiges se prolongeaient dans les chambres de combustion et, dans la zone même d'allumage, faisaient tourner des roues crantées contre des pierres à briquet montées sur ressort. Le dernier de ces systèmes « pyrophoriques » est apparu en 1294 mais il était alors devenu évident que le seul mode d'allumage satisfaisant était l'étincelle électrique.

C'est en 1776 qu'Alessandro Volta avait découvert le condensateur, un appareil capable d'emmagasiner une charge électrique. Ce physicien italien, professeur à l'université de Pavie, qui fut aussi l'inventeur de la pile électrique, fut annobli au rang de comte par Napoléon et son nom fut donné à l'unité électrique, le « volt ». En utilisant une pile et un condensateur pour assurer l'allumage de son véhicule, en 1805, Isaac de Rivaz fut l'un des premiers précurseurs de ce mode d'allumage.

L'expérience qui allait constituer la base de tous les systèmes d'allumage à haute tension fut réalisée par Michael Faraday en 1831. Il enroula pour cela deux bobines de fil de fer autour d'un anneau métallique, reliant l'une des bobines à un interrupteur et, de là, à une batterie, et l'autre bobine, à un galvanomètre pour indiquer la présence d'un courant électrique. Lorsqu'il établit le contact, l'aiguille du galvanomètre oscilla d'un côté, indiquant que le magnétisme produit par le courant dans la première bobine était induite dans l'anneau de fer et que ce même magnétisme avait induit un courant dans la seconde bobine. Et le fait de couper le courant eut pour effet de faire osciller d'aiguille dans l'autre direction, le champ magnétique ayant disparu. En réalité l'aiguille n'eut pas un mouvement de recul complet, ceci indiquant de surcroît que le courant induit dans la seconde bobine était généré par l'augmentation et la diminution du magnétisme et non par un état continu. Des expériences ultérieures ont démontré que le rapport entre le voltage de la seconde bobine et celui de la première bobine était directement proportionnel au nombre de spires de chaque bobine. Ainsi, par exemple, lorsque 12 volts sont envoyés d'une batterie à une bobine comportant 10 spires, une bobine secondaire comportant 1 000 spires donnera 1 200 volts.

Cette découverte constituant la base de la dynamo et du transformateur fut mise à profit par de la Rive et Heinrich-Daniel Rühmkorf pour concevoir la bobine à vibreur haut voltage (ou haute tension) que Barsanti et Matteucci utilisèrent pour doter leur moteur d'un allumage électrique, en 1855. La bobine à vibreur consistait en un faisceau de fil de fer servant de noyau à deux bobines superposées. A l'intérieur, la bobine primaire n'avait qu'un nombre assez réduit de spires de fil épais, et la bobine extérieure, ou bobinage secondaire, comportait au contraire, un nombre élevé de spires de fil très fin. A l'extrémité du noyau central, une pièce métallique était montée sur un ressort à lame de manière à être attirée par le flux magnétique créé dans le noyau et reprendre sa position initiale dès que le flux magnétique disparaissait. Un point de contact s'établissait avec la lame du vibreur lorsque celle-ci était en position normale et ce contact était interrompu lorsque la lame était attirée vers le noyau central. Ces contacts étaient reliés à la bobine primaire et à une batterie, de telle sorte que, lorsque la bobine était sous tension, le courant passait et créait un champ magnétique dans le noyau, attirant la lame du vibreur qui, en se déplaçant, coupait le circuit primaire et interrompait le flux magnétique. Par simple effet de ressort, la lame revenait alors à sa position initiale et rétablissait le circuit primaire. Ce cycle se répétait ainsi continuellement, à un rythme qui ne dépendait que de l'épaisseur de la lame et de l'écart prévu entre les contacts. Le courant primaire et le flux magnétique induit dans le noyau généraient, de manière intermittente, dans le bobinage secondaire un voltage suffisant pour déclencher une étincelle entre deux électrodes placées à même la chambre de combustion.

Le courant intermittent dans le bobinage primaire entraînait la formation d'un flux magnétique lorsque le voltage s'établissait mais, lorsque les points de contact ouvraient le circuit, cette formation cessait et induisait un courant dans les deux bobinages, primaire et secondaire. Ce courant primaire inversé augmentait le voltage produit par l'ouverture des contacts et permettait une étincelle encore plus forte. Lorsqu'un circuit électrique est coupé, le courant a en effet toujours tendance à circuler, tant que la résistance est assez basse. Aussi, lorsque les contacts s'écartent l'un de l'autre, le courant continue à passer, sous forme d'arc électrique, jusqu'à ce que l'écart ait atteint une largeur que le courant ne peut plus franchir et cette largeur est fonction du voltage du courant.

Les arcs qui se produisent ainsi entre les points de contact a pour effet de les éroder. On peut réduire cet effet en montant un condensateur en parallèle des points de contact. Le condensateur consiste en deux feuilles de métal séparées par un isolant. Une surface suffisante est obtenue au moyen de nombreuses petites feuilles métalliques disposées en sandwich, ou bien de deux feuilles métalliques assez longues, isolées l'une de l'autre et roulées en spirale. Un tel condensateur a la propriété d'emmagasiner l'électricité circulant dans un sens et de la restituer lorsque la direction est inversée. Ainsi, un condensateur inséré dans un tel circuit retiendra le courant plutôt que de le laisser produire un arc entre les contacts ouverts et, lorsque les contacts se fermeront, il relâchera sa charge dans le circuit primaire, réduisant l'érosion des contacts et renforçant la production de courant primaire.

Sur le moteur de Barsanti et Matteucci, la bougie d'allumage

Sur les premiers carburateurs S.U., le déplacement du piston et de l'aiguille était assuré par un soufflet de cuir.

L'injection électronique Bosch *K-Jetronic* :
1 Injecteur.
2 Soupape d'air auxilliaire.
3 Soupape de démarrage à froid.
4 Régulateur de pression d'essence.
5 Régulateur de réchauffage.
6 Dispositif de contrôle du mélange.
7 Filtre à essence.
8 Pompe à essence électrique.
9 Accumulateur d'essence.
10 Contacteur thermostatique.

était constituée par une électrode pointant dans le cylindre au travers d'un manchon isolant qui servait aussi de coussinet dans lequel l'électrode tournait, entraînée par une commande du vilebrequin. Sa queue cylindrique présentait un méplat l'isolant, à chaque tour, de la surface courbée, de la seconde électrode. Les deux électrodes étaient reliées au côté haute-tension (H.T.) de la bobine à vibreur et, ainsi une étincelle se produisait à chaque fois que la seconde électrode arrivait face au méplat.

Sur le moteur à gaz de Lenoir, en 1860, la bobine à vibreur utilisée comportait deux contacts fixes et un bras rotatif entraîné par le moteur. Comme ces deux contacts étaient diamétralement opposés, les deux bougies s'allumaient alternativement à chaque tour.

La bobine à vibreur fut utilisée sur de nombreux moteurs jusqu'aux années 1920, et, en dernier lieu, probablement sur la Ford *model T* qui resta en production de 1909 à 1927. Sur le moteur de Karl Benz, en 1886, l'interrupteur H.T. était actionné par l'arbre à cames. Il fut par la suite déplacé sur le circuit B.T. de manière à ce que le vibreur ne fonctionne que lorsqu'une étincelle était nécessaire. Ceci allait devenir la bobine à vibreur la plus répandue, dans laquelle la bobine n'était mise en service qu'au moment précis de l'allumage de la bougie et ne le restait donc que sur une partie très courte de la rotation du vilebrequin. La bobine à vibreur était néanmoins dépendante de la batterie — un accessoire qui était loin d'être aussi puissant et sûr, à cette époque — et d'un bon réglage des contacts du vibreur.

L'invention par Werner Siemens, en 1856, de la dynamo à section en H, à une seule bobine et induit bi-polaire, amena Nicolaus Otto à concevoir, pour le moteur horizontal Deutz de 1884, un système d'allumage B.T. à magneto. L'induit de la magneto était placé entre les pôles d'un aimant en forme de U inversé, avec un renvoi sur l'un de ses axes. Ce renvoi était en contact avec une came de l'arbre de

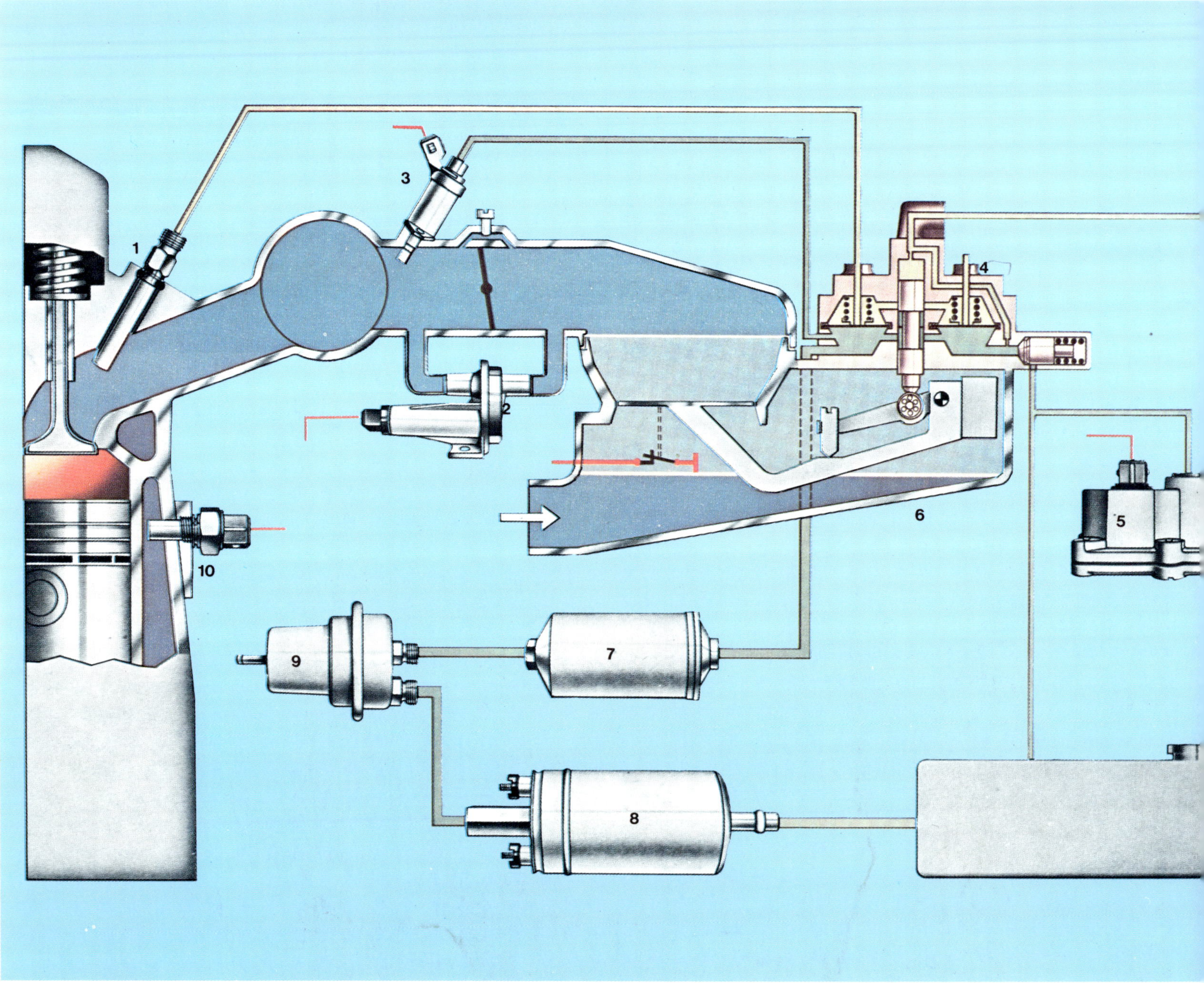

distribution et avec un ressort contenu dans un carter de laiton. Ainsi, chaque tour de l'arbre à cames déclenchait une rotation oscillante, rapide de l'induit. Ce renvoi commandait également un levier entraînant une électrode rotative, à l'intérieur même du cylindre. Cette électrode à la masse était en contact, sauf lorsqu'elle tournait, avec une électrode isolée et reliée au bobinage de l'induit. Ainsi, pour chaque révolution de l'arbre à cames, une pulsation électrique générée par la magnéto était envoyée aux électrodes du cylindre qui se séparaient pour laisser passer entre elles un arc électrique basse tension.

Robert Bosch est né en 1861, près de Ulm, en Allemagne. Après avoir fait son apprentissage en Allemagne, il partit rejoindre Bergmann à New York, puis travailla avec Siemens, en Angleterre. En 1886, Bosch ouvrait ses propres ateliers à Stuttgart qui ne tardèrent pas à acquérir la meilleure des réputations pour la qualité de leur travail. Ainsi Otto se tourna-t-il vers Bosch pour faire réaliser sa magnéto basse-tension. Ce département était alors dirigé par Arnold Zähringer. La magnéto B.T. Bosch se composait d'un induit fixe et de deux segments d'acier doux tournant dans l'espace laissé libre entre l'induit et les deux pôles de l'aimant. Ceci changeait alternativement le sens du flux magnétique circulant dans l'induit et ses bobines et produisait ainsi un courant alternatif. Frederick Simms — auquel, incidemment, on doit aussi la fondation de ce qui allait plus tard devenir le Royal Automobile Club britannique — s'allia à Bosch et conçut deux mécanismes permettant de faire varier la position de la came d'allumage par rapport à la position du piston, de manière à modifier le point d'allumage.

Gottlieb Honold qui avait débuté comme apprenti chez Bosch eut, en 1903, l'idée de construire une magnéto H.T. dans laquelle les deux enroulements du vibreur étaient contenus sur un induit en forme de H tournant continuellement. Le bobinage intérieur, ou primaire, était relié par une de

Allumage par ampoule à incandescence sur l'un des premiers Daimler. Le brûleur vertical était enfermé dans une boîte de cuivre pour empêcher les retours de flamme.

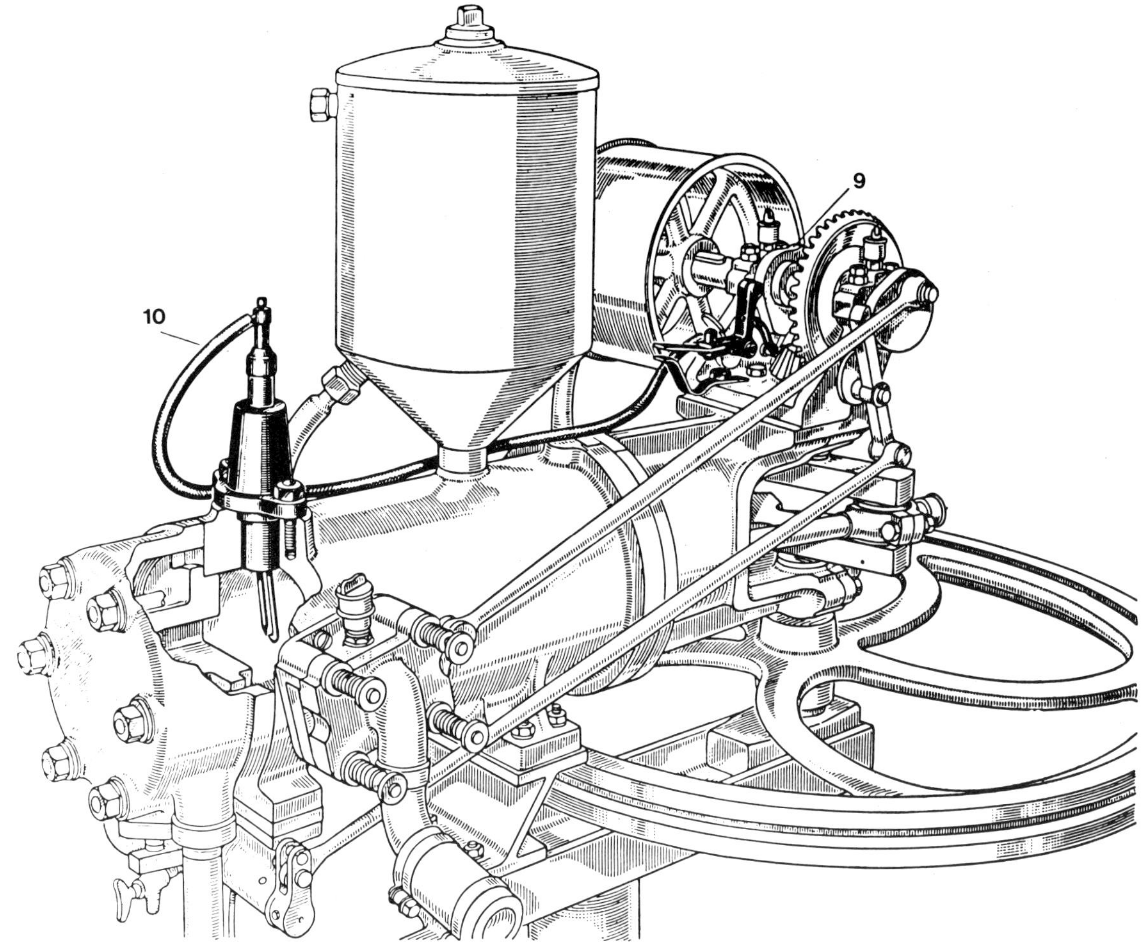

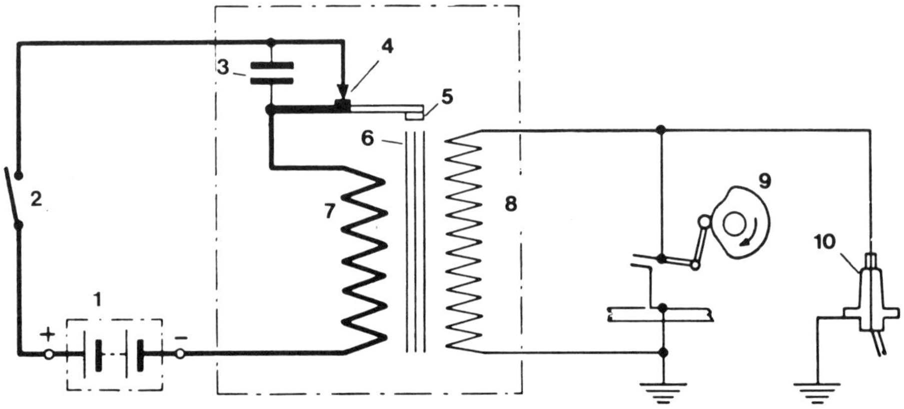

En haut : le dispositif d'allumage d'un moteur Benz.

Ci-dessus : diagramme du système d'allumage par bobine et trembleur d'un moteur Benz :
1 Batterie.
2 Contact d'allumage.
3 Condensateur.
4 Rupteur.
5 Induit.
6 Noyau d'induit magnétique.
7 Bobinage primaire.
8 Bobinage secondaire.
9 Rupteur secondaire.
10 Bougies d'allumage.

ses extrémités à un condensateur placé en bout d'axe. L'autre extrémité de ce primaire était connectée par un cable isolé à une vis fixant le rupteur sur un support isolant. Ce dernier portait un des contacts du rupteur, tandis que l'autre était fixé sur le rupteur lui-même et donc mis à la masse. L'autre côté du condensateur était lui aussi mis à la masse. Le contact du rupteur à la masse était fixé sur un levier en forme de L dont une extrémité était pressée contre la came de distribution sous l'action d'un ressort.

Autour du primaire s'enroulait le secondaire. Tandis qu'une extrémité de ce secondaire était connectée à une extrémité du primaire reliée au condensateur, l'autre l'était à une bague de cuivre fixée sur un isolateur cannelé.

Un balai frottait sur cette bague et conduisait le courant au doigt du distributeur. Dans le cas de moteurs à plusieurs cylindres, plusieurs bossages étaient prévus sur la bague et le doigt distribuait le courant à un certain nombres de terminaux reliés chacun à l'une des bougies du moteur. Enfin, la position de la bague pouvait être sensiblement modifiée de manière à faire varier le point d'allumage.

La magnéto H.T. fit l'objet de nombreux perfectionnements, notamment en ce qui concerne les alliages trouvés qui permirent des aimants permanents ou une meilleure isolation des bobinages de l'induit. Bien qu'elle ait été aujourd'hui remplacée par la bobine H.T. sur les camions et les voitures particulières, la magnéto est toujours utilisée sur les avions à moteur à pistons.

Charles Franklin Kettering était né dans le Comté d'Ashland, Ohio, en 1876. Il commença sa carrière dans l'électricité comme installateur de téléphone et devint bientôt le chef du département des recherches à la National Cash Register Co. de Dayton. Après avoir quitté la N.C.R., Kettering entra à la Dayton Engineering Laboratories Company (DELCO) créée en 1911 par un groupes d'hommes d'affaires de Dayton. Une année plus tard, l'allumage par bobine Delco devenait un équipement standard des automobiles Cadillac. Et en 1916, W.C. Durant ajoutait l'affaire Delco à son groupe United Motors qui allait, en 1918, devenir la General Motors, Kettering devenant, par la même occasion, le grand chef des laboratoires de recherche. Il allait d'ailleurs par la suite devenir président directeur général du cartel General Motors.

Fondamentalement, l'allumage par bobine est très semblable au système plus ancien de la bobine à vibreur, mais, comme dans une magnéto, les contacts du vibreur y sont remplacés par un rupteur qui est entraîné par le moteur, avec pour fonctions combinées de lancer la pulsation électrique donnant le voltage H.T. et de donner une étincelle à un moment correspondant à une position précise du piston ou encore, à un angle déterminé du vilebrequin. L'enroulement primaire de la bobine est connecté d'un côté, à une batterie et à la masse, et, de l'autre côté, à un rupteur et à la masse, tandis que l'enroulement secondaire se situe entre la masse et, au travers d'un distributeur, l'électrode centrale d'une bougie d'allumage. L'explosion doit donc être provoquée à un moment précis de la course du piston afin que sa pression produise un effet optimum. Et, en raison des variations de régime du moteur, le point d'allumage doit pouvoir être modifié de manière à laisser la compression se réaliser. Pendant de nombreuses années ceci n'était réalisable qu'en faisant pivoter à la main la came du rupteur. En 1930, deux masselottes centrifuges furent placées entre l'arbre d'entraînement et le plateau supportant le rupteur et, au fur et à mesure que le régime augmentait, ces masselottes faisaient avancer la came sur son arbre d'entraînement, avançant le point d'allumage.

Lorsqu'un moteur tourne au ralenti, il fonctionne à faible charge, la chambre de combustion reçoit moins de mélange et celui-ci met plus longtemps à s'enflammer. Le point d'allumage doit donc alors être avancé. Ceci était réalisé au moyen d'un diaphragme réagissant aux variations de pression dans la tubulure d'admission et déplaçant le plateau de rupteur, ou le rupteur tout entier, par rapport à l'arbre d'entraînement.

Avec ces deux systèmes d'allumage — bobine ou magnéto —, l'efficacité des rupteurs était cependant limitée mécaniquement à une certaine vitesse, principalement en raison d'un effet de rebondissement du ressort sur la came. De même, l'énergie nécessaire pour enflammer le mélange et le voltage fourni aux bougies étaient limités par les capacités de coupure des points de contacts du rupteur, alors que les semi-conducteurs — le transistor inventé par Bardeen et Bratain de la Bell Telephone Co — fournit de nouveaux moyens non mécaniques de couper le courant primaire et ce pour des ampérages jusqu'à deux fois supérieur à ceux qu'est capable de supporter le rupteur mécanique. Les circuits transistorisés agissent avec des charges très faibles telle celle d'un rayon de lumière agissant sur une cellule photo-électrique. L'utilisation du transistor à la

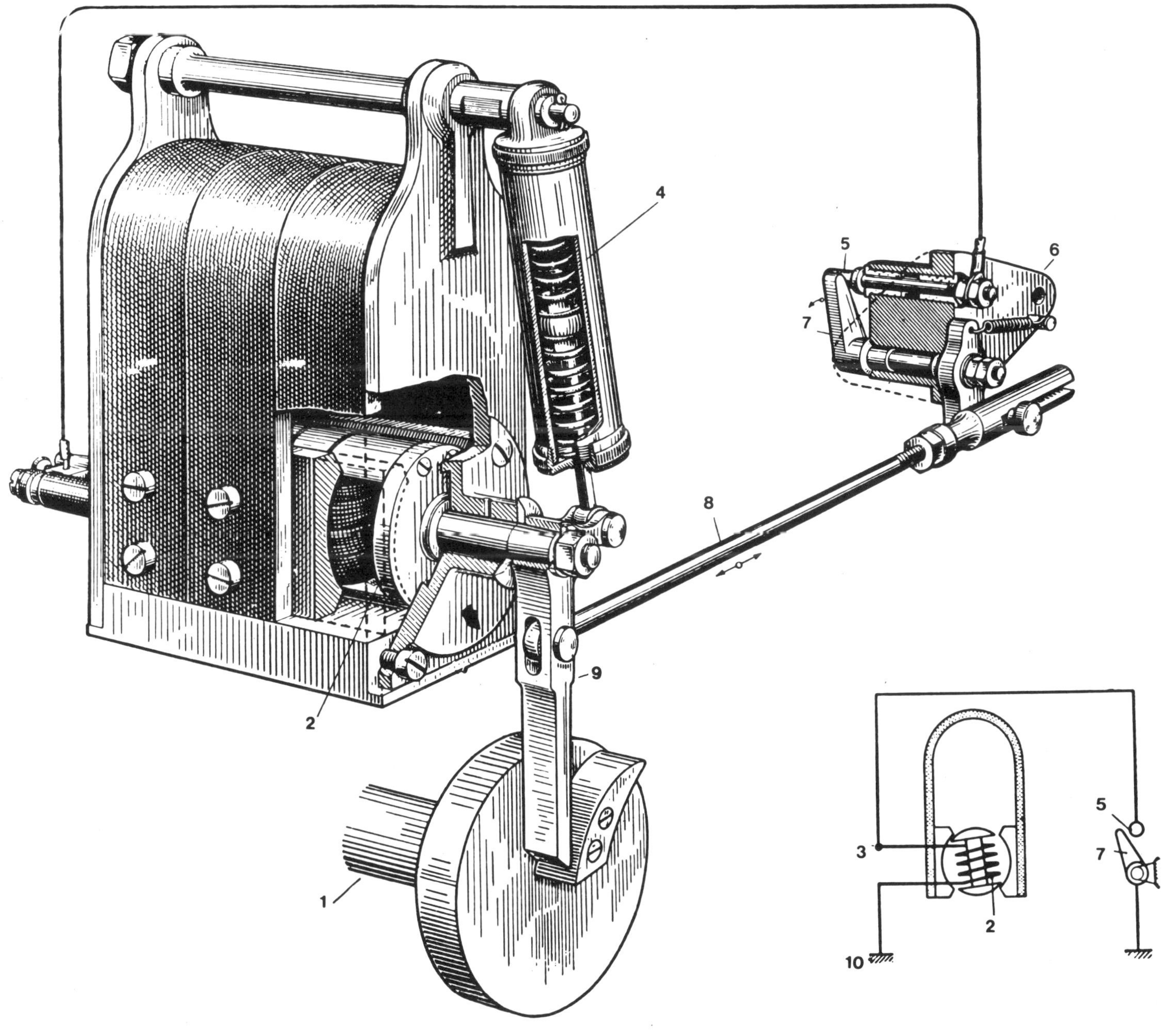

Dispositif d'allumage basse-tension :
1 Came de distribution.
2 Induit en H.
3 Balais.
4 Ressort de retour.
5 Point de contact fixe.
6 Collerette.
7 Biellette de connexion.
8 Point de contact mobile.
9 Came.
10 Mise à la came.

place du rupteur supprime donc tout contact mécanique pour couper le courant primaire.

Un autre progrès dans l'allumage des moteurs modernes tournant à des régimes élevés a été apporté par le système de l'allumage à décharge capacitive (A.D.C.) dans lequel un condensateur est utilisé pour emmagasiner le courant au fur et à mesure de sa production. Le circuit primaire est semblable à celui d'un système à transistor mais le circuit secondaire est remplacé par un transformateur dont la seule fonction est d'élever la tension parvenant au distributeur. Ces systèmes modernes peuvent sans difficulté fournir 40 000 étincelles/minute, soit deux fois plus que la limite des systèmes mécaniques conventionnels.

Deux rejetons de la magneto furent la magneto rotative et le volant magnétique. En 1927, Bosch avait entrepris l'étude d'une magnéto dont l'induit était constitué par un aimant tournant, et dont les bobines primaire et secondaire étaient enroulées sur une armature métallique en forme de U. Cette magnéto présentait plusieurs avantages, particulièrement pour les moteurs aéronautiques multi-cylindres, en ce qu'elle permettait d'éviter les connexions inhérentes à l'induit tournant. Par ailleurs, comme plusieurs pôles magnétiques pouvaient être disposés sur le rotor, chaque révolution pouvait entraîner plusieurs étincelles. Les mono-cylindres deux-temps — et, plus tard, les multi-cylindres — nécessitant une étincelle pour chaque tour du vilebrequin, le volant moteur externe fut utilisé comme magneto. Bosch et Villiers eurent en même temps cette idée, vers 1919, et installèrent leurs magnetos à l'intérieur d'une coquille de laiton combinée avec une bobine fixée sur un stator d'aluminium. Ce stator était fixé au carter-moteur et supportait également le condensateur et le rupteur, ce dernier étant actionné par une came du vilebrequin. Dans le cas de moteurs bi-cylindres, la bobine fixe et le rupteur étaient tout simplement dédoublés.

La bougie de Lenoir, en 1860, avait déjà tous les traits d'une bougie moderne; un corps creux avec un noyau isolant collé, une électrode de masse fixée sur le corps même de la bougie et une électrode centrale passant à travers l'isolant.

L'isolant d'une bougie moderne est généralement obtenu par la fusion à haute température d'un oxyde d'aluminium et de poudre de silicium, la vitrification étant obtenu en finition. Pendant longtemps l'isolant était maintenu autour du noyau de laiton ou de cuivre au moyen d'un écrou qui permettait de démonter la bougie pour la nettoyer. Les modèles plus modernes sont d'une seule pièce mais, les isolants, plus efficaces, les électrodes en alliage de nickel et de chrome et le fait de travailler à des températures bien plus élevées ont rendu l'encrassement pratiquement impossible.

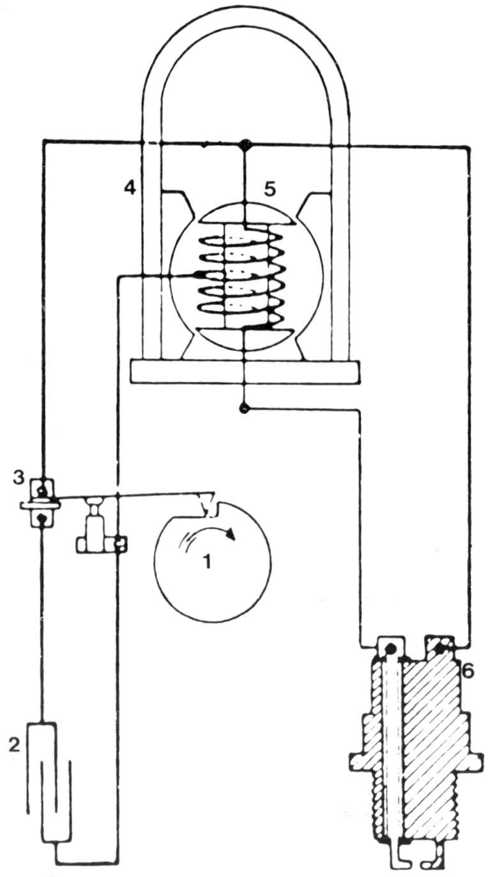

Diagramme d'une magnéto haute-tension Honolds :
1 Came de contact sur l'axe de l'induit.
2 Condensateur.
3 Rupteur.
4 Aimant.
5 Induit avec ses bobinages primaires et secondaires.
6 Bougie.

La chambre de combustion et ses exigences

Les premiers moteurs à essence tournaient à des régimes relativement peu élevés et leur développement était axé davantage sur la fiabilité que sur la puissance ou le rendement. La puissance telle qu'on l'entendait alors, pouvait toujours être obtenue au moyen d'un plus gros moteur, et le rendement — ou la consommation pour un nombre donné de chevaux — n'était qu'une considération secondaire par rapport à l'afflux des demandes de moteurs à combustibles liquides pour les véhicules terrestres comme pour l'aviation naissante. Aussi, jusqu'à la première Guerre Mondiale, la conception de la plupart des moteurs, limitée par l'outillage disponible, usa-t-elle davantage le pragmatisme mécanique qu'elle ne fit appel à une véritable réflexion scientifique sur ce qu'il advenait réellement du combustible à l'intérieur du moteur. La guerre mit cependant en évidence la nécessité d'une conception scientifique, et, dans leurs recherches qui suivirent, H.-R. Ricardo, D.-R. Pye et H.-T. Tizard s'orientèrent vers les lois fondamentales pour parvenir à des puissances et à des régimes de rotation élevés et à une faible consommation.

Harry Ricardo avait entrepris ses travaux au début du siècle, alors qu'il poursuivait ses études à l'université de Cambridge. En tant qu'assistant du Professeur Hopkinson, il s'était en effet consacré à l'étude du phénomène de la détonation.

Lorsqu'un moteur tourne, le mélange air-combustible pénètre dans les chambres de combustion par les soupapes d'admission et remplit plus ou moins les cylindres de gaz, à une presssion et à une température voisines de celles de l'atmosphère. Les pistons compressent alors les gaz à environ 1/8 de leur volume original. (En réalité, les gaz étant chauffés en même temps qu'ils sont compressés, cette pression est de l'ordre de 12 kg/cm^2.) Le rapport entre les volumes des gaz avant et après leur compression est connu sous

Le dispositif d'allumage basse-tension d'un moteur Fairbanks-Morse de 1909.

STONE & TURNER
ENGINEERS
DORKING
15
"JACK OF ALL TRADES"
MADE BY
FAIRBANKS MORSE & COMPANY

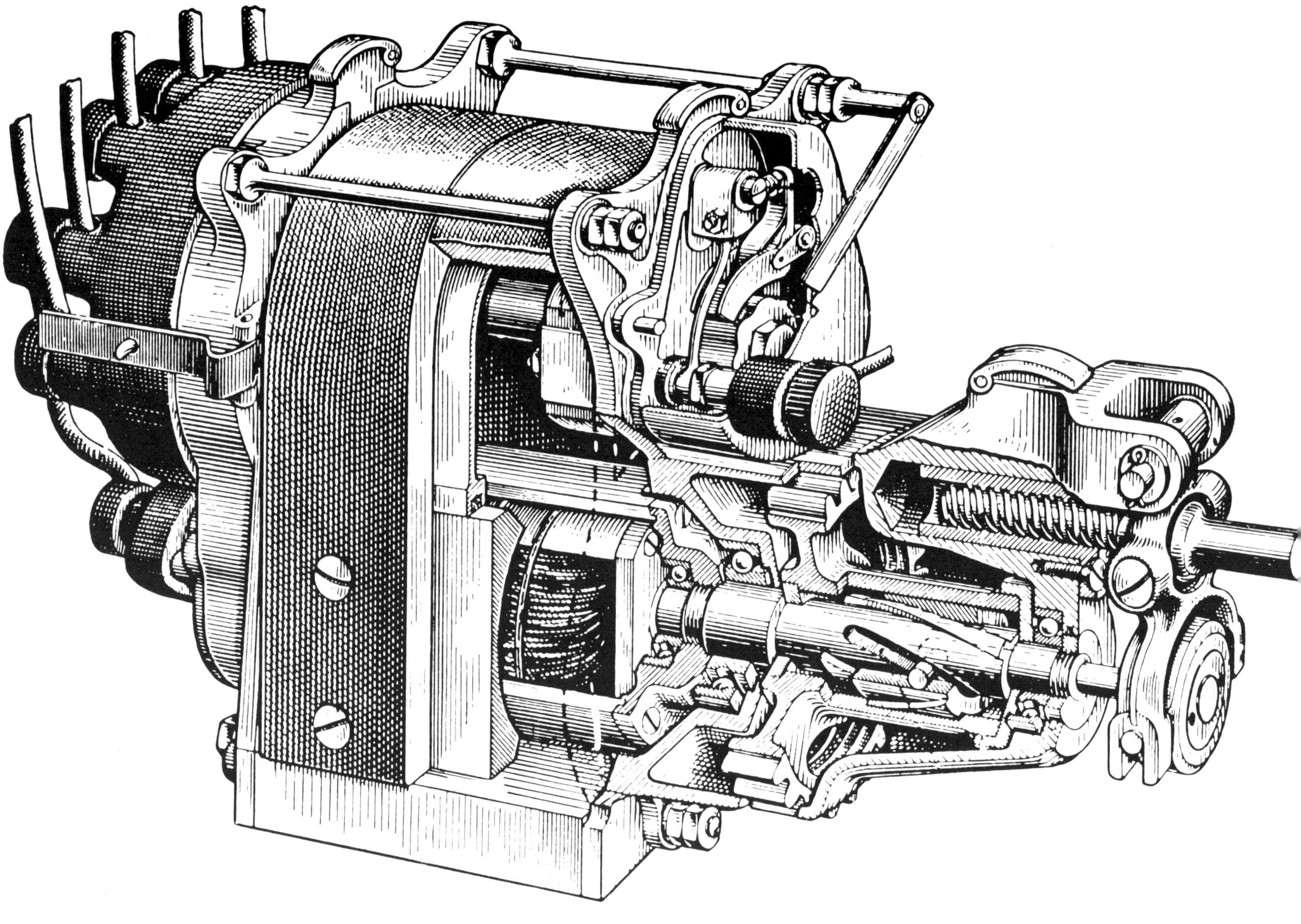

Magneto Bosch pour un moteur d'avion *Antoinette* avec mécanisme d'avance et de retard entre l'arbre d'entraînement et l'arbre de l'induit.

le terme de taux de compression, et la puissance dégagée par un moteur est en rapport avec le degré de cette compression. Le mélange compressé est allumé par la bougie et la flamme se propageant dans le mélange en élève la température et, par le fait même, la pression.

Lorsqu'un gaz est compressé rapidement, sa température augmente. Elle peut, lorsque le taux de compression est trop élevé, augmenter à un point tel que le combustible s'auto-allume comme cela se produit lorsque le combustible est injecté dans l'air chaud et comprimé d'un moteur Diesel. Cette « détonation » a pour effets des pressions et des températures excessives, préjudiciables au moteur. Une autre considération dans le dessin des moteurs est qu'un mélange stagnant brûle assez lentement et que l'élévation en température et en pression des gaz compressés éloignés de la bougie peut être élevée encore davantage par la combustion des gaz proches de la bougie, cette élévation de température pouvant produire une détonation dans la partie des gaz non brûlés. Les recherches de Ricardo ont montré que les limites de la détonation pouvaient être repoussées par le recours à des essences mélangées de différents hydrocarbures. Il constata que l'addition de substances telles que le tétraéthyle de plomb pouvaient modifier la propagation de la flamme dans le mélange compressé. Ou encore, qu'en créant une turbulence dans les gaz, ceux-ci tourbillonnaient dans la chambre, donnant une combustion meilleure et plus complète. Il établit que l'allumage devait commencer dans la partie la plus chaude de la chambre et se propager ensuite vers les parties plus froides, de manière à éviter la détonation. Ricardo constata encore qu'il ne devait exister aucune poche susceptible de retenir des gaz non brûlés et que la surface de la chambre devait être aussi petite que possible de manière à réduire les pertes de chaleur sur les parois. Ainsi, la chambre de combustion idéale devrait-elle être sphérique et la bougie, positionnée en son centre. Cette disposition n'étant cependant pas pratique, la solution de rechange la plus satisfaisante consista en une chambre en toit à deux pentes, les soupapes d'admission ouvrant sur l'une des pentes, les soupapes d'échappement, sur l'autre pente, et la bougie étant vissée dans l'arête du toit.

La chambre de combustion, cœur du moteur, doit donc être conçue en fonction d'idéaux contradictoires; une surface réduite, un espace suffisant pour des soupapes de grand diamètre permettant une entrée et une sortie rapide des gaz tout en favorisant leur turbulence; de la place pour la bougie dans une position optimale; enfin, une fabrication simple et d'un coût peu élevé. Ce sont les compromis entre ces différents idéaux qui nous ont valu une telle variété dans la forme des chambres de combustion et le profil des têtes de pistons, dans le nombre et la position des soupapes et, bien sûr, dans le dessin tout entier des moteurs. On remarquera en passant que le recours nécessaire à un taux de compression élevé et l'obligation de limiter le déplacement de la flamme pour éviter la détonation ont empêché, sur le moteur à essence, les gros alésages caractéristiques des moteurs Diesel et des moteurs à gaz.

Sur les premiers moteurs à essence, les soupapes d'échappement étaient actionnées mécaniquement par les cames d'un arbre lui-même entraîné par le vilebrequin, à une vitesse réduite de moitié. Ceci avait déterminé le positionnement de l'arbre à cames à proximité immédiate du vilebrequin et la disposition verticale des soupapes dont l'ouverture se produisait, de ce fait, sur les côtés des cylindres et de la chambre de combustion. Le fait que ces soupapes travaillaient à des températures élevées combiné avec la pauvreté des métaux alors utilisés ne leur donnait bien sûr qu'une faible longévité.

Sur ces mêmes premiers moteurs, les soupapes d'admission et leurs ressorts de rappel — faibles, pour permettre l'ouverture des soupapes par la seule aspiration du moteur — étaient logées au-dessus des soupapes d'échappement. Ainsi, les soupapes d'admission pouvaient être sorties facilement, avec leur logement, et les soupapes d'échappement pouvaient être retirées par le même logement. Cette disposition signifiait bien entendu une poche sur le côté du cylindre, elle entraînait un cheminement important de la flamme, entre la poche et la paroi opposée de la chambre, et constituait un obstacle à la bonne circulation des gaz d'admission et d'échappement. Autant de caractéristiques favorables à la détonation et interdisant un taux de compression efficient.

L'un des premiers moteurs à essence à avoir été doté de soupapes d'admission à commande mécanique est celui qui fut utilisé sur le Tricycle Columbia fabriqué en Amérique, en 1901, par la Pope Mfg Co de Hartford. La commande mécanique des soupapes permettait un meilleur contrôle du flux des gaz d'admission mais, commes les arbres à cames de distribution étaient parallèles et voisins du vilebrequin, les soupapes étaient latérales, et les gaz devaient passer au-dessus de la soupape d'échappement brûlante puis au travers d'un étroit canal avant d'atteindre la chambre de combustion hémisphérique. La même année, Maybach dessina le premier moteur Mercedes à soupapes parallèles de part et d'autre du cylindre, et formant une chambre de combustion que l'on appellera plus tard « en T ». Ce moteur de 36 ch (26 kW) comportait 4 cylindres groupés par paires en deux pièces de fonderie, chaque bloc ayant ses propres tubulures d'admission et d'échappement en Y. C'était le premier exemple de tubulures en Y. Malgré son faible rendement, la chambre de combustion en T a été utilisée pendant de longues années.

A ces soupapes dites « latérales » parce qu'elles étaient effectivement disposées de part et d'autre du moteur, succéda une autre disposition latérale dans laquelle toutes les soupapes étaient placées dans un même plan, d'un seul côté du moteur. Cette dispositon ne réclamant qu'un seul arbre à cames autorisa des moteurs simples et peu coûteux mais dont le régime et la puissance étaient limités. Ils furent néanmoins fort répandus pendant au moins soixante ans.

Ricardo s'est également penché sur les culasses des moteurs à soupapes latérales. Ceci l'a amené à en modifier le contour de manière à limiter le dégagement entre le piston et le sommet de la chambre de combustion. Ce qui eut pour effet une turbulence balayant la

Les progrès réalisés dans le domaine des bougies en quelques 60 ans.

Schéma d'un système d'allumage Bosch à bobine :
1 Contact.
2 Bougies.
3 Distributeur et rupteur.
4 Bobine.

charge compressée autour des deux soupapes et vers la bougie située au-dessus de la soupape d'échappement. Avec cette amélioration de la chambre d'échappement. Avec cette amélioration de la chambre de combustion, le moteur à soupapes latérales gagna à la fois en fiabilité et en efficience.

En 1902, Daimler construisit pour la marine russe un moteur 6 cylindres de 300 ch (224 kW) sur les plans de Boris Loutsky. Le dessin des chambres de combustion et la dispositon des soupapes de ce moteur marquaient un progrès encore plus important que ceux des voitures de course contemporaines. La chambre de combustion était conique, la soupape d'admission était disposée au sommet et celle d'échappement, sur le flanc. L'ouverture des deux soupapes était actionnée par des culbuteurs commandés par un arbre à cames tournant au-dessus des culasses. L'arbre à cames étant lui-même entraîné par un arbre vertical muni d'engrenages coniques à chacune de ses extrémités. Une version ultérieure de cette disposition fut celle qu'utilisèrent Rover et Rolls-Royce sur leurs moteurs à culasses en F, après la seconde Guerre Mondiale. Ces moteurs présentaient des chambres de combustion en forme de coin grâce à un toit incliné à environ 30° et à un bas de culasse plat. La soupape d'admission débouchait sur la pente du toit et la soupape d'échappement, sur la hauteur du coin, inclinée à 45°. La bougie était logée au-dessus de la soupape d'échappement. Cette dispositon représentait en quelque sorte un compromis soupapes d'admission en tête — soupapes d'échappement latérales.

Les culasses plates à soupapes verticales furent utilisées sur les meilleurs moteurs dès avant 1910. Les soupapes étaient actionnées par des culbuteurs et de longues tiges mues par un arbre à cames unique situé en général en bas des cylindres. Un exemple en était le 4 cylindres de course Benz de 1909 qui développait une puissance de 200 ch (150 kW). Il comportait deux bougies par cylindre et deux magnétos pour les alimenter. Ces bougies étaient disposées du côté opposé aux soupapes d'échappement. Plus

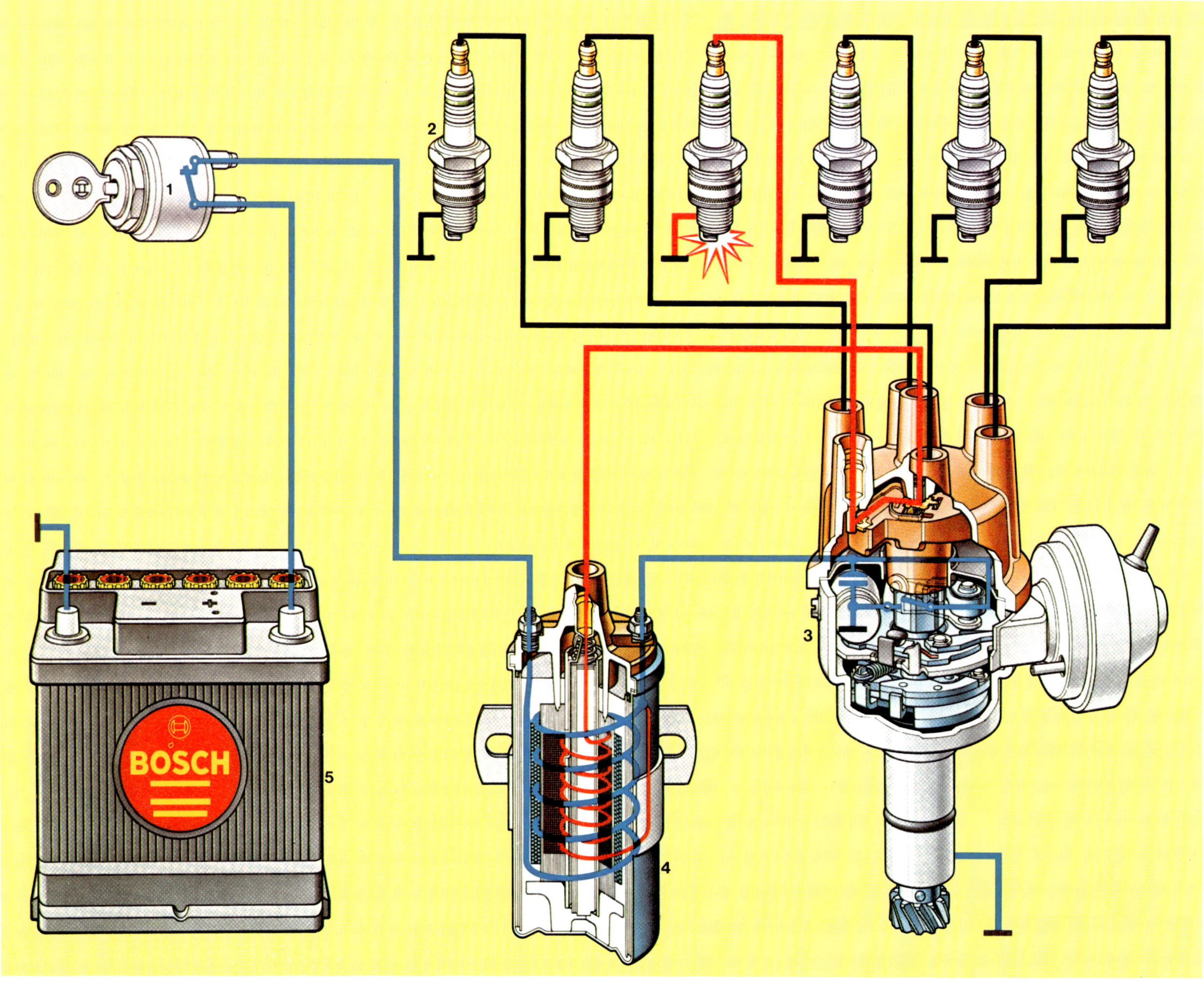

tard, la chambre de combustion reçut une section « en coin », les deux soupapes étant inclinées dans le même plan, au sommet du coin, et les bougies étant situées à proximité de la soupape d'échappement. La culasse de type Héron était une variante de culasse plate. Créée dans les années 1920, elle comportait des soupapes verticales et la chambre de combustion était constituée par un évidement dans la tête du piston.

Tous ces systèmes permettaient un compromis satisfaisant entre les taux de compression élevés nécessaires, la suppression du phénomène de détonation et un coût de réalisation raisonnable.

La course améliore la race

(Racing improves the breed)

Lorsque les considérations de coût s'effacent devant la recherche de performances exceptionnelles — comme cela est le cas pour la course automobile et pour les moteurs d'avion —, le développement progresse beaucoup plus rapidement. Bien que la chambre de combustion soit restée assez mystérieuse dans les premières années du siècle, on s'était cependant rendu compte de ce que les moteurs donnaient plus de puissance lorsque les gaz avaient un cheminement facile, à l'entrée et à la sortie des cylindres, ou, en d'autres mots, lorsque le moteur avait une « respiration » facile. Ceci conduisit à réaliser des conduits de gaz — ou tubulures — aussi courts et aussi rectilignes que possible, et, lorsqu'une courbure était indispensable, de lui donner le plus grand rayon de courbure possible. Si les soupapes sont inclinées l'une par rapport à l'autre et disposées dans la culasse, les tubulures peuvent assurer une meilleure circulation des gaz. Fiat construisit dès 1905 un moteur culbuté dans lequel les soupapes formaient entre elles un angle de 90°. Trois ans plus tard, étaient installées quatre soupapes par cylindre (deux d'admission et deux d'échappement) qui, au moyen de culbuteurs, étaient actionnées par un arbre à cames unique logé dans la culasse même. En

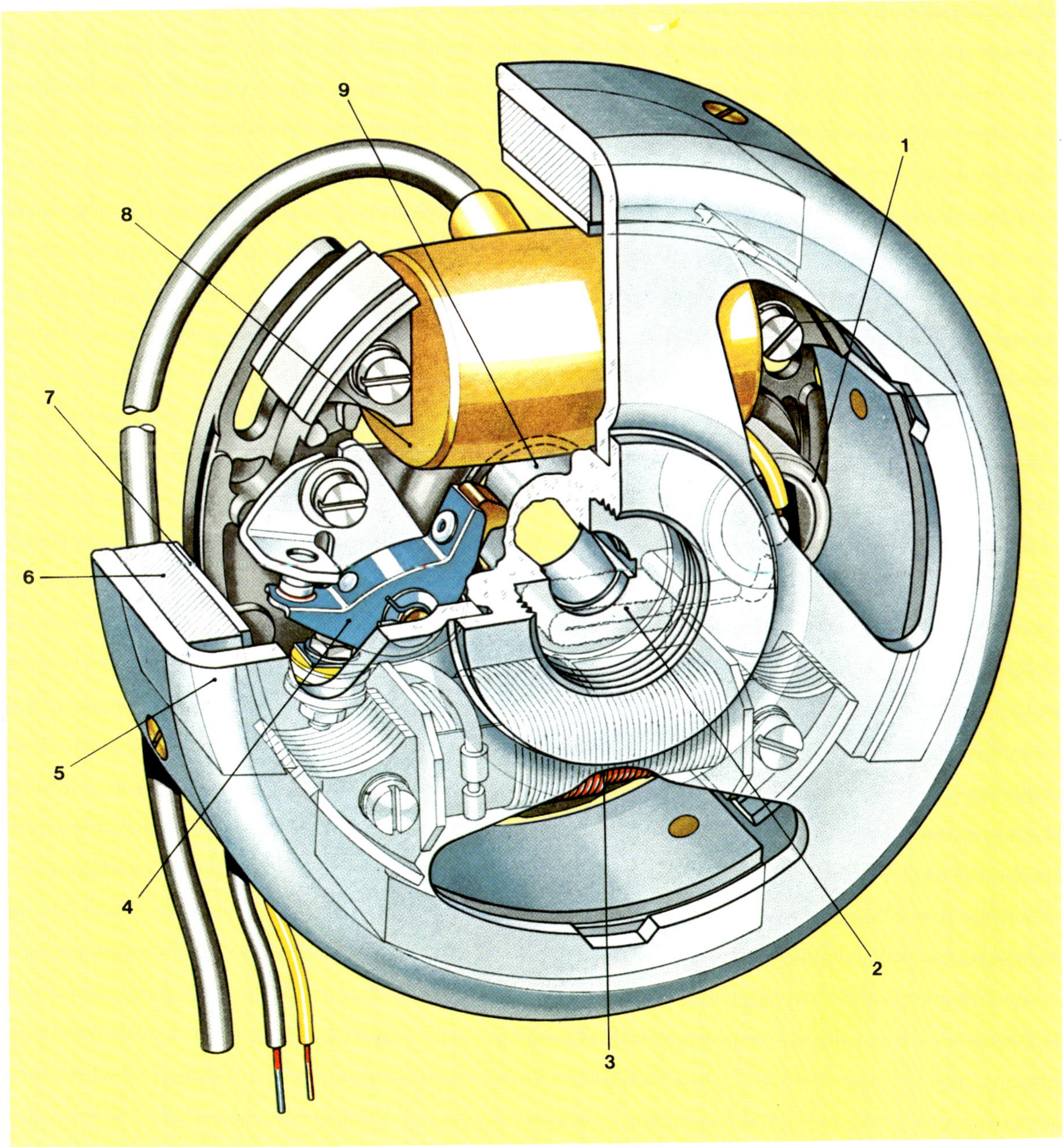

Volant magnétique Bosch du type courant sur les petits moteurs 2-temps :
1 Condensateur.
2 Tampon lubrifiant de la came.
3 Générateur.
4 Rupteur.
5 Volant.
6 Aimant.
7 Corne polaire.
8 Bobine d'allumage.
9 Came.

1911 on réduisait de moitié le nombre de cames sur l'arbre en tête en n'utilisant plus qu'une seule came par paire de soupapes. Les tubulures s'en trouvèrent néanmoins compliquées par la disposition des soupapes de part et d'autre de la culasse, ce qui nécessitait une tubulure longue et une tubulure courte pour chaque paire de soupapes.

L'ingénieur suisse Henri dessina pour la Peugeot Grand Prix de 1912 un moteur 4 cylindres réunissant toutes les meilleures solutions alors connues. Ce moteur qui allait, par la suite, inspirer bon nombre de moteurs à hautes performances comportait quatre soupapes par cylindre, les soupapes d'échappement étant d'un côté et celles d'admission de l'autre, toutes étant inclinées à 45° par rapport à la verticale. Chacun des deux rangs de soupapes était actionné par un arbre à cames placé directement au-dessus. Les carters de ces arbres à cames étaient cependant distincts de la culasse afin que l'air circulant dans l'espace libre puisse servir à refroidir les ressorts de soupapes. Ce moteur de 7,6 litres développant 130 ch à 2 200 tr/mn présentait, par pure coïncidence, un grand nombre de points communs avec le moteur conçu par Ricardo pour la Vauxhall de course de 1922. C'est là un exemple des résultats semblables auxquels peuvent mener de brillantes recherches scientifiques.

Moteur René Gillet 1906, un deux cylindres en V à soupapes d'admission automatiques et magnéto entraînée par arbre de renvoi.

La soupape la plus communément utilisée dans le moteur à combustion interne est, de loin, la soupape « champignon » caractérisée par une large tête tulipée et une queue longue et fine. L'arête interne de la tête est biseautée selon un angle variant entre 30 et 45° et vient s'insérer dans un « siège » du même angle disposé dans la culasse ou dans les chambres de soupapes, dans le cas de moteurs à soupapes latérales. Ultérieurement, les sièges et le biseautage des têtes de soupapes ont reçu des angles différents de manière à ce que, sous l'effet de la température, ceux-ci deviennent égaux pour donner une meilleure étanchéité. On doit en effet rappeler que, dans un moteur moderne, les soupapes travaillent à des températures voisines du point de fusion du fer et à des pressions pouvant atteindre 70 kg/cm².

Les premières soupapes étaient des disques d'acier presque plats, forgés d'une seule pièce avec la queue, ou, dans certains cas, vissés à cette queue. Avec l'augmentation des puissances et des régimes, les soupapes devinrent tulipées de manière à améliorer à la fois leur solidité et la circulation des gaz. Les nouveau additifs qui entrèrent dans la composition des carburants, et notamment le tétraéthyle de plomb, attaquaient même les meilleures qualités d'alliage connus. On dut alors avoir recours pour les sièges à des alliages spéciaux comme la stellite, alliage de cobalt, de chrome, de tungstène et de molybdène. Enfin, pour conserver une température relativement basse aux soupapes des moteurs de course, et particulièrement des moteurs d'avion, on utilisa des soupapes dont le corps creux était partiellement rempli de sodium, lequel devenait liquide aux températures élevées et se déplaçait dans la soupape, transférant la chaleur de la tête à la queue dont elle pouvait s'échapper par le guide de soupape.

Pour atténuer la force latérale qui résulterait du frottement de la came sur la queue de soupape ou la tige de culbuteur, un poussoir fut placé entre eux. Il fallut aussi prévoir une possibilité de réglage du jeu entre la came et la soupape, en raison des dilatations différenciées qui se produisent à haute température entre la soupape et les autres parties du moteur. Ce jeu est indispensable pour permettre à la soupape de se poser de manière parfaitement étanche sur son siège, même s'il a tendance à provoquer un cliquetis bruyant lorsque la came, le poussoir ou éventuellemnt le culbuteur vient frapper la soupape pour l'ouvrir. Amédée Bollée Fils — son père qui portait le même nom avait été un grand constructeur de véhicules à vapeur — transforma le poussoir en deux pistons travaillant dans un guide et séparés par un matelas d'huile provenant du système de lubrification du moteur, de manière à entretenir un jeu nul par la seule pression hydraulique. Clarence King, chez Vauxhall, utilisa dix ans plus tard, en 1920, ce système de rattrapage du jeu sur un moteur culbuté. Plus récemment, en 1968, Ford a inventé un système de double siège de soupape qui supprimait l'inconvénient inhérent aux poussoirs à rattrapage de jeu hydraulique : une tendance à se lever par pompage à vitesse élevée, empêchant la soupape de se poser correctement sur son siège.

Alors que, sur le moteur à soupapes latérales comme sur le moteur culbuté à soupapes en tête, il existe un espace suffisant entre la came et la soupape (ou la tige de culbuteur) pour placer le poussoir, au contraire, cet espace est extrêmement exigu lorsque l'arbre à cames est logé juste au-dessus des queues de soupapes. Dans ce cas, le poussoir est constitué par un godet d'acier guidé par un coussinet dans la culasse et contenant la partie supérieure du ressort de soupape. Le godet porte sur la queue de la soupape au moyen d'un embout taraudé. Cette disposition fut utilisée sur le moteur Ballot en 1920 dont le dessin était dû à l'ingénieur Henri.

Le ressort hélicoïdal est le moyen le plus fréquemment utilisé pour une fermeture rapide et efficace des soupapes « champignon ». Mais cette méthode présente deux inconvénients difficiles à surmonter. Tout d'abord, le ressort est en général enfermé, et comme il se trouve dans une partie très chaude du moteur, son élasticité est atténuée. Deuxièmement, le ressort hélicoïdal a tendance à s'affoler aux régimes élevés de fonctionnement. Cet affolement est dû au fait que l'accélération d'une partie du ressort a tendance à produire un effet de résonance, et lorsque cette accélération atteint un certain seuil — celui de la fréquence de vibration naturelle du ressort — les spires commencent à vibrer par elle-mêmes. Un ressort plus faible éleverait la fréquence de vibration naturelle mais pourrait aussi être insuffisamment puissant pour fermer correctement la soupape. Une solution consiste à utiliser deux ressorts concentriques plus faibles. Une autre solution consiste à changer l'espacement des spires sur la longueur du

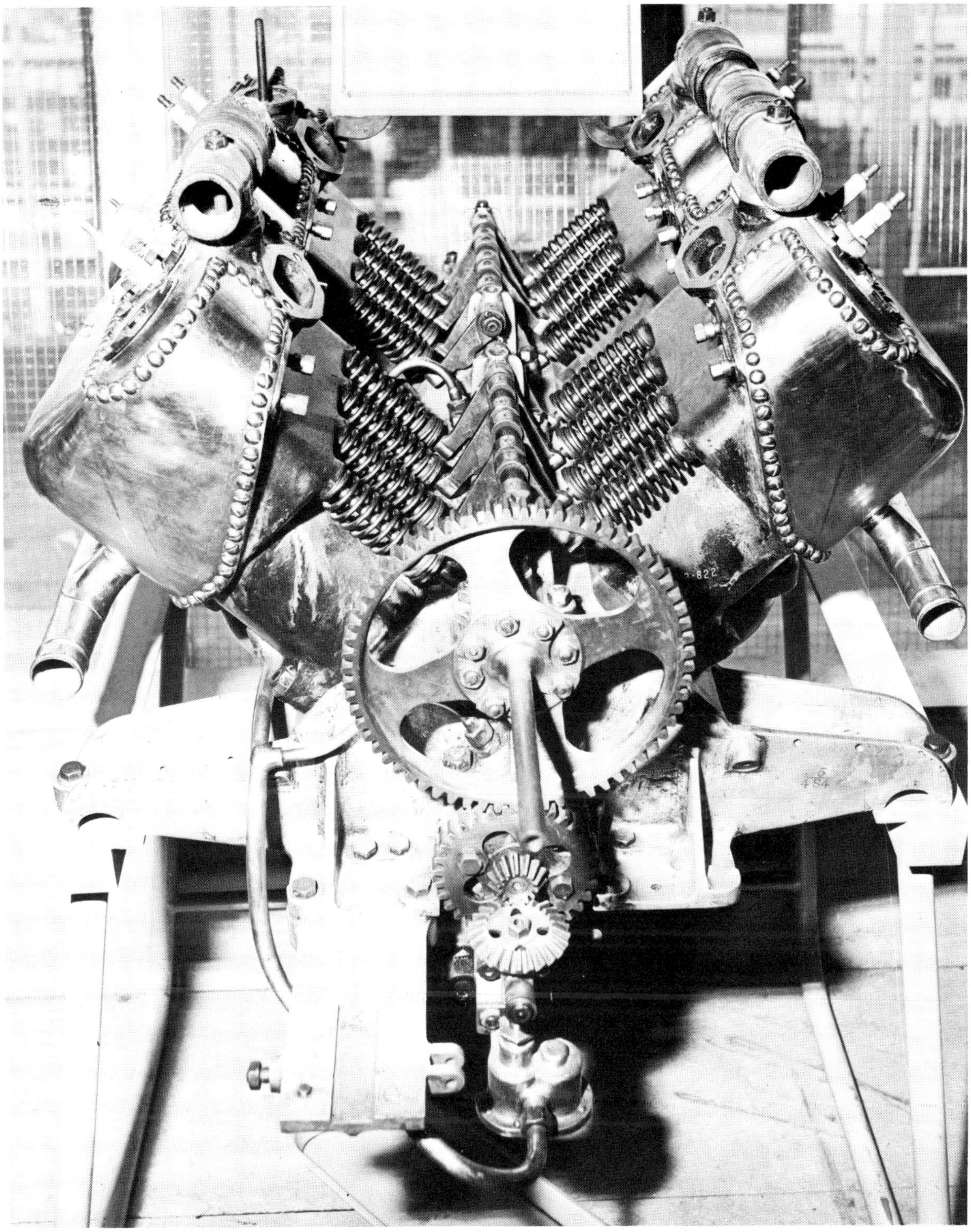

Le Wolseley aviation 1912 à 8 cylindres en V et soupapes latérales développait 60 ch (45 kW).

ressort. L'utilisation de deux ressorts « en épingle » — ou « à pincette » — par soupape présente l'avantage de pouvoir laisser les spires hors des parties les plus chaudes du moteur. C'est la raison pour laquelle cette méthode est devenue courante à partir des années 1920, sur les motos de course à refroidissement par air. D'autres types de ressorts de soupapes sont les ressorts à lame, tels qu'il furent utilisés par Daimler, Benz et Leyland, ou encore, les barres de torsion combinées avec les axes de culbuteurs, procédé utilisé par Panhard et d'autes constructeurs.

En 1913, un moteur créé par les chantiers navals Samuel White et Cie présentait des soupapes à ouverture et fermeture mécanique. Ceci avait été obtenu par un sillon creusé sur le côté de la came et un doigt sur la queue de soupape. Ce système appelé « desmodromique » a également été obtenu par d'autres moyens; en 1918, Cattaneo utilisa deux cames, l'une au-dessus du culbuteur et l'autre, au-dessous. La même année, Burt conçut un culbuteur à deux doigts prenant en des points diamétralement opposés de la came. Un système comportant une came d'ouverture et une came de fermeture par soupape fut utilisé par Mercedes-Benz en 1945, et un système de commande desmodromique des soupapes similaires équipait également les motos de course Ducati dont Fabio Taglioni assura le développement entre 1948 et 1959.

Lorsque l'arbre à cames est situé sur le côté du carter, il n'est pas compliqué de le faire tourner à une vitesse réduite de moitié par rapport à celle du vilebrequin; de simples pignons et une courte chaîne suffisent. Mais cela devient plus compliqué lorsque l'arbre à came se trouve dans la culasse, et encore plus compliqué avec plusieurs arbres à cames car les cascades de pignons de commande sont coûteuses et bruyantes. L'un des moyens de surmonter cette difficulté consiste en un arbre vertical muni de pignons coniques à chaque extrémité. C'est le système utilisé sur les 6 cylindres d'aviation construits par Mercedes en 1912, et aussi sur le moteur de course Fiat de 1911. Sunbeam et Sturmey Archer eurent recours à cet entraînement par arbre vertical pour leurs mono-cylindres de moto, au milieu des années 1920, mais des cames furent placées directement sur l'arbre vertical afin d'éviter un second jeu de pignons coniques et un autre arbre à cames.

Ci-dessous : coupe d'un moteur Citroën *C6* (6 cylindres) montrant les soupapes latérales.
A droite : le 4-cylindres à plat à soupapes en tête de l'Alfasud.

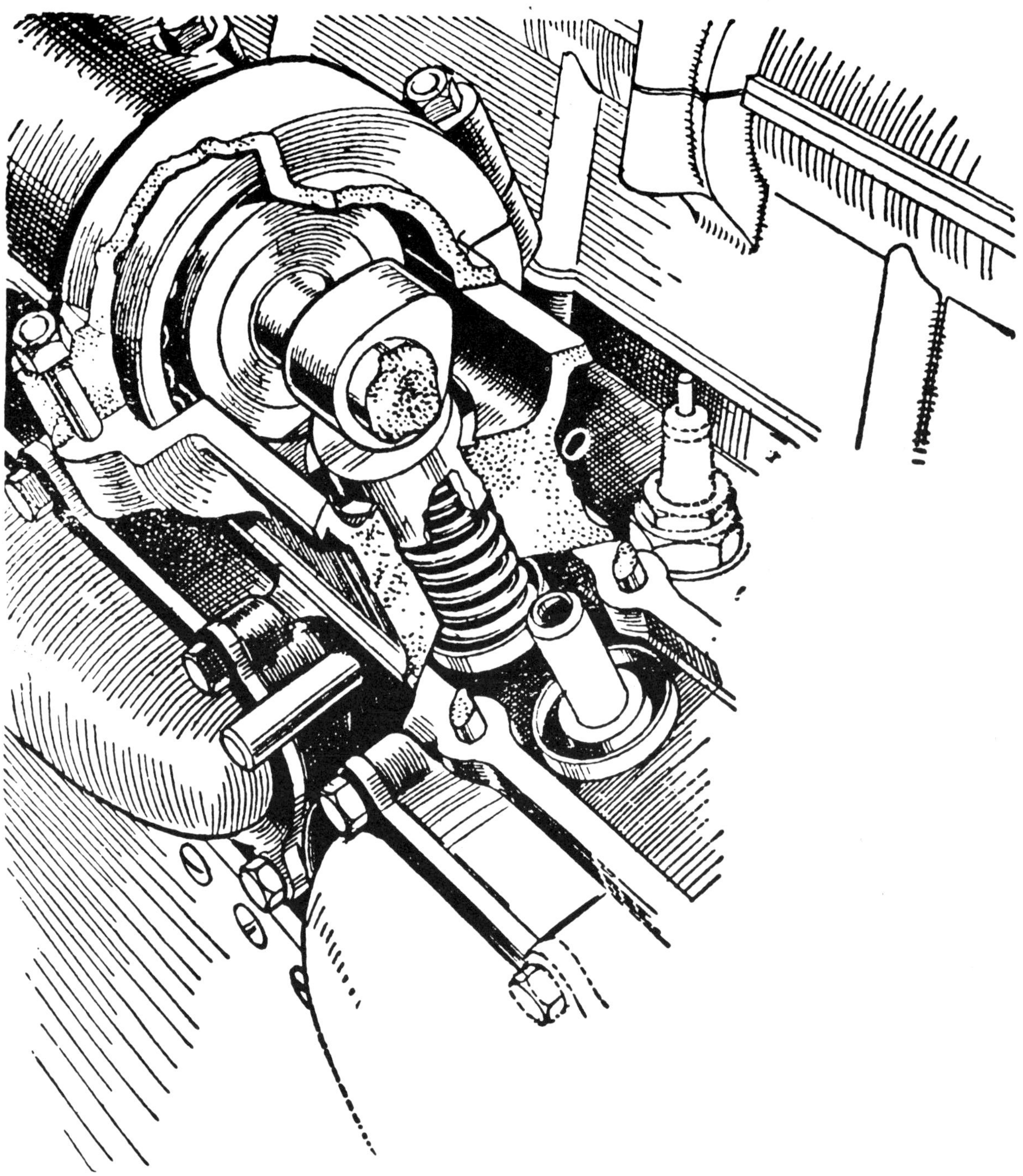

Poussoirs cylindriques. Sur certains moteurs à arbre à cames en tête, les cames agissent directement sur des cylindres d'acier entourant les ressorts de soupapes. Ce dessin représente la distribution d'un moteur Ballot de 1920.

Le 6 cylindres que John Weller conçut pour A.C. en 1919 comportait un arbre à cames en tête unique muni, à l'une de ses extrémités, d'une roue dentée entraînée par une chaîne. Pour réduire les variations de couple que pouvaient provoquer la compression des ressorts de soupapes, et aussi, pour compenser l'allongement de la chaîne dû à l'usure inévitable des nombreux rouleaux, Weller assura la tension de sa chaîne au moyen d'un long ressort à lame. Celui-ci était appliqué sur le côté externe de la chaîne et maintenu en tension par un ressort reliant les deux extrémités de cette chaîne. Ce tendeur de chaîne de Weller eut une longue carrière et on le trouvait encore sur la Jaguar *XK 120*. Il évolua ensuite en un patin appliqué sur la chaîne par la pression d'un ressort — ou par pression hydraulique —. Il est encore couramment utilisé sous cette forme aujourd'hui.

La substitution de la courroie crantée inextensible à la chaîne a commencé en 1945. Ces courroies faites d'un caoutchouc synthétique résistant à l'huile ont une armature de fibres de nylon ou de fils d'acier et des dents moulées sur leur face interne. Leur tension est assurée par une poulie libre agissant sur leur face externe, lisse.

La soupape champignon classique donnait toute satisfaction mais son martellement sur le siège répété plusieurs milliers de fois par minute sous l'effet du ressort a amené de nombreux ingénieurs à inventer un système de soupapes s'ouvrant et se fermant par rotation. Le cycle à essence de Edward Butler, en 1887, présentait des soupapes rotatives dont les ouvertures se combinaient avec des ouvertures similaires ménagées dans la culasse pour contrôler le débit des gaz. Le moteur Itala de 1911 — il restera en production pendant onze ans — comportait une soupape adjacente à une paire de cylindres qui pivotait sur un axe sensiblement vertical. Elle était percée d'un passage d'admission, sur le fond du cylindre, et deux ouvertures sur le côté, et d'autre part, d'un passage d'échappement au sommet du cylindre, et de deux autres ouvertures sur le côté. Lorsqu'elle tournait, les ouvertures se présentaient tour à tour pour laisser le mélange entrer dans l'un des cylindres par le passage inférieur, tandis que les gaz d'échappement de l'autre cylindre étaient recueillis par le passage supérieur.

La soupape conçue en 1923 par R.C. Cross était semblable à celle de l'Itala, mais, placée en travers de la chambre de combustion, elle pivotait sur un axe parallèle au vilebrequin. La soupape de Cross évolua pendant quelques quinze années, à la fois sur les mono-cylindres de moto et sur des multi-cylindres automobiles. Bien que la majorité des inconvénients inhérents à la soupape rotative aient été résolus, notamment le problème de son étanchéité et celui de sa distortion à la chaleur, elle n'a jamais été utilisée sur un moteur de production. Un sort très semblable fut réservé à la soupape d'Aspin, en 1936, une soupape conique tournant dans l'axe du cylindre. La base du cône formait le toit de la chambre de combustion et comportait un passage courbé menant de la base aux parois du cône. Lorsque la soupape tournait, ce passage était ouvert successivement à la tubulure d'admission, à la bougie et au collecteur d'échappement.

En 1905, Charles F. Knight — un éditeur américain — dessina un moteur dont le cylindre et le piston fonctionnaient alternativement tandis que le carter et la culasse restaient stationnaires. Un engrenage compliqué et une double manivelle prévus dans le fond du bloc-moteur abaissaient le cylindre dans la phase d'aspiration pour permettre à une série de lumières pratiquées dans le cylindre de coïncider avec la tubulure d'admission. Le piston et le cylindre s'élevaient alors pour obturer les lumières

A gauche : des ressorts de soupapes coniques caractérisaient le moteur R.A.F. *4A* de 160 ch (119 kW), en 1916.

Ci-dessous : la distribution à soupapes en tête du moteur d'aviation Rolls-Royce *Eagle*.

d'admission et le piston continuait seul sa course pendant les phases de compression et d'explosion. Au bas de la course du piston, une série de jours d'échappement s'ouvraient dans la paroi du cylindre et, à ce moment, le cylindre se déplaçait à nouveau pour découvrir d'autres lumières d'échappement dans la culasse. Knight modifia ce système en 1908 au moyen de deux fourreaux concentriques, le fourreau interne n'étant en fait que la chemise du cylindre, rendue pivotante, à une vitesse d'une demi-fois celle du vilebrequin, par un jeu d'excentriques. Cette dispositon permettait une bonne circulation des gaz et laissait une certaine liberté dans le choix de la forme de la chambre de combustion et dans le positionnement de la bougie. De plus, il donnait une culasse simple et plus facile à refroidir. Le moteur à double fourreau de Knight fut développé par la Daimler Motors anglaise et, deux ans plus tard, il était fabriqué sous

Ci-dessous : les culbuteurs à va et vient du moteur aviation de 120 ch Beardmore ne comportaient qu'un ressort à lame.

Page de droite : le quatre cylindres Yamaha *1000 XS* avec ses poussoirs de soupapes cylindriques.

licence en Allemagne par la Daimler Motoren Gesselschaft. Ces moteurs à double fourreau étaient plus silencieux et plus souples que leurs contemporains à soupapes classiques mais leur consommation d'huile était plus importante. Et c'est en fait la difficulté de trouver une huile de qualité suffisante pour empêcher le bris des fourreaux qui a précipité leur fin.

Une évolution contemporaine de ce type de soupape est la soupape cylindrique inventée en 1909 par le Canadien de Toronto, H.H.K. McCollum. Là encore, le fourreau formait la chemise du piston, avec un mouvement alternatif mais aussi rotatif. La tringlerie d'entraînement de McCollum était cependant trop compliquée pour des moteurs à régimes élevés. Et c'est un ingénieur de la Argylls Ltd de Glasgow, P. Burt qui mit au point, la même année, un système de commande simplifié pour la soupape cylindrique. Ce principe appelé Burt-MacCollum, s'il a cessé d'être utilisé dans l'industrie automobile dès avant la première guerre mondiale, est cependant resté prééminent sur les moteurs aéronautiques, jusqu'à la fin de la seconde guerre mondiale. La principale originalité de ce système est constitué par la forme triangulaire des lumières disposées en un rang autour du cylindre et autour du fourreau, les triangles étant renversés de gauche à droite sur le fourreau et, de haut en bas, sur le cylindre. Un engrenage commandait le fourreau à mi-vitesse du vilebrequin et les lumières, dans un mouvement légèrement elliptique, découvraient l'admission, restaient fermées puis découvraient l'échappement en séquence. De par leur dessin spécialement étudié, les lumières donnaient une distribution et une avance particulièrement précises, même sur des moteurs tournant à des régimes élevés. La bougie d'allumage était située au centre de la chambre de combustion cylindrique, dépassant légèrement le niveau du fourreau, et l'étanchéité était assurée par un joint annulaire. Le bon rendement de ces moteurs était dû à la bonne circulation des gaz dans ces lumières tangentielles qui, de plus, favorisaient la turbulence. Ils avaient aussi l'avantage de supprimer les points chauds difficiles à refroidir, comme, par exemple, sur les soupapes d'échappement, ou encore celui d'une position idéale de la bougie, au centre même de la chambre de combustion.

Le moteur deux-temps

Le procédé d'admission et d'échappement par des lumières pratiquées dans les parois du cylindre fut une caractéristique commune aux moteurs deux-temps de James Robson, Dugald Clerk, Wittig et Hess et Joseph Day, sur des moteurs à essence d'abord, puis sur des moteurs Diesel, par la suite. Day qui avait mis au point son premier moteur deux-temps en 1891, continua pendant plus de trente ans à produire des moteurs à trois lumières de puissance comprises entre 2,5 et 30 ch (1,9 à 22 kW).

Sur ce type de moteur, la lumière d'admission est rendue opérationnelle par la levée de la jupe du piston, au moment même où celui-ci quitte son point mort bas, la dépression ainsi créée dans le carter

YAMAHA

La distribution par soupape rotative horizontale appliquée à un mono-cylindre de motocyclette.

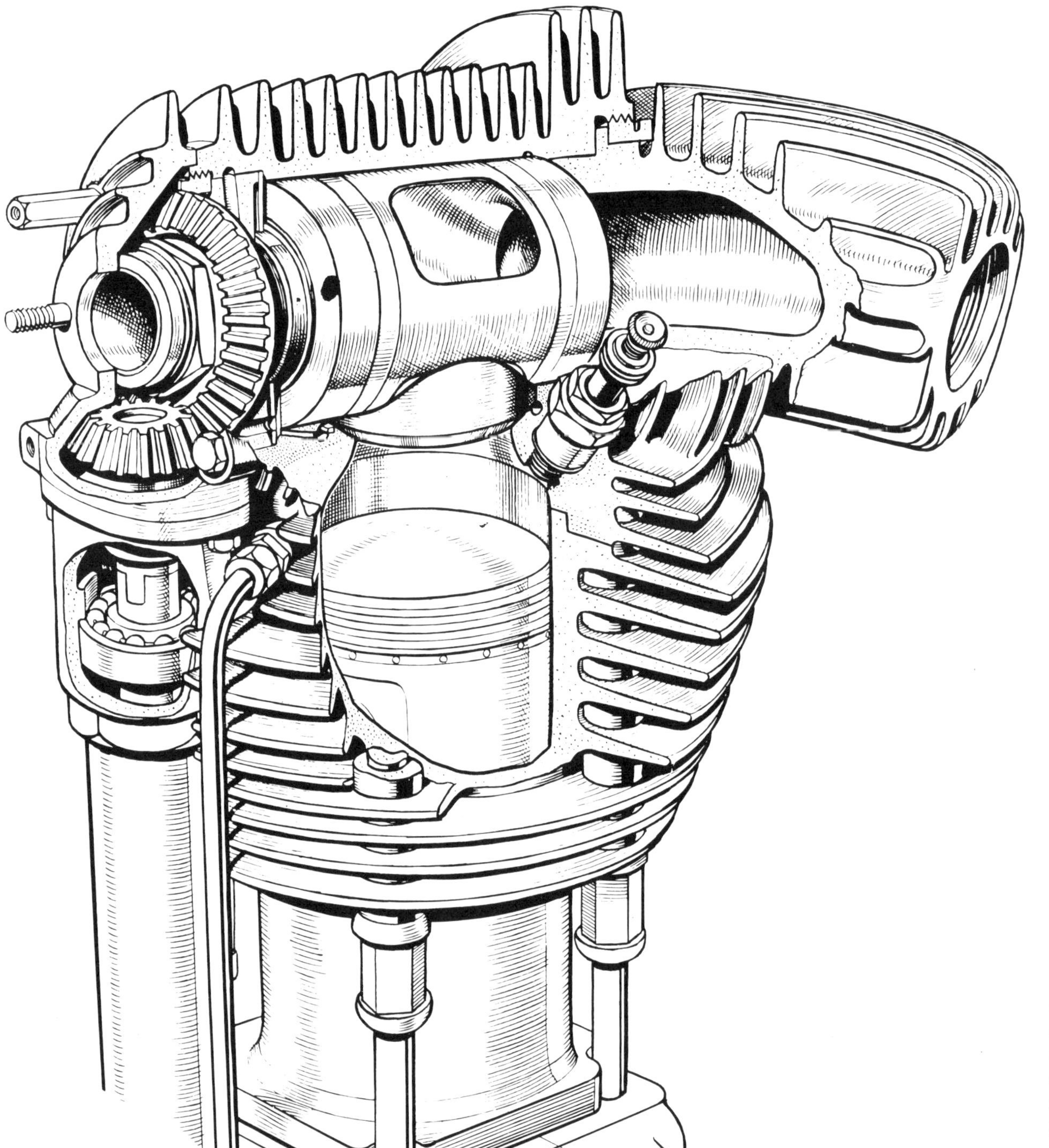

provoquant une aspiration suffisante de mélange. Simultanément, la tête du piston comprime le mélange admis lors de la précédente course ascendante, et, lorsque le mélange compressé a été allumé, le piston redescend et, vers la fin de sa course de détente, sa tête découvre une lumière d'échappement et, sur le côté opposé, une lumière dite de transfert. A partir de cette lumière, un conduit relie le carter à la chambre de combustion et permet au mélange de transiter de l'un à l'autre, sous la seule pression créée par la descente du piston. Sur le moteur de Day — et sur la plupart de ceux qui ont suivi pendant une quarantaine d'année — un déflecteur incorporé à la tête du piston expédiait les gaz admis vers le haut du cylindre, les forçant à chasser les gaz brûlés de l'autre côté du déflecteur, vers la lumière d'échappement.

L'augmentation des régimes de rotation réduisit le temps alloué à l'admission du mélange dans le carter et à son envoi dans la lumière de transfert. Ceci réduisit bien sûr leur rendement et c'est ce qui décida R. Lucas à dessiner, en 1904, un moteur bi-cylindre avec chambre de combustion commune et vilebrequins engrenés. L'objectif était de permettre aux lumières de transfert et d'échappement de s'ouvrir et de se fermer séparément. Le système du double piston fut utilisé sur le 4 cylindres Trojan conçu par Leslie H. Hounsfied en 1913. Les cylindres y étaient appairés au moyen d'une chambre de combustion reliée aux lumières d'admission de l'un et aux lumières d'échappement de l'autre. Dans chaque cylindre, les pistons étaient couplés par une bielette en V qui, de par la seule angularité de son mouvement, faisait qu'un piston découvrait la lumière d'échappement avant que l'autre ne ferme celle d'échappement et vice et versa. Ce moteur est resté en production pendant plus de trente ans et d'autres moteurs bi-cylindres à vilebrequins engrenés furent fabriqués en Europe par Puch et D.K.W.

A la suite d'investigations sur le moteur 2-temps, en 1909, Ricardo ajouta un cylindre à pompe entraîné par le vilebrequin pour aspirer et comprimer partiellement le mélange. Des pompes semblables furent montées successivement sur la moto de Wooler en 1912, sur le cycle à pétrole de Butler, et par Dunelt et D.K.W., en 1928.

Parmi les autres procédés tendant à accroître le rendement du deux-temps en allongeant la durée de l'admission, il faut aussi noter le recours à des soupapes. Cela fut le cas du moteur Elgin dessiné en 1908 par R. Treskon, en Allemagne. Ce moteur de 130 cm^3 comportait une soupape automatique à ressort destinée à régler l'admission dans le carter, et seulement deux lumières, une de transfert et une d'échappement. Une soupape d'échappement à commande mécanique équipait le Quadrang 350 cm^3 de 1913 dans le but d'avancer les temps d'ouverture et de fermeture en fonction du temps d'ouverture de la lumière de transfert. La même année était construit le moteur *Premier*

Pony qui comportait des glissières radiales sur les queues de bielles de manière à donner une légère rotation aux doubles déflecteurs des têtes de piston, et permettre ainsi un réglage de l'avance des gaz.

Tous les moteurs bi-cylindres présentaient l'avantage d'utiliser des pistons à tête plate. Ce qui améliorait à la fois l'écoulement de la chaleur et le dessin de la chambre de combustion. Vers la fin des années 1920, un savant allemand, le Dr Schnürrle inventa un moteur à pistons plats sur lequel la lumière de transfert occupait une position différente. Au lieu d'être perpendiculaire à l'axe du vilebrequin, elle lui était parallèle et les deux lumières d'échappement se faisaient face dans un plan à 90° de celui de la lumière de transfert. Le mélange en provenance de la lumière de transfert atteignait ainsi la chambre de combustion hémisphérique en décrivant deux volutes, et en refoulant les gaz brûlés vers les lumières d'échappement. Les moteurs Villiers d'après la Seconde Guerre Mondiale avaient deux lumières de transfert parallèles au vilebrequin et opposées à l'unique lumière d'échappement dans le but de favoriser cette élimination des gaz brûlés.

Le deux-temps accomplit un nouveau pas en avant grâce à Walter Kaarden, chef du département de la recherche chez le fabriquant des motos MZ, dans les anciennes usines D.K.W de Zschopau, en Allemagne de l'Est. Il réalisa — comme Michel Kadenacy l'avait fait auparavant — que les conduits alimentant les lumières de cylindres pouvaient être conçus de manière à résonner comme des tuyaux d'orgue et favoriser ainsi l'écoulement des gaz. D'autres traits caractéristiques furent aussi le montage d'un disque sur le vilebrequin — Zimmerman l'avait suggéré en 1953 — pour contrôler l'avance de l'admission du carburateur au carter, et une lumière de transfert auxiliaire, opposée à celle d'échappement et en supplément à celles déjà existantes, face à face. Par ailleurs, la chambre de combustion de ce moteur de 125 cm³ comportait une sorte de déflecteur destiné à accroître la turbulence des gaz. En 1961, il fut le premier moteur à atteindre les 200 ch au litre et il allait, par la suite, constituer la base d'inspiration des moteurs des motos de courses japonaises Suzuki et Yamaha.

L'admission forcée — Compresseurs et turbos

Connaissant les besoins en oxygène des moteurs à essence il est vite devenu évident qu'un afflux d'air forcé ne pourrait qu'être bénéfique en ce qu'il permettrait de brûler une plus grande quantité de combustible et compenserait les difficultés de circulation dans les tubulures. Tout comme l'homme primitif soufflait sur le feu pour l'activer, les locomotives à vapeur comportaient, à l'avant, des orifices destinés à activer le foyer. Des prises d'air à l'avant furent souvent utilisées sur les carburateurs des premières motos et, dès 1902, Louis Renault avait essayé un ventilateur centrifuge pour activer l'admission. Pour parer aux déficiences de respiration de son moteur 6-cylindres, J.T. Nicholls, des Chadwick Engineering Works à Pittsburg (U.S.A.), avait monté un rotor de 20 cm de diamètre entraîné par courroies à cinq fois le régime du moteur. Une pompe alternative du type de celles utilisées sur les moteurs deux temps fut employée sur les Hispano-Suiza de l'ingénieur Marc Birkgit en 1911 et, la même année, Sizaire et Naudin expérimentait un compresseur centrifuge.

La Première Guerre Mondiale fit considérablement progresser l'aviation et c'est alors que l'on s'aperçut que la réduction de la pression atmosphérique en altitude diminuait sensiblement les puissances. Le Royal Aircraft Establishment de Farnborough, en Angleterre, commença en 1916 ses expériences sur le compresseur, dans l'objectif de conserver en altitude la pression atmosphérique existant au sol. Avec un compresseur Roots comportant deux rotors imbriqués en forme de 8 et d'un diamètre maximum de 24 cm, ils suralimentèrent un moteur *Napier Lion VS*. Monté sur un

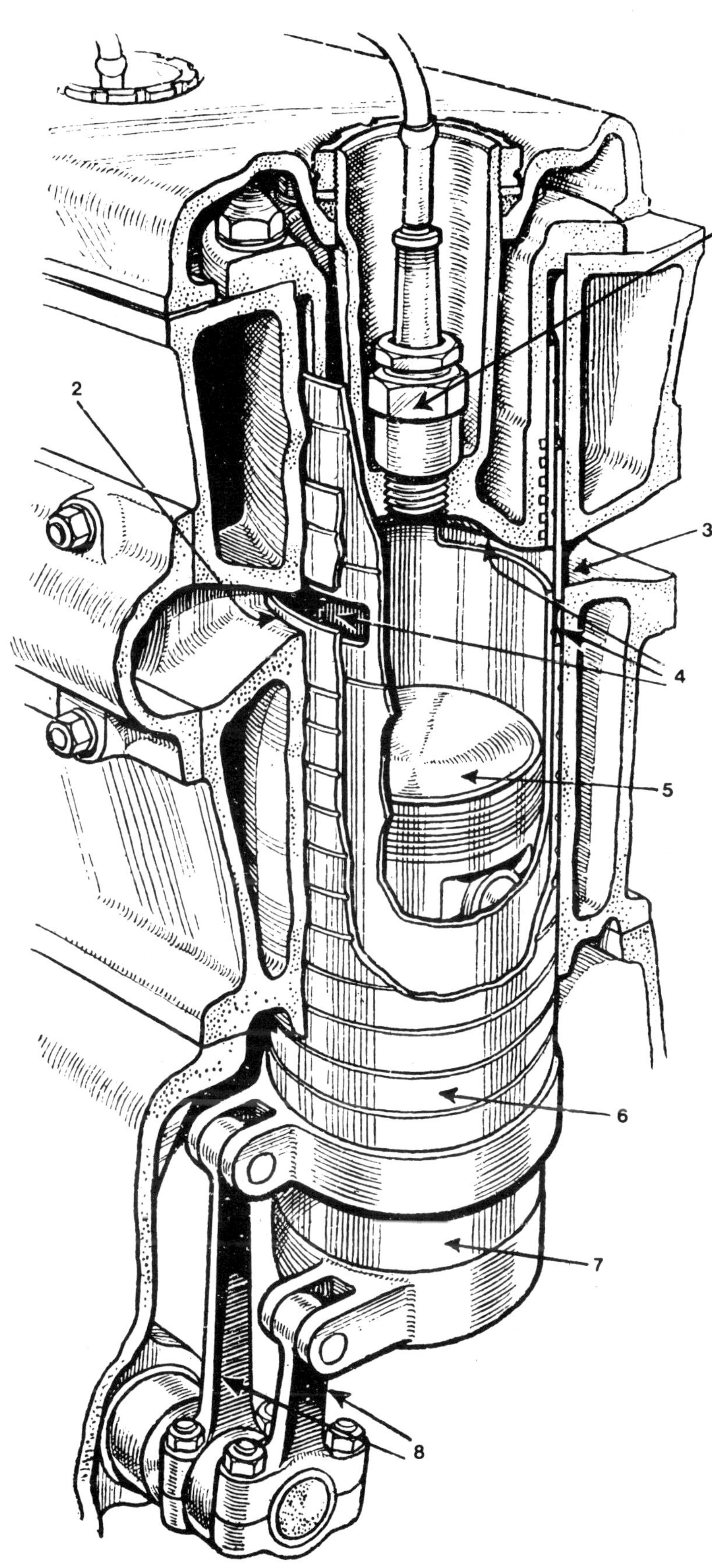

Le moteur à double fourreau ou moteur sans soupapes :
1 Bougie.
2 Admission.
3 Échappement.
4 Lumières.
5 Piston.
6 Fourreau externe.
7 Fourreau interne.
8 Bielles de commande des fourreaux.

de Havilland *9A,* ce moteur suralimenté avait une pression de 96 g/cm², à 5 580 m d'altitude et pour un régime du compresseur égal à à peu près deux fois celui du moteur.

Le compresseur centrifuge qui fut le plus communément employé sur les moteurs d'aviation était en fait une turbine hydraulique inversée. Inversée en ce que le rotor est entraîné et que l'air passe du centre — ou « œil » —, au travers d'aubes radiales, vers une chambre externe où la vitesse du fluide est transformée en pression. Le rotor central est doté d'ailettes incurvées de manière à amortir l'arrivée du flux d'air axial sur le rotor qui peut tourner à huit à douze fois le régime du moteur. Les ailettes du premier rotor mènent à des ailettes radiales qui accélèrent la masse d'air sous l'effet de la force centrifuge. Tout autour de ce rotor est disposé une couronne d'ailettes fixes (également disposées dans un certain angle de manière à amortir le flux) qui ralentissent l'air à son entrée dans la chambre à volutes hélicoïdale, laquelle chambre entoure les ailettes fixes et a une section croissante jusqu'à la sortie.

Comme le compresseur envoie en permanence le mélange sous pression au moteur, et que le rapport entre les pressions de sortie et d'entrée reste le même quel que soit le régime du compresseur, il est nécessaire de réduire la pression dans la tubulure d'admission du moteur afin d'éviter la détonation à basse altitude. Au départ, cette réduction fut obtenue au moyen de repères portés sur le cadran de commande des gaz par le pilote, lui permettant de ne pas dépasser certaines ouvertures avant que les hauteurs adéquates n'aient été atteintes. Par la suite,

A droite : le moteur Renault *20 TS.*

Ci-dessous : le moteur deux-temps Trojan de 1927 comportait des bielles incurvées pour mettre en phase les deux paires de pistons.

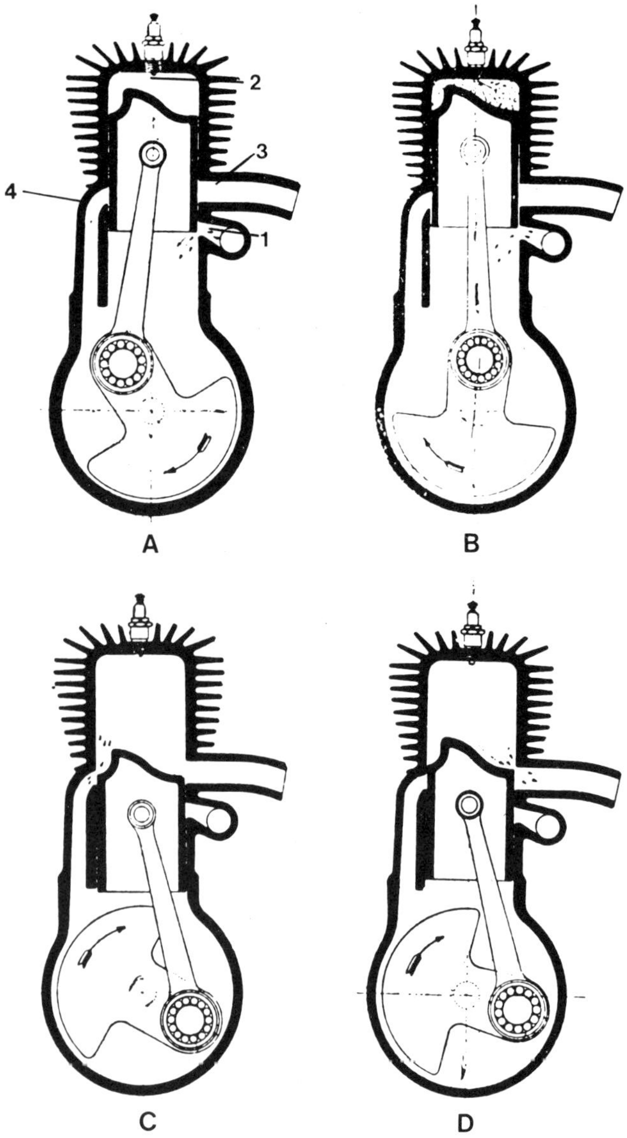

A gauche : le cycle deux temps sur un moteur Villiers à trois lumières :
A Durant la remontée du piston, un vide partiel est créé dans le carter. Le piston découvre la lumière d'admission (1) ce qui fait entrer le mélange dans le carter. Dans le même temps, la charge est comprimée dans le cylindre (2).
B La charge comprimée est allumée et le piston entreprend sa course descendante motrice, comprimant le mélange dans le carter.
C Au bas de sa course motrice, le piston découvre les lumières d'échappement (3) et de transfert (4) : une charge fraîche pénètre alors dans le cylindre par les lumières de transfert tandis que les gaz brûlés sont chassés par les lumières d'échappement.
D Début d'un nouveau cycle. Le piston ferme les lumières d'échappement et de transfert et comprime le mélange frais.

A droite : le cycle deux-temps dans le cas d'un moteur à pistons à tête plate, deux lumières d'échappement et quatre lumières de transfert.

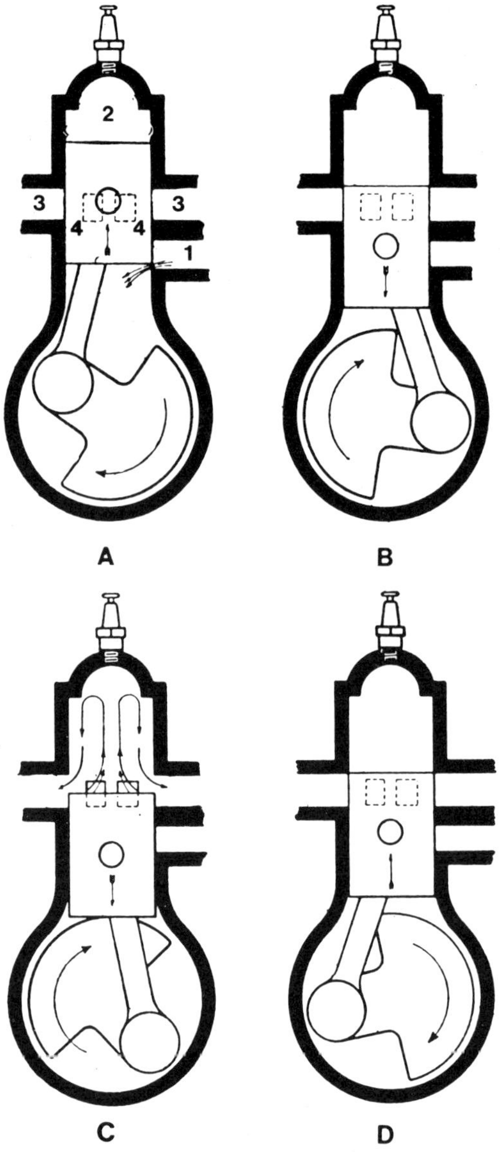

et pour épargner au pilote cette comparaison perpétuelle de la pression et de l'altitude, un mécanisme de contrôle de la pression d'alimentation fut incorporé à la tringlerie de commande des gaz. Ce mécanisme reposait sur une capsule anéroïde sensible à la surpression générée par le compresseur, la capsule agissant sur une servo-commande qui fermait les gaz lorsque la pression dépassait les limites de sécurité. Sur l'appareil de H.M. Hobson, une servo-commande fonctionnant avec la pression de l'huile du moteur agissait directement sur la tringlerie de commande du papillon des gaz par le pilote, en réduisant la longueur d'une biellette lorsque le levier du pilote était trop ouvert par rapport au papillon. Au fur et à mesure que l'altitude augmentait, le servo provoquait un allongement de la biellette, ouvrant ainsi le papillon des gaz et exigeant du moteur la puissance désirée. Le système Rolls-Royce, tel qu'il fut appliqué, entre autres, aux moteurs *Kestrel* et *Merlin,* incluait un différentiel à pignons coniques à la tringlerie de commande des gaz. Les deux pignons étaient connectés au papillon des gaz et à un servo (actionné par l'air du compresseur), tandis que le carter de ce différentiel était connecté au levier de commande du pilote. Dans certaines conditions d'extrême urgence, un système de débrayage quasi-instantané permettait de donner pleine puissance quelle que soit l'altitude.

Sur les automobiles européennes, les compresseurs les plus répandus furent ceux du type Roots et les « centrics ». Dans ces derniers, un rotor à palettes mobiles passait au travers d'un manchon excentré, le volume entre palettes, manchon et carter se modifiant pour comprimer l'air. Les exemples les plus utilisés en furent le Zoller, le Wittig Centric, le Cozette et le Power Plus, ce dernier comportant un rotor à palette unique. En Amérique, le compresseur centrifuge était le plus répandu. Il fut notamment utilisé sur les Duesenberg et les Miller. En 1922, Mercedes-Bents monta sur ses voitures de course de 1 500 cm^3 un compresseur Roots qui insufflait le mélange directement dans le carburateur au moyen d'un disque d'embrayage qui n'entrait en action que lorsque l'accélérateur était complètement enfoncé. Ce système fut d'ailleurs conservé par Mercedes-Benz jusqu'en 1937, sur ses voitures de course comme sur ses voitures de production.

La compression de l'air provoque une élévation de sa température. Aussi est-il nécessaire de refroidir le mélange à la sortie du compresseur, avant qu'il ne soit à nouveau réchauffé par la compression du moteur. Pour quelques voitures de course, on fit appel à des refroidisseurs — en général des radiateurs —, mais, dans la majorité des cas, il s'avéra suffisant de refroidir au moyen de ventilateurs les conduits reliant le compresseur à la tubulure d'admission. En revanche, les pressions d'admission très élevées requises sur les avions évoluant à haute altitude conduisirent à l'utilisation de plusieurs compresseurs en série et rendirent indispensables les refroidisseurs. Pour surmonter le problème des compresseurs à régime uniforme qui s'avéraient trop rapides à basse altitude, les moteurs Bristol *Jupiter* et Rolls-Royce *Merlin X* apparurent, dotés de compresseurs à deux vitesses. Sur les moteurs Bristol, l'embrayage à friction chargé de réduire la vitesse du rotor était commandé par la pression de l'huile, alors que sur les moteurs Rolls-Royce, cette commande était hydraulique.

Autant les compresseurs s'avérèrent essentiels sur les voitures de course de la période ultra-compétitive qui précéda la Deuxième Guerre Mondiale, autant les modifications des règlements qui suivirent les rendirent inopérants. Des voitures de tourisme à compresseur furent bien vite disponibles sur le marché — et des conversions « après-vente » le sont toujours — mais la haute qualité d'essence qu'ils demandent, les problèmes que posent leur lubrification et le surcroît de coût et de complications qu'ils entraînent en ont finalement proscrit un usage plus généralisé. Dans les dernières années, en revanche, le turbo-compresseur entraîné par les gaz d'échappement est l'objet d'un intérêt croissant, de par le surcroît de puissance qu'il apporte sans nuire pour autant à la souplesse à bas régime et tout en réduisant la consommation de carburant à basse vitesse. Étudié à partir de 1924 par le Dr Alfred Buchi, pour les moteurs Diesel et les moteurs d'avions, le turbo-compresseur présente l'avantage d'être peu encombrant et facile à installer. Qui plus est, sa puissance est proportionnelle à celle que développe le moteur puisqu'elle est fonction de la vitesse et du volume des gaz d'échappement.

Le refroidissement du moteur

A partir du moment où un quart à un tiers de la chaleur dégagée dans un moteur par la combustion du carburant passe directement dans la culasse et dans les parois du moteur, il devient évidemment essentiel de prévoir un refroidissement afin de contenir les températures dans les cylindres. Rien n'était prévu à cet effet sur les tout premiers moteurs mais des troubles de surchauffe ne manquaient pas de se produire après une certaine durée d'utilisation. La première solution consista à prévoir une circulation d'eau autour des cylindres et dans la culasse ainsi qu'un moyen de refroidir cette eau débarrassant le moteur de sa chaleur. Sur les petits moteurs utilisés en poste fixe, l'eau était simplement contenue dans une cuvette entourant le cylindre, la chaleur s'échappant assez vite de la surface de l'eau. Sur les moteurs plus importants, ce réservoir était clos et relié par des canalisations inférieures et supérieures à un autre réservoir de plus grande capacité, la circulation de l'eau étant assurée par simple convection ou bien par une pompe actionnée par le moteur lui-même.

Il n'y avait cependant pas assez de place sur une automobile pour installer un tel réservoir et pouvoir compter sur le refroidissement de l'eau par simple contact avec l'air. La solution consista à prévoir un réservoir beaucoup plus petit mais de le doter d'une grande surface de refroidissement en ayant recours à des ailettes. Ainsi était né le radiateur. La première Benz utilisait à cet effet un treillis de tubes comme réservoir-radiateur. Ceci allait devenir un véritable radiateur par l'addition d'ailettes de refroidissement à l'extérieur des tubes. En 1897, Maybach inventa un réservoir de refroidissement qui était traversé de part en part par une multitude de tuyaux de faible section. L'une des faces de ce réservoir était enfermée dans un carénage où soufflait un ventilateur entraîné par le

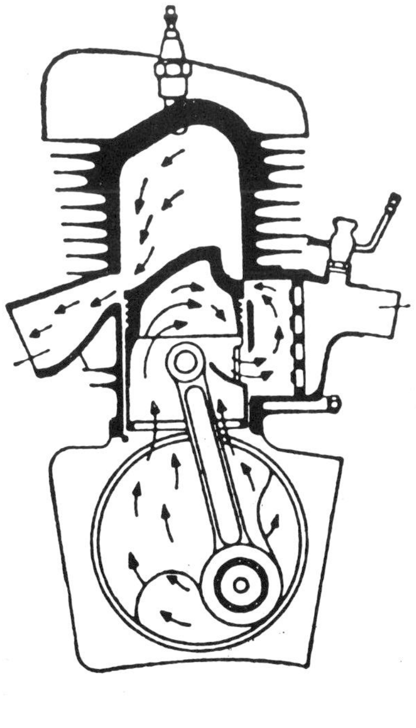

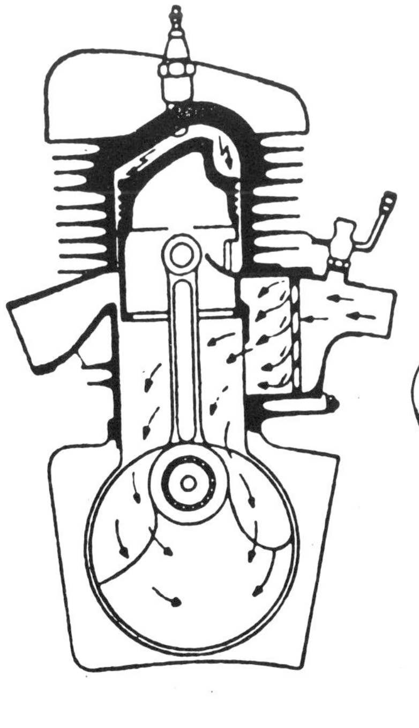

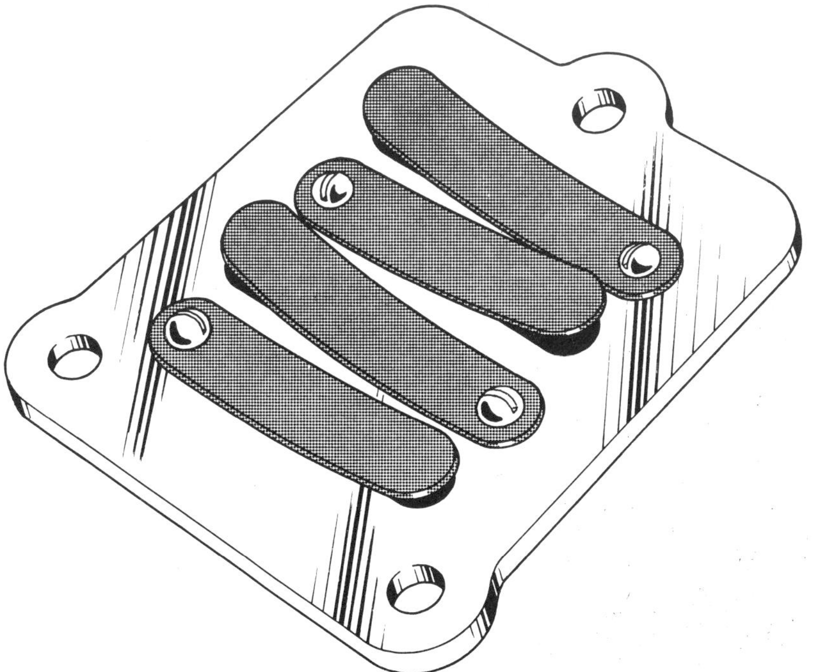

L'ancien système D.K.W. à soupapes flexibles (ou à lamelles) dans lequel la plaque de lamelles constitue la paroi externe du transfert.

moteur. L'air soufflé dans les tubes refroidissait l'eau passant dans le réservoir sous l'effet d'une pompe, le radiateur n'étant pas placé suffisamment haut au-dessus du moteur pour que l'effet de convection — ou de thermo-siphon — se produise.

Ce radiateur de Maybach est l'ancêtre du radiateur « nid d'abeille » constitué d'un assemblage de tubes — d'abord de section carrée, puis hexagonale — ouverts aux deux extrémités et soudés les uns aux autres. L'espace entre les tubes étant destiné à la circulation de l'eau. Le radiateur nid d'abeille de la Mercedes 9-litres de 1901 était composé de plus de 8 000 tubes ainsi soudés et il permettait de maintenir le moteur en température avec seulement 9 litres d'eau dont la circulation était activée par une pompe.

Daimler, pour sa part, eut recours à un cylindre ailetté contenu dans un carter où une circulation d'air était créée par un ventilateur entraîné par le moteur, système qui est d'ailleurs toujours appliqué aux petits moteurs industriels à essence. Pour les motocyclettes comportant seulement un ou deux cylindres, le seul passage de l'air ambiant — accéléré par la vitesse — sur les ailettes suffisait au refroidissement. Un certain nombre de véhicules, notamment chez Volkswagen et chez Porsche, ont toujours un système de refroidissement par air constitué de cylindres ailettés et enfermés dans un circuit d'air provoqué par un important ventilateur.

Les moteurs d'avion peuvent être divisés en deux catégories selon qu'ils sont refroidis par eau ou par air, les moteurs à cylindres en ligne étant

Sur le 8-cylindres de l'Alfa Roméo *P3*, on peut remarquer l'entraînement central des deux arbres à cames en tête et les deux compresseurs centrifuges.

généralement refroidis par eau, et les moteurs à cylindres radiaux (ou en étoile), par air. L'un des problèmes du moteur d'avion est la vitesse très élevée à laquelle passe l'air sur les ailettes de cylindre ou au travers du radiateur. On réduit cette vitesse par un effet de venturi inversé, ou, autrement dit, en prévoyant autour du moteur radial un carénage avec une section d'entrée plus faible que celle de la sortie qui débouche sur les parties à refroidir. Ainsi l'air circulant dans ce carénage voit sa vitesse réduite et sa pression augmentée, ce qui lui permet de mieux ramasser la chaleur. Il est ensuite réaccéléré avant la sortie de manière à réduire la traînée aérodynamique. Avec l'augmentation des vitesses atteintes, des volets réglables furent ajoutés à la sortie pour permettre de régler le débit de l'air et, par là-même, le refroidissement.

Les moteurs Rolls-Royce utilisés sur les derniers hydravions du Trophée Schneider — avec 2 200 ch, ils étaient les plus puissants de ce type qui n'aient jamais été fabriqués — emportaient 113 litres de liquide de refroidissement qui circulait au rythme de 818 litres à la minute sur une surface de 35 m². Cette dernière était incorporée aux ailes et aux flotteurs et ne produisait aucune traînée aérodynamique.

Les avantages du moteur à essence sont nombreux : son rapport poids-puissance est élevé et sa souplesse d'utilisation s'étend sur une large page de vitesses. Il était donc naturel que ses progrès les plus significatifs lui aient été apportés par l'automobile, les bateaux et les avions.

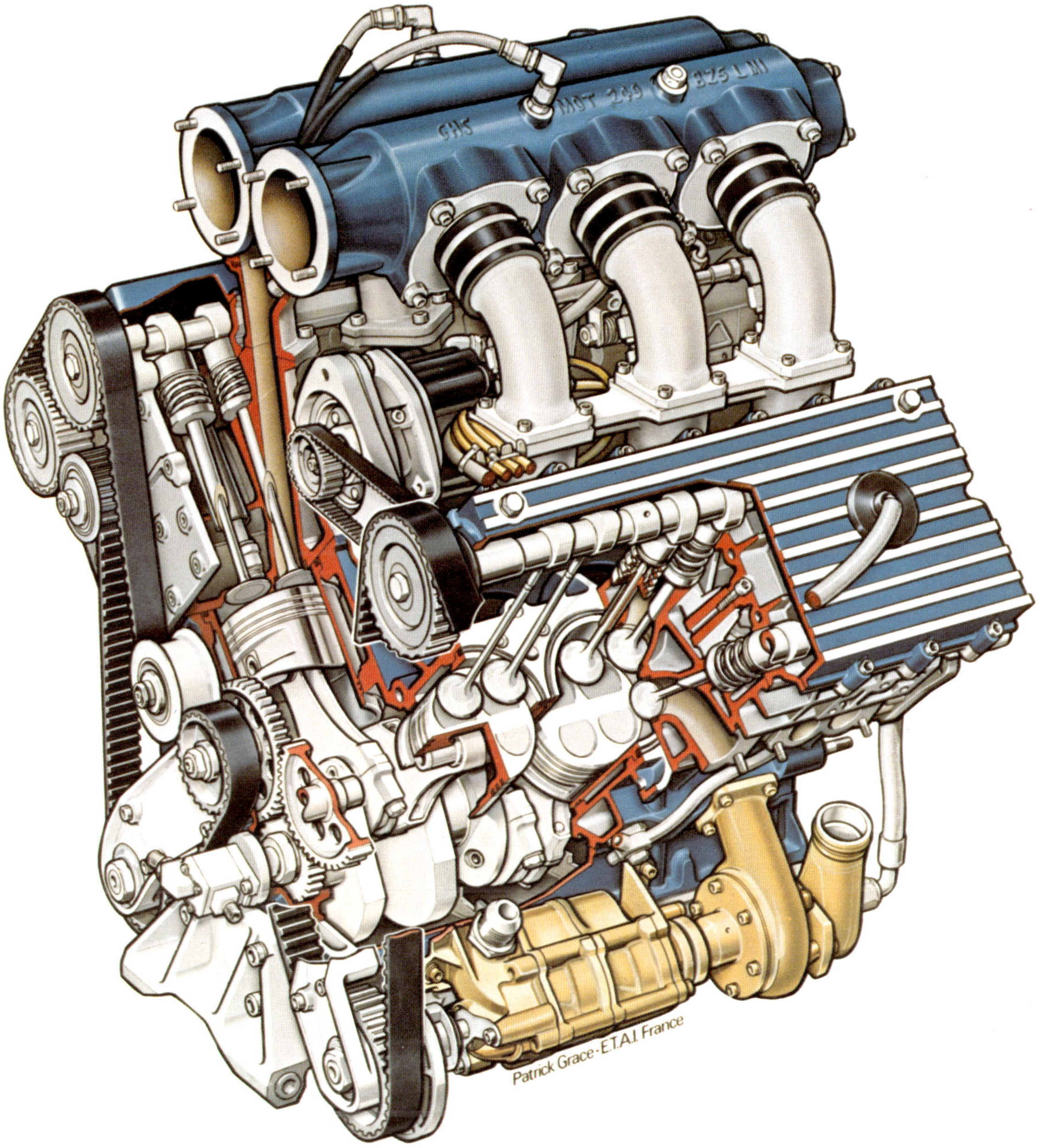

Le V6 Renault - Turbo présenté en 1970 et qui, après avoir remporté les 24 Heures du Mans, est en passe de remporter le championnat du monde de Formule 1 1980.

Les autres applications du moteur à essence

Le voyage inaugural du premier bateau propulsé par un moteur à essence, un mono-cylindre Daimler, eut lieu en 1886. Par la suite, ce sont des adaptations de moteurs automobiles qui ont été utilisées pour propulser de petits bateaux, le refroidissement étant assuré par la circulation, dans le bloc moteur et la culasse, d'eau pompée dans l'élément environnant. En 1894, John P. Holland commença, en Amérique, ses expérimentations sur des sous-marins à essence. Le numéro 8 avait un moteur de 50 ch et le numéro 9, un appareil de 19 m de long, un 4-cylindres de 160 ch. Incidemment, ce dernier fut le premier sous-marin de la U.S. Navy. En 1902, Vickers Son & Maxim procédait au lancement, à Barrow-in-Furness, du premier sous-marin « Classe A » de la British Navy qui était équipé d'un moteur Wolseley de 500 ch.

Les débuts du moteur marine « outboard » se situent vers 1909, époque à laquelle Olé Evinrude démarra la production d'un mono-cylindre deux-temps de 0,9 ch qui pouvait se fixer à la barre d'arcasse d'une petite embarcation. Ces moteurs évoluèrent ensuite du mono-cylindre au bi-cylindre pour satisfaire à un besoin de puissance accrue. Au départ, les cylindres étaient opposés horizontalement, mais des bi-cylindres parallèles sont bientôt apparus, refroidis par eau et dotés de manneton de vilebrequin à 180° pour un allumage plus régulier. Aujourd'hui des puissances utiles de près de 200 ch sont obtenues de moteurs à 4 et 6 cylindres, en V ou en ligne. Certains de ces moteurs deux-temps ont emprunté à la technologie des motocyclettes le système des soupapes d'admission à dépression, système qui s'apparente au principe de l'harmonica, la soupape ne laissant le mélange pénétrer dans le carter que lorsque la pression y est inférieure à la pression athmosphérique.

Les moteurs à essence à usage fixe et industriel se sont développés dans deux voies bien différentes; d'une part le petit deux-temps et, d'autre part, le lourd moteur à bas régime. Les petits moteurs deux-temps ont repris la technique moto avec des variantes de dessin pour répondre à des applications aussi diverses que l'entraînement d'une tondeuse à gazon, d'une scie à chaîne ou même d'un

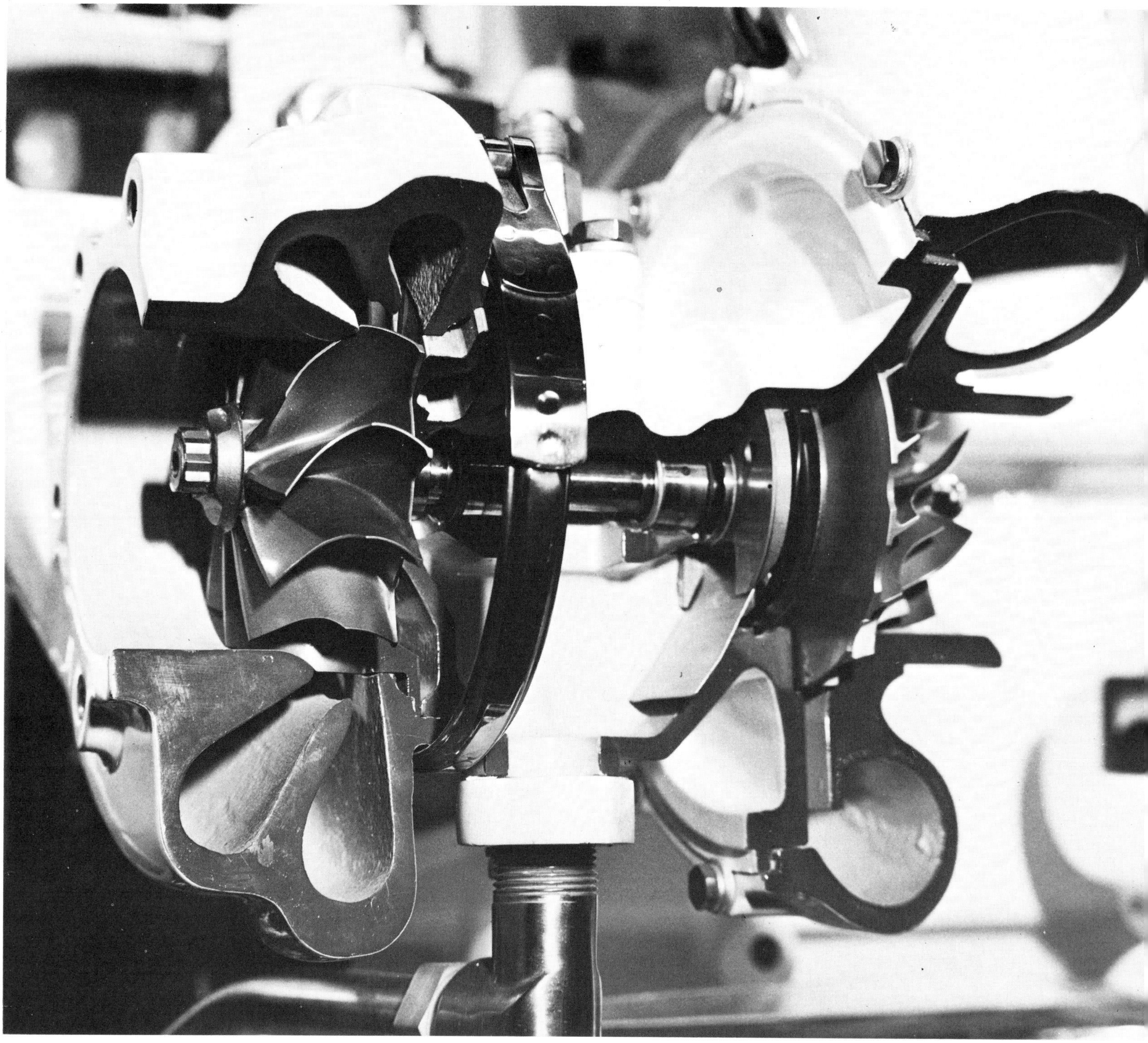

Un turbo-compresseur. La turbine actionnée par les gaz d'échappement (à gauche) entraîne un compresseur centrifuge (à droite).

moulinet de pêcheur. Les moteurs plus lourds devaient, eux, rivaliser avec les moteurs à pétrole et à gaz pour remplacer les chevaux et les moteurs à vapeur mobiles, dans les travaux d'agriculture et les petits ateliers.

Alors que l'Europe conservait les moteurs à gaz ou à pétrole pour les petits travaux stationnaires, les Américains largement approvisionnés en essence se lancèrent dans la production de très gros moteurs à essence. La Fairbanks Morse de Chicago fut parmi les premières sur ce chemin, avec son *Type T*, un mono-cylindre vertical de 2 ch, venu remplacer un moteur horizontal plus ancien. Le *Type T* conserva d'ailleurs un allumage à incandescence avant d'adopter un allumage basse-tension, à la fin du XIXe siècle. Le mécanisme d'allumage était actionné par l'arbre à cames d'échappement sur lequel un petit excentrique modifiait la position d'un doigt de commande pour l'avance ou le retard. Cet excentrique animait aussi une petite pompe à essence verticale qui faisait monter l'essence depuis un réservoir situé au fond du carter-moteur jusqu'à une cuve voisine de la culasse où un niveau constant était assuré par un trop-plein renvoyant le surplus d'essence au réservoir. Une soupape à pointeau réglable laissait égoutter l'essence dans le passage d'air conduisant à la soupape d'admission automatique. Le régime du moteur était limité à 375 tr/mn par un régulateur centrifuge sur l'arbre à cames qui bloquait le culbuteur d'échappement, maintenant la soupape d'échappement en position ouverte jusqu'à ce que le régime du moteur retombe.

En 1905, le moteur Freeport Stover de 2 ch avait une alimentation semblable dans laquelle le mécanisme d'allumage était actionné par le poussoir de la soupape d'échappement. Une longue course et un jeu important entre le culbuteur et la queue de

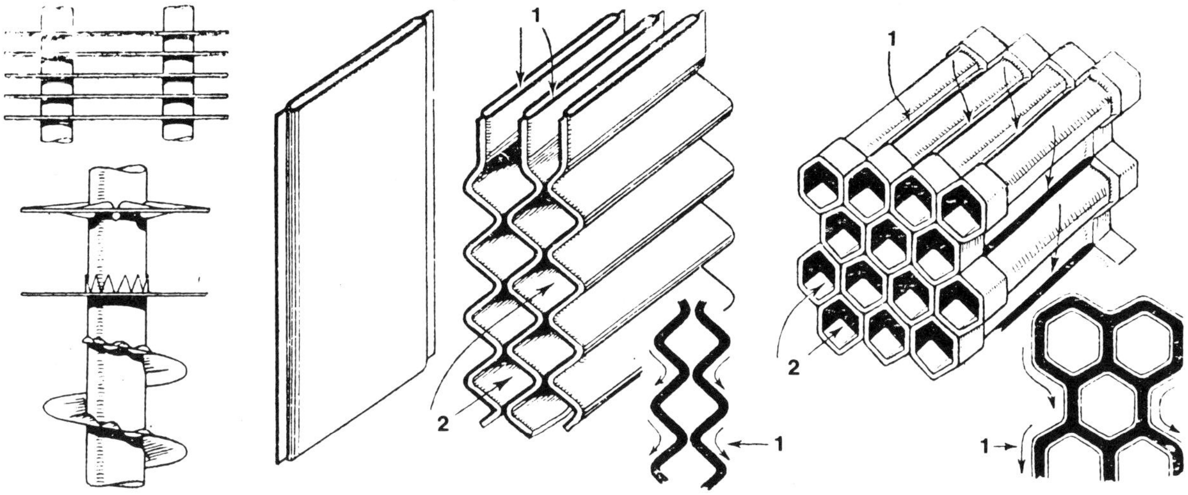

A gauche : quelques unes des méthodes de construction des radiateurs d'eau. De gauche à droite : le tube grillagé, le tube plat, les tubes torsadés, le véritable nid d'abeille.
1 Passage de l'eau.
2 Passage de l'air.

Ci-dessous : culasses et cylindres refroidis par air sur le moteur d'avion Bristol *Jupiter VIIIF* de 1931.

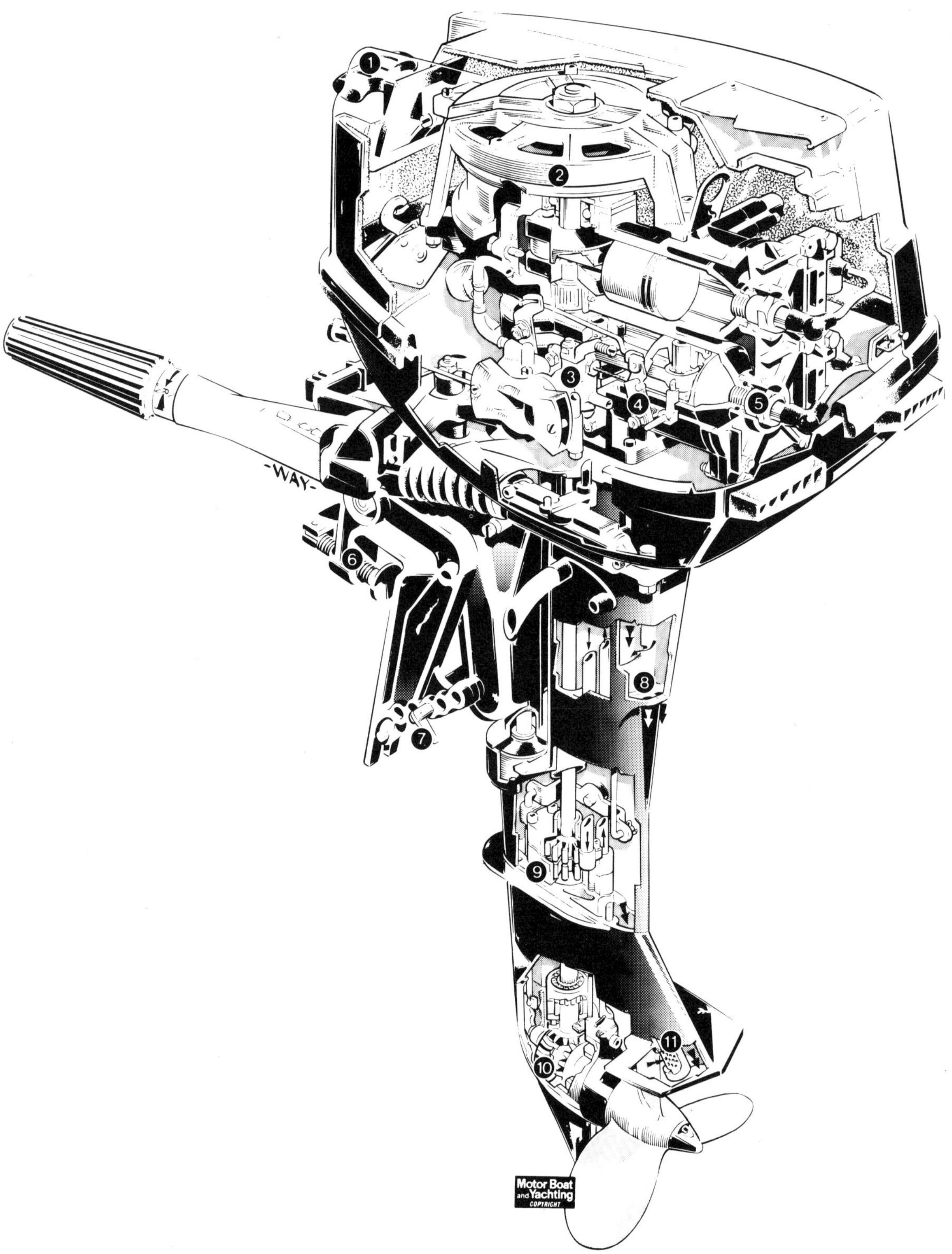

Le Volvo *Penta 250*, un bi-cylindre deux-temps pour hors bord développant 25 ch (18,6 kW).

1. Corde de lancement
2. Allumage
3. Carburateur
4. Tringlerie carburateur-allumage
5. Bougie
6. Vis de réglage
7. Axe de basculement
8. Sortie d'eau
9. Pompe à eau
10. Boîte de vitesse
11. Entrée d'eau

soupape permettait à l'allumage de se produire nettement en avance sur l'ouverture de la soupape. Dans ce cas l'échappement et l'allumage cessaient dès lors que le culbuteur était maintenu hors d'action par le régulateur. Le Stover fut connu en Angleterre sous l'appellation de *Southwell* qui était le nom de son importateur. En 1908, l'agence fut reprise par Lister de Dursley (Gloucesterhire), société qui allait, en 1910, produire un moteur à essence selon ses plans propres. Ce procédé de régulation consistant à maintenir la soupape d'échappement en position ouverte était très répandu sur les premiers moteurs, comme d'aileurs sur les moteurs à gaz et à pétrole de la même époque, et c'est ce qui leur donnait leur bruit de fonctionnement caractéristique : « terf, terf, chuff, terf ». Les bangs intermittents du petit Aeromotor horizontal à 8-temps servaient d'ailleurs à éloigner les oiseaux des récoltes. L'Aeromotor qui était en fait utilisé au pompage de l'eau dans les champs éloignés des fermes, était doté d'une magnéto basse-tension Webster en une pièce avec le cylindre d'allumage, l'induit étant animé par l'arbre du régulateur une fois tous les quatre tours.

Alors que les moteurs américains avaient en général recours à l'allumage basse-tension par batterie et bobine, les moteurs britanniques tels qu'ils étaient produits par Lister, Petter de Yeovil ou Ruston & Hornsby de Lincoln utilisaient en général des magnétos HT. Ces moteurs avaient de lourds cylindres de fonte refroidis par bac, et leurs soupapes mécaniques latérales étaient en général verticales, aussi bien pour l'admission que pour l'échappement. Certains — comme par exemple le Ruston & Hornsby horizontal *Type A.P.* de 1923 qui développait 5,5 ch avec un alésage et une course de 127 × 228 mm — étaient destinés à marcher à l'essence pour le démarrage, puis à utiliser ensuite du kérosène. Ceci était réalisé en remplissant la grande cuve d'essence qui, en se vidant, laissait retomber le flotteur et entrer le kérosène. Ces moteurs agricoles à faible régime sont restés en production, sans changement notable, pendant plusieurs décades.

Les moteurs de tracteurs agricoles ont suivi la ligne d'évolution des moteurs stationnaires. Avec le développement de l'exploitation agricole, particulièrement dans les nouvelles terres de l'Ouest américain, le moteur est devenu essentiel. Très vite d'ailleurs, un moteur à essence a été monté sur un véhicule de transport qui, tout en pouvant être tiré par des chevaux, pouvait aussi bien se mouvoir par lui-même, au moyen d'un mécanisme de transmission sommaire. Les gros moteurs de traction à vapeur étaient devenus démesurément gros et lourds et une alimentation par des combustibles solides n'était pas sans poser de difficiles problèmes, notamment en ce qu'ils étaient plus lents à donner

Le moteur Southwell de 1905 était en réalité un Stover fabriqué sous licence à Freeport, Illinois (U.S.A.).

de la vapeur. Le premier tracteur J.I. Case, en 1892, avait un volumineux moteur horizontal, un vilebrequin apparent et deux gros volants-moteur. Un engrenage à taille droite assurait l'entraînement de l'essieu arrière. Il fut utilisé pour le battage dans le Wisconsin, mais l'allumage et la carburation ne donnaient pas entière satisfaction, aussi fut-il rapidement abandonné.

La même année, la Van Duzen Gas & Gasoline Engine Co (qui allait être rachetée par Deere en 1918) fut chargée par John M. Froelich, en Iowa, de construire un moteur de tracteur à combustion interne. Resté célèbre sous la dénomination de *Waterloo Boy*, ce tracteur avait un moteur horizontal monté sur châssis d'acier et dont les cylindres étaient dirigés vers l'arrière. Un ventilateur caréné et le radiateur étaient montés perpendiculairement au sens de la marche, et un gros réservoir d'essence cylindrique était positionné en travers de l'essieu avant. Dans les dix années qui suivirent, plusieurs autres firmes dont Burger, Sterling, Kinnard-Haynes et Ohio Mfg Co, se mirent à étudier et à construire des tracteurs. Vers 1902, C.W. Hart et C.H. Parr avaient constitué ce qui devint la Oliver Corporation lors de la présentation du *Old No. 1.* La même année, Dan Allbone, de Biggleswade en Angleterre, montait un bi-cylindre à plat de 24 ch sur un châssis d'acier et donnait ainsi naissance au tracteur Ivel qui était doté d'un entraînement par chaîne et de deux vitesses plus marche-arrière. Il fut fabriqué pendant des années.

Le premier tracteur sans châssis, le Wallis Cub, apparut en 1913. Pour la première fois, les carters de moteur et de boîte remplaçaient le châssis. Et avec, par ailleurs, le carénage complet de la transmission, pont-arrière y compris, le tracteur moderne était né. Henry Ford entreprit l'étude de tracteurs en 1907 et, dès 1917, une usine était installée pour produire le *Fordson* à la chaîne. A peu près à la même époque, Willys-Overland rachetait Moline Plow Co et General Motors, Samson. Cette entrée des constructeurs d'automobiles dans la fabrication de tracteurs eut pour conséquence directe l'adoption de moteurs plus légers et plus rapides, relevant plus de la technique automobile que de celle des moteurs stationnaires. La plupart de ces

Le tracteur Ivel conçu par Dane Allbone en 1902.

moteurs étaient démarrés à l'essence pour être ensuite alimentés au kérosène dès que la température normale était atteinte, ce changement s'effectuant au moyen d'un simple robinet à deux branches qui permettait de changer de réservoir.

L'apparition du moteur à essence dut sembler idéale aux pionniers de l'aviation, par comparaison aux lourds moteurs à vapeur qu'ils avaient jusqu'alors utilisé. Ils durent néanmoins très tôt se rendre à l'évidence que les premiers moteurs automobiles étaient toujours plus lourds eu égard à la puissance qu'ils développaient. Leurs recherches s'orientèrent donc sur un rapport poids-puissance élevé et une faible consommation spécifique. Samuel Pierpont Langley — qui devait par la suite devenir le secrétaire de la Smithsonian Institution — chargea Stephen M. Balzar de New York de la construction d'un moteur à essence qui développerait au moins 12 ch sans dépasser un poids de 45 kg. Il fut opérationnel en 1899 et comportait cinq cylindres en étoile. Il ne donnait cependant que 8 ch, aussi l'étude fut-elle transmise à Charles Manly pour être parfaite. Manly modifia d'abord le moteur puis il le redessina complètement, de telle sorte que, en 1901, il avait atteint une puissance de 52,4 ch au régime de 950 tr/mn, ne pesait plus que 56 kg et donnait — complet, avec son système de refroidissement par eau — un rapport poids-puissance de 1,80 kg/ch. Ce cinq-cylindres radial (en étoile) avait un alésage-course de 127 × 140 mm, donnant une cylindrée totale de 8,8 litres. Le bloc était en acier, les chemises, en fonte et les tubulures et chemises de circulation d'eau étaient soudées. L'allumage était assuré par bobine HT et distributeur, et des billes de bois poreux étaient disposées dans le carburateur à surface pour aider à la vaporisation de l'essence. Les soupapes d'admission étaient automatiques et les soupapes d'échappement étaient commandées par quatre cames sur un tambour. Manly eut également l'idée de prévoir une bielle principale reliée au manneton principal. Ce moteur était suffisamment sûr pour tourner sans arrêt pendant dix heures à pleine puissance. Et il s'écoula en fait de nombreuses années avant qu'un autre moteur vienne égaler ces performances.

Les frères Wright conçurent et construisirent aussi leur propre 4-cylindres horizontal dont l'une des caractéristiques était un système assez fruste d'injection d'essence consistant à envoyer des doses mesurées d'essence dans des tubulures réchauffées par un circuit d'eau. Et, comme les pilotes étaient entièrement occupés à essayer de voler, aucune autre commande des gaz n'était prévue qu'un simple robinet d'essence. Avec un bloc en fonte, un carter en aluminium et les habituelles soupapes, automatiques pour l'admission et mécaniques pour l'échappement, ce moteur de 1903 développait 12 ch à 1 090 tr/mn, pour un poids de 82 kg. En 1908, le moteur Wright avait évolué en un 6-cylindres de 40 ch donnant un rapport poids-puissance de 2,1 kg/ch.

Un système d'injection d'essence à diffuseurs dans les tubulures d'admission fut appliqué par Léon Levasseur, en 1906, sur son V8 *Antoinette* de 50 ch. Ce moteur français équipait le premier avion qui volât en Angleterre, piloté par Samuel Franklin Cody, le 16 octobre 1908 à Farnborough.

Le premier moteur d'avion Fiat sortit également en 1908. Ce V8 de 3 litres avait un rapport poids-puissance de 1,36 kg/ch. Refroidi par air, il était doté de cylindres ailetés, en fonte, et d'un allumage à double magnéto. Les autres avionneurs de cette époque furent : Green, avec des moteurs en ligne, REP

Le Anzani 25 ch (16,6 kW) de 1909 utilisé par Louis Blériot pour sa traversée de la manche. On remarque les lumières d'échappement additionnelles au bas des cylindres.

(Robert Esnault-Pelterie), avec d'originaux 5 à 10-cylindres radiaux, Darracq, avec un très simple bi-cylindre à plat de 25 ch, et enfin, Anzani. Le 25 ch Anzani était le moteur utilisé par Louis Blériot pour sa traversée de la Manche en 1909. Ce moteur avait trois cylindres refroidis par air et formant entre eux deux angles de 60°. Comme sur d'autres moteurs contemporains, on trouvait au bas des cylindres, à hauteur de la tête de piston au point mort bas, trois rangées de petits trous destinés, d'une part à favoriser l'échappement et, d'autre part, à essayer de refroidir la tête du piston. Le moteur Anzani suivant, dont les trois cylindres formaient sensiblement un Y,

Le tracteur *Waterloo Boy* et son bi-cylindre de 24 ch (18 kW).

développait 35 ch, pour un rapport poids-puissance de 1,83 kg/ch.

La Première Guerre Mondiale a fait faire des progrès importants au moteur d'avion. Le développement en série du moteur rotatif fut l'un de ceux-ci. Selon ce principe, le vilebrequin est fixé au fuselage de l'avion et ce sont le carter et les cylindres radiaux qui tournent avec l'hélice. Ses avantages étaient, évidemment, un bon refroidissement, la suppression des vibrations et, dans une certaine mesure, une fiabilité accrue, mais les forces gyroscopiques engendrées et la difficulté de maîtriser les régimes compliquèrent énormément le pilotage. En 1907, les frères Louis et Laurent Sequin mirent au point le moteur rotatif *Gnome* qui accomplit son premier vol en 1909 et fut suivi de versions à cinq, sept ou neuf cylindres en une seule rangée ou de 14 ou 18 cylindres en deux rangées. Le Gnome 7-cylindres de 1914 avait une cylindrée de 8 litres (110 × 120 mm), il tournait à 1 200 tr/mn et développait 50 ch. Ses chemises de cylindres usinées dans un alliage de nickel et de chrome ne dépassaient pas 1,5 mm en épaisseur et les culasses en fonte étaient vissées au-dessus. Au milieu de chaque chambre de combustion, une grosse soupape d'échappement était actionnée par une tige de culbuteur, depuis une série de cames disposées sur un tambour concentrique au vilebrequin, le tambour étant entraîné à la vitesse adéquate par un engrenage épicycloïdal. La soupape d'admission logée au centre de la tête du piston était fermée par un léger ressort et ouverte par l'aspiration et la pression du carter combinées, la force centrifuge étant neutralisée par une lame de ressorts et de petits contrepoids. Le carburateur unique était logé à l'intérieur du vilebrequin creux et alimentait en mélange l'intérieur du carter moteur.

Une version ultérieure du Gnome, le *Monosoupape* tirait son appellation de ce que seule la soupape d'échappement était conservée, les soupapes d'admission étant remplacées par une lumière de transfert reliant le cylindre au carter. La soupape d'échappement

TERLOO BOY

En 1916, le moteur d'avion Benz de 230 ch (172 kW) présentait des chemises d'eau en cuivre brasées sur les six cylindres séparés.

s'ouvrait tôt dans la course de détente et restait ouverte pendant toute la phase d'échappement et pendant une partie de la phase d'admission afin que l'air frais puisse circuler dans le cylindre et aider à son refroidissement. Lorsque la soupape d'échappement se fermait, à environ un tiers de la course, un mélange très riche était aspiré depuis le carter, par le circuit de transfert, et était mélangé à l'air avant d'être comprimé. Ce mélange enrichi d'essence et d'huile à base de ricin contribuait à la lubrification de la ligne d'arbre et présentait aussi une sécurité accrue, par rapport au mélange habituel des moteurs plus anciens qui avait tendance à exploser lorsqu'une soupape restait ouverte. Un levier commandé par le pilote agissait sur l'engrenage épicycloïdal, modifiant l'avance de l'échappement et permettant, par le fait même, de faire varier le régime du moteur. D'autres moteurs rotatifs fabriqués à la même époque, et selon les mêmes principes, étaient le Clerget de 130 ch, le Rhone et les B.R.1 et B.R.2 de W.-O. Bentley développant respectivement 150 et 230 ch (82 et 180 kW).

Le dessin des moteurs en ligne et à refroidissement par air fut inspiré par celui du V8 Renault de 1908 qui utilisait un ventilateur à l'arrière du vilebrequin et un mélange sur-enrichi, pour abaisser les températures régnant autour des soupapes d'échappement en tête et des soupapes d'admission latérales. Sur la série des moteurs britanniques R.A.F. étudiés par la Royal Aircraft Factory, le ventilateur monté sur le vilebrequin fut cependant remplacé un carenage prolongeant la ventilation générée par l'hélice.

Riche des succès acquis avant la guerre par ses voitures de course Mercedes, Daimler-Benz eut recours à des cylindres en acier forgé solidaires des culasses et des tubulures, avec des chemises d'eau rapportées par soudure. Les six et huit cylindres en ligne Benz présentaient un arbre à cames en tête unique, enclos avec les culbuteurs mais laissant les ressorts et les queues de soupapes à l'air libre pour un meilleur refroidissement. Benz produisit aussi des moteurs V8 et V12 ayant recours à des tiges de culbuteurs pour actionner l'unique soupape d'admission et les deux soupapes d'échappement de chaque cylindre. En Italie, Fiat produisait ses moteurs type A12 et A14, ce dernier étant un énorme V12 de 57 litres de cylindrée développant — en 1917 — 720 ch (537 kW).

A la fin de l'année 1915, Henry Royce et son assistant Elliot sortirent leur moteur *Eagle*. Construit plus ou moins sous contrainte gouvernementale, il développait 225 ch (168 kW) et consistait en fait en deux 6-cylindres d'automobile réunis, avec des arbres à cames en tête et une course allongée. La disposition

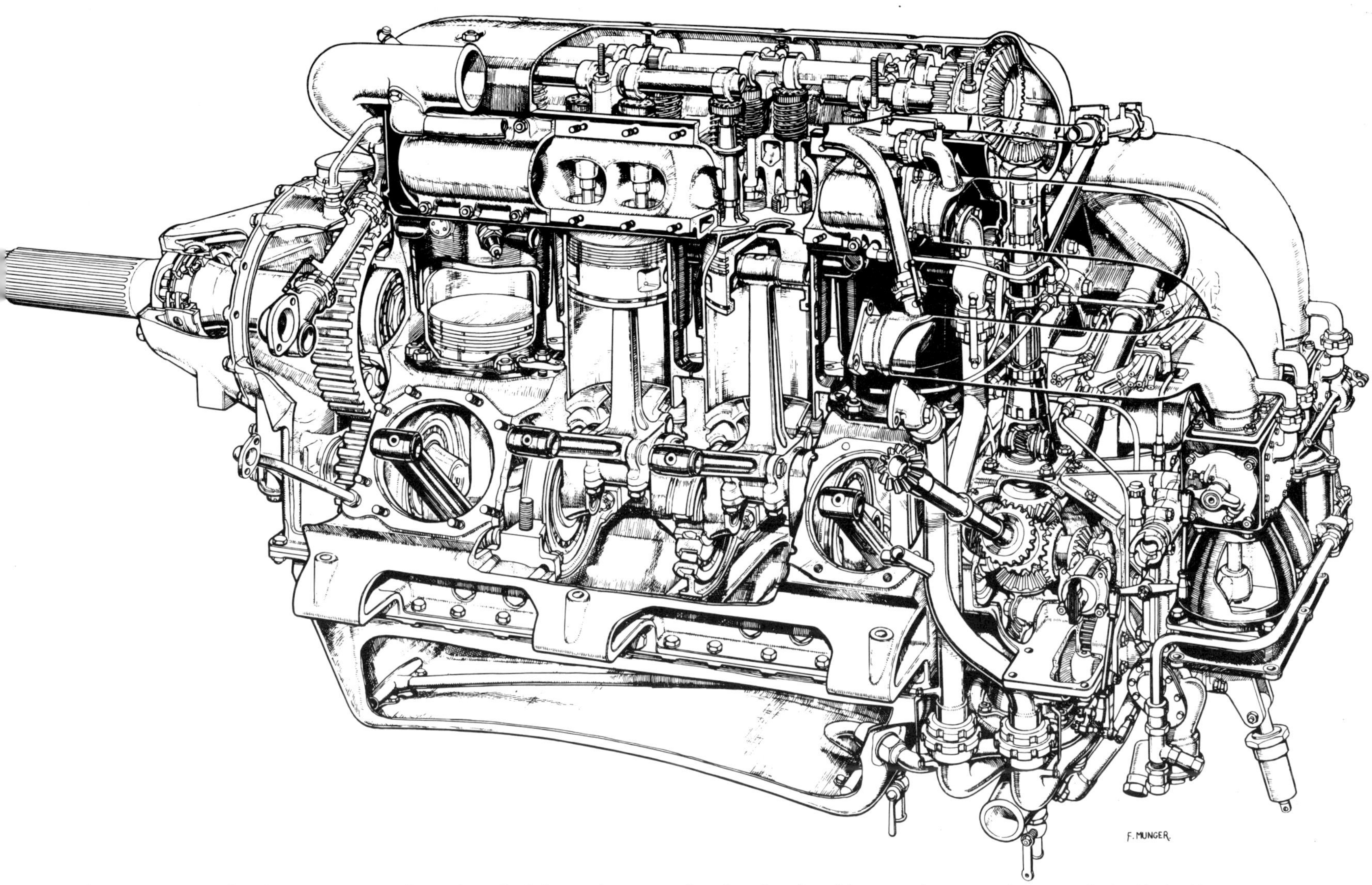

Le moteur d'avion Napier *Lion*.

des arbres à cames était très semblable à celle des moteurs Mercedes, tout comme la constitution des cylindres séparés. Deux ans après sa sortie, le *Eagle* était devenu parfaitement fiable, tout en développant 350 ch (260 kW) à 1 800 tr/mn, avec un rapport poids-puissance de 1,10 kg/ch, et il fut utilisé pendant plus de vingt ans. Le *Falcon* — un *Eagle* à échelle réduite — passa d'une puissance de 205 ch (153 kW), en 1916, à 285 ch (217 kW) au régime de 2 000 tr/mn, en 1918.

A.-J. Rowledge, qui avait dessiné le moteur *Lion* pour Napier, extrapola du *Falcon* le *Kestrel* de 21 litres qui fut opérationnel en 1926. En 1928, le *Kestrel* se voyait adjoindre un compresseur centrifuge conçu par J.E. Ellor qui avait réalisé les premières études sur le compresseur à la R.A.E. Le Kestrel développait alors 520 ch (387 kW) à 3 965 m d'altitude, et 580 ch (432 kW) à 610 m. Un moteur plus gros, le *Buzzard* de 36,7 litres de cylindrée totale et d'une puissance de 520 ch (387 kW) au niveau de la mer, apparut en 1927. Le *Buzzard* fut produit à peu d'exemplaires mais il constitua la base de départ du *Type R* qui se rendit célèbre dans les courses du Trophée Schneider et annonçait la série *Merlin*. En septembre 1928, le *Type R* pesait 695 kg et développait 1 900 ch (1 417 kW) à 2 900 tr/mn, soit 0,37 kg/ch, avec une surface frontale bien inférieure à celle de tous les appareils contemporains de puissance équivalente. Dans sa version finale de record, en 1931, le *R* développait 2 783 ch (2 076 kW) à 3 400 tr/mn, utilisant un carburant au méthano-benzole à forte teneur en plomb.

Les premiers prototypes *Merlin* furent construits en 1933 par Rolls-Royce et pour leur propre compte. Ils représentaient une version agrandie du Kestrel, et les deux bancs de cylindres étaient coulés d'une seule pièce avec le carter, les chemises humides en acier étant retenues par les culasses à chambres de combustion en toit. Pendant son développement, le *Merlin I* reçut des culasses détachables mais ceci créa des problèmes de soupapes et de sièges, même lorsque la poussée ne dépassait pas 0,84 kg/cm^3 à 2 745 m, la puissance étant alors de 1 310 ch (977 kW). De nombreuses variantes du moteur *Merlin* sont sorties à partir de 1939, la plupart des modifications pratiquées ayant pour objet de l'adapter au travail spécifique de l'avion auquel il était destiné. Des rapports différents dans le train d'engrenage réducteur à taille droite reliant le vilebrequin aux arbres d'hélices étaient l'une de ces adaptations, mais on pouvait aussi rencontrer : des démarreurs Coffman utilisant un allumage par cartouche contre un piston, pour usage militaire; différentes tubulures d'échappement pour utilisation diurne ou nocturne, et un dispositif d'essence anti-G

200 H.P. CLERGET 1911

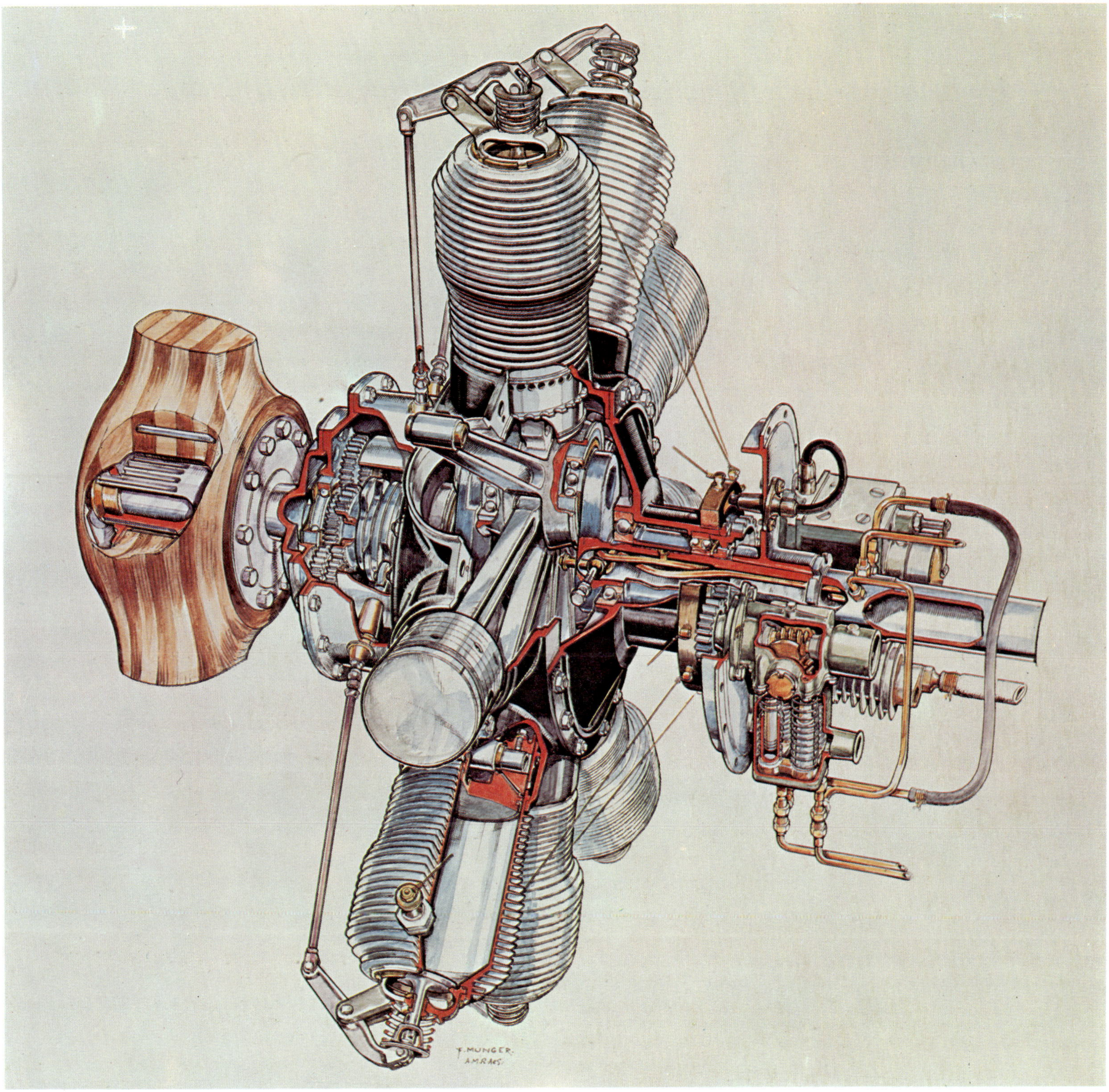

Ci-dessus : le moteur d'avion rotatif Gnome sur lequel le vilebrequin restait stationnaire tandis que les cylindres tournaient.

A gauche : le 200 ch (149 kW) Clerget V8 de 1911 avec ses culbuteurs actionnant à la fois les soupapes d'admission et d'échappement.

destinés à autoriser des plongées plus longues et plus fortes aux avions de chasse. Le *Merlin X* avait un compresseur à deux vitesses afin de maintenir la puissance aux altitudes élevées. Sur la Série *60,* on trouvait deux compresseurs centrifuges montés en série avec un refroidisseur liquide intermédiaire qui permettait d'obtenir 1 125 ch (840 kW) à 8 845 m, avec une poussée de 632 g/cm².

Vers la fin de la Première Guerre Mondiale, A.-J. Rowledge dessina le moteur 12-cylindres Napier *Lion.* Ses trois bancs de quatre cylindres formaient entre chacun d'eux un angle de 60°, lui donnant l'aspect d'une flèche largement ouverte. Chaque banc de quatre cylindres séparé était fixé à une culasse d'une seule pièce et dans laquelle les sièges de soupape étaient vissés; Chaque cylindre avait 4 soupapes commandées par deux arbres à cames en tête. Dans sa configuration de 1918, le *Lion* développait 450 ch (335 kW) à 2 000 tr/mn, avec un rapport poids-puissance, à sec, de 975 g/ch, et une originalité de ce moteur de 22 litres de cylindrée était — pour l'époque — son alésage (134 mm) supérieur à sa course (130 mm). Le *Lion* fut ultérieurement utilisé aussi bien pour battre des records sur terre, que sur l'eau et que sur un grand nombre

Le 24-cylindres Rolls-Royce *Eagle* à soupapes-fourreau :
1 Palier de poussée principal.
2 Circuit hydraulique du pas d'hélice.
3 Circuit hydraulique du vilebrequin supérieur.
4 Paliers de poussée intermédiaires.
5 Pignons du réducteur.
6 Arbre transversal de magnéto.
7 Pignons de distribution du vilebrequin.
8 Réservoir de refroidissement principal.
9 Vilebrequin supérieur.
10 Vilebrequin inférieur.
11 Régulateur de régime.
12 Volants équilibreurs de vilebrequin.
13 Entraînement du démarreur.
14 Compresseur centrifuge.
15 Post-refroidisseur.
16 Réfrigérant intermédiaire.
17 Réservoir du refroidisseur de charge.
18 Roues à aubes du compresseur.
19 Commande des gaz Corliss.
20 Prise d'air principale.
21 Sortie du compresseur sur le refroidisseur.
22 Conduit d'induction.
23 Embrayages de régime des lumières.
24 Pompe du refroidisseur de charge principale.
25 Pompe de changement de régime du compresseur.
26 Pompe de vidange des lumières.
27 Pompe de pression d'huile principale.
28 Filtre de vidange des lumières.
29 Pompe de refroidissement principale.
30 Arbre à vis sans fin d'entraînement des fourreaux.
31 Arbre d'entraînement des pompes.
32 Pignon d'entraînement de la magnéto.
33/34 Réducteurs d'hélices.
35 Arbre d'hélice interne.
36 Arbre d'hélice externe.
37 Séparateur de réfrigérant.
38 Chemises coulissantes.
39 Culasses détachables.
40 Lumières du bloc-cylindres.

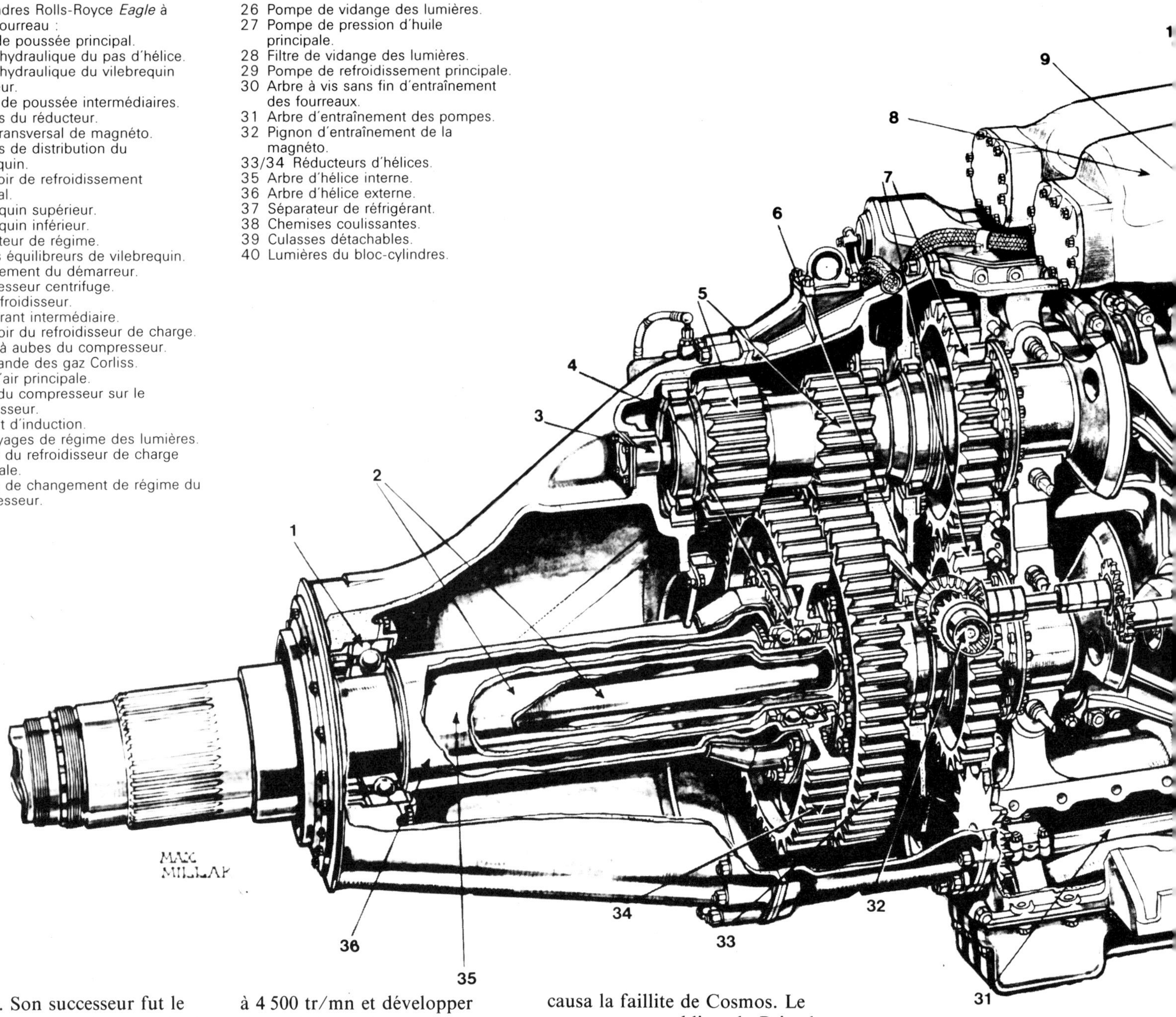

d'avions. Son successeur fut le Napier *Sabre* dont F.B. Halford entreprit l'étude dans le milieu des années 1930, avec pour objectif d'atteindre une puissance de 2 000 ch (1 492 kW). En fait, ce 24-cylindres — quatre bancs de 6-cylindres disposés comme deux 12-cylindres à plat, l'un au-dessus de l'autre, les vilebrequins étant réunis par engrenages — était capable de développer 3 750 ch (2 797 kW) pendant 175 heures d'affilée. Ceci était incontestablement à porter au crédit de la combinaison des soupapes fourreau et du refroidissement par air, quoique cette combinaison eut aussi pour effet garanti un allumage de la prise d'air lorsque l'on tentait de démarrer avec le Coffman à cartouche, par un matin de gelée. Le *Sabre* pouvait tourner à 4 500 tr/mn et développer 5 500 ch (4 100 kW), pour une pression du compresseur à deux étages de 3,16 kg/cm^2. Avec 308 g/ch, ce moteur de 22,4 litres (127 × 120 mm) représenta une apogée dans la technique du moteur d'avion.

En 1917, la British Navy désirait un moteur radial refroidi par air d'au-moins 300 ch (224 kW). Le dessin sélectionné fut celui de Roy Fedden, de la Brazil-Straker Co, un 14-cylindres en deux plans. L'année suivante, cette firme était reprise par Cosmos Engineering et Fedden dessina le *Jupiter,* un 9-cylindres en un seul plan dans lequel les cylindres borgnes en acier avaient des culasses en fonte d'aluminium et quatre soupapes culbutées. Mais sa mise au point fut tellement coûteuse qu'elle causa la faillite de Cosmos. Le gouvernement obligea la Bristol Aeroplane Co à reprendre l'affaire et à poursuivre le projet *Jupiter.* En 1921, celui-ci passait son premier test de 100 heures à 400 ch (298 kW). Ainsi était née la longue lignée des moteurs *Jupiter, Mercury* et *Pegasus,* moteurs radiaux à soupapes-champignon et, plus tard, à compresseurs.

Parallèlement, Bristol poursuivait un autre chemin avec le développement du moteur radial à soupapes-fourreau. Le premier à sortir fut, en 1932, le *Perseus* qui fut suivi du *Taurus.* Et plus de la moitié de la production de Bristol pendant la Seconde Guerre Mondiale fut consacrée à la série *Hercules,* avec ses deux rangs de sept cylindres radiaux et ses compresseurs à

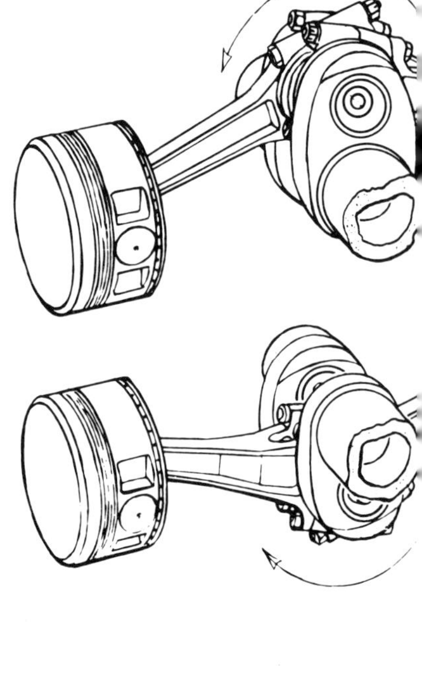

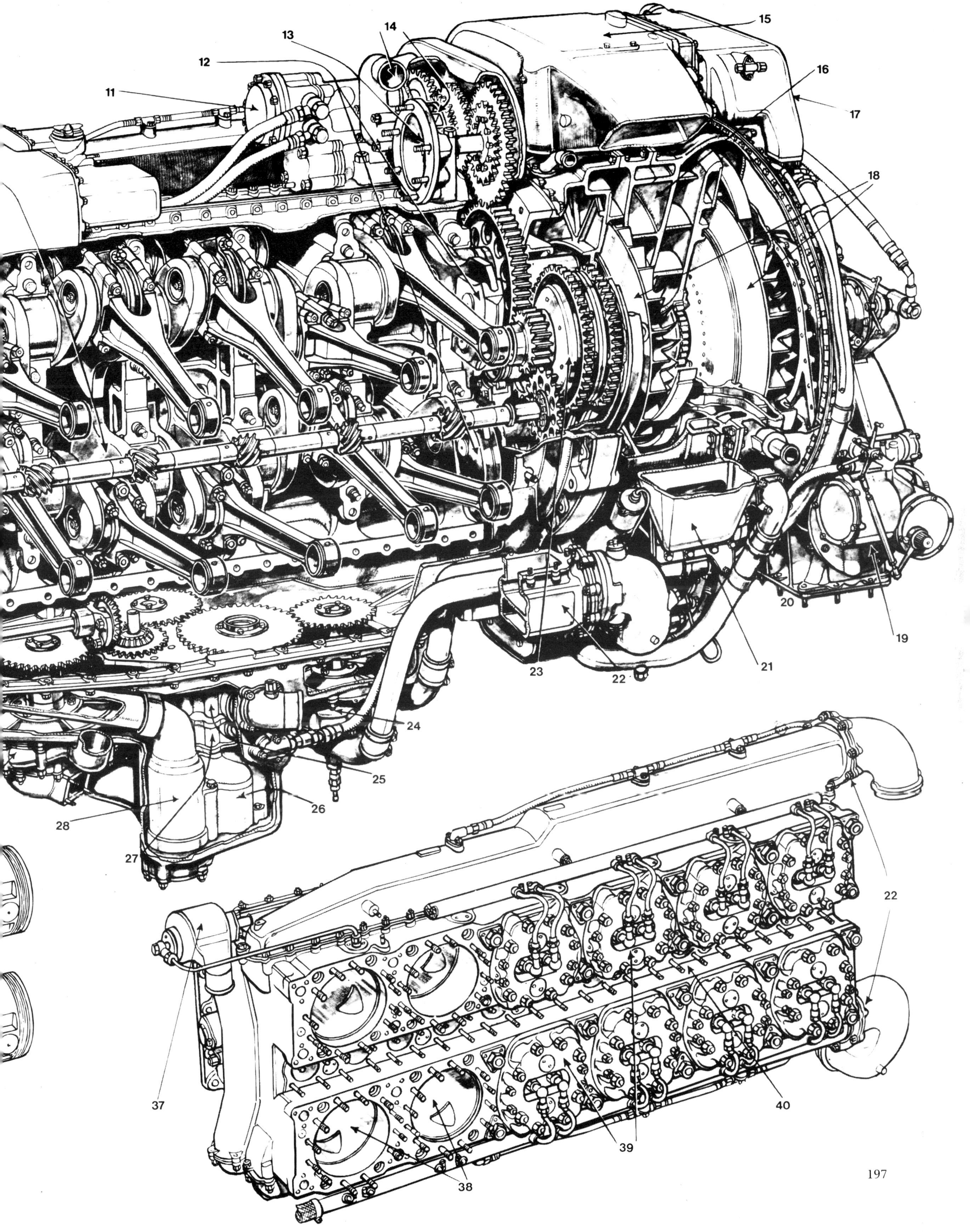
11
12
13
14
15
16
17
18
19
20
21
22
23
24
25
26
27
28
22
37
38
39
40

une ou deux vitesses, développant jusqu'à 1 800 ch (1 342 kW) et dont les versions civiles ultérieures allaient donner 400 ch (298 kW) supplémentaires grâce à l'emploi de carburants de meilleure qualité. Le *Centaurus,* avec une course plus longue et deux cylindres supplémentaires, atteindra les 2 500 ch (1 865 kW). Plus tard, une version civile du Centaurus développera 3 000 ch (2 238 kW), mais avec une surface frontale anti-aérodynamique bien plus importante que celle du *Sabre* à refroidissement par air.

En Allemagne, l'évolution du Mercedes V12 1918 de 185 ch et du Benz V8 de 200 ch ne redémarra pas avant le milieu des années 1930. Réunies, les firmes Mercedes et Benz avaient alors dessiné le *F2* destiné à des bateaux très rapides et un prototype du moteur d'avion *DB 600.* La disposition V12 fut inversée, avec le vilebrequin en haut et un turbo-compresseur transversal positionné à l'arrière de ce moteur de 1 050 ch (738 kW) qui présentait des cotes d'alésage et de course de 150 × 160 mm. Le *DB 601* qui suivit était doté d'un système Bosch d'injection directe dans les chambres de combustion, entre les quatre arbres à cames et les soupapes actionnées par culbuteurs. Il fut créé environ 30 variantes de ce moteur de 33,9 litres entre 1936 et 1940, et plus de 200 Type *600* apparurent par la suite, en V, en W (deux moteurs accolés) ou en X, avec des cylindrées variant de 33,9 litres et 126,3 litres et des puissances, de 1 180 (880 kW) à 5 320 ch (3 968 kW). Ce dernier chiffre fut atteint en 1943 par le *DB 630B,* un 36 cylindres en W de 88,5 litres de cylindrée.

Le moteur Liberty dessiné par Jesse G. Vincent et Charles

Le moteur d'avion Alvis *Leonides.*

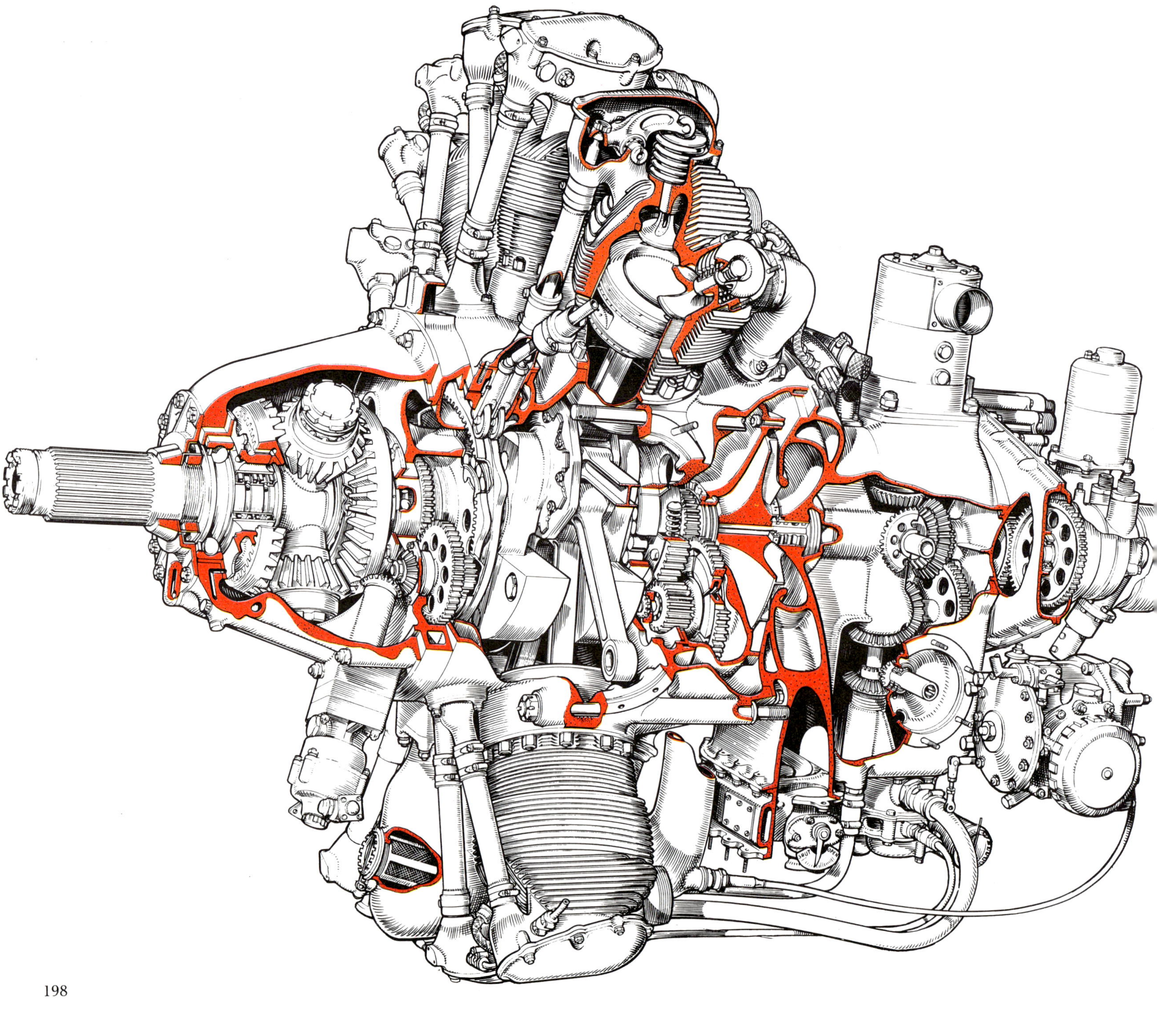

Le moteur Rolls-Royce *Merlin* et son compresseur à deux vitesses.

Hall, pour le American Aircraft Production Board, en 1917, s'apparentait d'avantage à la technique automobile. Il apparut d'abord sous la forme d'un V12 de conception un peu dépassée qui demandait trop de retouches pour que celles-ci puissent être menées à bien avant que la fin de la guerre vienne rendre ce projet inutile. Comme en Angleterre, l'aviation militaire avait besoin d'un moteur radial refroidi par air, et c'est une petite firme, la Lawrance Aero Engine Co qui sortit, en 1920, un 9-cylindres de 150 ch. L'année suivante, le *Model J* qui en dérivait développait 200 ch (150 kW). Ce moteur nécessitait cependant une mise au point que Lawrance ne pouvait assumer. La firme fut donc reprise par Wright — le constructeur sous licence des moteurs Hispano — qui en tira le *Whirlwind* en 1923. En 1926, Rentschler quitta Wright pour entrer chez Pratt & Whitney où il produisit le *Wasp* de 400 ch (298 kW). La réplique de Wright fut le *Cyclone* de 500 ch (373 kW), qui allait être à l'origine d'une longue lignée de moteurs particulièrement bien adaptés aux utilisations civiles. En 1937, le 14-cylindres Cyclone R 2600 développait 1 500 ch et permettait, en 1944, plus de 600 heures d'utilisation entre chaque révision. En 1939, Wright sortait le *R 2160 Corncob,* un 42-cylindres radial sur 7 rangs auquels Pratt and Whitney répliquait par le *Wasp Major,* un 28 cylindres en 4 rangs. Ces deux firmes conduisirent également d'importantes recherches dans le secteur des moteurs longue-distance et haute-altitude, avec des compresseurs à deux étages et des turbo-compresseurs, le turbo servant, sur certains moteurs, de premier étage et le compresseur, entraîné par le moteur, de second étage.

A la fin de la Seconde Guerre Mondiale, il était devenu prévisible que l'ère du moteur d'avion à piston touchait à sa fin. Les progrès effectués pendant la guerre par la turbine à gaz avaient clairement démontré sa supériorité, tant en distance, qu'en altitude et en vitesse. Le moteur à mouvement alternatif est aujourd'hui réservé aux petits avions à hélice. En un demi-siècle de domination, le moteur d'avion à essence a connu des échecs cuisants mais aussi, de remarquables succès.

Le succès des moteurs automobiles Maybach et Benz ont fait qu'ils ont été construits sous licence, ou même copiés, dans de nombreux pays européens axés sur l'automobile. Les moteurs des véhicules commerciaux grossirent, passant à quatre cylindres, occasionnellement à six, avec des soupapes parallèles, des carburateurs à gicleur et allumage par magnéto Bosch.

Habituellement, les cylindres étaient coulés par paires, d'une seule pièce avec les culasses, et les bougies étaient vissées entre les soupapes. Ces bougies permettaient le démontage des soupapes et la surveillance de leurs sièges. La lubrification était en général assurée par un carter humide, des écopes sur les bielles ramassant l'huile nécessaire aux paliers et aux manneton mais aussi à toutes les autres parties en mouvement du moteur. Ces moteurs à refroidissement par eau développaient — à l'époque de la Première Guerre Mondiale — environ 30 ch (23 kW). Très souvent une pompe à huile basse-pression acheminait l'huile du fond du carter sur les tourillons du vilebrequin et, par des conduits spécialement usinés dans celui-ci, sur ses paliers. Pour faciliter les démarrages à froid de ces moteurs de 100 à 130 mm d'alésage, l'arbre de la magnéto était couplé à un ressort qui se tendait lorsque la couronne du démarreur attaquait le vilebrequin et était relaché, au point d'allumage adéquat, permettant un tour violent de la magnéto et donnant une bonne étincelle.

A part l'adoption de culasses détachables et, plus tard, de soupapes culbutées, les moteurs des véhicules commerciaux n'ont eu qu'un développement limité sur le plan mécanique, et ce, jusqu'à l'apparition du moteur Diesel, dans les années 1930. En Amérique, le recours à des taux de compression plus élevés, à l'injection et à des matériaux de meilleure qualité ont permis aux camions à moteur à essence de rester compétitifs face au Diesel, mais l'avènement des Diesel turbo a

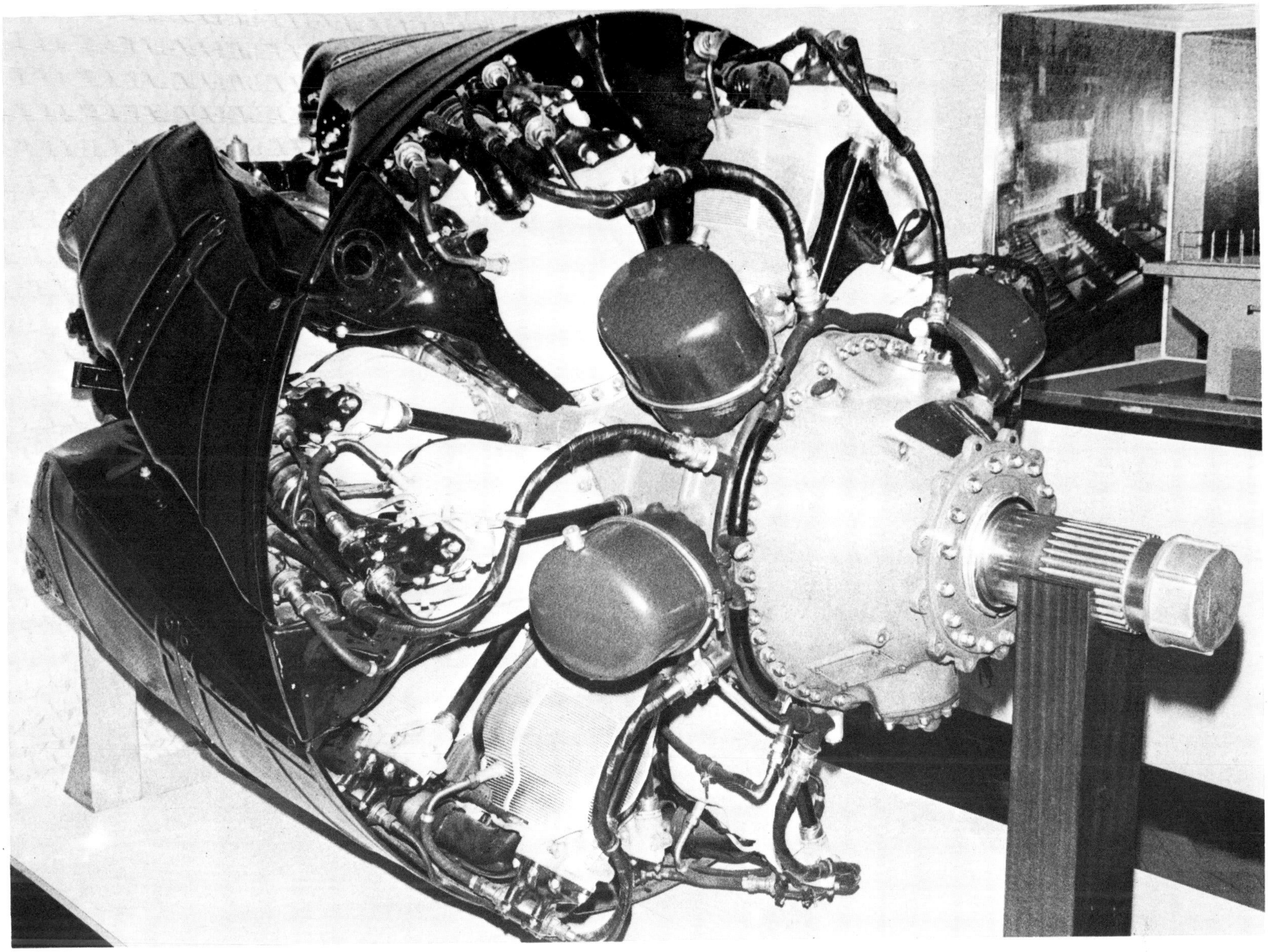

Ci-dessus : le moteur Pratt & Whitney *Wasp Major* sept cylindres en étoile refroidi par air de 1949 développait 3 500 ch (2 610 kW).

A gauche, en haut : le Bristol *Taurus* à 14 cylindres et soupapes-fourreau.

Ci-contre : ce moteur de camion Lacre de 1913 présentait 4 cylindres avec soupapes d'admission latérales et soupapes d'échappement sur les côtés opposés des deux paires de cylindres.

tendance à retourner cette pratique, sauf dans les applications commerciales légères.

Les moteurs de série pour l'automobile

L'esprit de compétition inhérent à l'être humain nous a valu quelques longs et passionnants épisodes dans l'évolution de la voiture particulière. Le désir de voyager plus vite et plus loin ont entraîné un accroissement en taille des premiers moteurs mais l'on s'est rapidement aperçu que la combustion du mélange air-carburant devenait difficile dès que l'alésage dépassait environ 120 mm. Le seul moyen d'accroître la puissance consistant alors à prévoir un plus grand nombre de cylindres de plus petite capacité et de faire tourner les moteurs à des régimes plus élevés. Le premier pas fut évidemment de dédoubler le bicylindre Phœnix en en faisant un 4-cylindres en ligne, ce que fit Panhard et Levassor en 1896, ou encore de doubler le 2-cylindres en V Daimler en un V4, ce qui fut fait par Mors en 1897. Charron, Girardot et Voigt, trois pilotes de course, sortirent en 1903 un 8-cylindres en ligne de 7,2 litres portant leurs initiales C.G.V. Et Spyker et Napier mirent au point des 6-cylindres en ligne en 1903 et 1904. Les premiers V8 de production furent ceux de de Dion-Bouton, entre 1910 et 1923, et ceux de Cadillac, en 1914, le Rolls-Royce de 1905 et le Adams de 1906 n'ayant pas survécu. Enfin, des 16-cylindres furent construits par Bugatti, Cadillac et Marmon dès les premières années 1930.

Les multi-cylindres étaient destinés à des voitures coûteuses pour lesquelles la puissance, la solidité et le silence étaient des considérations plus déterminantes que le prix de vente. La Rolls-Royce *Silver Ghost* de 1906 en est un exemple classique. Son 6-cylindres en ligne de 7 litres était constitué par deux blocs de trois cylindres à alésage et course égales (114 mm). La course sera cependant allongée à 120 mm ultérieurement. Les culasses, les passages des soupapes parallèles et les circulations d'eau étaient obtenus d'une seule pièce de fonderie. Les 12 soupapes étaient actionnées par un arbre à cames unique, positionné sur la gauche du moteur et entraîné par un vilebrequin creux à sept paliers. Les sièges de soupapes étaient vissés dans les chambres de combustion qui logeaient également les bougies, six d'entre elles étant alimentées par une magnéto et les six autres, par une bobine HT et un rupteur. Le mélange était fourni par un carburateur duplex Rolls-Royce dans lequel deux gicleurs étaient progressivement mis en service par un piston pneumatique fonctionnant avec la dépression de la tubulure d'admission. Connu sous la désignation *40/50 H.P.*, ce moteur développait 48 ch (35,8 kW) à 1 200 tr/mn. En 1907, une *Silver Ghost* fut soumise à un test de 24 000 km qui permit de constater qu'aucun arrêt involontaire n'avait été nécessaire et que seulement 2 livres sterling durent être dépensées pour remplacer les pièces sur lesquelles il avait pu être relevé des signes d'usure.

De l'autre côté de l'Atlantique, Henry Ford — qui avait sorti sa première voiture en 1896 — annonçait, en 1908, son immortelle *Model T*. Se situant tout à fait à l'opposé de l'échelle par rapport à la *Silver Ghost*, la Ford était conçue dans un double objectif de simplicité technique et de production de masse, afin de rendre l'automobile accessible à tous. Au départ son prix était de 850 dollars. En 1925, il avait été ramené à 260 dollars. Lorsque sa production cessa, en 1927, la Ford *Model T* avait été tirée à plus de 15 millions d'exemplaires et son dessin de base avait également servi au tracteur de ferme de 1916 et au camion de 1 tonne, en 1917.

Le moteur 4-cylindres de la Ford *Model T* était composé d'un bloc-cylindres et d'un haut de carter venus d'une seule pièce de fonderie, la culasse et le fond du carter en acier embouti étant amovibles. Comme beaucoup de ses contemporains, il était refroidi par eau et comportait des soupapes latérales. Le volant moteur était doté sur sa jante d'aimants en forme de fer à cheval qui agissaient sur des bobines fixes pour alimenter en courant quatre bobines à trembleur. Celles-ci étaient montées dans un carter métallique et placées au dos de la planche de bord d'où elles alimentaient chacune une bougie. Le volant moteur avait également pour fonction de ramasser l'huile dans le carter pour en asperger les différentes portées du vilebrequin. Ce moteur de 2,9 litres (95 × 102 mm) était donné pour 32 ch (24 kW) et propulsait la *T* à une vitesse de 64 à 72 km/h, sa consommation étant alors de l'ordre de 10 litres aux 100 km.

La motorisation des masses était également l'objectif des constructeurs européens mais leurs premiers véhicules furent des cycle-cars, sorte de motocyclettes à quatre roues animées par des moteurs mono ou bi-cylindres. L'une des toutes premières petites voitures à moteur 4-cylindres fut, en 1912, la Peugeot *Bébé* dont la conception était due à Ettore Bugatti et s'inspirait de celle de ses plus grosses voitures. Le moteur de 855 cm^3 (55 × 90 mm) consistait en un bloc venu d'une seule pièce de fonderie avec le carter et la culasse. Les soupapes latérales étaient logées de part et d'autre du moteur et les chambres de combustion en T dictèrent l'adoption de deux arbres à cames. L'eau de refroidissement était activée par une pompe, le carburateur était de fabrication Peugeot et l'allumage était assuré par une magnéto Bosch.

Sir Herbert Austin, qui avait quitté Wolseley en 1905, créa la fameuse Austin 7 en 1922. La *Seven* était animée par un simple 4-cylindres à soupapes latérales, culasse détachable et vilebrequin à deux paliers — un à billes, un à rouleaux — lubrifiés sous pression. Le refroidissement était du type à thermo-syphon. A l'origine, le moteur de 747 cm^3 (56 × 76 mm) développait 10,5 ch (7,8 kW). Sur les versions ultérieures, une bobine H.T. remplaçait la magnéto et le vilebrequin était doté d'un troisième palier. La version compétition, équipée

Le moteur Bristol à soupapes-fourreau.

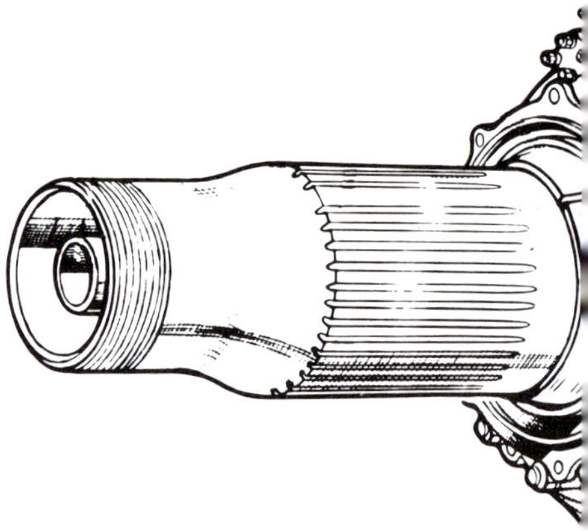

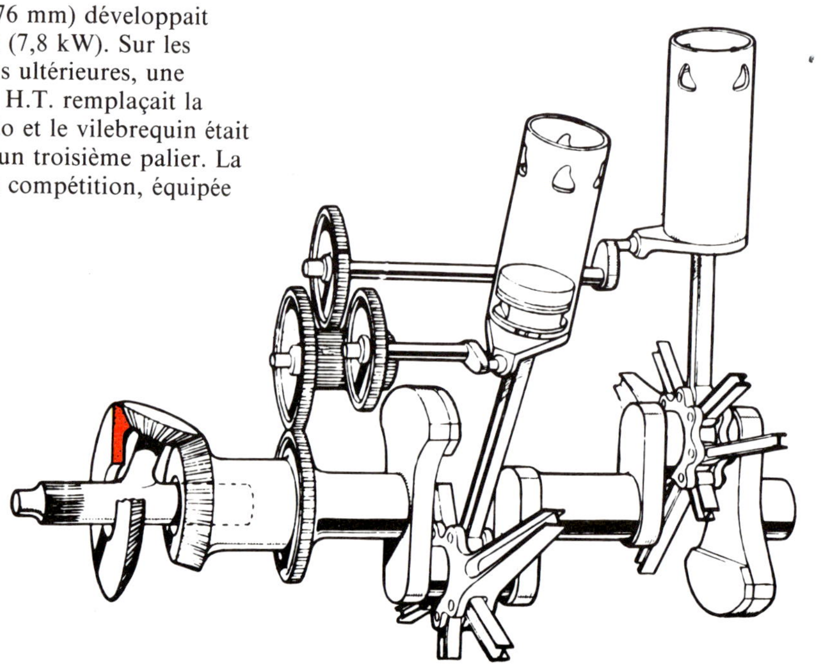

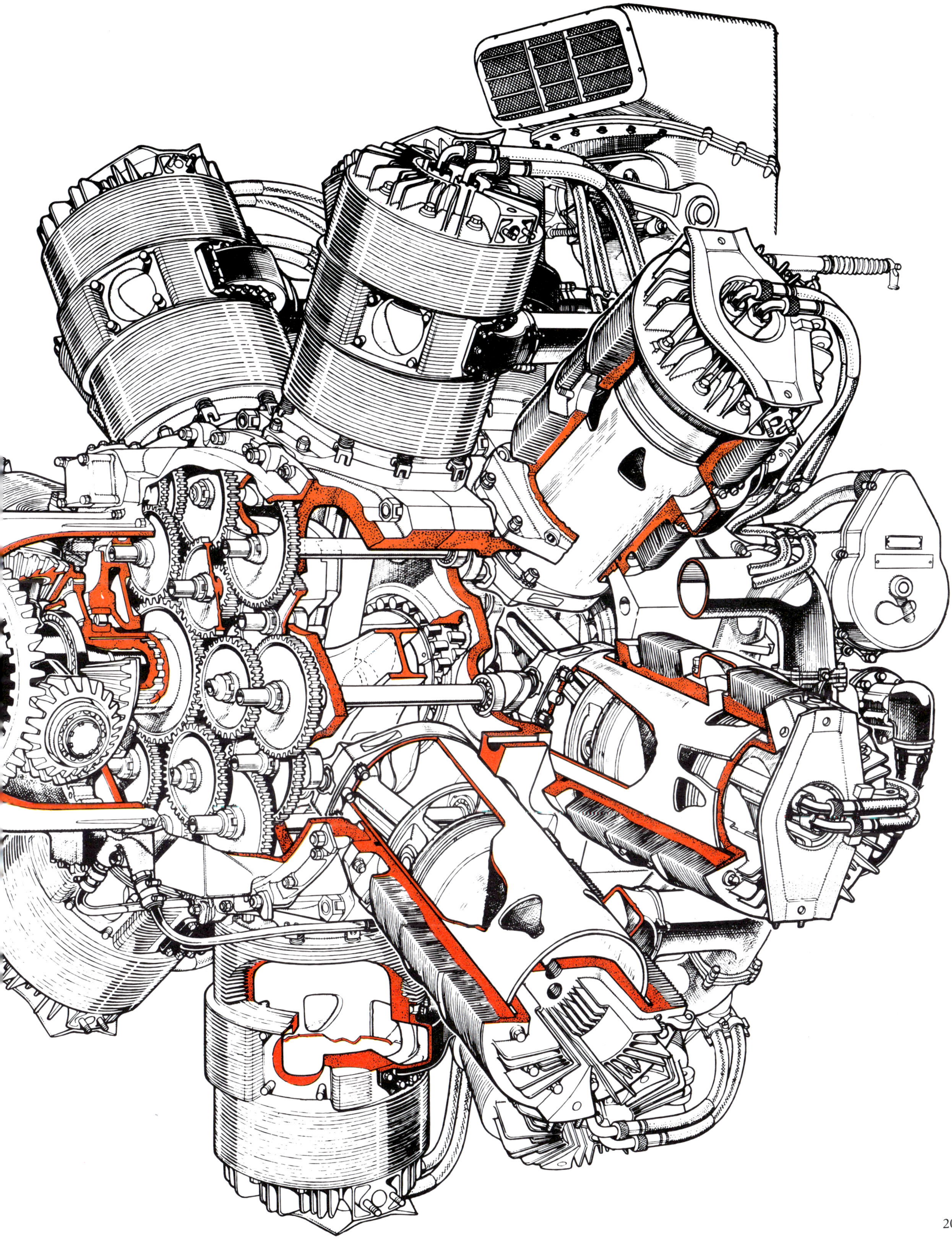

d'un compresseur, développait une puissance bien supérieure et ce puissant petit moteur servit de base à plusieurs brillantes voitures de course et de record. L'Austin *7* fut fabriquée sous licence en Allemagne, par Dixi — qui allait par la suite devenir B.M.W. —, en France par Rosengart, au japon par Datsun et aux U.S.A. par la American Austin Co. Et la production de son moteur fut poursuivie jusqu'à 1962, par Reliant qui en équipait son véhicule à trois roues.

Alors que la disposition plus sophistiquée « soupapes en tête » des voitures de course se retrouvait sur les puissantes voitures et sur les voitures de sport, la disposition « soupapes latérales » fut conservée sur les voitures de prix moyen et sur les voitures bon marché, jusqu'au milieu des années 1930. Après la Seconde Guerre Mondiale, les soupapes latérales furent cependant presque totalement supplantées par les soupapes culbutées ou par les arbres à cames en tête.

Alors que la Ford *T* avait été conçue pour un public averti des problèmes mécaniques, la Volkswagen de Ferdinand Porsche vit le jour dans un monde où la technique était acceptée comme faisant partie de la vie quotidienne, aussi était-elle beaucoup plus sophistiquée. Un premier prototype fut construit dans le garage de Porsche en 1936 et trente autres furent réalisés chez Mercedes en 1937, ainsi que plusieurs versions militaires. La production de la voiture de route commença en 1945 avec un moteur de 1 131 cm³ développant 25 ch (18,6 kW). Au fil des années ses dimensions se sont progressivement augmentées et une version de 1 970 cm³, développant 70 ch (52,2 kW) équipe encore aujourd'hui un modèle de véhicule commercial léger. La production de ce moteur dont le dessin est resté fondamentalement inchangé excède aujourd'hui les 16 milions d'exemplaires.

Le moteur Volkswagen est composé de deux paires de cylindres refroidis par air, fixés

Ci-dessus : le 6-cylindres de la Rolls-Royce *Silver Ghost*.

A droite, en haut : le moteur de la *Model T* de Henry Ford avait un distributeur basse-tension entraîné depuis l'avant du vilebrequin et des poussoirs de soupapes non-réglables.

Ci-contre : le moteur de l'Austin *Seven* dans sa version 1928.

de part et d'autre d'un carter en alliage léger par des goujons qui assurent également la fixation des culasses en passant au travers des ailettes de refroidissement des blocs-cylindres; Le bloc-cylindres gauche est sensiblement avancé par rapport à celui de droite, de telle sorte que le vilebrequin tournant sur trois paliers comporte quatre mannetons, un par bielle. L'arbre à cames unique qui est entraîné par une cascade de pignons actionne les soupapes en tête par le biais de poussoirs dont les gaines servent également au retour de l'huile vers le carter. Les cylindres et les culasses ailetés sont enrobés dans un carénage métallique chargé de canaliser l'air qui est envoyé par un ventilateur centrifuge entraîné par une courroie prenant sur l'arrière du vilebrequin. Traditionnellement « bridés » par la section volontairement réduite de leurs conduits d'admission, les moteurs Volkswagen se sont révélés remarquablement fiables et durables.

De nos jours, la conception des moteurs est gouvernée par la recherche de performances plus spécifiques qu'absolues, on les veut sûrs — leur entretien devant être réduit à l'essentiel pendant les 80 000 premiers kilomètres — et utilisables à la fois sur plusieurs modèles, une existance de plus de 10 ans pouvant seule permettre de rentabiliser les frais de recherche, de mise au point et d'équipement que requiert la production en grande série. Un exemple typique de ces moteurs modernes est le 2-litres de la série « O » qui a été mis en service par British Leyland en 1978 pour la gamme Austin-Morris. Sur ce 4-cylindres, la culasse en fonte regroupe sur un seul côté les conduits d'admission et d'échappement afin de provoquer une mise en température rapide lors des démarrages à froid, et au détriment de la turbulence que favorisent habituellement les chambres de combustion à flux traversant. Les soupapes, verticales, sont parallèles de manière à pouvoir être actionnées par de simples poussoirs et un arbre à cames en tête unique. L'arbre à cames,

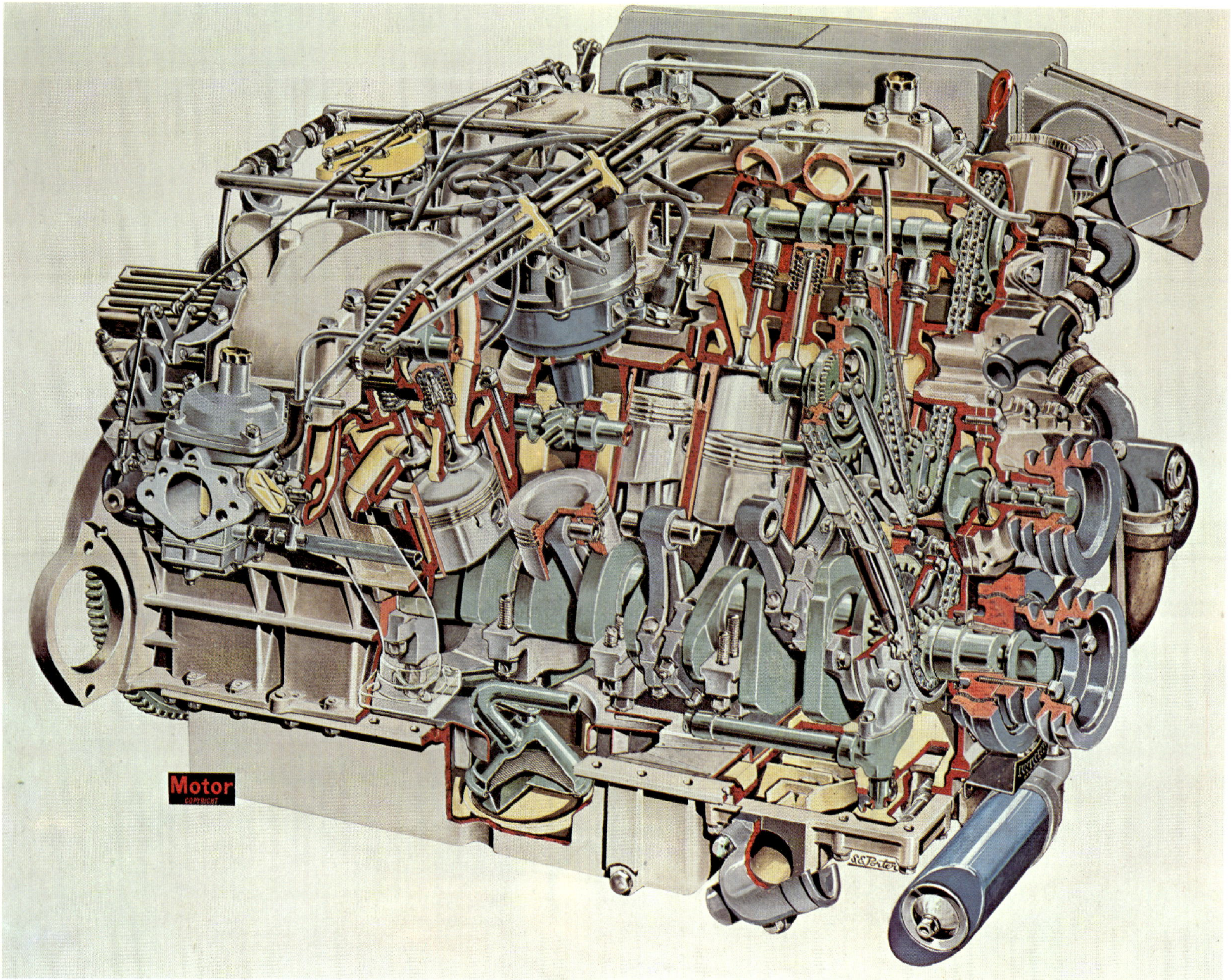

Le moteur de la Jaguar V12.

entraîné par une courroie de caoutchouc crantée, tourne sur des paliers pratiqués à même la culasse, et dont la section supérieure est partie intégrante du couvercle cache-arbre à cames. Monté sur ce couvercle, le distributeur d'allumage est entraîné par un engrenage hélicoïdal prenant au milieu de l'arbre à cames. La disposition verticale des soupapes a autorisé des culasses plates de fabrication plus économique. Et les chambres de combustion sont pratiquées dans les têtes de pistons, selon le principe inauguré par Héron, en 1920, et repris depuis par Rover et Jaguar, entre autres. La rigidité du bloc de fonderie moteur-carter est renforcée par la suppression des passages d'eau entre les cylindres, ce qui a également permis de raccourcir le moteur; Un logement pratiqué sur la face avant du bloc abrite une pompe à eau centrifuge entraînée par une courroie en V prenant sur le vilebrequin. Une pompe à rotor excentrique montée sur le vilebrequin fait monter l'huile depuis le fond du carter aileté jusqu'à un canal, d'où elle est envoyée sur les cinq paliers, puis, par des conduits pratiqués dans le corps du vilebrequin, vers les manetons. Et un orifice ménagé dans la tête de bielle asperge d'huile l'intérieur du piston pour aider à son refroidissement. A une pression réduite, l'huile est également acheminée par des conduits internes vers la culasse où elle lubrifie les paliers de l'arbre à cames et les poussoirs de

A droite, en haut : le moteur de l'Audi 50 présentait une courroie de distribution crantée. Un détail intéressant était la pompe à eau qui, entraînée par la même courroie, servait également de tendeur.

Ci-contre : l'énorme Fiat « Mephistophélès » 300 ch de 1911 qui s'attaqua au record du monde de vitesse sur terre.

soupapes. Elle redescend ensuite dans le carter. Ce moteur de 1 993 cm^3 (84,45 × 89 mm) a un taux de compression de 9 : 1 et développe une puissance de 93 ch (70 kW) à 4 900 tr/mn.

Les progrès nés de la compétition

Les impératifs présidant à la conception des moteurs de compétition sont bien différents en ce qu'ils visent à obtenir un maximum de puissance, au moins pendant le temps que dure la compétition, et ceci en restant dans les limites imparties par les règles changeantes qui gouvernent le sport automobile. Ces règlements ayant pour esprit une limitation des vitesses dans un objectif de sécurité, s'appliquent aussi bien au poids de la voiture qu'à sa consommation de carburant, à la nature de ce carburant ou à la cylindrée du moteur. L'amélioration des performances dans ces limites restrictives nous a valu de superbes exercices de technique dont les retombées ont souvent été profitables aux moteurs de série.

Depuis l'époque de la première course automobile — Paris-Rouen en 1894 —, la cylindrée des moteurs était passée de 1,2 litres à 15 litres. Ces moteurs en général 4-cylindres dépassaient rarement 2 000 tr/mn et 100 ch (75 kW). L'un des derniers représentants de cette école fut l'Itala de 1908, un 4-cylindres de 12 litres (155 × 160 mm) développant 100 ch à 1 800 tr/mn. Culasse et bloc-moteur étaient constitués de deux pièces de deux cylindres, avec chemises humides en fonte rapportées. Un unique arbre à cames logé dans le carter actionnait les soupapes d'échappement latérales et, par l'intermédiaire de tiges et de culbuteurs, les soupapes d'admission en tête. Pour

Ci-dessus : le moteur Matra V12 *MS12* dans sa version victorieuse des 24 Heures du Mans 1973.

A droite : le moteur à double arbre à cames en tête de la Peugeot Grand-Prix de 1913.

l'allumage, on trouvait une magnéto B.T. et des bougies contactées par cames, ces dernières étant entraînées par un arbre vertical prenant sur l'arbre à cames et qu'il était possible de déplacer longitudinalement pour régler le point d'allumage.

Le 10 litres Fiat de 1911 comportait un arbre à cames en tête entraîné par une cascade de pignons coniques, à partir de l'avant du vilebrequin à trois paliers. Chacune des cames était séparément accordée à l'arbre et ouvrait des soupapes verticales disposées de part et d'autre. Le carburateur alimentait les soupapes d'admission par une tubulure en T.

L'année suivante, l'ingénieur suisse de chez Peugeot, Ernest Henri, dessina l'archétype du moteur de course en réunissant toutes les caractéristiques qui s'étaient avérées les plus satisfaisantes. On trouvait sur ce dessin quatre soupapes par cylindre — les deux soupapes d'admission étant disposées d'un côté et incinées à 45° par rapport aux soupapes d'échappement, de l'autre côté — et deux arbres à cames en tête tournant dans des carters d'aluminium et placés directement au dessus des soupapes. A l'avant du moteur, un arbre vertical entraîne à la fois les arbres à cames, la magnéto H.T. et la pompe à eau. Ce révolutionnaire 4-cylindres de 7,6 litres tournait à 2 200 tr/mn et développait 130 ch (97 kW). Cette considérable augmentation de la puissance au litre et du régime était la conséquence de la meilleure respiration que donnaient les quatre soupapes par cylindre.

En 1913, Henri produisit un moteur Peugeot de 3 litres très semblable au 7,6 litres. Le dessin différait cependant en ce que les arbres à cames étaient maintenant entraînés par une cascade de pignons à taille droite, l'axe de l'un de ces pignons se prolongeant, à l'avant, pour entraîner la pompe à eau, et, à l'arrière, pour la magnéto. La culasse et le bloc-moteur étaient toujours obtenus d'une seule pièce de fonderie et la course du piston restait égale à à peu près deux fois son diamètre d'alésage de

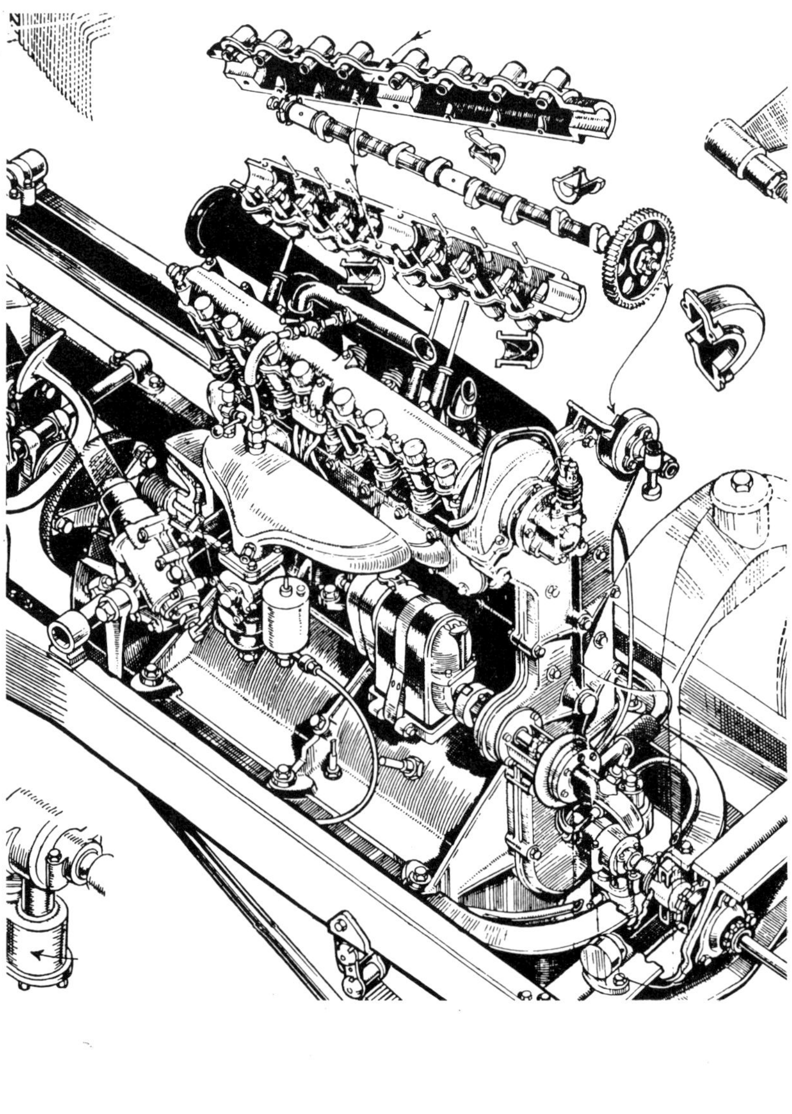

78 mm. Ce plus petit moteur qui allait indiquer la voie vers des moteurs de course plus petits et tournant plus vite, développait 90 ch (67 kW) à 2 900 tr/mn. Le 4,5-litres de course que sortit Mercedes en 1914 n'avait qu'un seul arbre à cames et son dessin s'apparentait beaucoup au moteur Mercedes d'aviation, notamment par les cylindres en acier forgé et les tubulures et chemise humides rapportés par soudure, technique très légère mais coûteuse.

En 1920, le règlement des 500 Miles d'Indianapolis imposa une cylindrée limitée à trois litres. Henri s'y conforma en dessinant pour Ballot un 8-cylindres en ligne qui développait 107 ch (80 kW) à 3 800 tr/mn et dont une particularité notable étaient les godets inversés qui, en contact direct avec les cames, remplaçaient les poussoirs de soupapes.

Le progrès suivant fut, pour les moteurs de course, l'adoption du compresseur d'alimentation ou de la sur-alimentation. Cette méthode permettant d'améliorer le remplissage des cylindres avait été expérimentée en 1906 et 1907 par Chadwick, à l'aide d'un ventilateur centrifuge. Mercedes commença, après la Première Guerre Mondiale, à monter un compresseur de type Roots en position verticale sur l'avant du moteur. Sa mise en marche était provoquée en enfonçant la pédale d'accélérateur. En 1923, Fiat utilisait un compresseur à aubes Wittig et, l'année suivante, les Sunbeam Grand-Prix 6-cylindres étaient équipées de compresseurs Roots entraînés par les arbres à cames et alimentant les tubulures en mélange sous pression, comprimant le mélange entre sa sortie des carburateurs et son passage dans les tubulures. Ce moteur de 1 988 cm³ développait 138 ch (103 kW) à 5 500 tr/mn.

A partir de 1927, la cylindrée des moteurs de Grand-Prix devenant limitée à 1,5 litres, Bugatti et Delage sortirent chacun un 8-cylindres en ligne de cette capacité. Le moteur de la Bugatti *type 39* qui était dérivé du *type 35* avait des cotes d'alésage et de course de 52 × 88 mm et un compresseur Roots monté sur le côté droit du carter-moteur. Il comportait deux soupapes d'admission et une soupape d'échappement par cylindre, toutes disposées verticalement. Elles étaient actionnées par un arbre à cames unique entraîné par un axe vertical placé en avant des deux groupes de 4 cylindres. Le vilebrequin à huit manetons était assemblé par des clavettes afin de permettre l'utilisation de roulements à rouleaux, pour les manetons comme pour les paliers. Semblables, les types *35 B* (2 261 cm³) et *35 C* (1 955 cm³) comptèrent parmi les moteurs les plus victorieux au monde, jusqu'à 1939.

M. Lory, le créateur du moteur Delage, opta lui pour deux soupapes par cylindre, celles-ci formant entre elles un angle de 100° et nécessitant deux arbres à cames en tête. Ce moteur qui fournissait 170 ch à 8 000 tr/mn pour une pression de 49 g/cm² du compresseur Roots était remarquable par un usage quasi-généralisé des roulements à rouleaux; les neuf paliers du vilebrequin équilibré, d'une seule pièce, étaient tous montés ainsi et les quelques vingt pignons entraînant les arbres à

Le moteur Auto-Union Grand Prix V16 de 1934 comportait un compresseur Roots à l'arrière et un arbre à cames unique pour les 32 soupapes. La puissance développée était de 520 ch (387 kW) à 5 000 tr/mn pour une cylindrée de 6 006 cm³.
1 Compresseur.
2 Commande de l'arbre à cames.
3 Arbre à cames.
4 Bloc-cylindre gauche.
5 Bloc-cylindre droit.
6 Tubulure d'admission entre les deux blocs-cylindres.

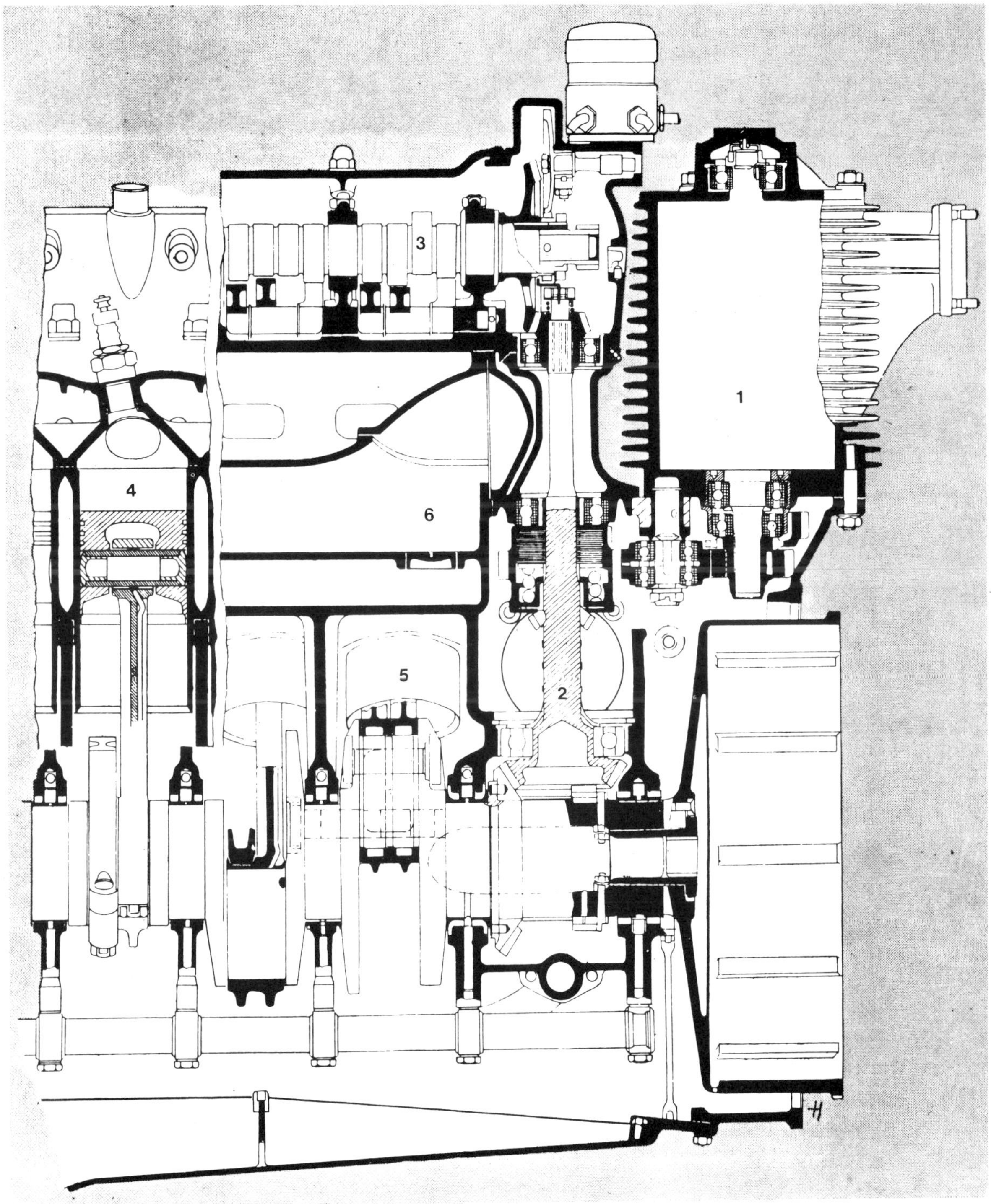

Les moteurs Bugatti de course comptent parmi les plus glorieux de tous les temps.

cames, le compresseur, la pompe à eau, les pompes à huile et la magnéto égaîement tous montés sur des roulements de ce type.

A partir de 1934, de nouveaux règlements stipulèrent que le poids total des voitures ne devrait plus excéder 750 kg, et ceci coïncida avec la distribution de larges subsides au sport automobile. Désireux de réhausser son prestige, le Gouvernement Allemand subventionna généreusement les équipes de Grand Prix Auto-union et mercedes-Benz. En 1936, le moteur que le Dr Ferdinand Porsche avait conçu pour Auto-Union était un 16-cylindres en deux bancs de 8 chemises humides formant entre elles un angle réduit (45°) au-dessus du carter. Un seul arbre à cames en tête, central, actionnait individuellement les soupapes d'admission par le biais de culbuteurs et les soupapes d'échappement situées à l'extérieur du V, par un jeu de tiges et de culbuteurs. Le compresseur Roots vertical alimentait une tubulure commune entre les deux culasses. Ce moteur de 6 006 cm^3 qui ne pesait que 245 kg développait 520 ch (338 kW) à 5 000 tr/mn.

Le Merdedes-Benz *W163* conçu pour la formule Grand Prix-3 litres de 1938 était un V12 à quatre soupapes par cylindre et quatre arbres à cames. Sa sur-alimentation était assurée par deux compresseurs Roots montés en série et donnant 1,86 kg/cm^2 de pression. Ce moteur développant 483 ch (360 kW) à 7 800 tr/mn représente l'un des sommets de la technique du moteur à essence.

L'un des moteurs les plus remarquables de l'Après-Guerre est le Ford-Cosworth V8 conçu en 1966 par Keith Duckworth et financé par la Ford Motor Co. Ce moteur qui totalise aujourd'hui plus de cent victoires en Grand prix est resté compétitif depuis plus de dix ans, non sans modifications bien-sûr. Ses deux bancs de cylindres formant un angle de 90° sont contenus dans une même pièce de fonderie bloc-moteur et carter. Les culasses comportent deux soupapes d'admission et deux soupapes d'échappement par cylindre qui sont actionnées par deux arbres à cames en tête entraînés par une cascade de pignons à taille droite depuis le vilebrequin. Inclinées à 32° entre elles, les soupapes forment une chambre de combustion en toit au centre de laquelle est positionnée la bougie d'admission. Chaque cylindre a sa propre trompette d'admission dans laquelle le mélange est injecté directement, la commande des gaz étant assurée par un jeu de guillotines pour chaque banc de cylindres. L'allumage électronique est réglé par un disque placé sur le vilebrequin. Avec ses 163 kg, sa longueur de 558 mm, sa largeur

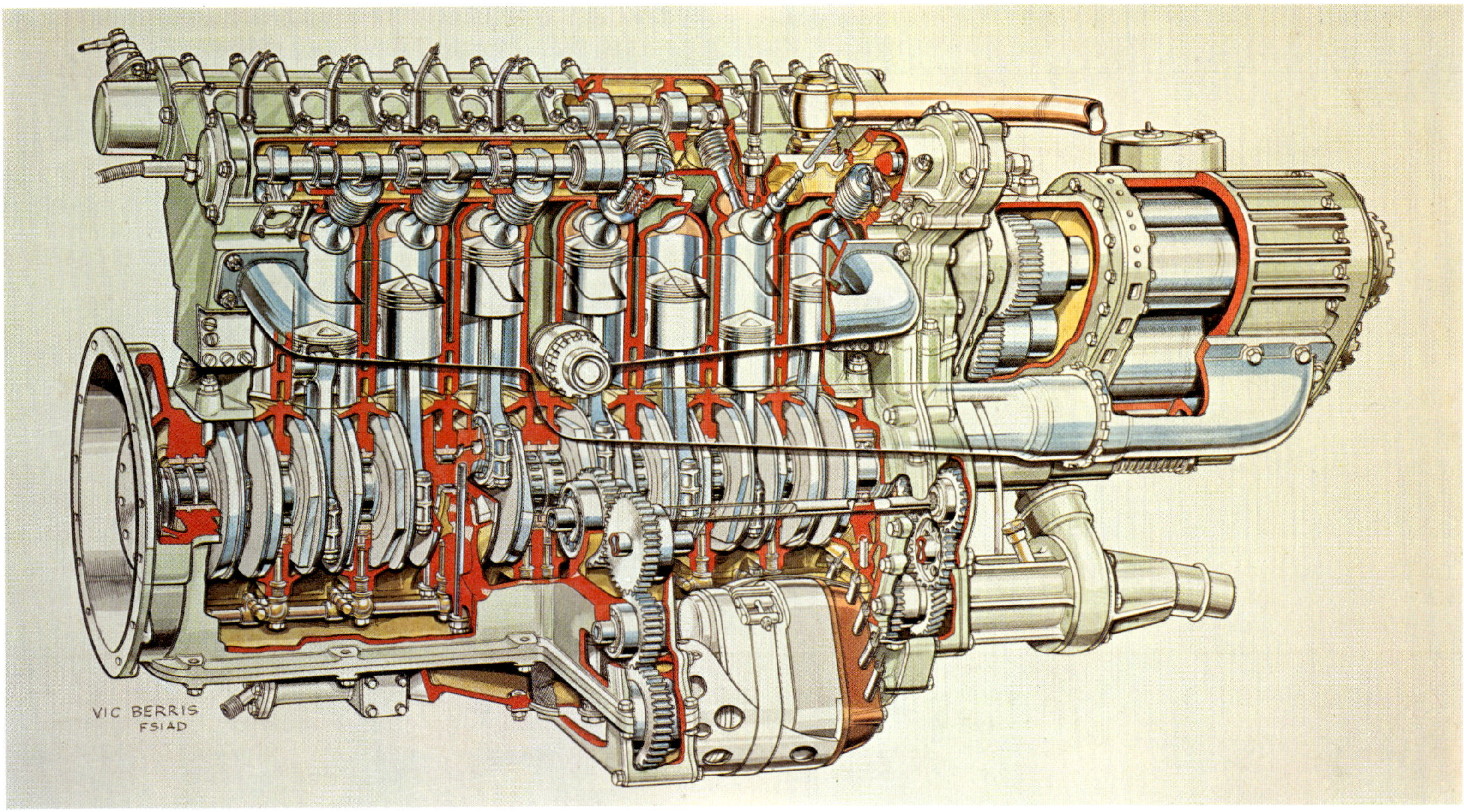

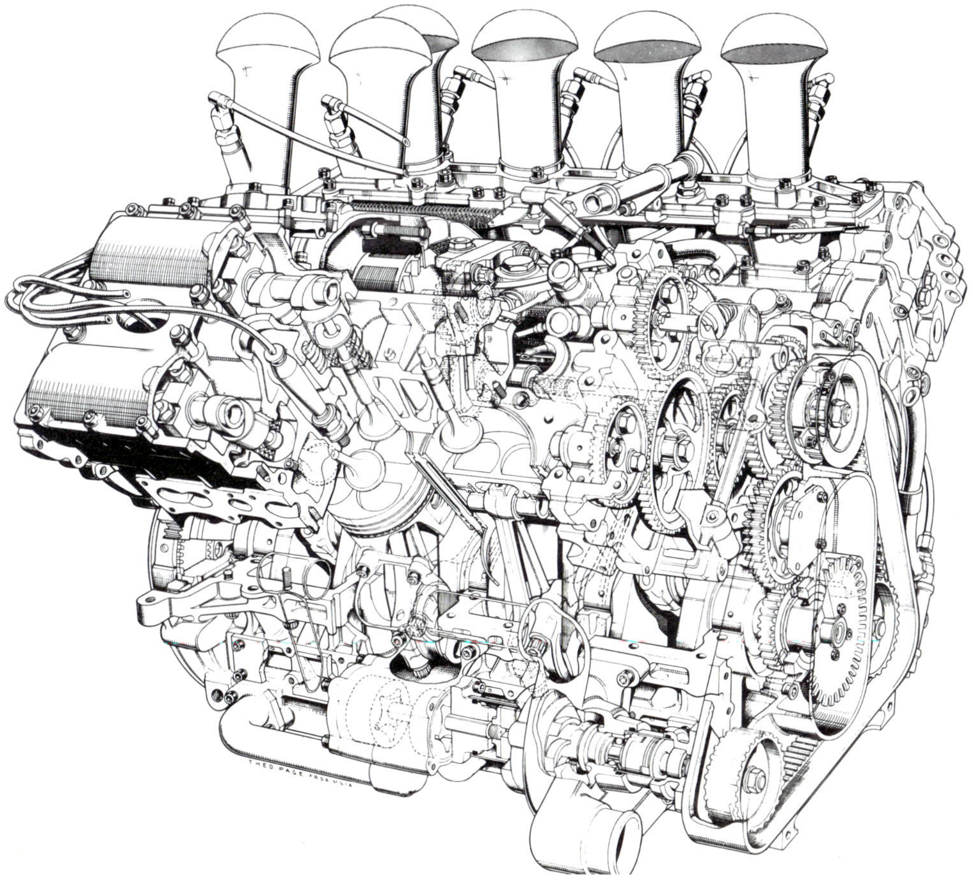

Ci-dessus : le 1 500 cm³ Delage de 1927 était entièrement monté sur roulements à billes.

A gauche : le Ford Cosworth 3-litres qui compte à son actif plus de 125 victoires en Grand-Prix.

de 686 mm et sa puissance de plus de 450 ch à 10 000 tr/mn, le Ford-Cosworth *DFV* offre une intéressante comparaison avec le Mercedes-Benz *W163* à compresseur.

Les moteurs à essence de motocyclettes

Avec ses limitations inhérentes de taille et de poids et son image définitivement sportive, la moto a contribué à rapprocher encore davantage le moteur de compétition du moteur de course; et a probablement été à l'origine de conceptions encore plus exotiques que n'importe quel moteur à allumage par bougie. Dans ce domaine et pour près de quinze ans, le ton fut d'abord donné par le mono-cylindre Daimler de 1885, avec ses volants-moteur incorporés, sa soupape d'échappement à commande mécanique, son carburateur à surface et son refroidissement par air. Jusqu'à la fin du XIXᵉ siècle, les innovations les plus importantes furent les cylindres à ailettes de refroidissement remplaçant les chemises d'air forcé, l'allumage par bobine à trembleur au lieu de la lampe à incandescence — qui risquait de mettre le feu lorsque la moto tombait — et l'introduction de la came d'allumage entraînée par pignons en remplacement des gorges pratiquées sur le volant moteur. Sur les moteurs à soupapes d'admission automatiques, tel le 239 cm^3 Schwan de 1899, le régime était en effet contrôlé autant par le calage de l'allumage que par la quantité de mélange fournie au cylindre.

Les limites de ce systèmes furent prises en considération dès le début du siècle et une seconde soupape mécanique fut installée, pour l'admission, à côté de celle d'échappement, donnant ainsi naissance au classique moteur à soupapes latérales qui allait rester en production pendant quelques quarante ans. Ces moteurs étaient peu coûteux à fabriquer, sûrs et, même s'ils n'avaient pas un rendement extraordinaire, ils présentaient l'avantage de s'accomoder de bien des abus. Pour obtenir plus de puissance, des bicylindres en V furent introduits, leur configuration s'adaptant bien à la forme du cadre des cycles. Les premiers exemples furent présentés par J.A. Prestwick en Angleterre, par Peugeot, Clément et Griffon, en France, par N.S.U., en Allemagne, par Minerva, en Belgique et, aux États-Unis, par Hendes et Harley-Davidson.

En fait le système des soupapes d'admission automatiques fut tout d'abord remplacé par le dessin « admission sur l'échappement » que l'on trouvait sur les Indian et les Rudge de 1908. Avant cela, J.A.P. avait présenté, en 1903, le premier moteur britannique à soupapes dans la culasse. Ce moteur ne comportait qu'un seul arbre à cames sur lequel se trouvaient à la fois un lobe et un creux. Le lobe avait pour fonction de pousser une tige qui ouvrait la soupape d'échappement, tandis que le creux recueillait le doigt d'une tige qui commandait l'ouverture de la soupape d'échappement. J.A.P. perfectionna très vite ce système par le recours à deux arbres à cames commandant chacun une tige pour chaque soupape. Ce système fut standardisé sur tous les moteurs à soupapes en tête, jusqu'à l'apparition de l'arbre à cames en tête.

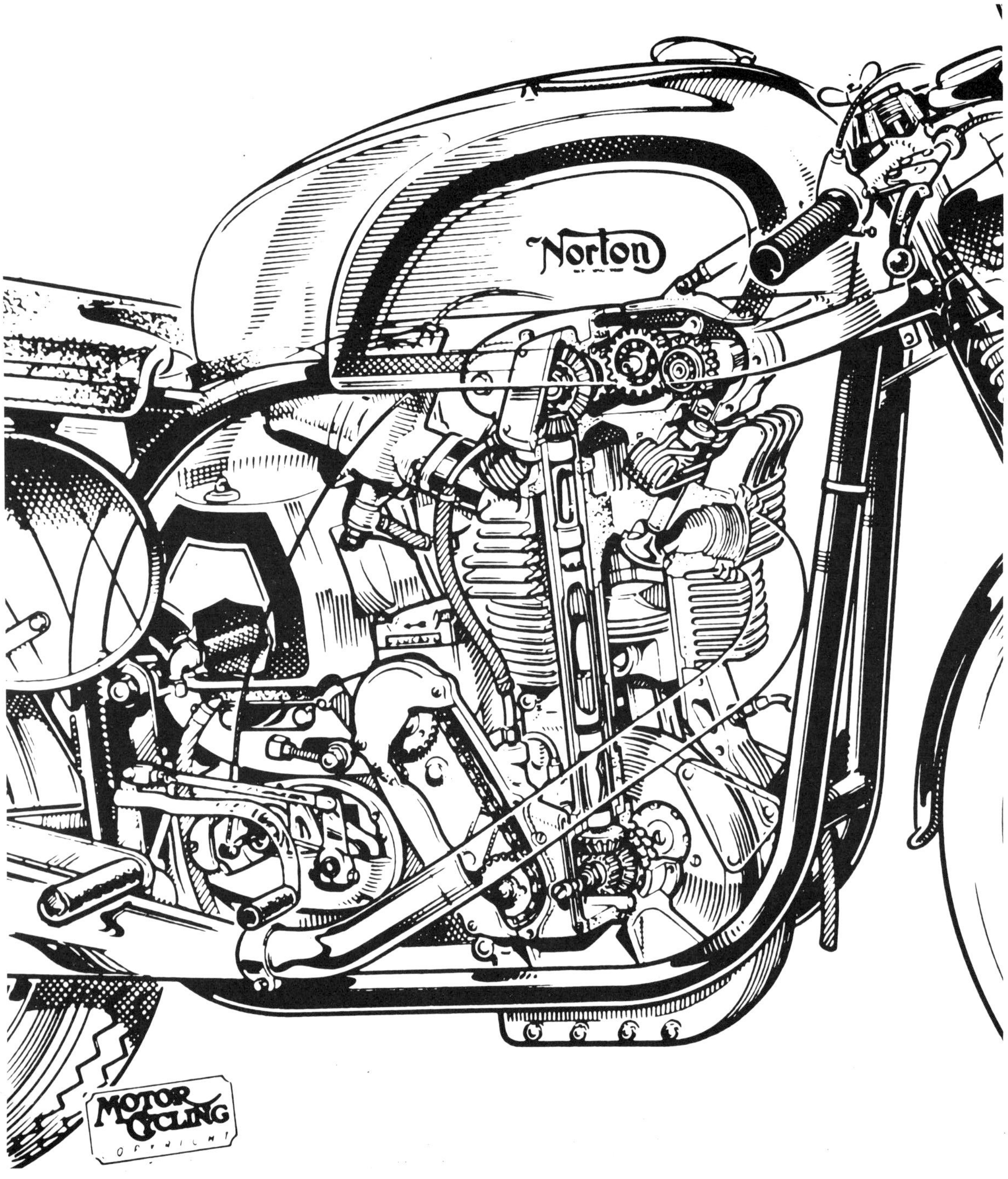

Un moteur Norton *Manx* 500. La distribution est commandée par deux pignons hélicoïdaux et quatre pignons à taille droite.

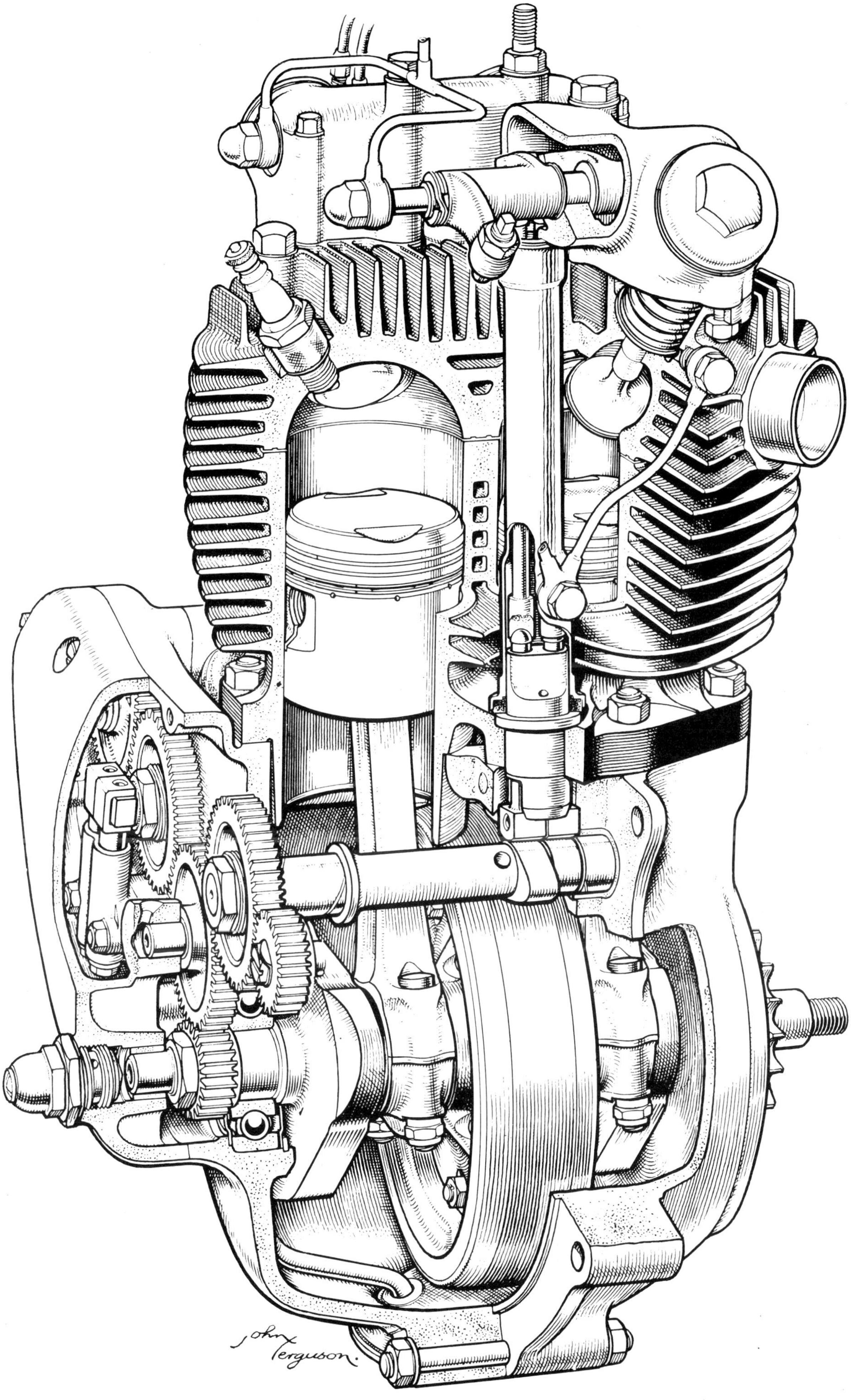

Le bi-cylindre vertical Norton est resté en fabrication pendant de nombreuses années.

Le mono-cylindre Sunbeam de 493 cm³ avait des soupapes en tête.

Le pionnier du moteur à arbre à cames en tête fut, encore une fois, J.A.P. qui présenta deux motos ainsi équipées — une 350 et une 500 cm³ — au Tourist Trophy de 1922. Deux années plus tard, Percy Goodman conçevait pour Velocette un 348 cm³ à un arbre à cames en tête, entraîné par pignons coniques et arbre vertical. Ce moteur développait environ 20 ch à 5 500 tr/mn. Sunbeam essaya un système semblable l'année suivante, en remplaçant les ressorts hélicoïdaux par des ressorts en épingle, pour éviter l'affolement à régime élevé, mais revint bientôt à la disposition latérale. Le grand rival de Velocette était Norton avec son moteur à a.c.t. type *C.S.I.* conçu par Walter Moore en 1927. Perfectionné ultérieurement par Joe Craig, ce moteur devint le mono-cylindre de course qui remporta probablement le plus de succès. Il était aussi le plus agréable d'aspect. Une originalité du *C.S.I.* était l'entraînement de la magnéto par un pignon à chaîne prenant sur le côté du vilebrequin. Chez d'autres constructeurs, l'arbre à cames était entraîné soit par chaîne, comme chez A.J.S., soit par une cascade de pignons, comme chez Benelli, ou encore par un jeu d'excentriques et de bielles, comme chez N.S.U.

L'expérience des automobiles de course démontra que deux arbres à cames étaient préférables, même si l'espace limité et le nécessaire passage de l'air de refroidissement sur les culasses rendait cette adaptation plus difficile à la moto J.A.P. conçut néanmoins un double a.c.t. en 1922 mais cette idée resta sans suite pendant une douzaine d'années. La Norton acquit en 1936 un second arbre à cames entraîné par une cascade de pignons à taille droite, et en 1952, Ike Hatch dessina pour la A.J.S. *7R3A* la culasse d'un moteur resté célèbre sous l'appellation de *Boy Racer*. Sur ce moteur, l'arbre à cames d'admission à entraînement par chaîne était également utilisé à entraîner, par le biais de pignons à taille droite, un arbre intermédiaire muni de pignons coniques à ses extrémités pour entraîner les deux arbres à cames longitudinaux des deux soupapes d'échappement. De nombreux mono et bi-cylindres de course européens étaient à double arbre à cames en tête, comme le sont pratiquement tous les multi-cylindres de la production actuelle.

Les découvertes faites sur le déplacement des gaz ont démontré la nécessité d'assurer un remplissage et une vidange les plus complets possible des cylindres. C'est ce qui conduisit à l'adoption de chambres de combustion à quatre soupapes. Le pionnier en fut Triumph, en 1921, pour qui Harry Ricardo avait dessiné un moteur à deux soupapes d'échappement et deux soupapes d'admission. Une disposition similaire fut utilisée par Rudge sur son moteur dont une autre particularité était une chambre de combustion hémisphérique dans laquelle les quatres soupapes étaient positionnées radialement. Chaque tige-poussoir soulevait l'extrémité d'un culbuteur longitudinal et enfonçait le doigt d'un second culbuteur situé sur le côté droit du moteur. Simultanément, ce second culbuteur en actionnait un troisième qui ouvrait une soupape, sur le côté gauche du moteur. Le 4-cylindres de course 250 cm³ Honda de 1961 qui pouvait atteindre 14 000 tr/mn acheva de démontrer que quatre petites soupapes étaient préférables à deux grosses.

En France, les frères Michel et Eugène Werner avaient, dès

1905, sorti un 450 cm³ à deux cylindres parallèles et verticaux. Triumph essaya la même disposition en 1914 mais l'idée ne commença en fait à gagner du terrain qu'en 1933, lorsque Valentine Page dessina son bi-cylindre vertical de 650 cm³. Sur l'ancien Triumph, les manneton du vilebrequin étaient opposés à 180° de telle sorte que lorsqu'un piston montait, l'autre descendait. Ceci supprimait le temps mort inhérent au mono-cylindre mais créait aussi une force tendant à balancer le moteur d'un côté à l'autre. Sur le moteur Page de 1933, les mannetons étaient en ligne — soit à 360° — ce qui donnait un allumage régulier et éliminait le balancement mais revenait à l'équilibre du mono-cylindre. Et de toutes manières, ce moteur était trop volumineux et trop coûteux. En 1938, Edward Turner dessina pour Triumph un bi-cylindre vertical sur lequel les mannetons étaient en ligne et les soupapes en tête, actionnées par tiges et poussoirs depuis deux arbres à cames situés l'un devant et l'autre derrière le bloc-cylindres. C'est ce moteur qui lança la vogue du bi-cylindre.

J.F. Baxter réalisa très tôt le problème des vibrations inhérentes au moteur mono-cylindre. Il y répondit en 1905 par un moteur à deux cylindres opposés, à plat. Ce moteur à volant extérieur fut utilisé sur la moto Fée (plus tard Fairey) et son dessin servit aussi au Douglas 344 cm³ de 1907 dont une version course apparut en 1920 avec des culasses détachables et des soupapes en tête, inclinées et culbutées. En 1923, Max Fritz conçut pour B.M.W. un bi-cylindres à plat à soupapes latérales monté en travers du cadre. Il fut suivi par un 500 cm³ à soupapes en tête et, en 1929, une B.M.W. de 750 cm³ à compresseur monté au-dessus de la boîte de vitesse s'appropriait, à 217 km/h, le record mondial de vitesse à moto.

Un parent proche du bi-cylindre parallèle est le bi-cylindre en V fermé comme le 400 cm³ de la Matchless *Silver Arrow* 1929 dont les deux cylindres formaient entre eux un angle de 26°. En 1931, ce moteur latéral équipant la *Silver*

Le bi-cylindre à plat Douglas, un favori des premières courses « dirt-track ».

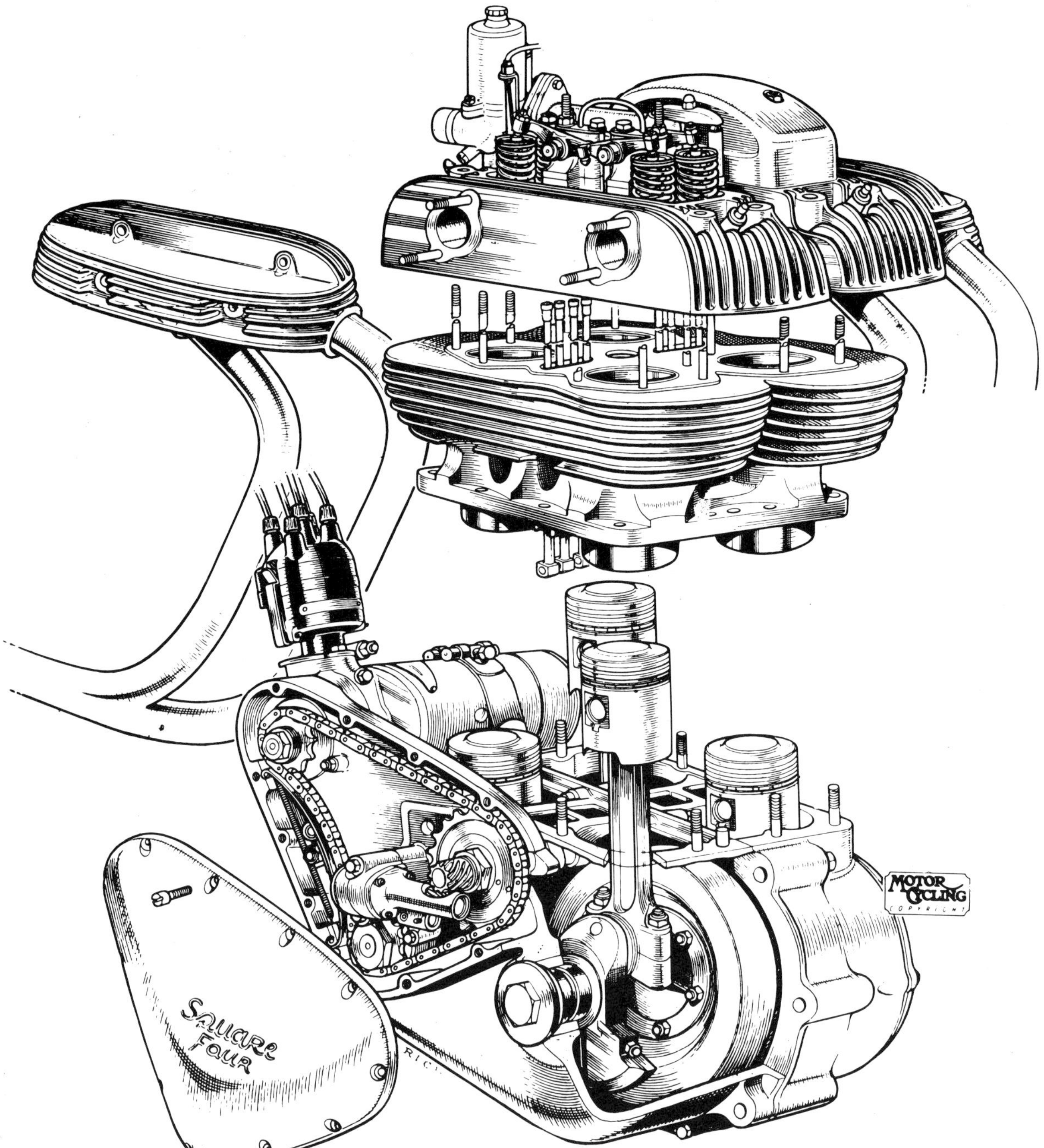

Le *Square Four* Ariel resta en production du début des années 1930 à la fin des années 1950.

Hawk avait évolué en un 4-cylindres en V de 593 cm³ à arbre à cames en tête entraîné par un arbre vertical et développait 26 ch. Un an plus tôt, Edward Turner avait mis au point le 4-cylindres 500 cm³ Ariel *Square Four* qui comportait deux vilebrequins à 180° engrenés et un arbre à cames unique, entraîné par chaîne. Sa cylindrée fut progressivement portée à 600, puis à 1 000 cm³. Dans sa version définitive d'après la guerre, ce gros moteur développait 42 ch (31 kW) à 5 800 tr/mn.

Le 4-cylindres moto le plus répandu est le 4-cylindres en ligne refroidi par air qui fut d'abord disposé dans l'axe du cadre pour être aujourd'hui placé perpendiculairement à celui-ci. L'un des premiers fut construit par C. Bink, à Nottingham, en 1903. Son carburateur était de sa conception propre et l'allumage était assuré par distributeur et bobine. Il fut suivi, en 1905, par le F.N. belge, le Laurin & Klement autrichien, le Dürkopp allemand et les Henderson et Pierce-Arrow américains. En 1934, Rondine sortit un 4-cylindres suralimenté à double arbre à cames en tête et refroidissement par eau qui allait devenir le Gilera en 1935, développant alors 60 ch (45 kW) à 8 500 tr/mn. Il battit le record du monde en 1937, à 273 km/h, et couvrit aussi 204 km dans l'heure. Le Gilera réapparut après la guerre, sans compresseur mais avec quatre carburateurs, et se distingua en 1957 en bouclant le circuit du Tourist Trophy, dans l'Ile de Man, à plus de 163 km/h de moyenne.

Au début des années 1960, Honda sortit un moteur de course à double a.c.t. et 4 soupapes, en deux versions : 125 et 250 cm³. Dès 1967, cela avait donné naissance à des 4 et 6-cylindres capables d'atteindre des régimes de 20 000 tr/mn et qui furent bientôt suivis par des 4-cylindres en ligne de série. Le Honda *CBX* actuel, un 6-cylindre en ligne, dispose de 4 soupapes par cylindre et de deux a.c.t. entraînés par des pignons logés entre les deux blocs de trois cylindres. Avec 6 carburateurs et un taux de compression de 9,3:1, il développe 105 ch (78 kW) à 9 000 tr/mn.

Le deux-temps à essence doit l'essentiel de son progrès à sa popularité en tant que moteur de moto. Alfred Angus Scott avait commencé en 1901 ses expériences sur un bi-cylindre parallèle refroidi par air qui comportait un vilebrequin à 180° et trois lumières d'admission. Il donna naissance, en 1908, à un moteur similaire mais à bloc refroidi par eau, et culasses refroidies par air sur lequel le refroidissement par eau était généralisé, à partir de 1914. Dès 1911, ce moteur avait été doté d'une soupape rotative cylindrique qui réglait à la fois le débit des gaz d'admission et de transfert. Il ne fut cependant utilisé qu'en course. Le Scott est encore fabriqué aujourd'hui sous le nom de Silk.

Les pionniers des mono-cylindres deux-temps furent Butterfields qui créa le 211 cm³ Lewis de 1910 et le Velocette de 1912, Triumph, Clyno et, en 1914, Villiers. Villiers Co a été pendant plus de quarante ans le principal constructeur de mono-cylindres courants de moins de 350 cm³ de cylindrée. Ces moteurs qui, à l'origine, étaient dotés de piston à déflecteur adoptèrent par la suite des pistons à tête plate combinés avec un système de

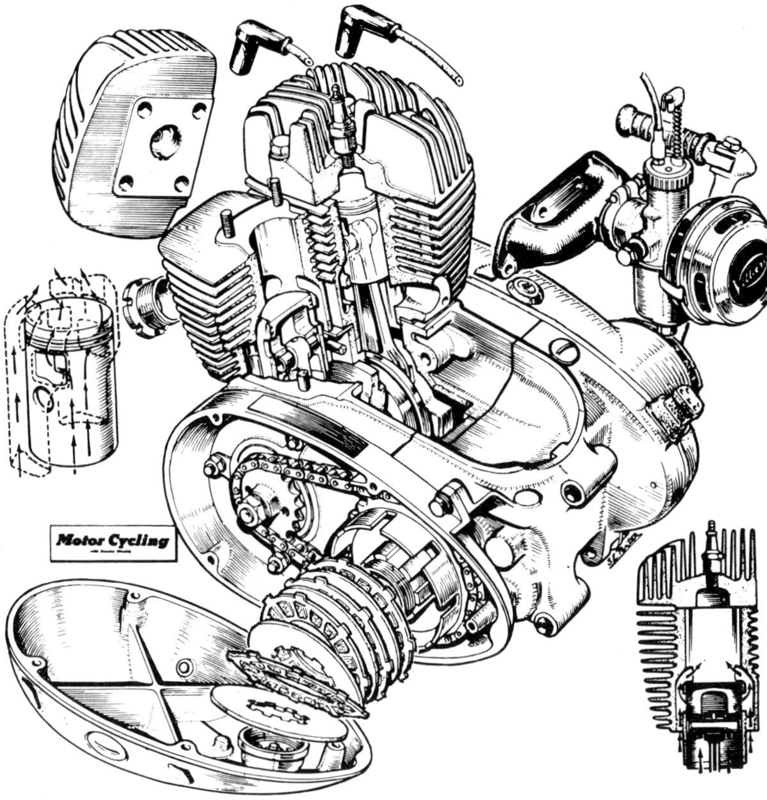

balayage des gaz par turbulence. Des moteurs semblables furent fabriqués en Allemagne par D.K.W. et Zündapp et en Autriche, par Puch. D.K.W. fut l'initiateur du système Schnüerle de balayage des gaz par turbulence et du bi-cylindre à pistons différentiels, suralimenté par une pompe à piston sur les moteurs de course. Au début des années 1950, Moto Guzzi mit au point le *Zigolo*, un 98 cm^3 à soupape d'admission rotative qui développait 6,8 ch à 8 400 tr/mn.

Yamaha s'orienta — en compétition surtout — sur des multi-cylindres et sur l'utilisation de soupapes plates. Ils présentèrent en 1968 un V4 de 125 cm^3 dont le régime n'était limité à 12 ou 13 000 tr/mn que par le seul fait de la limitation de la vitesse des gaz d'admission et d'échappement à celle du son. Des moteurs à deux ou trois cylindres deux-temps, refroidis par air ou par eau sont encore fabriqués aujourd'hui, pour une utilisation aussi bien sportive que routière.

Ci-dessus, le deux-temps Villiers *4T* avec ses deux lumières de transfert additionnelles et ses pistons à lumières

Ci-contre : le 4-cylindres Honda 250 cm^3, 16 soupapes de 1961 pouvait tourner à 16 000 tr/mn.

SCOTT
Z. 3428 A

A gauche : le bi-cylindre, deux-temps Scott à refroidissement par eau.

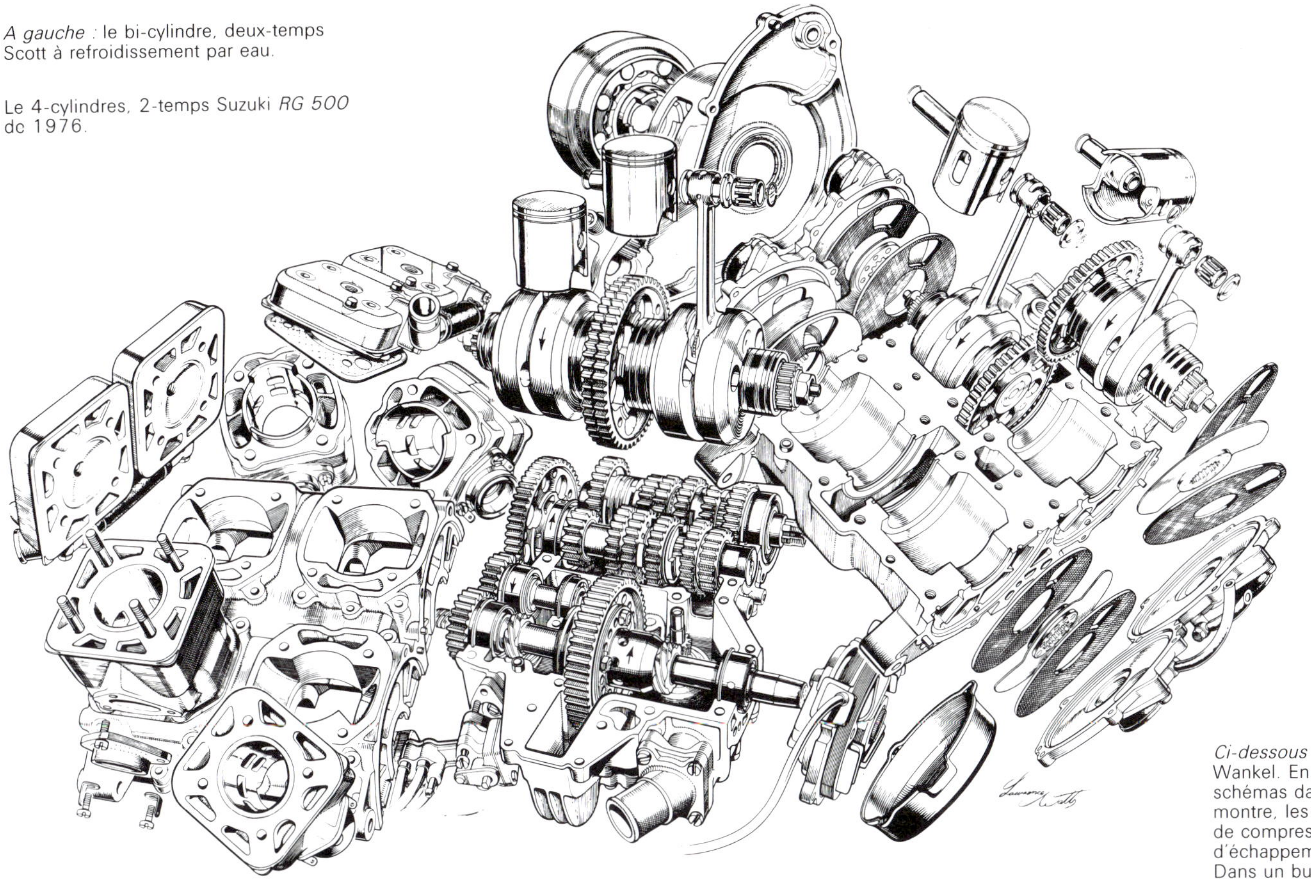

Le 4-cylindres, 2-temps Suzuki *RG 500* de 1976.

Ci-dessous : le cycle du moteur rotatif Wankel. En examinant les quatre schémas dans le sens des aiguilles d'une montre, les temps successifs d'induction, de compression, d'allumage et d'échappement peuvent être observés. Dans un but de simplification, il n'a été figuré qu'une seule bougie d'allumage.

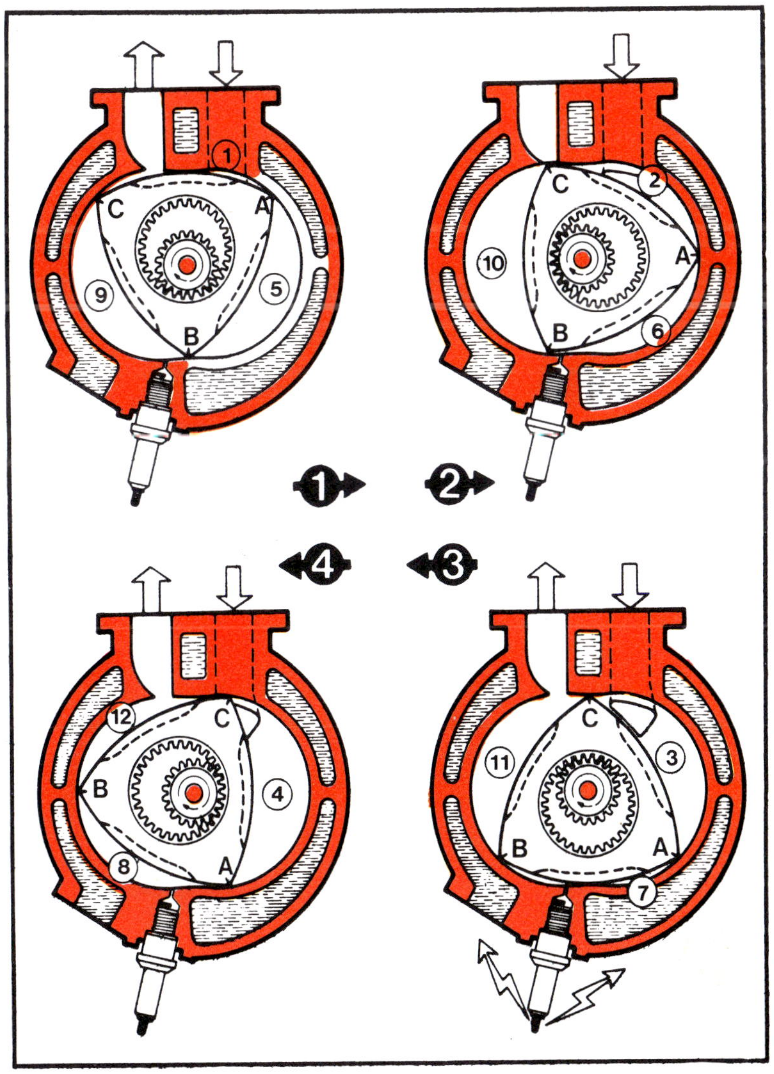

Le moteur Wankel

Le principe du moteur alternatif dont les principales pièces en mouvement changent de direction deux fois par tour n'a, tout au long de l'histoire du moteur, jamais emporté l'adhésion totale des ingénieurs. Agostino Ramelli, un ingénieur de Lugano travaillant pour le Roi Henri III avait fait la description d'une pompe à piston rotatif dans son ouvrage intitulé *Diverse et Artificiose Machine* et publié en 1588. Pappenheim inventa la pompe à engrenages en 1636 et Murdock appliqua ce principe à un moteur à vapeur de 1/2 ch, en 1799. Entre 1897 et 1908, plus de 120 moteurs à pistons rotatifs différents furent inventés et cette voie n'a toujours pas été abandonnée.

Felix Wankel ouvrit un atelier à Heidelberg et commença ses expériences sur les moteurs rotatifs en 1924. En 1954, Wankel — qui est aujourd'hui à la tête du département des études techniques de N.S.U. — avait découvert que lorsqu'un rotor ayant la forme d'un triangle équilatéral légèrement curviligne tourne autour de son centre alors même que ce centre effectue un mouvement circulaire, les arêtes de ce rotor décrivent une figure affectant la forme d'un 8 élargi en son centre. Cette forme particulière est appelée courbe épitrochoïdale. Les trois espacements entre les côtés du rotor et les parois d'un carter de section épitrochoïdale voient leur volume croître et décroître deux fois par tour de rotor. Wankel en conclût que cela assurerait les variations de volume nécessaires aux gaz dans un moteur à combustion interne.

Le moteur Wankel à rotor unique est relativement simple, le carter en forme de 8 jouant à la fois le rôle de cylindre et celui de carter-moteur. Les lumières d'admission et d'échappement sont placées l'une au-dessus de l'autre, légèrement en dessous de l'étranglement du 8, et la bougie, sur la paroi opposée, juste au-dessus de cet étranglement. Le rotor dont les segments d'étanchéité sont usinés dans un alliage de métal extrêmement dur, comprend une gorge circulaire dentée qui entraîne l'arbre-moteur par le biais d'un excentrique. Des segments d'étanchéité sont également prévus entre les deux faces du rotor et les parois du carter dans lesquelles sont pratiqués les paliers de l'arbre-moteur. Pour maintenir une parfaite étanchéité, ces segments sont montés sur de légers ressorts. Sur un moteur bi-rotor, les centres des deux rotors sont excentrés à 180°, comme sur un vilebrequin à deux manetons, de manière à supprimer les temps morts.

Pour comprendre le fonctionnement d'un moteur Wankel, mieux vaut ne considérer que l'une des trois chambres de combustion. Au démarrage de l'admission, l'un des côtés du rotor ferme la lumière d'échappement et, au-dessus de celle-ci, la lumière d'admission. Au fur et à mesure que le rotor tourne, libérant la lumière d'échappement, l'espace entre son côté et la paroi du carter s'accroît, aspirant la charge d'admission. Lorsque le segment inférieur a passé la lumière d'admission, il ferme la chambre de combustion dont le volume commence à décroître jusqu'à un point minimum situé à mi-révolution du rotor. C'est la phase de compression du mélange. Elle s'achève avec l'allumage de la bougie, la pression dégagée faisant tourner le rotor jusqu'à ce que son segment supérieur passe la lumière d'échappement. Alors commence la phase d'échappement. Le segment supérieur agit ensuite comme segment inférieur dans la phase d'admission du troisième espacement, le second n'étant alors qu'à la moitié de son cycle.

Le premier moteur Wankel a été fabriqué en 1963 et a, par la suite équipé les voitures N.S.U. *Ro80* et Mazda. Ses principaux avantages sont son coût réduit — pour peu qu'il soit fabriqué en nombre suffisant —, sa douceur et son silence de fonctionnement. Il pèche cependant par un manque de couple à bas régime et une consommation de carburant importante bien que Mazda — entre autre — ait fait des progrès considérables dans la suppression de ces inconvénients. La licence du principe Wankel a été achetée par de nombreux constructeurs dans un but de recherche expérimentale et de nombreux progrès sont en cours, dans le monde entier. Rolls-Royce, par exemple, a mis au point une version Diesel et l'on peut déjà entrevoir d'autres applications de ce principe révolutionnaire dans la conception du moteur à combustion interne.

Une photo dynamique du moteur Citroën *GS* bi-rotor.

Les turbines à gaz

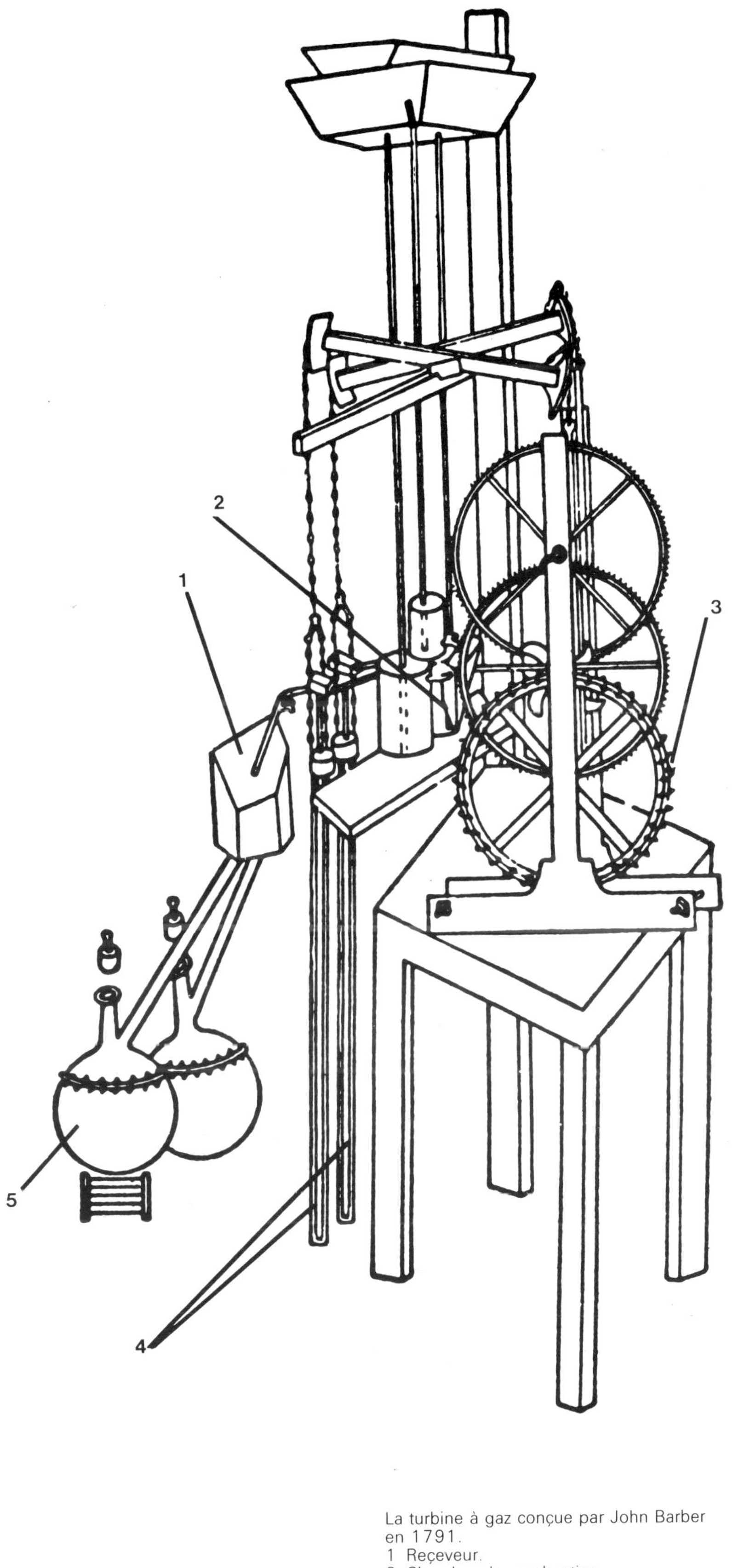

La turbine à gaz conçue par John Barber en 1791.
1 Reçeveur.
2 Chambre de combustion.
3 Turbine.
4 Compresseur d'air et de gaz.
5 Générateur de gaz.

La turbine à gaz est le premier moteur à combustion de carburant qui ait jamais été exploité pour produire un travail utile. Léonard de Vinci (1550), Michel de Montaigne (1581) et John Dee ont tous fait référence aux « moulins à fumée » que les hôteliers suisses ont été les premiers à utiliser. Avec ce système, la combustion dégageait un courant d'air chaud dans une cheminée et ce courant faisait tourner un rotor garni de pales et disposé sur un axe vertical. Par un jeu d'engrenages entraînant une broche tournante, la viande était ainsi rôtie, face au feu.

En 1791, l'anglais John Barber inventa ce qui peut être considéré comme une turbine à gaz dont le gaz était obtenu à partir de charbon chauffé, mélangé avec de l'air, comprimé puis brûlé. Ceci produisait un jet puissant qui venait attaquer les ailettes disposées sur la jante d'un rotor, des compresseurs d'air alternatifs étant entraînés par l'arbre de la turbine au moyen d'engrenages réducteurs. Déjà à cette date avancée, Barber avait bien compris l'importance qu'il y avait à préserver la turbine de la chaleur et il y avait pourvu en mélangeant de l'eau au gaz injecté.

Dix-sept ans plus tard, John Dumbell imaginait une turbine constituée d'un tambour vertical muni de plusieurs rangées d'ailettes, le tout étant disposé au-dessus d'un feu de charbon. S'il avait seulement pensé à prévoir des rangées d'aubes fixes entre celles des aubes mobiles, il aurait été le précurseur de la turbine axiale.

A Paris, en 1837, Bresson eut l'idée d'employer un ventilateur pour alimenter en air sous pression une chambre de combustion. Dans ce cas, l'air devait être mélangé avec le gaz avant d'être brûlé. Le produit de cette combustion servait à entraîner les aubes de la turbine après avoir été refroidi par un apport d'air complémentaire. Une turbine mixte, à gaz et vapeur, fut proposée par l'Anglais Fernihough, en 1850. De l'air était soufflé à travers un foyer de charbon et de l'eau vaporisée dans les gaz chauds. Ce mélange de gaz de combustion et de vapeur était ensuite projeté par un gicleur sur un rotor à deux pales.

Concédé à Sir Charles Parsons en 1884, le premier brevet de turbine à vapeur fait référence à la possibilité d'une turbine à gaz constituée par une turbine axiale envoyant vers l'arrière de l'air comprimé à une chambre de combustion dans laquelle était injecté le carburant. Les gaz chauds ainsi obtenus se détendaient ensuite sur une autre turbine axiale. En 1895, Charles G. Curtis obtint, en Amérique, un brevet de turbine à gaz dans des conditions similaires. Mais ces deux grands inventeurs allaient néanmoins se concentrer sur la turbine à vapeur.

Il paraît peu vraisemblable que ces deux ébauches très anciennes de turbines à gaz aient réellement été construites et essayées. En revanche, la turbine conçue en 1872 par le Dr Stolze fit l'objet de véritables essais entre 1900 et 1904. Elle consistait en une chambre de combustion unique alimentée en air par un compresseur axial à plusieurs étages et dont les gaz chauds agissaient sur une turbine, elle aussi axiale et à plusieurs étages. A la sortie de la turbine, les gaz étaient ré-utilisés dans un échangeur de température pour réchauffer l'air comprimé, entre sa sortie du compresseur et son entrée dans la chambre de combustion. Cette turbine ne fut néanmoins pas un succès bien qu'elle ait été la première à faire appel à un compresseur axial et à un échangeur de température pour accroître son rendement global.

Charles Lemale imagina une turbine en 1901 et, deux ans plus tard il était associé à René Armengaud dans la construction de plusieurs turbines expérimentales pour le compte de la Société des Turbomoteurs, à Paris. Au départ ils utilisèrent une turbine à vapeur De Laval de 25 ch (18,6 kW) alimentée en gaz comprimés par une chambre

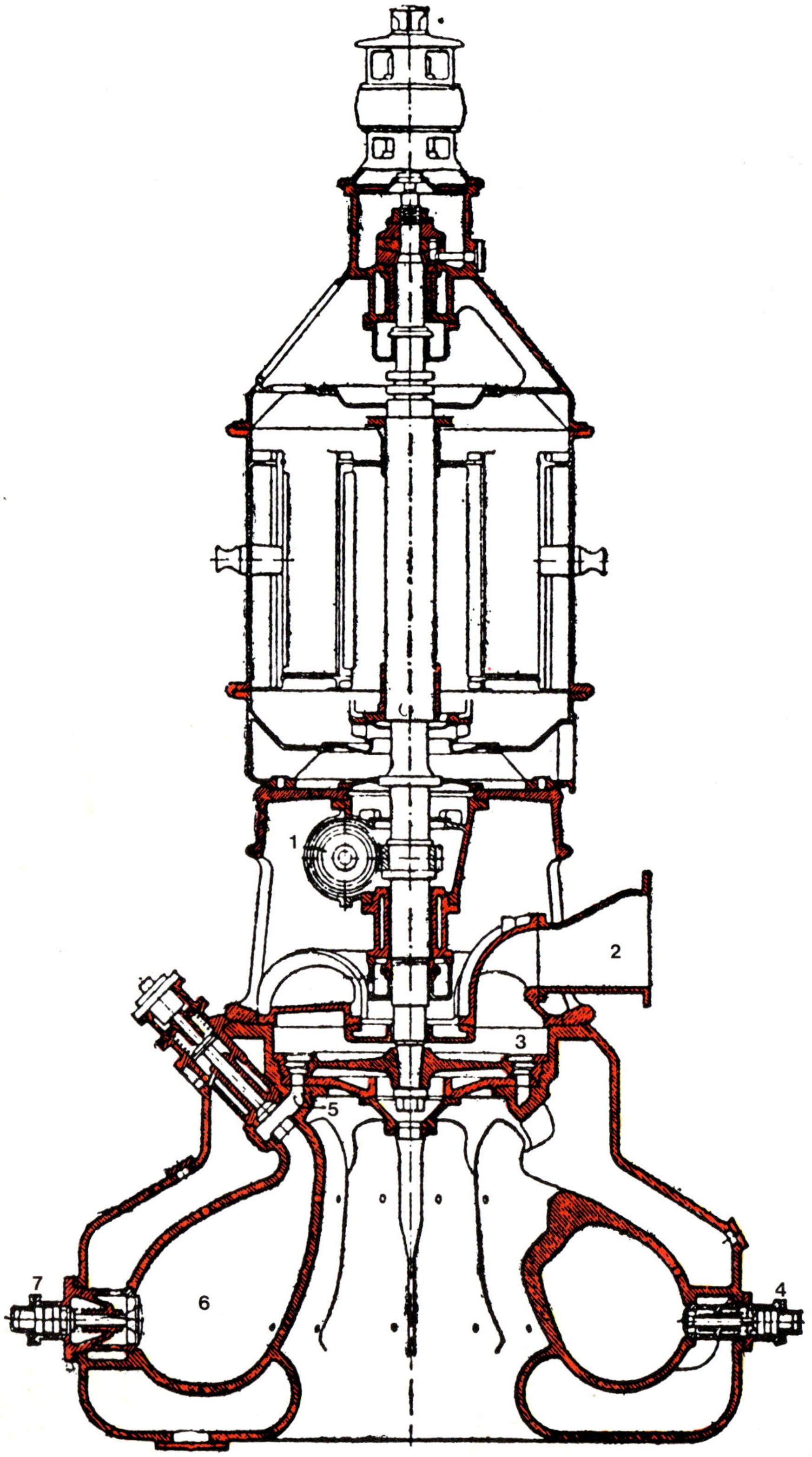

A droite : la turbine à gaz du moteur d'aviation Rolls-Royce *Derwent V.*

Ci-dessous : la seconde turbine à gaz de Holzwarth, en 1911, ne développait que 160 ch (119 kW) au lieu des 1 000 ch (746 kW) prévus.
1 Arbre moteur auxilliaire.
2 Échappement sur l'échangeur de température.
3 Roue de la turbine.
4 Soupape d'admission des gaz.
5 Injecteur.
6 Chambres de combustion.
7 Soupapes d'admission d'air.

de combustion qui était elle-même nourrie par un compresseur. La turbine et le compresseur tournaient au même régime de 4 000 tr/mn, et les températures raisonnables étaient conservées grâce à de la vapeur diffusée par l'injection de la turbine. Par la suite fut mise au point une turbine de 500 ch (373 kW) dotée d'un compresseur centrifuge à trois étages, chaque étage comportant 25 rotors en série. Ce premier compresseur centrifuge pour turbine à gaz fut construit en Suisse par Brown, Boveri et Cie sur les plans de l'ingénieur français Auguste Rateau.

Des compresseurs radiaux à plusieurs étages plus anciens étaient ceux construits par la North Moor Foundry de Oldham, en Angleterre, sur les plans de Platt et Schiele, en 1863. Sur ce modèle, la chambre de combustion en forme de poire comportait à l'une de ses extrémités une entrée d'air annulaire et un diffuseur d'essence concentriques. Des serpentins de refroidissement d'eau ceinturaient la chambre dont l'autre extrémité constituait le diffuseur de la turbine. L'allumage était assuré par une bobine au platine et une bougie à incandescence placée devant le diffuseur. Le rotor de la turbine et ses pales étaient refroidies par eau et de l'eau était également vaporisée par le diffuseur pour réduire la température des gaz agissant sur le rotor de 95 cm de diamètre qui tournait à 5 000 tr/mn. Malheureusement le compresseur absorbait toute la puissance dégagée par la turbine et la consommation d'essence était effrayante.

En 1905, le Dr H.-H. Holzwarth, de Manheim, créa une turbine dans laquelle du pétrole, du gaz de fonderie ou bien encore du charbon pulvérisé étaient introduits dans une chambre contenant de l'air comprimé. L'explosion du mélange multipliait la pression par trois ou quatre. Dans sa seconde turbine, construite par Brown Boveri en 1911, dix chambres de combustion piriformes (en forme de poire) étaient groupées autour du rotor de la turbine qui comportait une double rangée de pales. Les soupapes d'échappement de la chambre de combustion s'ouvraient automatiquement sous l'effet de l'explosion, comprimant des ressorts et laissant les gaz agir sur le rotor, tandis qu'une commande hydraulique était utilisée pour les soupapes d'admission et pour maintenir ouvertes les soupapes d'échappement durant l'évacuation des gaz. Mais comme le maximum de pression obtenu dans les chambres était seulement de 3,16 kg/cm^2, cette machine de 25 tonnes ne développait en fait que 160 ch (120 kW) alors qu'elle avait été conçue pour 1 000 ch (746 kW) à 3 000 tr/mn. Plusieurs autres turbines Holzwarth furent construites par Thyssen, entre 1914 et 1927, mais une seule d'entre elles fut mise en service. Elle avait un rotor de 110 cm et six chambres de combustion, et fut utilisée à l'entraînement d'un générateur électrique par les Chemins de Fer de l'État Prussien. En 1928, Brown Boveri fabriqua sur les plans de Holzwarth une turbine fonctionnant aux gaz de fonderie. Elle servit pendant quelque quinze années dans une aciérie allemande.

Le premier ensemble compresseur-turbine à gaz fut construit par Brown Boveri en 1936 et installé dans la raffinerie Marcus Hook de la Sun Oil Co., près de Philadelphie, aux États-Unis. Utilisant les gaz d'échappement de l'usine, elle fournissait une puissance totale de 5 300 kW dont 4 400 kW servaient à alimenter la raffinerie en gaz pressurisé, et 900 kW, en énergie électrique. C'est également Brown Boveri qui construisit la première génératrice électrique à turbine, pour la centrale de Neuchatel, en Suisse. Cette turbine de 5 360 ch (4 000 kW) exposée à Zurich en 1938, comportait un compresseur axial qui alimentait à une pression de 3,5 kg/cm^2 une chambre de combustion unique et une turbine à plusieurs étages.

Circulant autour de la chambre de combustion pour la refroidir, cet air comprimé était simultanément réchauffé avant de servir dans la turbine. L'ensemble générateur de 10 000 kW qui fut installé à la centrale électrique de Bucarest, en 1945, comportait deux turbines montées en série, l'une, à haute pression, l'autre, à basse

URBINES
1941 - 1960

pression. La turbine à haute pression entraînait le second étage du compresseur et la turbine à basse pression, le premier étage du compresseur et le générateur électrique. Il y avait aussi deux chambres de combustion, la seconde étant alimentée par l'échappement de la turbine à haute pression. A pleine puissance, cette installation consommait près de 300 tonnes d'air à l'heure et l'entraînement des compresseurs exigeait 33 500 ch (25 000 kW). Parmi les progrès réalisés ultérieurement sur les grosses turbines industrielles, on doit noter l'adoption d'un cycle en circuit fermé consistant à faire circuler le même gaz à haute densité dans le compresseur, l'échangeur de température, la turbine et le refroidisseur; cette disposition permettait de réduire les dimensions de l'appareil, tout en augmentant l'ensemble des pressions auxquelles il pouvait travailler. Le premier navire de haute mer équipé d'une turbine à gaz entreprit ses premiers essais en 1947. C'était la canonière M.G.B. 2009 de la Marine Britannique qui était équipée d'un Metrovick *Gatric* de 2 500 ch (1 865 kW) composé d'un compresseur axial à dix étages, d'une unique chambre de combustion annulaire et d'une turbine à deux étages alimentant en gaz chaud la turbine finale à quatre étages qui, elle, entraînait l'arbre d'hélice par le biais d'un réducteur. Cette installation de turbine à gaz utilisait un certain nombre de composants issus de moteurs d'avions existants. Cela sera également le cas par la suite pour le G2 de 4 500 ch (3 357 kW), adaptation du *Beryl,* et pour le Rolls-Royce *RM60* de 6 000 ch (4 476 kW) en 1951. Des turbines plus petites destinées à des vedettes et des bateaux-pilotes étaient une adaptation de la turbine présentée sur les voitures Rover en 1950. Ces moteurs de 150 ch (112 kW) comportaient un compresseur centrifuge entraîné à 40 000 tr/mn par une turbine à un étage. Le compresseur envoyait l'air aux deux chambres de combustion qui alimentaient à la fois la turbine du compresseur et la turbine motrice séparée tournant à 30 000 tr/mn et entraînant l'arbre d'hélice par l'intermédiaire d'un réducteur de 7:1.

Au banc-d'essai; un turbo-réacteur *CFM 56* fabriqué par la Snecma.

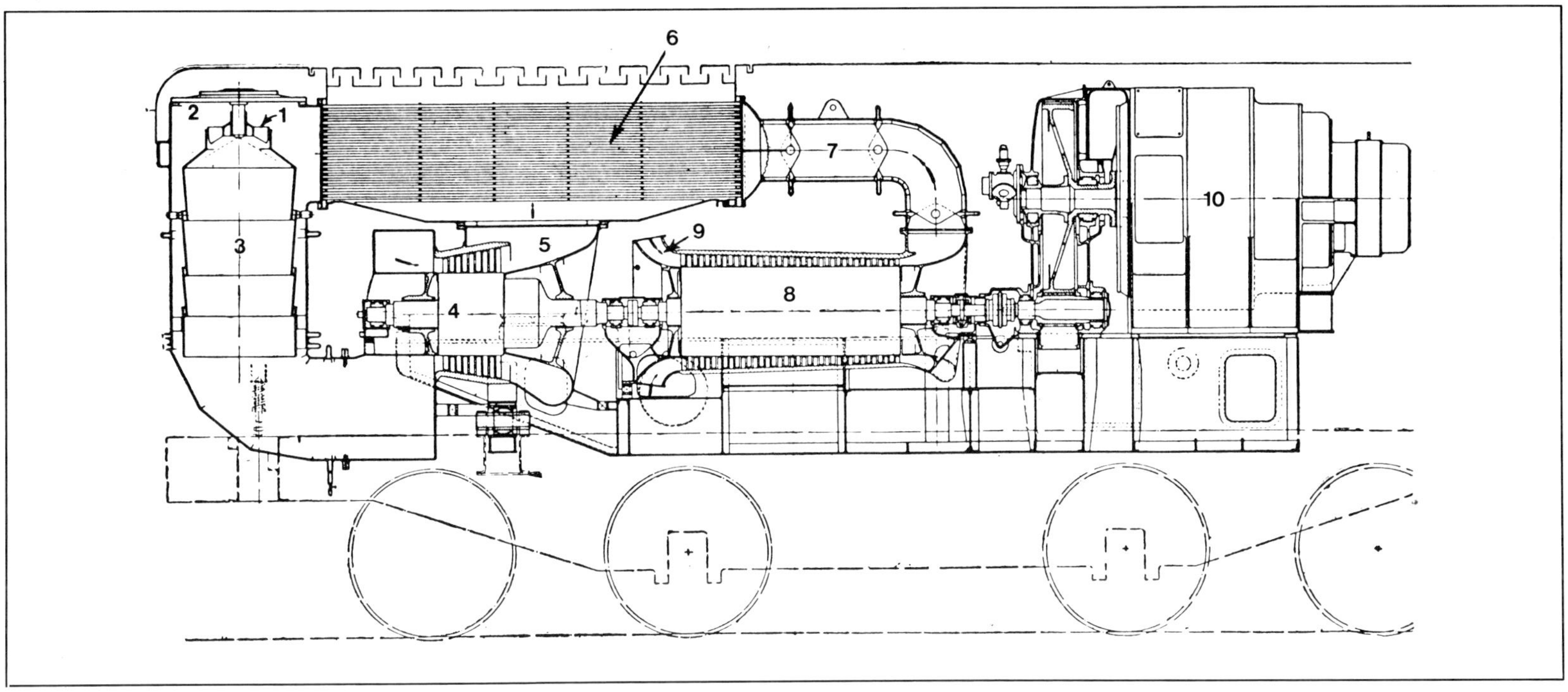

Ci-dessus : un ensemble turbine à gaz-générateur monté sur une locomotive des Chemins de Fer Suisses.
1 Admission d'air depuis l'échangeur de température.
2 Injecteur.
3 Chambre de combustion.
4 Turbine.
5 Échappement sur l'échangeur de température.
6 Échangeur de température.
7 Air en provenance du compresseur.
8 Compresseur.
9 Générateur électrique.

Ci-dessous : le moteur automobile à turbine Rover avec ses échangeurs de température rotatifs.

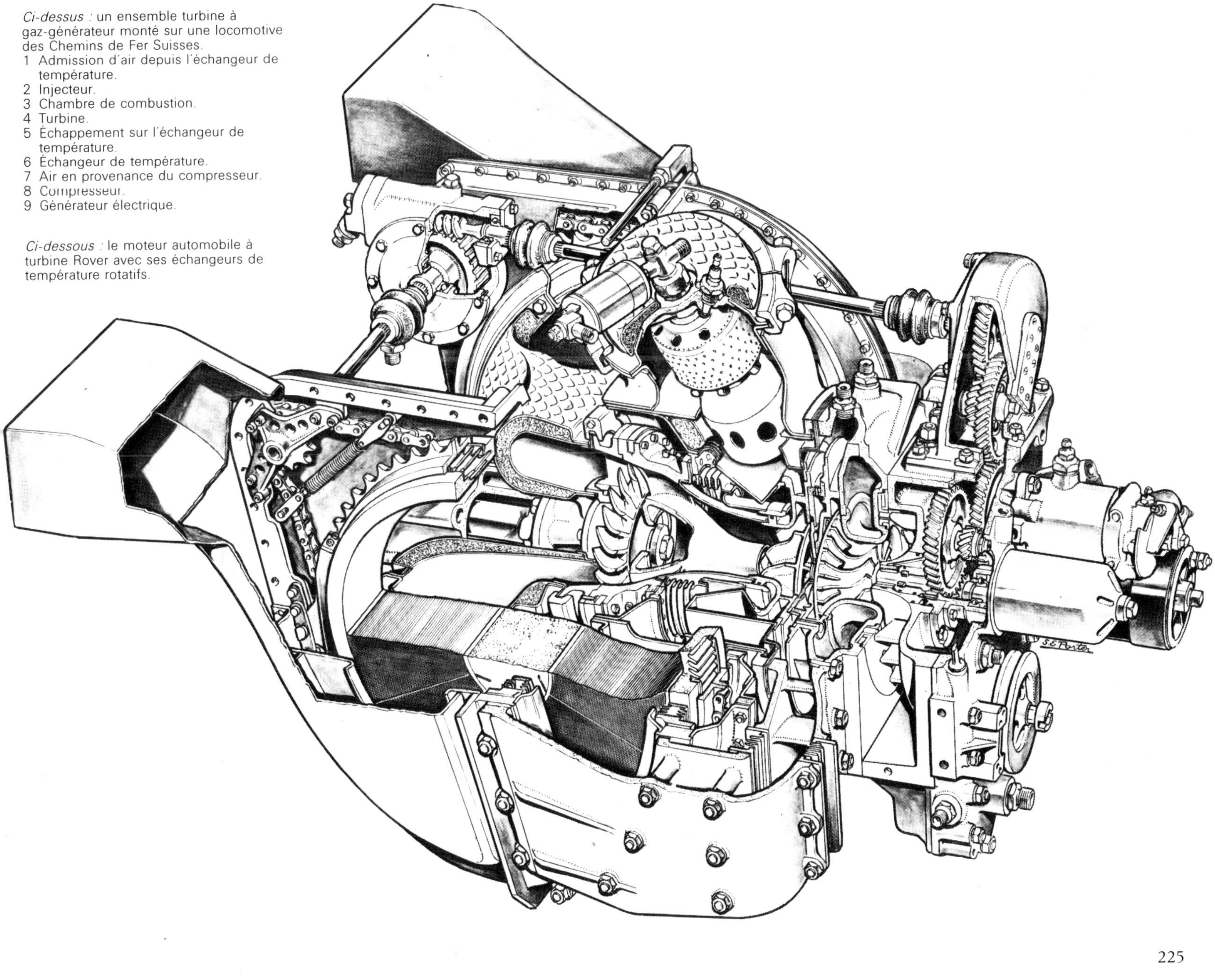

La première motrice ferroviaire à turbine à gaz a été présentée en 1941. Elle avait été construite pour les Chemins de Fer Fédéraux suisses par la Swiss Locomotives and Machines Works de Winterthur, et Brown Boveri pour la partie mécanique et électrique. Son moteur à turbine de 2 200 ch (1 640 kW) nécessitait 100 tonnes d'air à l'heure. L'air passait d'abord dans un régénérateur ou échangeur de température pour être préchauffé par les gaz d'échappement de la turbine, puis était ensuite porté à une pression de 4 kg/cm^2 dans un compresseur axial à 18 étages, avant de passer à une turbine axiale à cinq étages qui entraînait le compresseur et le générateur chargé d'alimenter les quatre moteurs de traction. Une locomotive semblable fut construite pour British Rail, en 1949, afin d'être essayée sur la région Ouest. A peu près à la même époque, Metropolitan-Vickers avait adapté un moteur d'avion F2 à l'alimentation d'un générateur électrique, toujours à des fins d'essais, et sur le même secteur. Tournant à 7 000 tr/mn, le F2 était composé d'un compresseur à 15 étages, de 6 chambres de combustion séparées et d'une turbine à 5 étages; il produisait 3 000 ch (2 240 kW) de manière continue.

Tandis que les sociétés américaines General Electric, Westinghouse et Allis-Chalmers produisaient toutes des locomotives à turbines équipées de mécaniques entièrement rotatives, en France, Renault construisit une locomotive dont la turbine à 6 étages était alimentée par un compresseur alternatif à pistons libres. Ce compresseur est constitué de deux pistons travaillant dans un même cylindre Diesel à deux temps et connectés à deux pistons de compression co-axiaux. La synchronisation des deux paires de pistons était assurée par un embiellage léger. Le retour des mêmes pistons et la compression de l'air était due à la réaction élastique des deux matelas d'air. L'air comprimé était utilisé pour l'alimentation du cycle Diesel et le surplus, pour refroidir les gaz sortants destinés à l'entraînement de la turbine.

Riche de son expérience avec les réacteurs d'aviation Whittle, la Compagnie Rover de Solihull, en Angleterre en a fait bénéficier un moteur d'automobile après la Seconde Guerre Mondiale. En installant un moteur de 100 ch (75 kW) dans une voiture Rover, cette firme fut en effet, en 1950, la première au monde à présenter une voiture automobile animée par une turbine à gaz. Ce moteur était doté d'un compresseur centrifuge entraîné par sa propre turbine mono-étage. La turbine produisait l'air destiné à une chambre de combustion qui, elle, alimentait à la fois le compresseur et une seconde turbine motrice à un seul étage. Deux ans plus tard, la puissance de la turbine était passée à 230 ch (172 kW) avec deux chambres de combustion, un compresseur tournant à 39 000 tr/mn. Montée sur une Rover 75 légèrement modifiée elle allait permettre de porter le record de vitesse sur terre pour une voiture à turbine à

Turbo-réacteur Rolls-Royce *Spey*.

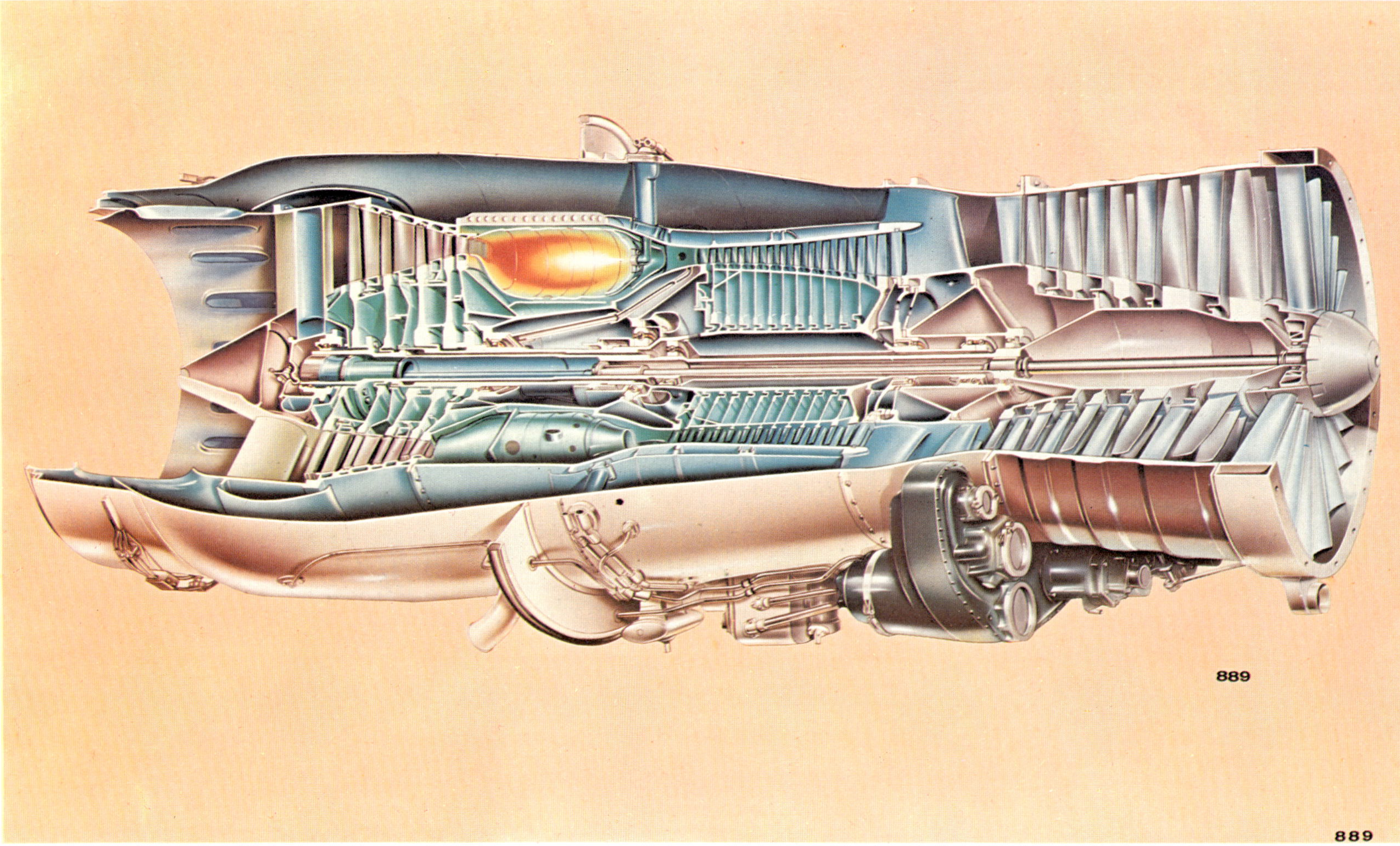

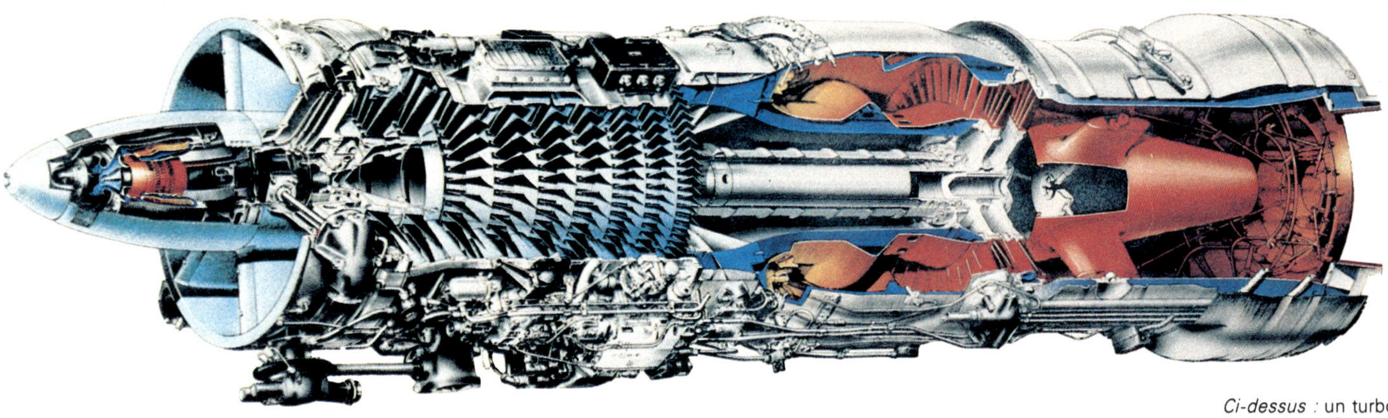

Ci-dessus : un turbo-réacteur *ATAR 9* fabriqué par Snecma.

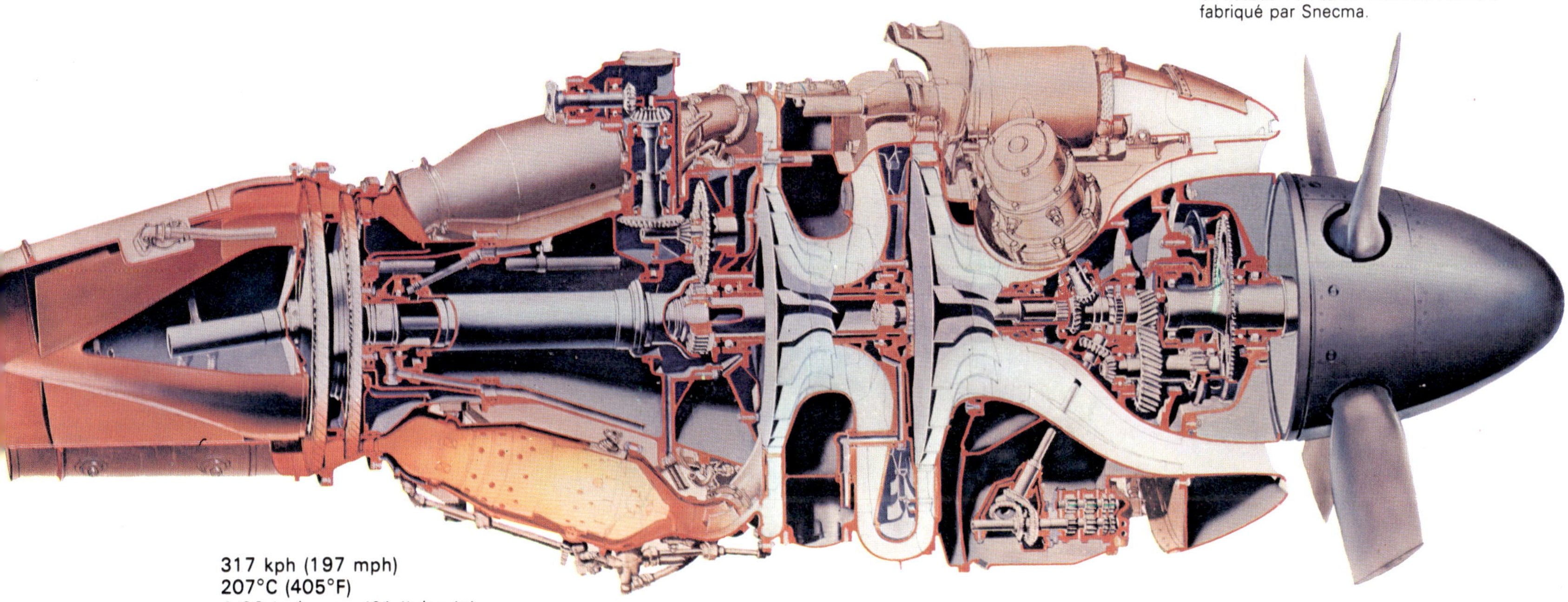

Ci-dessus : le turbo-propulseur Rolls-Royce *Dart*.

Ci-dessous : les différentes vitesses, températures et pressions (absolues) de fonctionnement d'une turbine à gaz d'aviation Rolls-Royce *Nene*.

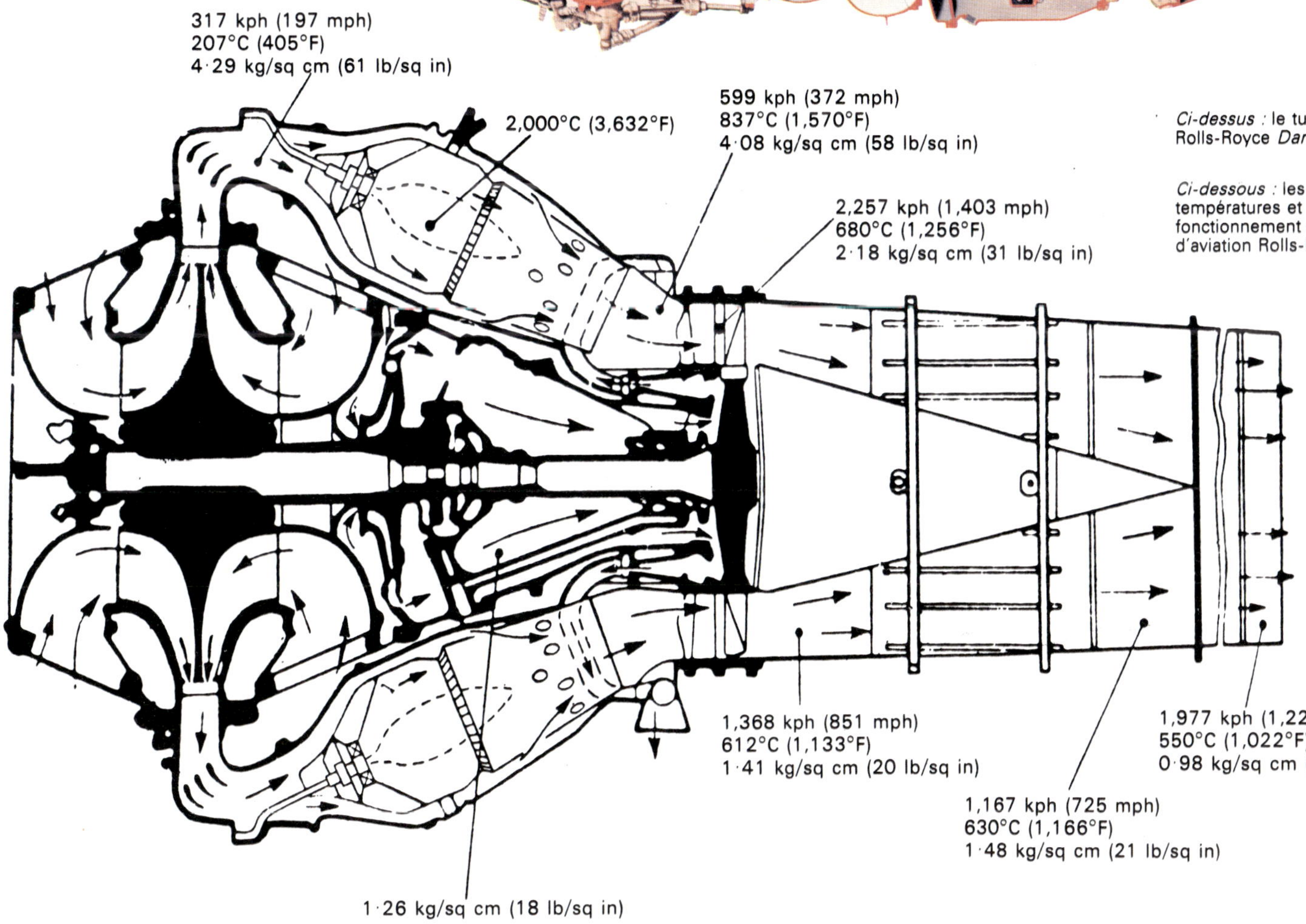

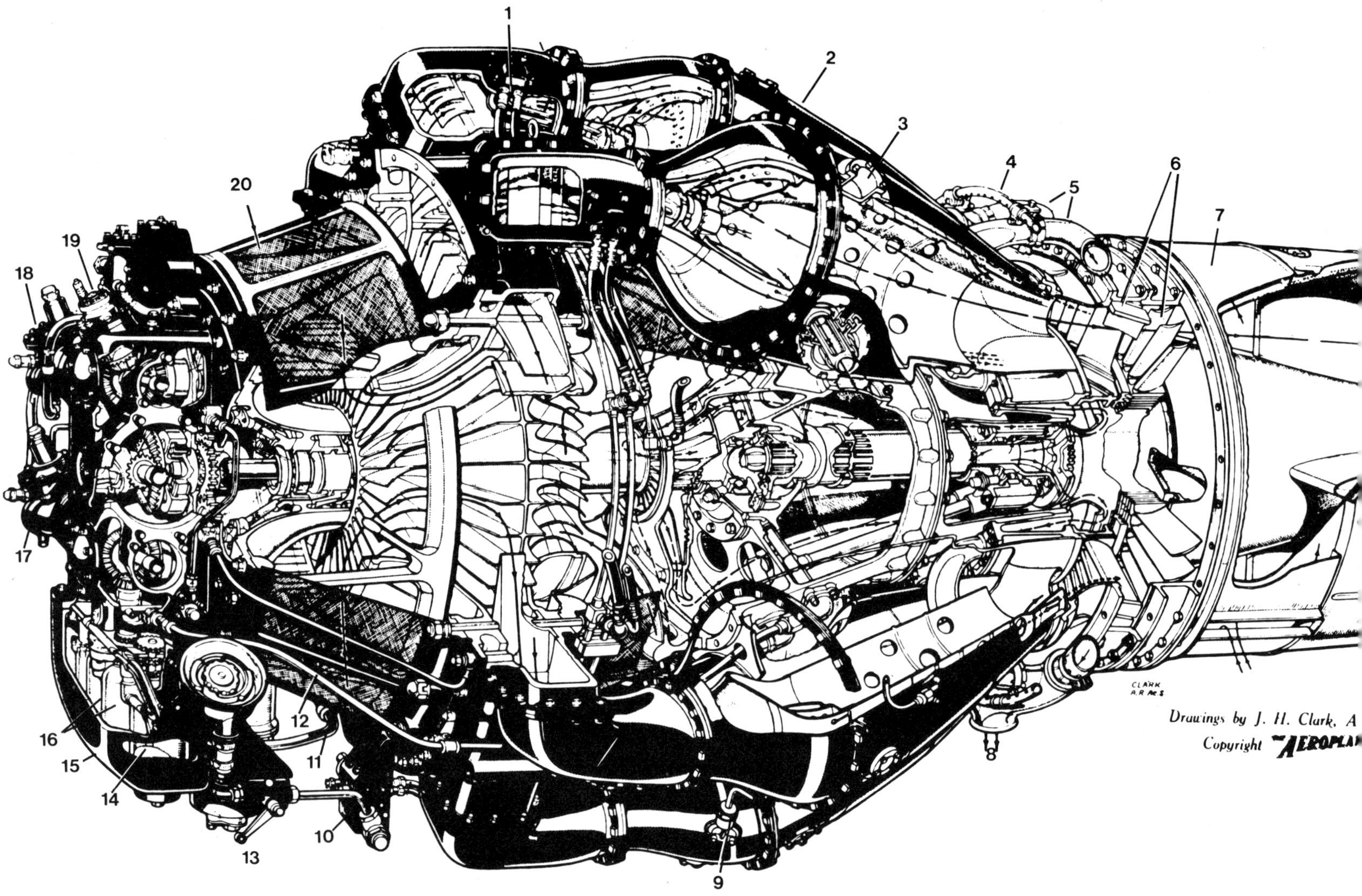

Le turbo-réacteur Rolls-Royce RB 41 Nene Série 1.

1 Alimentations principales et secondaires en carburant des brûleurs.
2 Neuf ensembles de chambres de combustion.
3 Pion de blocage.
4 Couronne d'extincteurs.
5 Sortie d'air de la tubulure de refroidissement.
6 Turbine à gaz mono-étage.
7 Manchon de réchauffage autour de l'échappement.
8 Sortie d'air de refroidissement.
9 Drain de carburant.
10 Soupape de pressurisation du combustible.
11 Huile de récupération.
12 Circuit hydraulique.
13 Coupure du carburant.
14 Filtre haute-pression et couvercle du carter.
15 Carter d'huile.
16 Filtres de récupération.
17/18 Pompes à carburant.
19 Entraînement auxilliaire de la boîte de vitesse.
20 Prise d'air.

244,5 km/h. En 1965, le moteur était repensé, avec un compresseur centrifuge alimentant une chambre de combustion cyclindrique par le canal d'un échangeur de température. Dans un souci d'économie de carburant, les gaz sortant de la turbine repassaient dans l'échangeur de température pour réchauffer l'air comprimé. L'échangeur de température comportait deux disques de céramique ajourés qui, par simple rotation, permettaient de doser la température des deux flux gazeux. C'est cette turbine qui, montée sur un châssis B.R.M. participa avec succès à la course des 24 Heures du Mans 1963. D'autres voitures à turbine ont été construites par Chrysler et Fiat, Renault et Boeing se consacrant pour leurs parts au développement de turbines destinées aux véhicules lourds de transport routier.

Les progrès les plus importants et les plus rapides de la turbine à gaz ont cependant été réalisés dans l'industrie aéronautique où ce procédé s'est avéré essentiel sur les avions à réaction. Dans la propulsion dite « à réaction », la force qui engendre le mouvement est la réaction nécessaire pour déplacer avec une certaine vitesse une masse d'air de l'avant vers l'arrière de l'appareil. Ce n'est en réalité qu'une simple application de la loi de Newton : dans chaque force existe une réaction contraire égale. Isaac Newton lui-même avait, dès 1687, imaginé de propulser un véhicule au moyen d'un jet de vapeur, et, en 1908, l'ingénieur français Lorin avait suggéré d'utiliser les gaz d'échappement d'un moteur à essence pour propulser un avion, en les faisant passer dans des conduits divergents. Ce système ne donnait cependant aucune précision quant à la quantité des gaz nécessaires à cet effet. Et c'est l'anglais H.-S. Harris qui, en 1917, eut le premier l'idée de faire appel à un moteur alternatif pour actionner un compresseur centrifuge. Celui-ci alimentait des chambres de combustion orientées vers l'arrière et entourées de tubes de fort diamètre pour récupérer et accélérer le flux gazeux rejeté vers l'arrière.

En 1930, Frank Whittle fit connaître ses premières intentions d'utiliser une turbine à gaz pour produire et accélérer la masse de gaz nécessaire à la propulsion d'un avion à réaction. Le premier moteur construit sur ses plans, en 1937, se composait d'un compresseur centrifuge à double entrée alimentant une chambre de combustion unique. Un conduit hélicoïdal reliait cette chambre à une turbine et les gaz d'échappement étaient évacués par une tuyère. La turbine elle-même ne servant en réalité qu'à entraîner le compresseur et des accessoires comme les pompes à carburant et à lubrifiant. Des moteurs Whittle construits par Power Jets Ltd ont par la suite équipé le

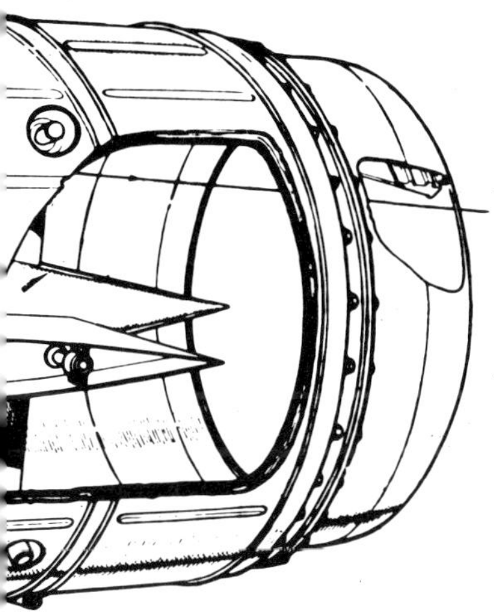

Gloster *E28/39* qui allait en 1941, être le premier avion à réaction britannique à voler. Des variantes de ce moteur furent aussi construites par Rover et, plus tard, par Rolls-Royce. Connus sous les désignations *W2B/23* et Rolls-Royce *Welland,* ces moteurs ont même participé au conflit sur le Gloster *Meteor I.* Un *W2B* envoyé aux États-Unis servit aussi de base aux premiers réacteurs General Electric pour équiper le Bell *Airacomet* de 1943.

En 1939, Hans Von Ohain créa un compresseur centrifuge couplé dos-à-dos avec une turbine. Cet appareil fut monté sur le Heinkel 178 qui allait en 1939, effectuer le premier vol d'un turbo-réacteur. L'avion italien Caproni-Campini qui commença à voler en 1940 était lui, équipé d'un moteur alternatif en étoile entraînant un compresseur à deux étages suivi d'une chambre de combustion annulaire puis d'une tuyère. Le moteur Rolls-Royce *Welland* à chambres de combustion du type à flux inversé fut remplacé par le *Derwent V* doté de 9 chambres de combustion à flux direct. Ce moteur écoulait 1,7 tonnes d'air à la minute et donnait une poussée de 1 362 kg. Les deux réacteurs du Gloster *Meteor* développaient environ 20 000 ch (14 000 kW) et permirent à cet appareil d'atteindre la vitesse record de 975 km/h. Le plus puissant de la série fut cependant le *RB41* ou *Nene,* avec 2 270 kg de poussée. Le *Goblin* de De Havilland qui équipait les avions Vampire était assez comparable, mais il possédait un compresseur centrifuge à simple entrée et 16 chambres de combustion à flux direct.

En 1936, le Dr A. A. Griffith entreprit l'étude d'un compresseur axial à plusieurs étages. Son travail aboutit à la construction en collaboration par la Royal Aircarft Establishment et Metropolitan-Vickers d'un moteur à compresseur axial à 9 étages entraîné par une turbine à 4 étages. La combinaison compresseur axial à plusieurs étages-turbine axiale à plusieurs étages constitue la base de la plupart des moteurs à réaction actuels.

La turbine Bristol *Theseus* de 1945 disposait d'un compresseur axial à 9 étages pour alimenter un compresseur centrifuge simple qui transmettait l'air à une chambre de combustion annulaire située à l'arrière du moteur. Dans cette chambre prenaient 8 injecteurs chargés d'alimenter 8 chambres secondaires à partir desquelles le flux des gaz (inversé) était acheminé en 8 tubulures tangentielles vers le carter des turbines. Il y en avait deux, indépendantes : à l'avant une turbine à deux étages entraînant le compresseur, et derrière, une turbine simple entraînant une hélice par le biais d'un réducteur de 8,41:1. Dans ce moteur, le premier des turbo-propulseur, la réutilisation des gaz de la seconde turbine

Le système d'alimentation en carburant du turbo-réacteur Rolls-Royce *Nene.*
1 Soupape de contrôle de pression barométrique.
2 Pompe à carburant.
3 Brûleur double.
4 Brûleur pilote.
5 Brûleur principal.
6 Soupape de pressurisation et de mise à l'air libre.
7 Robinet de fermeture H.P.
8 Évacuation vers l'extérieur.
9 Position fermée.
10 Position ouverte.
11 Transmetteur de pression aux instruments.
12 Pompe à carburant.
13 Jauge de pression du brûleur.
14 Réglage de ralenti.
15 Commande des gaz.
16 Filtre B.P.
17 Robinet B.P.
18 Solénoïde.
19 Allumeur à flamme.
20 Arrivée de carburant depuis le réservoir.
21 Bougie d'allumage.

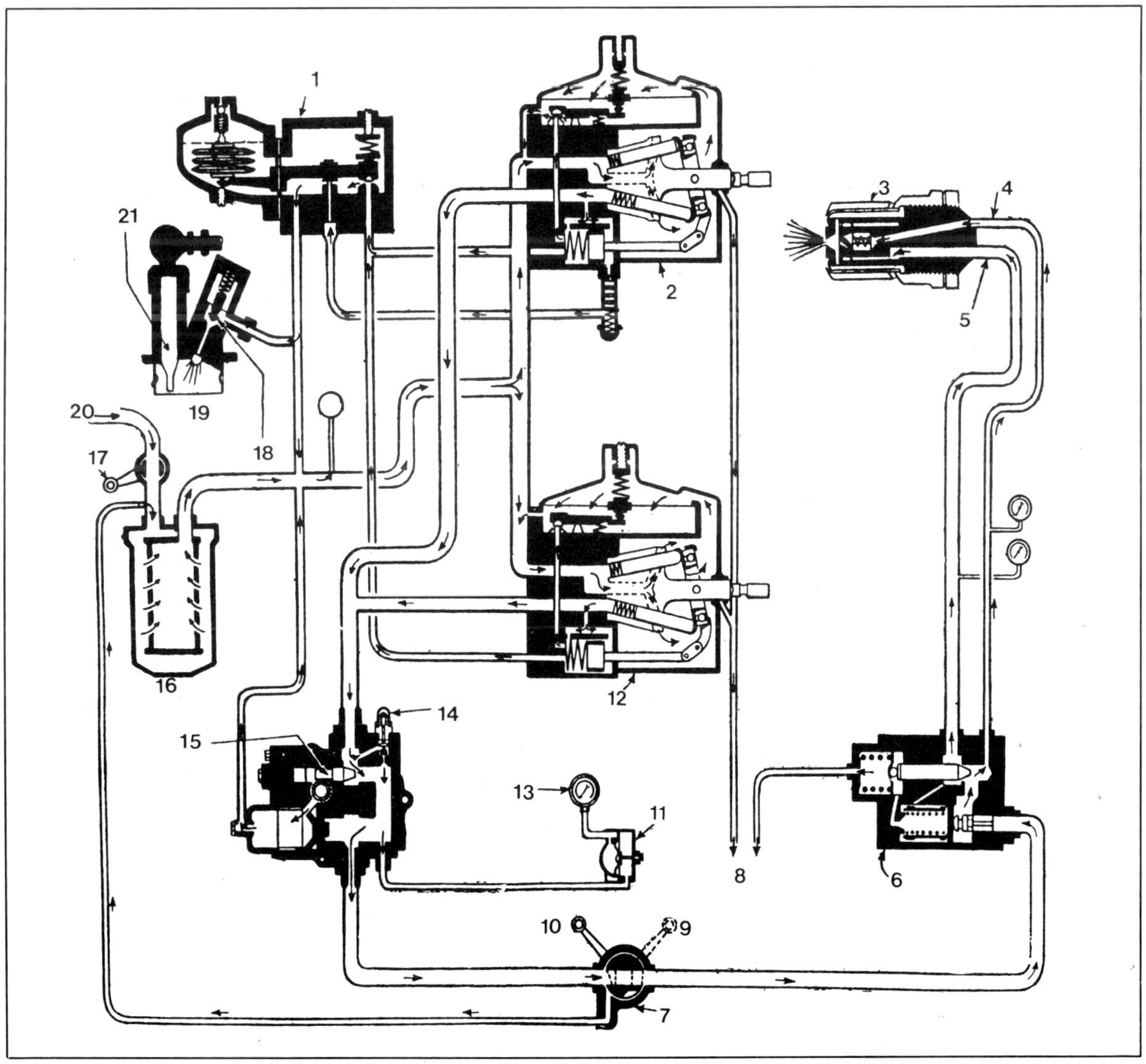

pour produire un effet de réaction permettait d'obtenir une poussée additionnelle. Aux conditions atmosphériques du niveau de la mer et à 8 200 tr/mn. Cette turbine *Theseus* développait 2 250 ch (1 678 kW) dont 1 975 ch (1 473 kW) étaient produits par l'hélice et 324 kW par l'effet de réaction. Pour les *Doubles Proteus* qui apparurent par la suite, deux moteurs du type *Theseus* modifiés étaient réunis pour fournir une puissance de 6 400 ch (4 774 kW). Ces moteurs entraînant deux hélices co-axiales contra-rotatives fournissaient une poussée de 726 kg à 10 000 tr/mn. D'autres turbo-propulseurs du début étaient le Napier *Naiad* et le Rolls-Royce *Dart,* le premier se distinguant par une prise d'air annulaire pour le compresseur axial. Cette prise d'air entourait le réducteur et le moyeu de l'hélice pour engendrer un effet dynamique. La turbine était accouplée à l'arrière de l'arbre du compresseur. Le *Dart* était un *Derwent* très modifié afin d'entraîner une hélice. Les rotors de son compresseur centrifuge à deux étages comportaient 19 aubes et les premier et deuxième étages de la turbine respectivement 123 et 103 aubes.

Le compresseur d'une turbine à réaction fournissant 4 à 5 fois plus d'air que n'en nécessite la combustion du carburant, l'air en excès est utilisé à la fois pour refroidir le moteur, de manière à ce que la température d'entrée des gaz dans la turbine reste dans des limites raisonnablement supportables pour les rotors, et comme complément à la masse d'air accélérée vers l'arrière. En injectant à nouveau du carburant dans la tuyère, de manière à utiliser l'oxygène de l'air en trop, la vitesse du jet sortant peut être augmentée, au point de doubler la poussée. Cette technique connue sous l'appellation de réchauffe (ou post-combustion) est employée sur les avions de chasse qui doivent être capables de décollage court et de montée rapide.

Le réacteur à double-flux est un dérivé du turbo-propulseur dans lequel l'hélice est remplacée par une « soufflante » multi-pales tournant dans un canal annulaire comme un compresseur. Ce ventilateur tourne à un régime élevé de manière à envoyer d'importantes masses d'air rejoindre dans la tuyère les gaz éjectés par la turbine. Le résultat en est un débit massique plus important, moins rapide et moins chaud permettant un meilleur rendement et un fonctionnement plus silencieux.

La Rolls-Royce *RB211* est un réacteur double-flux à trois corps dans lequel la soufflante de 2,17 m de diamètre tournant à 3 500 tr/mn produit un effort de près de 70 tonnes à la base de chacune des pales en titane. Le ventilateur absorbe 40 000 ch (29 840 kW) pour multiplier par cinq la pression de l'air lors des décollages. Ce ventilateur (dont les extrémités de pales tournent à Mach 1,3 est entraîné par une turbine basse-pression à trois étages dont l'échappement se produit directement dans la tuyère. L'air entre par une prise d'air annulaire entourant le moyeu de la soufflante, immédiatement en aval. Il passe ensuite dans un compresseur axial à 7 étages entraîné par une turbine mono-étage moyenne pression (I.P.), puis dans un

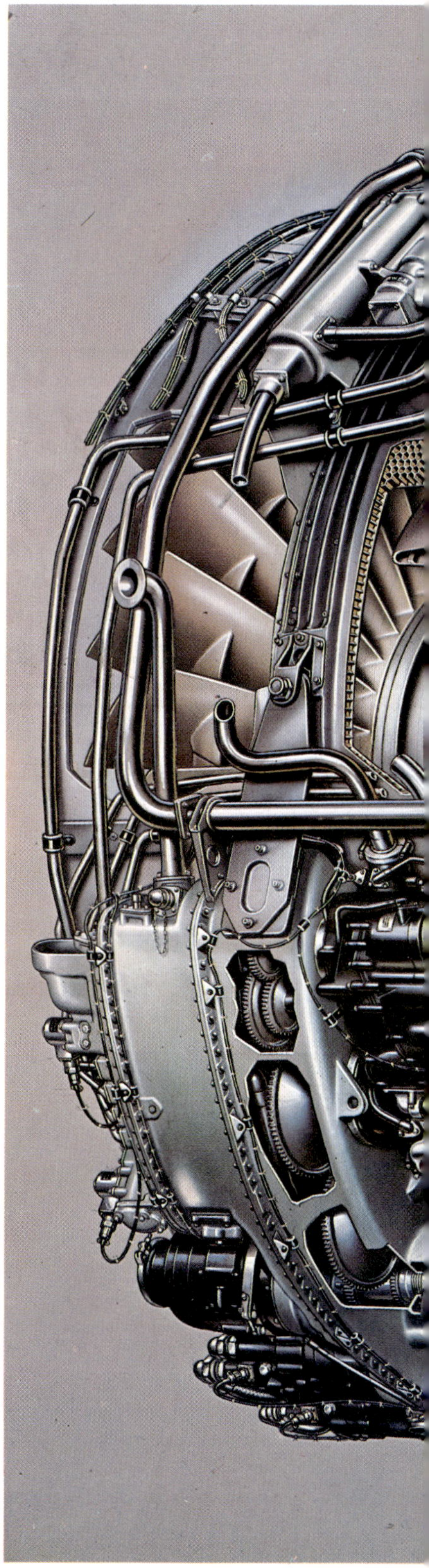

compresseur haute-pression (H.P.) à 6 étages qui est entraîné par une turbine haute pression refroidie par air. Compresseur et turbine H.P. compresseur et turbine I.P. ventilateur et turbine basse-pression sont couplés par paires au moyen d'arbres concentriques indépendants; c'est ce qui vaut au RB211 l'appellation « 3 corps ». Depuis le compresseur H.P. l'air qui a atteint 25 fois sa

Le turbo-propulseur Bristol Theseus

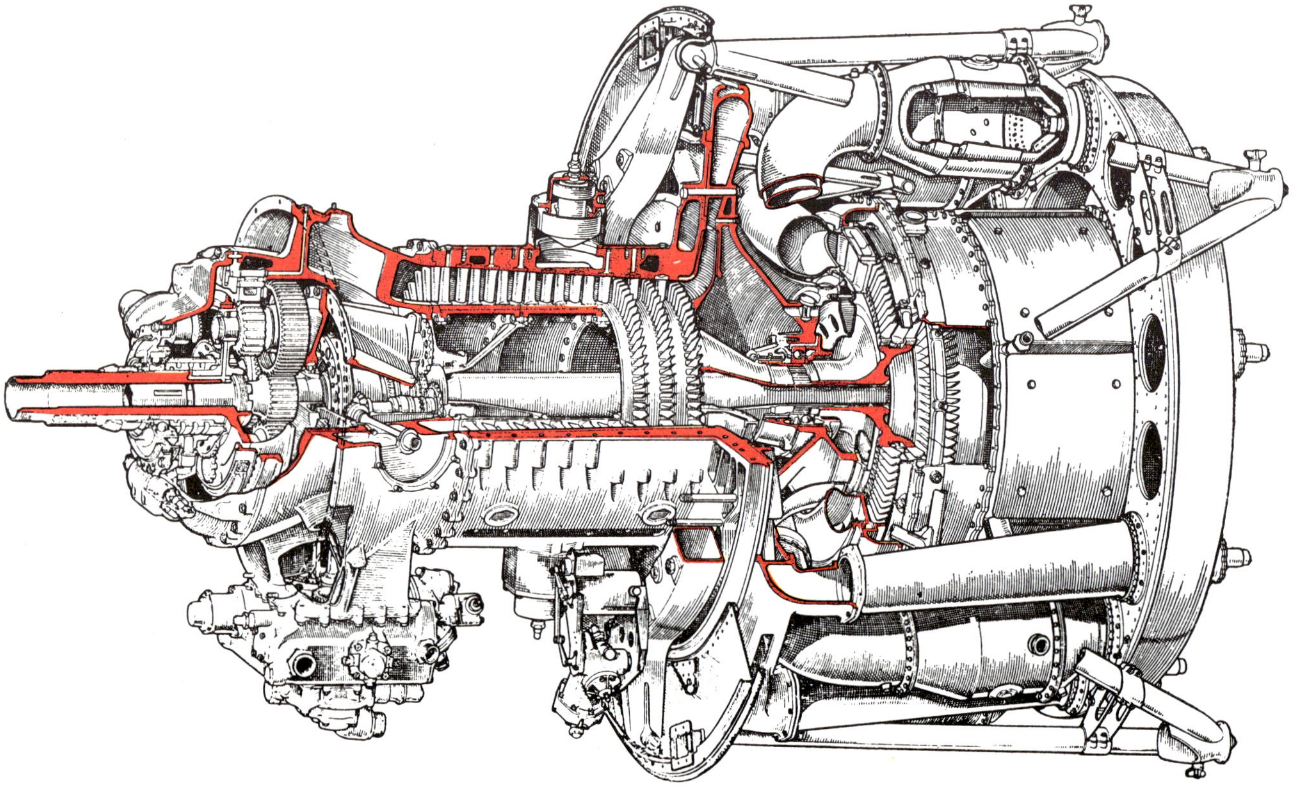

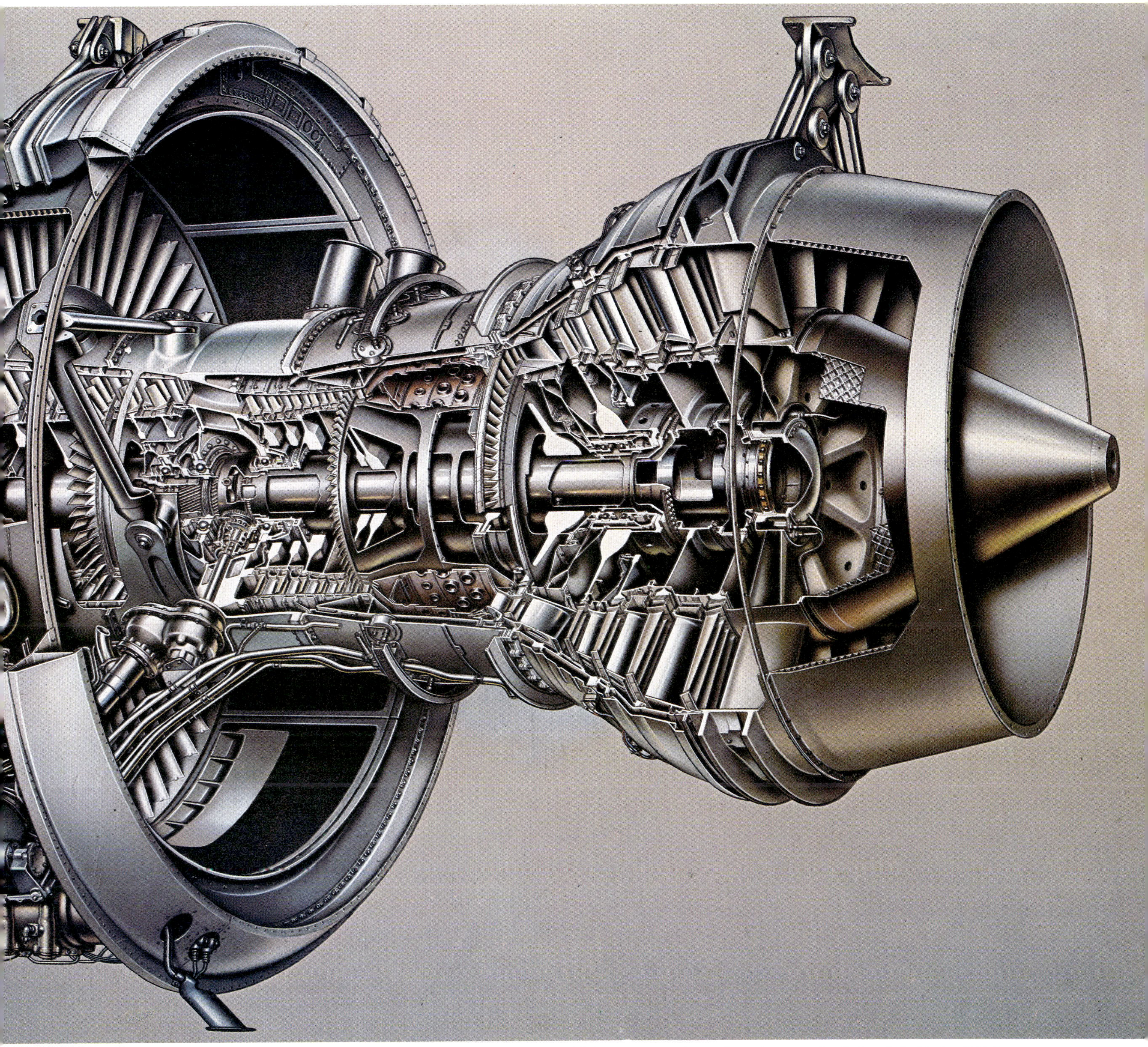

Le réacteur à double flux Rolls-Royce *RB 211*.

pression initiale entre dans une chambre de combustion annulaire située entre ce compresseur et la turbine H.P. Cette chambre comporte 18 brûleurs par lesquels le carburant est injecté. L'arbre H.P. tourne à 16 000 tr/mn, l'arbre I.P. à 5 000 tr/mn et le réacteur délivre une poussée de 19 tonnes pour un débit d'air de 0,6 tonnes à la seconde. Pour l'atterrissage, un freinage est assuré par deux volets logés entre le carter du moteur et le carénage qui constitue aussi l'extérieur de la prise d'air. Ces deux volets peuvent être rabattus dans le flux froid, modifiant sa direction de manière à ce que la poussée soit inversée et qu'elle se produise vers l'avant, par des ouvertures prévues dans le carénage.

Cette faculté de modifier la direction du jet est également utilisée pour certains avions à décollage et atterrissage vertical (VTOL) ou court (STOL)*.

Dans ce cas, la tuyère comprend des buses pivotantes qui peuvent être orientées dans toutes les directions comprises entre l'horizontale, pour les vols en palier, et la verticale, pour les atterrissages et décollages.

* En français ADAV (avions à décollage et atterrissage verticaux) et ADAC (id. courts).

Les moteurs à air chaud

Le moteur à air chaud inventé en 1807 par Sir George Cayley.
1 Échappement du cylindre-moteur.
2 Cylindre-pompe alimentant la chaudière.
3 Cylindre-moteur actionné par l'air chaud.
4 Piston-pompe à air.
5 Chaudière à charbon.

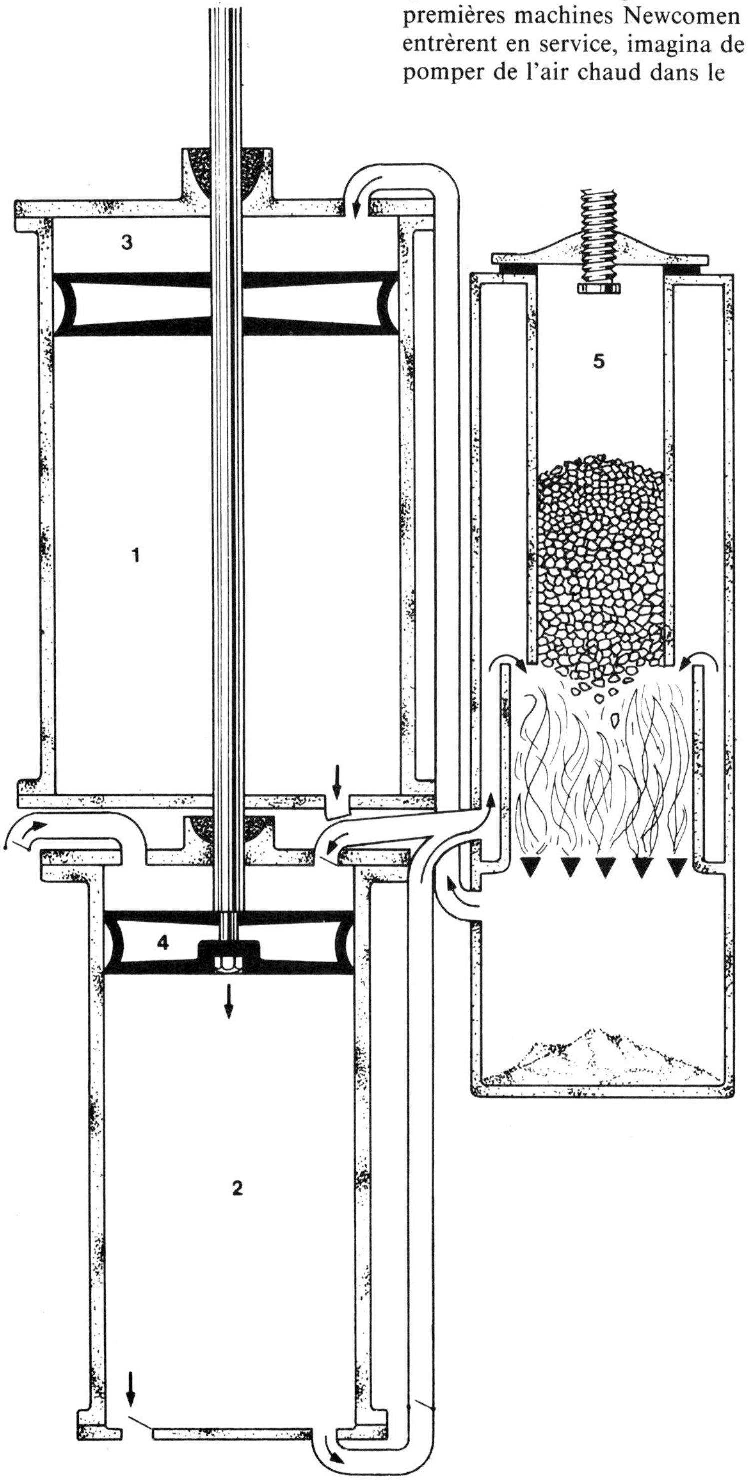

Dans la période qui vit fonctionner les premières machines à vapeur et les premiers moteurs à combustion interne plusieurs chercheurs eurent l'idée d'utiliser l'air ambiant comme source d'énergie.

Le Révérend Henry Wood qui vivait dans la région où les premières machines Newcomen entrèrent en service, imagina de pomper de l'air chaud dans le fond du cylindre pour faire monter le piston puis de refroidir cet air pour laisser la pression atmosphérique exercer son effet sur la tête de ce piston. Mais, s'il est reconnu que l'idée remontait à 1759, rien ne prouve qu'elle ait été appliquée à cette époque.

Sir George Cayley qui peut aussi être considéré comme l'un des pionniers de l'aérodynamique, imagina l'avantage que pourrait donner un moteur très léger dans l'éventualité où l'on parviendrait un jour à faire voler un avion. Il calculait qu'un tel moteur résoudrait d'entrée de jeu le problème posé par l'eau et la chaudière du moteur à vapeur et écrivit au Nicholson's Journal, en 1807, pour dire qu'il avait fait réaliser un moteur de ce type à Newcastle, plusieurs années auparavant. Ce moteur présentait deux cylindres de dimensions différentes placés l'un au-dessus de l'autre. Les deux pistons étaient montés sur une tige commune et un foyer cylindrique était disposé le long de cet ensemble. L'air entrait par le bas du cylindre inférieur qui, jouant le rôle de pompe à double effet, l'expédiait dans la partie supérieure de la chaudière, et de là, à travers le feu. Ainsi pressurisé et dilaté, cet air était envoyé alternativement au-dessus et au-dessous du piston supérieur pour produire la force motrice. La distribution, automatique, était assurée, comme sur les machines à vapeur Cornouailles, par des soupapes à tringles, et le moteur tirait sa puissance de la différence de surface existant entre le piston-moteur et le piston-pompe, puisqu'ils travaillaient en opposition. Cayley avait également eu l'idée d'injecter un combustible dans le foyer à chaque temps, dans le but d'accroître l'énergie motrice disponible. Malheureusement ce moteur péchait par une fabrication sommaire que les moyens de l'époque ne permettaient pas d'améliorer. Aussi fut-il impossible de le faire progresser.

Cayley construisit parallèlement un autre moteur à air utilisant de petites doses de poudre à canon. En explosant, la poudre réchauffait l'air d'un cylindre inférieur qui alimentait un cylindre supérieur dont la tige de piston agissait sur la corde d'un solide archet. L'air chaud faisait remonter le piston, faisant fléchir l'archet, et, au sommet de sa course, provoquait l'ouverture d'une soupape qui laissait l'air s'échapper. Ceci permettait à l'archet de donner le coup moteur en renvoyant le piston. Cayley calcula qu'avec un alésage de 63 mm et une course de 200 mm, il consommait 450 g de la meilleure poudre Hervey à la minute pour dégager une puissance de 1 ch (746 W). Il mit au point une version à air chaud de l'omnibus à vapeur de Sir Goldsworthy Gurney et, en 1837, les deux hommes unirent leurs efforts dans la construction d'un moteur à air chaud qui fut installé, la même année, dans une brasserie londonienne. Incidemment, Sir George Cayley fut aussi l'inventeur de la roue de bicyclette à rayons en tension, de la chenille caterpillar et d'une main artificielle articulée par la flexion du bras.

La fabrication des moteurs Cayley fut entreprise en Angleterre par Caloric Engine Company, en 1837, et en Amérique, par Roper Caloric Engine Co, en 1860. Une version perfectionnée en fut élaborée par Buckett et mise en fabrication par Caloric Engine et par Pulsometer Engineering, entre 1875 et 1895. Le moteur de Buckett se composait d'un piston-moteur inférieur et d'un piston-compresseur supérieur couplés l'un à l'autre par deux tiges parallèles, le piston inférieur disposant d'une bielle le reliant au vilebrequin et d'un foyer individuel. L'air était attiré vers le haut du cylindre de compression au travers d'une soupape champignon rappelée par ressort et, de là, était envoyé dans la chemise d'une chaudière qui était alimentée en combustible au travers d'une soupape, de manière à ce que

Le moteur industriel Ericsson de 1869.

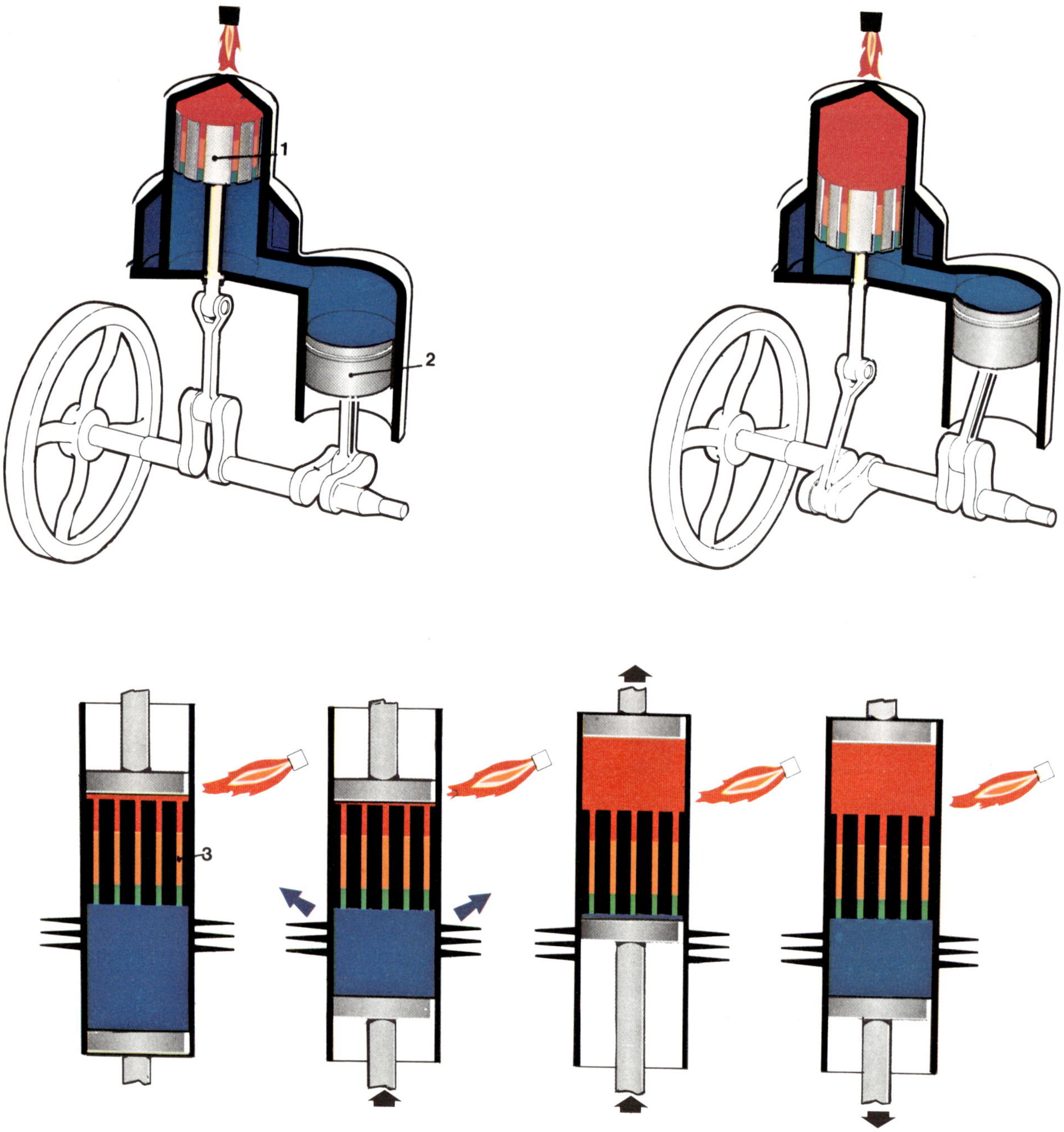

Le cycle de fonctionnement du moteur Stirling.
1 Piston balayeur et régénérateur.
2 Piston moteur.
3 Régénérateur.
Rouge : Espaces chauds.
Vert : Espace froid.
Orange : Gaz inertes.
Bleu : Liquide de refroidissement.

Page de droite : un petit moteur Robinson pouvant fonctionner au gaz.

cette alimentation n'interrompe pas le fonctionnement du moteur. Le passage de l'air dans la chemise de la chaudière était commandé par une soupape coulissante à régulateur qui laissait entrer un supplément d'air froid pour limiter la température de fonctionnement. De la chaudière, l'air passait sous le piston-moteur par une soupape refroidie, et il était rejeté par une soupape d'échappement, lorsque le piston redescendait. Les soupapes étaient actionnées par des leviers, depuis le vilebrequin.

D'autres moteurs dans lesquels l'air traversait le feu — moteurs à combustion interne en quelque sorte — furent construits sur le même modèle par Mazeline, Benier, Brown de New York (avec des cylindres indépendants et parallèles) et par Söderström qui, en 1868, sortit un modèle à cylindre relié directement à la chaudière. Dans ce cas présent, le cylindre unique assurait le coup moteur dans sa course ascendante et agissait en tant que compresseur à la descente. Tous ces moteurs s'avérèrent cependant assez inefficients en raison des déperditions de chaleur qu'ils entraînaient. De plus, ils étaient rendus assez fragiles par les problèmes que posait la lubrification de leurs pistons travaillant dans une atmosphère d'air surchauffé, de particules de cendres et de combustible solide.

John Ericsson, fils prodige d'un propriétaire de mines suédois, conçut un moteur à air chaud qui résolvait la question des cendres circulant dans le cylindre-moteur. Une partie du cylindre était chauffée directement, ce qui évitait d'utiliser les gaz de la chaudière. En 1826 — il n'avait alors que 23 ans — il partit pour l'Angleterre où, avec un train de vie qui dépassait de loin ses revenus, et en association avec John Braithwaite, il fabriqua différents engins à vapeur dont *Novelty,* la locomotive qui ne fut battue que de justesse par *Rocket,* lors de la course de Rainhill récompensée d'un prix de 500 livres par les Liverpool and Manchester Railway, en 1829.

On sait qu'Ericsson avait mis au point un moteur à air chaud en 1833, mais l'on sait peu de choses sur ce moteur. Il poursuivit cependant ses expérimentations après avoir quitté l'Angleterre pour les États-Unis, en 1839. Dans les dix années qui suivirent, il ne cnstruisit pas moins de huit moteurs. Le dernier, qui développait 5 ch (3,7 kW), fut utilisé par les fonderies Delameter, à New York. Et, en 1851, il présenta un moteur de 60 ch (44,7 kW) lors de la Grande Exposition de Londres.

En 1857, la Massachussets Caloric Engine Co lança en fabrication une série de 3 000 moteurs relativement compacts, sur un dessin réalisé par Ericsson en 1851. Les pistons de ces moteurs à deux cylindres étaient couplés, le bas du plus gros cylindre dont l'alésage était le double de l'autre, constituait le haut de la chaudière et les gaz passaient par un échangeur de température. L'air compressé par le haut du cylindre supérieur transitait par un réservoir qui alimentait le cylindre-moteur par l'intermédiaire de l'échangeur de température. Cet air réchauffé était ensuite dilaté par la chaleur du foyer et produisait le temps-moteur. A mi-course du piston moteur, qui était rempli de poussière de brique pour une meilleure étanchéité calorifique,

A. F. & H. ROBINSON & Co
SIZE
MANCHESTER

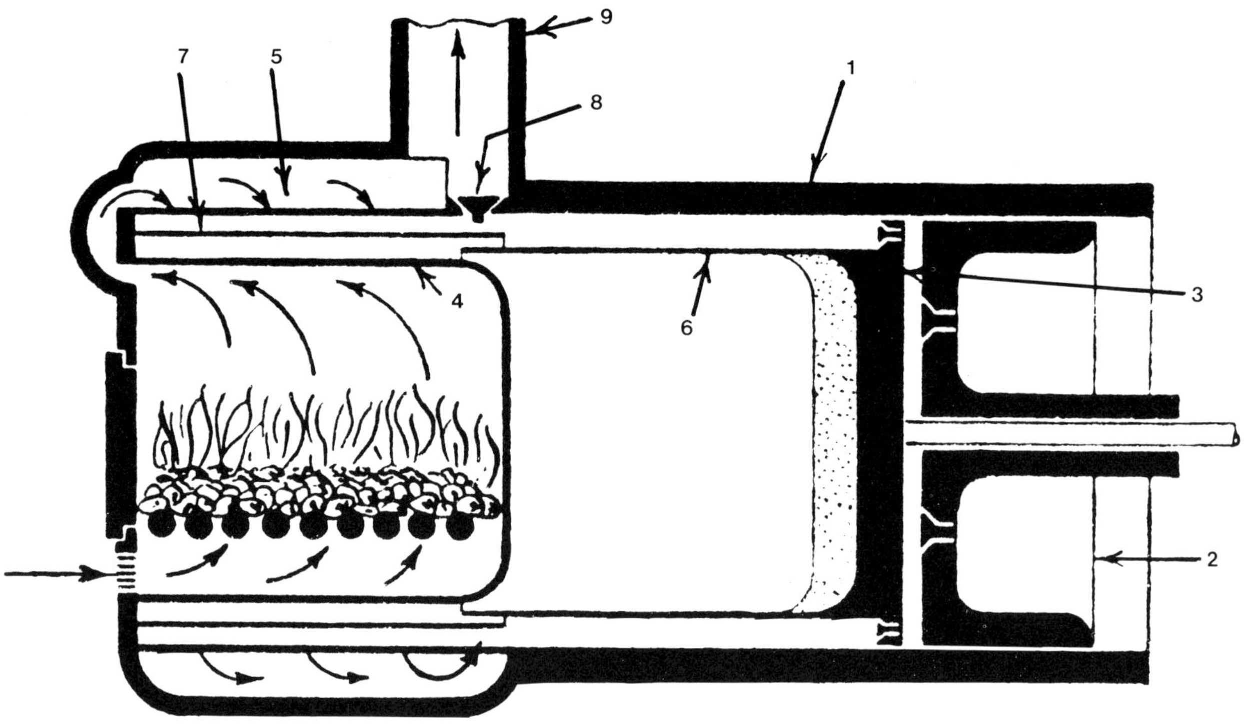

A gauche : un moteur à cylindre compact de type Ericsson construit entre 1855 et 1860.
1 Cylindre.
2 Piston moteur.
3 Piston d'alimentation.
4 Foyer.
5 Chemise de réchauffement.
6/7 Ecrans-échangeurs de température.
8 Soupape d'échappement mécanique.
9 Cheminée d'échappement.

Ci-dessous : le dessin breveté du premier moteur Stirling (1816).
1 Foyer.
2 Cylindre du balayeur.
3 Piston balayeur.
4 Piston moteur.
5 Timonnerie reliant les pistons aux vilebrequins via un parallèlogramme.
6 Vilebrequin.

une soupape coupait la communication entre le réservoir et l'échangeur, et, en fin de course, une soupape d'échappement s'ouvrait pour vider le cylindre au travers de l'échangeur, ce qui permettait de conserver davantage de calories dans le circuit.

A partir de 1855, ces moteurs présentaient un cylindre horizontal et deux pistons. Le piston-moteur était du côté ouvert du cylindre dont l'autre extrémité était occupée par un piston d'alimentation prolongé par une longue jupe cylindrique coulissant autour du foyer. Les gaz du foyer circulaient dans une chemise annulaire autour du piston, et un autre écran cylindrique était placé entre la jupe du piston et la paroi du cylindre, ce que permettait l'espace existant entre la paroi du foyer, la jupe, l'écran et la paroi du cylindre. Un système de leviers complexe reliait au vilebrequin les deux pistons dont les courses et les phases étaient différentes. A l'instant où les deux pistons se trouvaient au plus près de la face ouverte du cylindre, le piston d'alimentation entamait sa course et une soupape s'ouvrait pour balayer l'air chaud usagé.

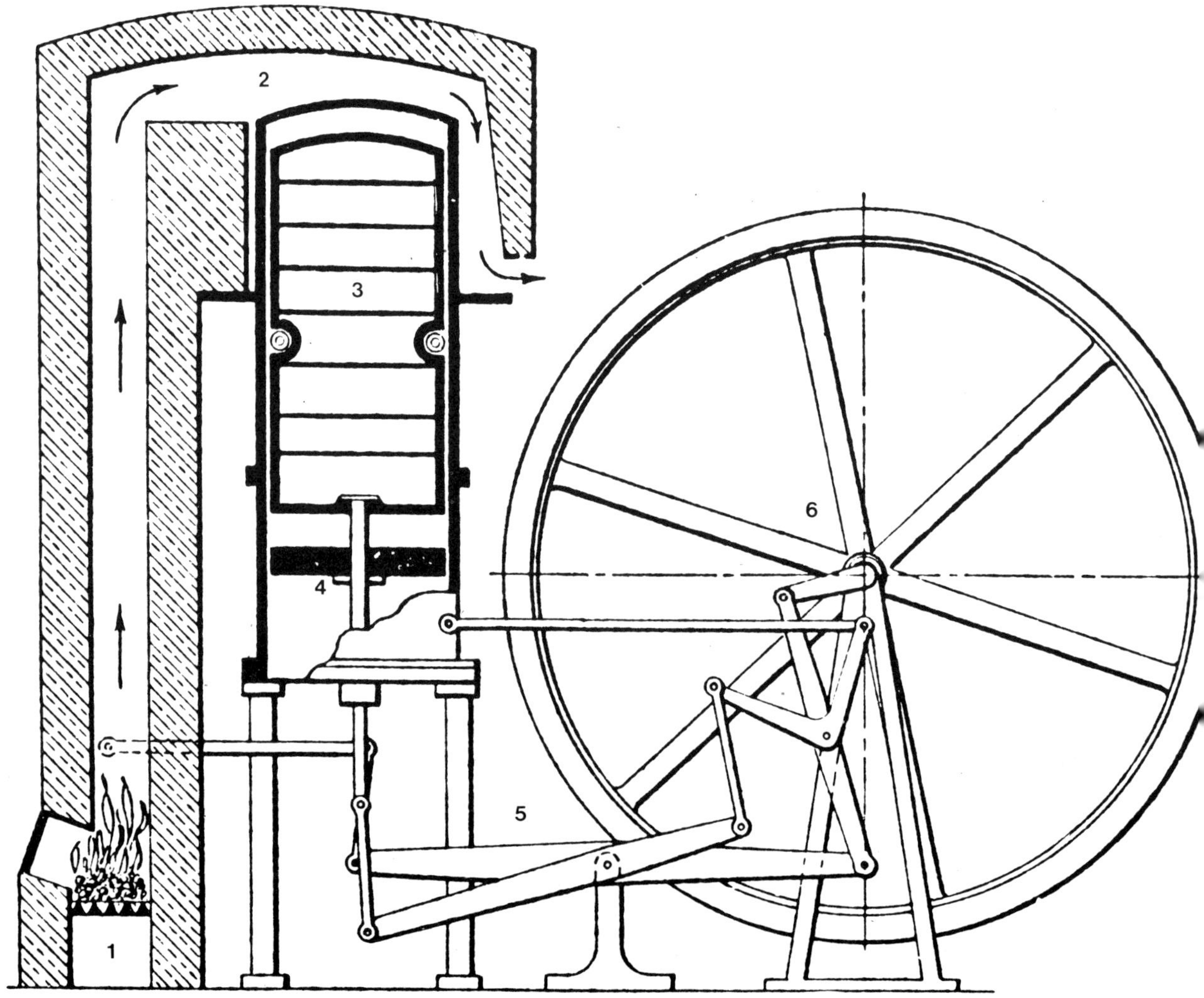

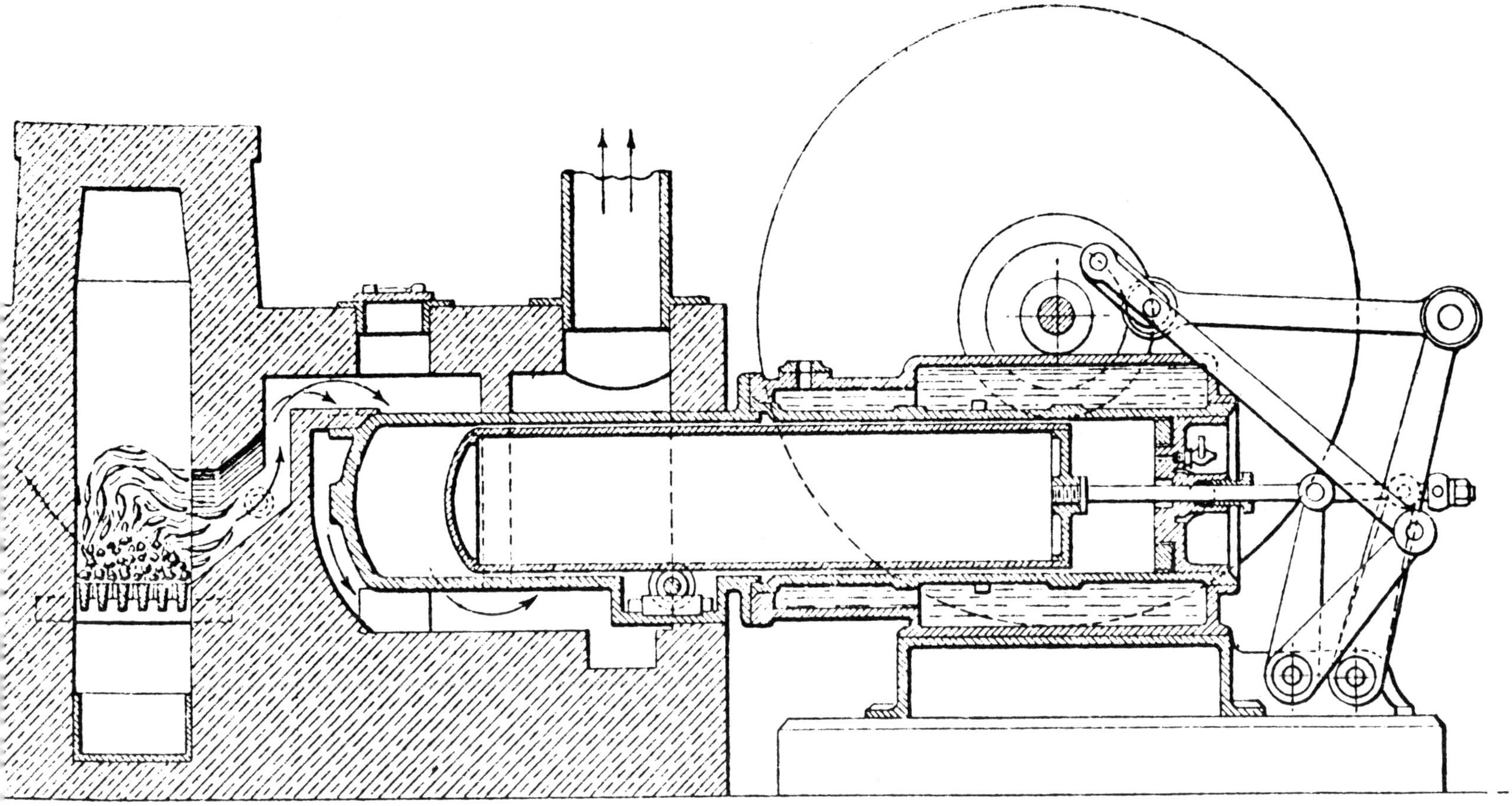

Dessin en coupe d'un moteur Lehmann.

Et, comme le piston d'alimentation avait une course plus longue et qu'il s'écartait du piston-moteur, il provoquait entre eux un effet d'aspiration qui ouvrait des soupapes dans la couronne du piston-moteur pour laisser entrer une nouvelle charge d'air. Lorsque le piston d'alimentation avait atteint son point mort bas, la course du piston-moteur, qui se poursuivait, compressait l'air dans l'espace chaud compris entre l'écran et la jupe du piston d'alimentation recouvrant le foyer. Dans sa détente, l'air chaud sortait ensuite par des valves non-retour pour actionner le piston-moteur.

De tels moteurs étaient lourds, bruyants, gourmands en combustible et leur mise en marche pouvait rarement être effectuée en moins de deux heures. Néanmoins, une fois en route, ils pouvaient développer 0,5 à 0,75 ch (373 à 560 W) et ils étaient particulièrement robustes. On comprendra aussi, au vu de cette complexité mécanique que, lorsque Michael Faraday eût à se lever devant la Royal Institution de Londres pour faire une communication sur ces moteurs, il avoua ne rien avoir compris de la manière dont ils pouvaient bien fonctionner...

La plus grande folie de John Ericsson fut d'essayer de monter quatre gigantesques moteurs verticaux basés sur son dessin de 1851 sur un navire de 2 200 tonnes. Les cylindres de 4,25 m de diamètre et 1,80 m de course étaient alimentés par des régénérateurs contenant 80 km de fil. Tournant seulement à 9 tr/mn, ces moteurs produisaient la moitié de la puissance initialement prévue alors que leur consommation en combustible doubla les prévisions. En 1854, après deux ans de recherches et de modifications qui ne firent que réduire encore leurs performances, ils furent définitivement détruits, et Eriksson regretta probablement d'avoir donné son propre nom à ce bateau.

La plus importante invention que laissa le moteur à air chaud fut celle du « régénérateur ». Ce système qui permettait de récupérer la chaleur des gaz circulant dans un sens et de la transmettre à l'air froid passant dans l'autre sens, et avait été inspiré par l'Écossais Robert Stirling, recevra un grand nombre d'applications, notamment dans l'industrie métallurgique. A l'âge de 26 ans, juste après son ordination, ce prêtre écossais avait conçu le premier moteur à air chaud présentant un régénérateur et un circuit clos du fluide.

Ce premier moteur Stirling de 1816 comprenait un cylindre vertical de 3,05 m de haut et de 60 cm d'alésage dont le haut était réchauffé par un foyer latéral. Dans cette partie haute du cylindre se trouvait un long piston creux, le balayeur qui était maintenu à 13 mm de la paroi du cylindre par de petits rouleaux. Le fil enroulé autour de ce piston accroissait sa surface et favorisait ainsi l'effet d'échange de chaleur du régénérateur que formait sa surface externe. Le piston-moteur allait et venait sous ce balayeur et les deux étaient reliés au vilebrequin par parallélogramme de Watt et balanciers renversés, le balayeur ayant une phase en avance sur le piston-moteur. Lorsque le piston se trouvait à son point mort haut et le balayeur à son point mort bas, la totalité de l'air était retenue entre les deux, dans l'extrémité froide du cylindre. Lorsque le piston remontait, entraîné par le moment du volant-moteur, l'air comprimé était envoyé entre le balayeur et la paroi du cylindre en haut duquel il montait en récupérant la chaleur du

A droite : maquette d'un moteur Bailey de 1894 qui fonctionnait selon un cycle Stirling modifié.

Ci-dessous, un générateur à air chaud Philips de 1950. Il donnait 180 watts à 200 volts pour un régime de 1 500 tr/mn. Son poids était de 30,4 kg

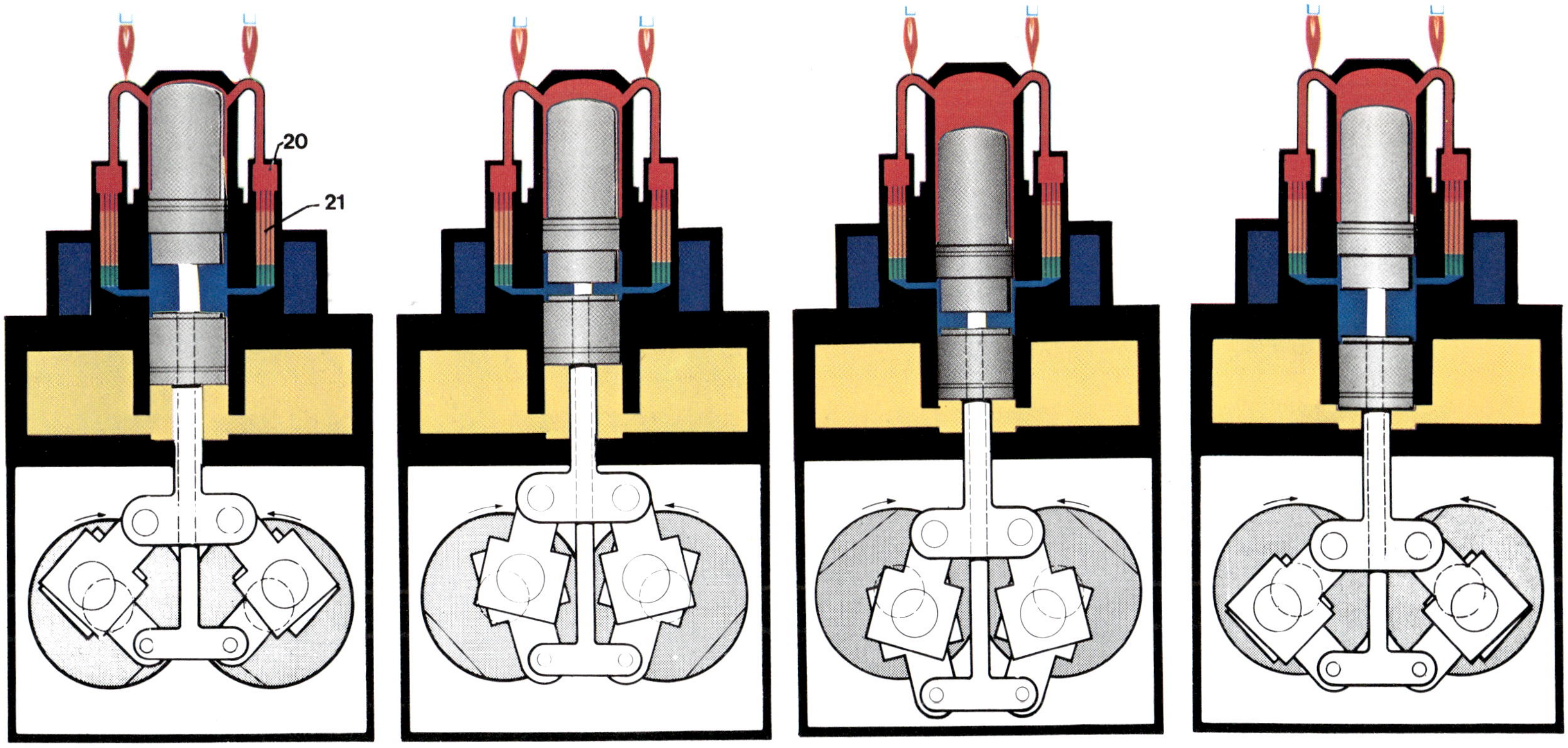

bobinage. En se détendant, l'air chaud poussait le balayeur vers le piston qui se trouvait alors à son point mort haut. Les deux pistons prenaient alors une course motrice descendante jusqu'à ce que le piston-moteur atteigne le bas du cylindre. Le balayeur était remonté par l'inertie du volant et l'air chaud redescendait le long du bobinage en lui restituant ses calories. Le cycle se reproduisait une fois que le balayeur avait atteint l'extrémité froide du cylindre.

L'importance du régénérateur réside dans sa capacité à emmagasiner les calories inutiles lorsque l'air transite des parties chaudes vers les parties froides, et à restituer ces calories dans le trajet inverse de l'air. En économisant l'énergie calorifique, ce système améliore très sensiblement le rendement du moteur.

Le Dr Stirling travailla par la suite, avec son frère James, sur un moteur à deux balayeurs logés dans des cylindres chauffés par le bas et dont les parois étaient munies de régénérateurs stationnaires plus importants. Ces deux balayeurs alimentaient des deux côtés un cylindre-moteur à double effet qui actionnait une manivelle via un balancier supérieur, selon la pratique courante des machines à vapeur. L'air pressurisé fourni par une pompe actionnée par le balancier donnait une plus

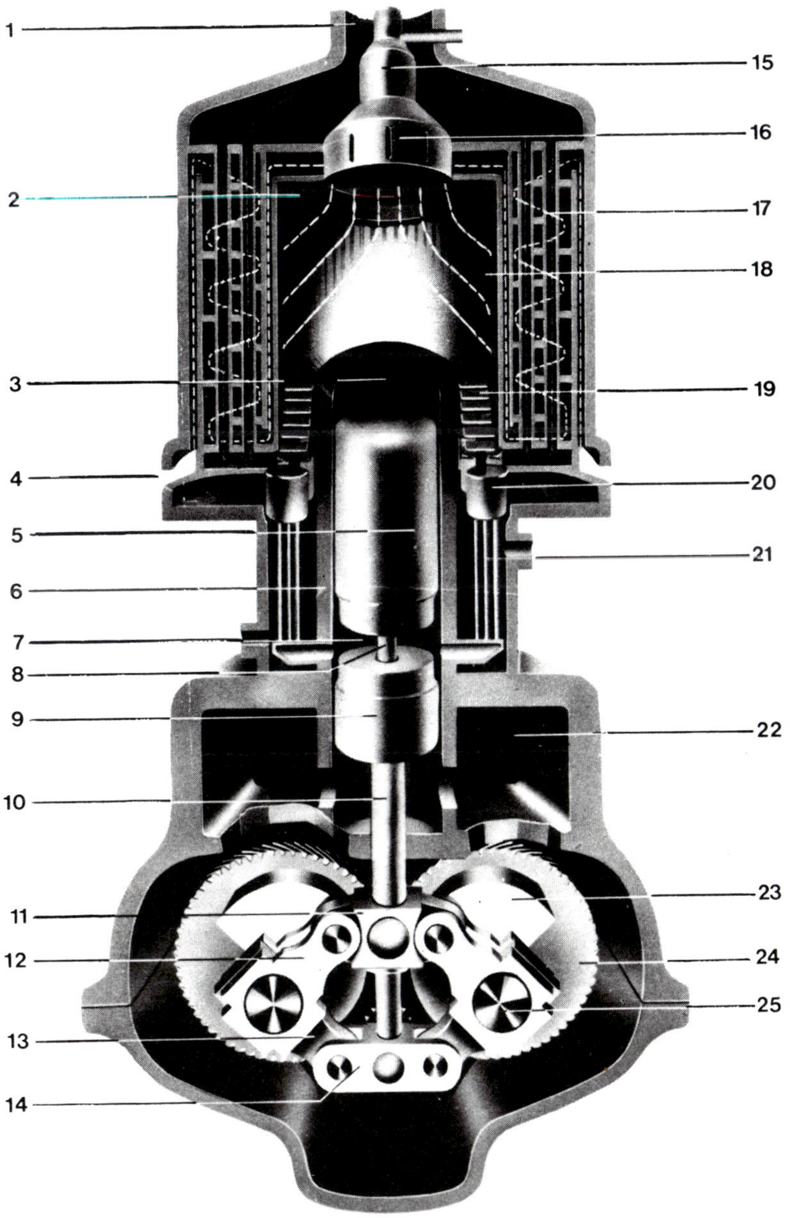

Un moteur Philips de type Stirling à transmission rhombique.
1 Échappement.
2 Canal annulaire.
3 Espace de détente.
4 Admission d'air au brûleur.
5 Balayeur.
6 Cylindre.
7 Espace de compression.
8 Tige du balayeur.
9 Piston.
10 Tige du piston.
11 Guidage du piston.
12 Bielle du piston.
13 Bielle du balayeur.
14 Guidage du balayeur.
15 Atomiseur.
16 Brûleur.
17 Pré-chauffage.
18 Tubes de chauffage.
19 Aillettes.
20 Régénérateur.
21 Tubes de refroidissement.
22 Espace tampon.
23 Contrepoids.
24 Engrenage de distribution.
25 Manivelle.
Rouge Espaces chauds.
Vert Espaces froids.
Orange Gaz inertes.
Bleu Liquide de refroidissement.

grande quantité d'air dans le cycle clos, et cette masse accrue permettait de déplacer davantage de calories. Un autre progrès important de ce moteur était la réduction au minimum de l'espace d'air inutilisé laissé aux extrémités du cylindre.

Une machine à vapeur à balancier de la fonderie de Dundee (Écosse) fut convertie au cycle Stirling en 1843. Avec un alésage de 49 cm et une course de 122 cm, elle développait 37 ch (27,6 kW) à 30 tr/mn pour une consommation horaire en charbon de 45,400 kg. Elle montra cependant une fâcheuse tendance à brûler les bas de son cylindre une fois par an. Aussi fut-elle reconvertie à la vapeur en 1847.

Le moteur à balayeur et piston séparés de 1837 fut à l'origine de la commercialisation d'une grande quantité de moteurs Stirling pour des applications stationnaires ne nécessitant pas une puissance importante comme, par exemple, le pompage de l'eau. Les exemples les plus typiques en furent sans doute ceux produits en Angleterre par Sir W.H. Bailey & Co Ltd entre 1860 et 1908. A partir de 1895, A.E. & H. Robinson & Co mirent sur le marché un moteur à balayeur-régénérateur vertical et cylindre-moteur horizontal, sur lequel le mouvement du balayeur était donné par un rouleau courant sur le haut de la bielle du cylindre moteur. Ces moteurs furent également construits sous licence jusqu'en 1920 par L. Gardner & Sons, une compagnie anglaise qui commença par fabriquer des fauteuils de dentisterie et est maintenant célèbre pour ses moteurs Diesel. Avec un alésage et une course de 254 mm, ils développaient une puissance de 0,625 ch (4,66 W) à 170 tr/mn pour une consommation horaire de coke de 3,400 kg. L'un de ces moteurs qui pesaient 610 kg resta en fonction à Horsham, dans le Surrey, pendant 60 ans.

De nombreux moteurs Stirling furent construits sur une longue période de temps, pour des usages domestiques légers et comme jouets. Le ventilateur portable Kyko de 1,20 m de diamètre de pales était toujours produit en Angleterre, il y a une vingtaine d'années, pour être exporté vers les pays tropicaux. Fonctionnant à la paraffine ou au kérosène, il pouvait tourner pendant des années sans demander aucune attention. Un moteur Stirling élaboré par John Eriksson en 1872 fonctionna même aux radiations du soleil captées par un miroir parabolique.

Un mono-cylindre à cycle clos semblable au premier Stirling, mais sans régénérateur et avec un cylindre horizontal, fut conçu par Wilhelm Lehmann en 1860 et fabriqué sous licence dans plusieurs pays. La commande de transmision y était simplifiée et la partie froide du cylindre était chemisée. Ils pesaient entre 1 et 2 tonnes par cheval et étaient disponibles dans une gamme de puissances comprises entre 0,25 et 2,25 ch (0,19 et 1,86 kW).

Le moteur inventé en 1876 par A.K. Rider, à Philadelphie (U.S.A.) comportait deux cylindres dont les pistons étaient branchés, avec une différence de phase de 95° aux deux mannetons d'un vilebrequin comportant un volant d'inertie central. Les deux cylindres verticaux et parallèles entre eux étaient reliés par un régénérateur constitué de vingt-quatre fines plaques de fonte espacées de 2 mm. Comme la grande majorité des moteurs Rider étaient destinés au pompage de l'eau, une circulation d'eau était organisée autour du cylindre froid et du haut du cylindre chaud. Il fut construit un millier de ces moteurs, dont la moitié par Hayward Tyler & Co en Angleterre. Il en fut vendu au Prince de Galles, au Khédive d'Égypte, et au pasteur de Blandford (Angleterre) qui l'utilisa pour alimenter en air l'orgue de son église. A l'exception de quelques jouets et d'applications très légères, le moteur à air avait totalement disparu au début de ce siècle. Il a soudainement refait surface au milieu des années 1930, lorsque le Professeur G. Holst, des laboratoires de recherche de Philips, à Eindhoven, a commencé à se demander pourquoi le rendement thermique de ces moteurs à air chaud n'était que de 2 %. Des expériences poussées commencèrent donc qui ne manquèrent pas, pendant la Première Guerre Mondiale, d'intriguer les Allemands. Pensant qu'il s'agissait là d'un nouveau moteur secret, ils parvinrent à en subtiliser un pour l'examiner. Leur grande surprise fut de constater que le carburant si spécial n'était autre que de l'air hollandais comprimé. Peu après 1945, Philips avait construit plusieurs petits moteurs d'environ 2 ch (1,5 kW) qui ne représentaient que 1/50 du poids et 1/125 du volume des anciens moteurs à air.

Cette nouvelle génération reposait toujours sur les principes originels de Stirling mais tenait également compte des dernières connaissances acquises sur la théorie de la chaleur et dans le domaine des matériaux. Ces moteurs ressemblaient à des moteurs de moto et en avaient la taille. La moitié supérieure du cylindre était entourée, dans l'ordre, par le foyer, le régénérateur et une chemise d'eau de refroidissement. Le balayeur avait un haut arrondi qui s'emboîtait étroitement dans le cylindre, et le piston-moteur, de taille relativement importante, comportait un long guidage central pour la tige du balayeur qui était actionné, dans une phase différente, par la bielle motrice. Un petit compresseur actionné par la même timonerie maintenait la pression interne à un minimum de 20 kg/cm^2. La puissance et le rendement de ces moteurs étaient comparables à ceux d'un moteur à combustion interne de la même taille. Ces mono-cylindres furent remplacés par un modèle à quatre-cylindres parallèles à double effect actionnant un excentrique au lieu du vilebrequin habituel. La puissance de ce moteur inversable était de 20 ch (14,9 kW) à 3 000 tr/mn.

Au début des années 1950, R.-J. Meijer, chez Philips, inventa pour les moteurs Stirling un système d'entraînement particulier qui, tout en restant simple mécaniquement, permettait une différence de phase de 90° entre le balayeur et les pistons-moteurs. Les deux bielles y sont concentriques et comportent à leur extrémité des cales à paliers pour deux axes, un de chaque côté. Les axes sont de chaque côté reliés par des bielles à un bouton de manivelle unique, et les deux mannetons sont engrenés pour tourner à des vitesses égales mais en sens inverse. Lorsque les deux manivelles tournent, les pistons vont et viennent mais se déplacent également les uns par rapport aux autres. Cet entraînement rhombique, ainsi appelé en raison du losange formé par les quatre bielles a redonné un nouvel intérêt au moteur Stirling, et plusieurs firmes importantes l'étudient à nouveau aujourd'hui comme une alternative efficiente et non polluante au moteur à huile lourde à combustion interne.

Roquettes et fusées

La roquette, ou du moins son groupe propulseur, est un réacteur capable de fonctionner dans le vide ou en dehors de l'atmosphère, ce qui revient pratiquement au même. La différence essentielle est qu'avec un tel réacteur, la combustion du carburant n'est plus dépendante de l'oxygène contenu dans l'atmosphère mais que l'appareil comporte un dispositif autonome lui permettant d'éjecter son flux gazeux. Le mot « roget » fut inventé par l'Allemand Leonhard Fronsperger en 1557, pour devenir « rocket », en Anglais et, par dérivation, « roquette », en Français. Mais, alors que Fronsperger n'avait fait que trouver l'appellation, les Chinois avaient déjà mis au point des « flèches à feu » au début du XIe siècle. Vers 1500, le Chinois Wan-hu avait élaboré un siège doté d'ailes et d'un assemblage de 47 fusées brûlant de la poudre à canon avec lequel il pensait pouvoir voler. On dit qu'il disparut dans un spectaculaire nuage de fumée noire.

Les fusées brûlant de la poudre à canon ou d'autres combustibles solides se répandirent dans un certain nombre de pays vers le XIIIe siècle, particulièrement en Arabie et en Angleterre. En 1230, Hassan Alrammah fit la description d'un « œuf à réaction » qui ressemblait à une soucoupe volante et glissait au-dessus du sol, au grand effroi des chevaux. Le Français Jehan Froissard tirait ses boulets à partir de tubes, inventant ainsi le tout premier « bazooka », autour de 1400. Peu de temps après, Johannes de Fontana publia un ouvrage qui décrivait de petites fusées de guerre ressemblant à des lapins et détallant sur leurs roulettes pour aller exploser dans les rangs ennemis.

Une expérience spectaculaire dans le domaine des fusées fut tentée vers 1500 par le Chinois Wan-Hu.

En 1600 le canon avait fait de grands progrès et les fusées ne furent plus guère utilisées que dans les feux d'artifices, mais en 1760, Haider Ali, Prince de Mysore vaincut la cavallerie anglaise grâce à des boulets de fer de 2,700 et 5,400 kg tirés depuis des tubes de 3 m de long. Quarante ans plus tard Sir William Congreve, le fils du directeur de L'Arsenal de Woolwich, mit au point avec succès un assortiment de roquettes de guerre qui furent utilisées dans les batailles de Boulogne, de Copenhague et aux États-Unis. Mais en 1916, ce régiment de roquettes fut dissout bien que ces armes soit passées à un poids de 227 kg et à une portée de 2 750 m. Encore une fois le canon avait pris le dessus grâce à l'apparition du fusil rayé qui permettait une plus grande précision. En 1863, l'Américain William Hale construisit des fusées à trois injecteurs dirigeant les gaz sur des aubes incurvées de manière à produire un mouvement de vrille qui donnait une trajectoire plus précise. Il avait ainsi inventé la vrille stabilisatrice.

Toutes ces fusées, jusqu'après la Première Guerre Mondiale, employaient des combustibles solides. La période qui suivit allait voir un développement radical des carburants utilisés. La poudre noire des débuts était composée de carbone et de sulfure qui jouaient le rôle de combustible, et de nitrate de potassium qui fournissait l'oxygène indispensable à la combustion. La nitrocellulose fut découverte en 1838 puis la nitroglycérine, en 1846 et le fulmicoton, en 1851, à peu près en même temps que le T.N.T. (trinitrotoluène). Pour obtenir la combustion lente requise pour le vol d'une fusée, Alfred Nobel inventa la ballistite, un mélange de nitrocellulose et de nitroglycérine et Sir Frederick Abel trouva la cordite un an après, en 1889.

Sur les fusées Congreve, une cavité conique prévue à l'arrière de la charge solide, permettait aux gaz de passer dans le tube.

Ceci permit de constater qu'en modifiant la configuration de cet orifice, on pouvait accroître notablement la portée. On s'aperçut aussi qu'avec une charge creuse, ou mieux encore, dotée de sillons longitudinaux, on obtenait une aire de combustion plus étendue et qu'en même temps, la partie non consumée de la charge assurait une isolation calorifique du fuselage. Cette isolation conduisit à des fuselages plus fins et plus légers et à des combustibles composites d'asphalte, de caoutchouc et de polyester, et de perchlorates de potassium ou d'ammoniaque comme agent oxydant, pour renforcer la poussée, et allonger la durée de combustion des gaz éjectés de turbines garnies de graphite. Celles-ci sont utilisées et comme missiles et comme propulseurs d'appoint, sur les

A droite : le dispositif oxygène liquide-kérosène d'une grosse fusée :
1 Arrivée de kérosène du réservoir principal.
2 Engrenage.
3 Arrivée d'oxygène liquide du réservoir principal.
4 Pompe à oxygène liquide.
5 Circuits principaux de comburant.
6/7 Soupapes non-retour.
8 Soupape d'oxygène liquide principale.
9 Injecteur.
10 chambre de poussée.
11 Soupape de carburant principal.
12/17 Alimentation du réservoir de démarrage.
13 Régulateur d'oxygène liquide.
14 Soupape à lame.
15 Générateur de gaz.
16 Échappement de la turbine.
18 Pompe à carburant.
19 Turbine.
Bléu : Oxygène liquide H.P.
Jaune Kérosène H.P.

Muni d'une batterie de 24 roquettes, le *Rak 2* de Fritz von Opel atteignit la vitesse de 200 km/h sur le circuit berlinois de l'Avus, en 1928.

Ci-dessous : la fusée allemande V2.
1 Chambre de combustion et venturi.
2 Coupelles de brûleurs.
3 Alimentation en alcool par des pompes.
4 Ensemble turbine et pompe.
5 Réservoir d'oxygène liquide.
6 Réservoir d'alcool.
7 Département de commande.
8 Partie bombe.
9 Double canalisation d'alimentation des pompes en alcool.
10 Réservoir d'hydrogène péroxyde.
11 Bati tubulaire de l'ensemble turbine-pompe.
12 Réservoir de permanganate.
13 Distribution d'oxygène par pompe.
14 Admission de l'alcool à la double canalisation.
15 Aubes fixes de commande interne.

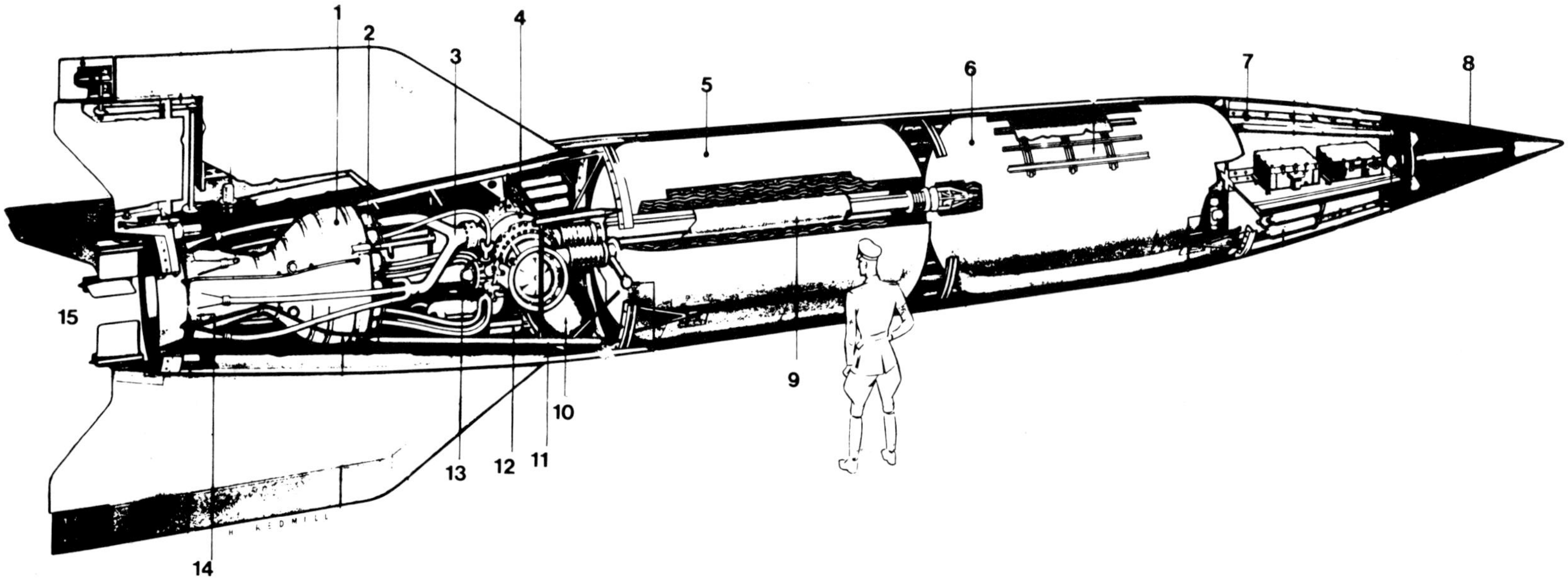

avions assistés au décollage.

L'espace était déjà un objectif convoité au début du siècle, et un rêve soigneusement entretenu par les auteurs de science-fiction. Mais les roquettes à combustibles solides, même si elles étaient capables de fortes poussées, n'étaient pas à-même de maintenir ces poussées pendant un temps suffisamment long, et leur chargement en combustible était élevé en proportion de leur poids total. Vers 1900, un instituteur russe, K.-E. Tsiolkovski, émit l'idée, dans un traité qu'il publia sur les voyages dans l'espace, d'avoir recours à un combustible liquide. Mais personne n'en fit grand cas. Le Docteur H. Goddard d'Auburn, dans le Massachussetts (U.S.A.) avait entrepris ses expériences sur les fusées à combustibles solides en 1899, se tourna vers les carburants liquides au début des années 1920. Le premier essai au sol eut lieu en 1923. Trois ans après, la première fusée à combustible liquide atteignait une hauteur de 12 m et une vitesse de 100 km/h. Allumé par un chalumeau de plombier, le combustible d'essence et d'oxygène liquide était transporté dans des réservoirs pressurisés logés dans un fuselage annexe suspendu à environ 1,50 m sous le fuselage principal.

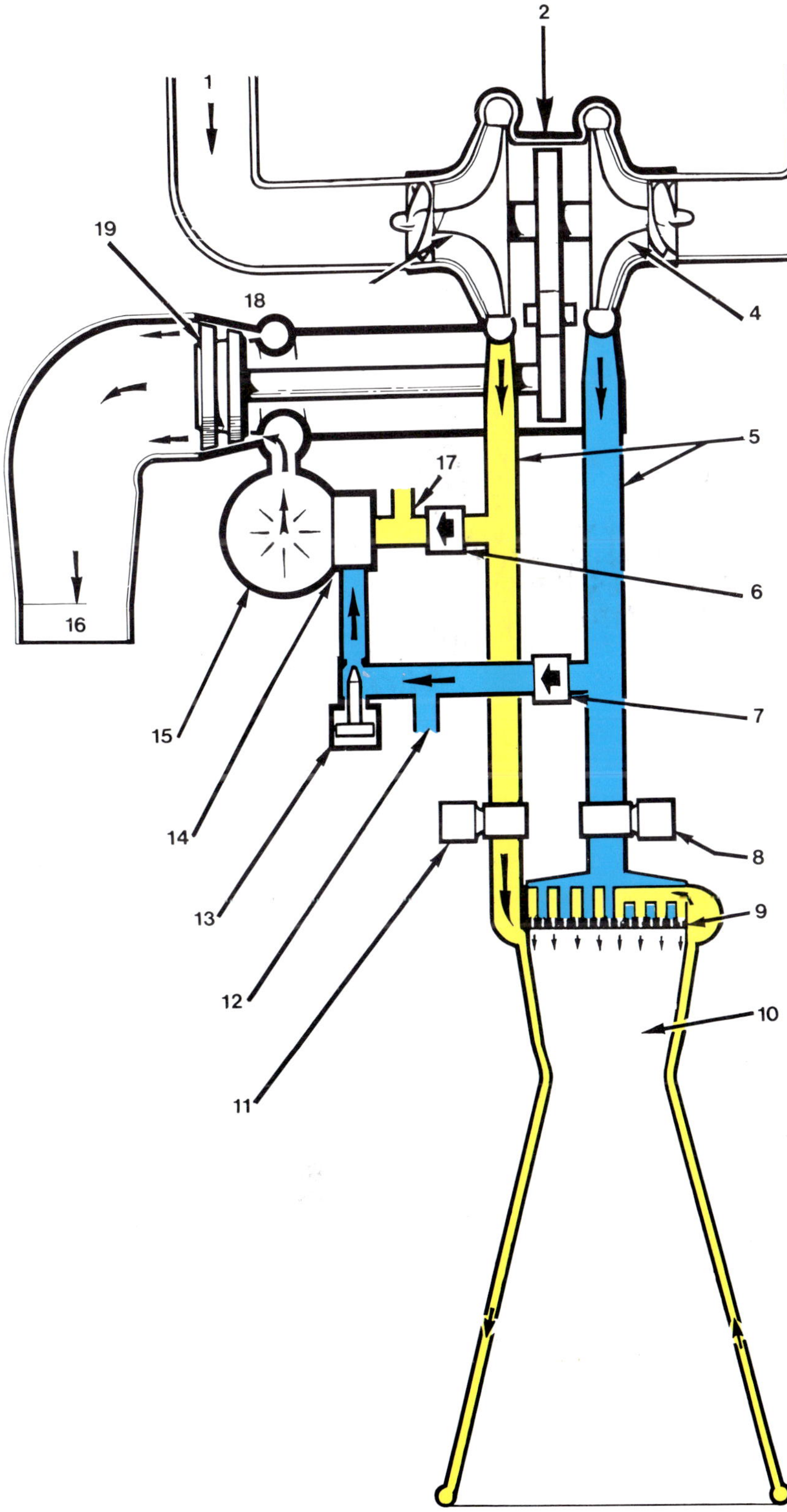

Goddard poursuivit ses travaux sur les fusées à combustibles liquides et, en 1935, celles-ci furent capables de s'élever à 2 300 m et d'atteindre une vitesse de plus de 1 100 km/h. A la suite de ces découvertes et des suggestions du Dr Hermann Obert dans son ouvrage sur les voyages dans l'espace, les ingénieurs allemands Willy Ley et Werner von Braun ouvrirent près de Berlin un laboratoire d'études sur les fusées spatiales, laboratoire qui allait par la suite être transféré à Peenemunde. Il en sortit les fusées de la *Série A* dont la *A-4* allait devenir le *V2* de la Seconde Guerre Mondiale. Le *V2* avait 13,70 m de long, 1,60 m de diamètre et pesait 12 480 kg. Il pouvait atteindre une altitude de 129 000 m et une vitesse de pointe de 56 350 km/h. Sa poussée était de 25 000 kg à la minute.

Ce réacteur de 300 000 ch (223 800 kW) fut le prédécesseur des gros engins à poussée continue, carburant à l'alcool et à l'oxygène liquide, l'alcool étant un mélange d'alcool éthylique et d'eau. La chambre de combustion était constituée de feuilles d'acier soudées entre elles de manière à donner une structure à deux parois entre lesquelles était pompé le carburant pour maintenir la température de la paroi interne en-dessous de 500 °C, malgré les 3 000 °C de la chambre de combustion. Un peu de carburant était en plus répandu sur la paroi interne par de petits orifices afin de créer une évaporation. Les deux carburants étaient aspirés par deux pompes centrifuges actionnées par une petite turbine à vapeur. Depuis l'une des pompes, l'oxygène liquide était vaporisé dans la chambre de combustion par des injecteurs multiples, et l'essence était vaporisée par d'autres injecteurs. A l'origine, l'allumage était assuré par de la poudre noire. La vapeur de la turbine était obtenue en poussant un péroxyde d'hydrogène au moyen de nitrogène comprimé dans un générateur de vapeur contenant un catalyseur au permanganate de sodium qui provoquait une violente décomposition du péroxyde en vapeur chaude. Les deux pompes débitaient 124 kg

de combustible à la seconde, à une pression de 24,600 kg/cm^2.

Comme la pression d'un gaz dans une chambre close est égale en tous les points de la chambre, un trou percé en un point quelconque de cette chambre laissera le gaz s'échapper, abaissant la pression et la température et convertissant l'énergie de la chaleur en énergie de mouvement ou énergie cinétique. En déplaçant la masse des gaz au travers de cet orifice, cette énergie applique une poussée égale sur la paroi opposée. En général, la direction de cette poussée est confondue avec celle que l'on désire imprimer au vol de la fusée, mais si le flux est dévié, la poussée sera décentrée et la fusée aura un déplacement en courbe. Sur le *V2* les gaz étaient déviés par de robustes aubes de graphite montées dans l'échappement et commandées par un système gyroscopique utilisant le nitrogène comme fluide d'assistance. Mais ces aubes avaient une résistance assez brève et réduisaient la poussée. Aussi, sur les fusées ultérieures, la chambre de combustion fut-elle montée sur un système de cardan permettant des corrections d'angle de l'ordre de 7°.

Les fusées spatiales suivantes reprirent la conception de base du *V2* avec une chambre de combustion constituée de tubes sectionnés en coupe, ce qui formait un échangeur de température plus efficient pour le combustible liquide s'écoulant d'un côté à l'autre. Les deux réservoirs séparés furent remplacés par un unique réservoir cylindrique à partition interne. Et celui-ci était renforcé par une pression causée par de l'hélium qui avait également pour effet de créer une pression interne et de réduire le travail des pompes. Enfin les combustibles furent changés au profit d'oxygène et d'un mélange d'hydrogène, de péroxyde et d'hydrazine qui s'allumait spontanément et permettait l'arrêt et le redémarrage du moteur.

Par le fait-même que ces appareils avaient recours à des produits chimiques pour dégager la chaleur nécessaire, et donc la poussée gazeuse, cette énergie était limitée d'autant, soit à environ 3 000 calories par gramme d'oxygène mélangé d'hydrogène. L'application de la fission nucléaire au réchauffage de gaz ayant un poids moléculaire peu élevé, comme l'hydrogène et l'hélium, a permis d'obtenir des énergies de l'ordre de $1{,}6 \times 10^6$ calories par gramme. Bien que la quantité nécessaire d'uranium 235 sous forme de carbone d'uranium réfractaire soit très faible, la taille et le poids des appareils de protection et de commande nécessaires sont très importants. Mais des énergies plus importantes (2×10^{13} cal/g) peuvent cependant être obtenues par la fission nucléaire malgré la difficulté qu'il y a à contrôler cette fission.

Dans ces moteurs de fusée gazeux, une bonne proportion de la pression est perdue en s'exerçant latéralement sur les parois de la chambre de combustion. Ce qui pose également le problème de se débarrasser de de la chaleur là ou l'on ne dispose pas d'air de refroidissement. En accélérant à

Ci-dessus : les deux pompes de carburant de la roquette Walter de 1944 étaient entraînées par la turbine à gaz centrale.

A droite : la fusée Rolls-Royce *RZ 2* 1960 utilisée sur le *Blue Streak* avait une consommation de 0,25 tonne de kérosène et d'oxygène liquide à la seconde pour une poussée de 68 000 kg.

SPACE
THE FIRST FIVE YEARS

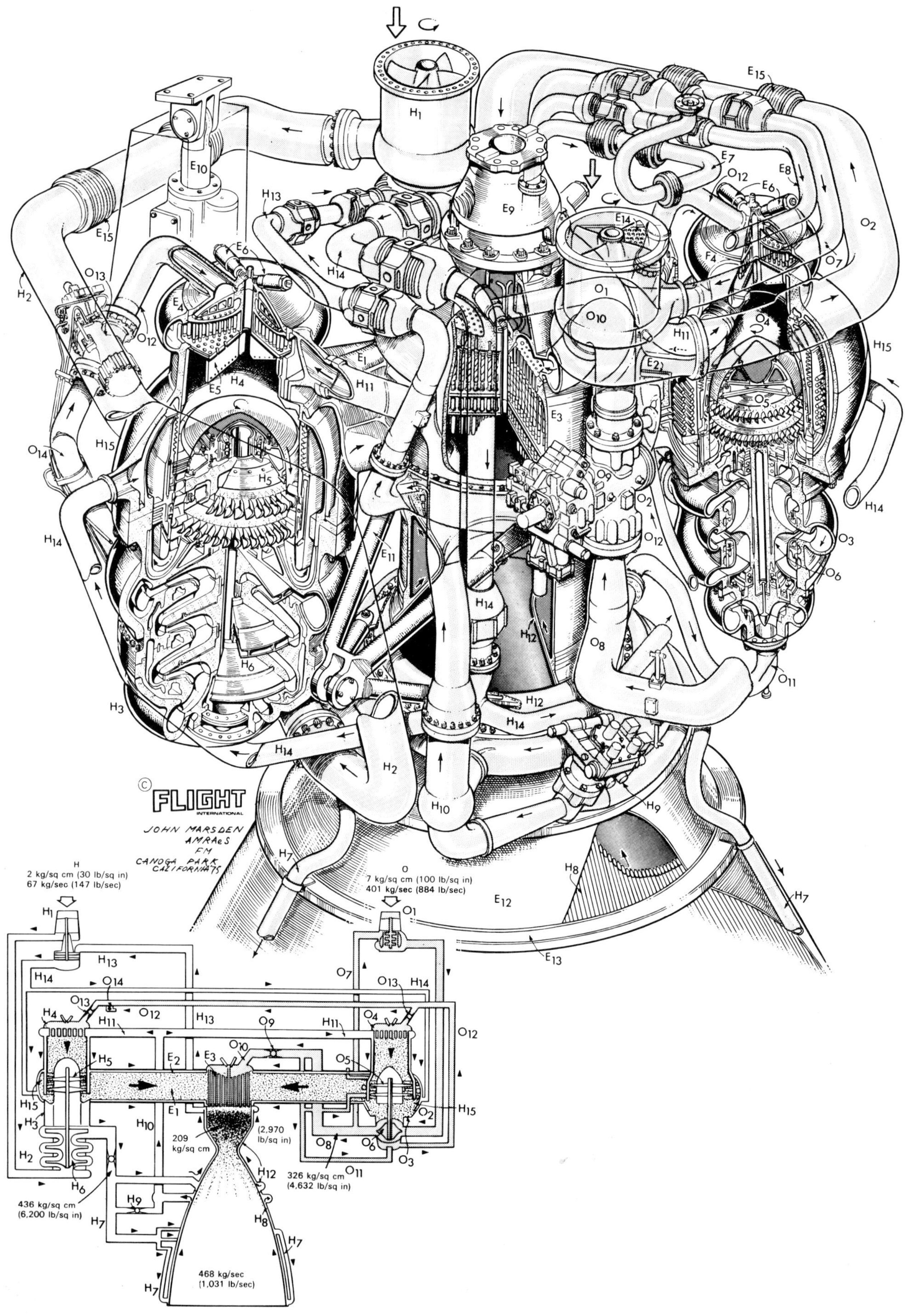

Le propulseur d'une navette spatiale.

□ Système hydrogène :

- H1 Turbo-pompe B.P.
- H2 Canalisation de carburant entre la turbo-pompe B.P. et la turbo-pompe H.P.
- H3 Turbo-pompe H.P.
- H4 Pré-brûleur.
- H5 Turbine H.P.
- H6 Compresseur centrifuge H.P.
- H7 Circuit de refroidissement de la tuyère.
- H8 Chambre de poussée de la tuyère.
- H9 Soupape de dérivation du refroidissement.
- H10/11 Conduit d'alimentaton du pré-brûleur.
- H12 Tubulure de la chambre de combustion principale.
- H13 Conduit d'alimentation de la turbo-pompe B.P.
- H14 Conduit de refroidissement de la turbine B.P. à la tubulure des gaz chauds H.P.
- H15 Échangeur de température.

□ Système oxygène :

- O1 Turbo-pompe B.P.
- O2 Conduit d'alimentation de la pompe B.P. à la turbo-pompe H.P.
- O3 Turbo-pompe H.P.
- O4 Pré-brûleur.
- O5 Turbine H.P.
- O6 Compresseur centrifuge H.P.
- O7 Conduit d'entraînement de la turbine B.P.
- O8 Conduit d'alimentation H.P. de la chambre de combustion.
- O9 Soupape principale de contrôle de l'oxydation.
- O10 Conduit d'alimentation de l'injecteur principal.
- O11 Conduit d'alimentation de la turbo-pompe du pré-brûleur.
- O12 Conduit d'alimentation en oxigène du pré-brûleur
- O13 Soupape de contrôle d'alimentation du pré-brûleur.
- O14 Soupape d'oxydation.

□ Accessoires du moteur :

- E1 Tubulure des gaz chauds.
- E2 Garniture de refroidissement interne.
- E3 Éléments de chicane principaux (600 éléments).
- E4 Éléments de l'injecteur co-axial du pré-brûleur.
- E5 Plaques de chicanes (3).
- E6 Allumeurs à étincelles doubles.
- E7 Conduit d'alimentation en carburant.
- E8 Conduit de pressurisation du réservoir d'oxygène.
- E9 Chambre de poussée orientable.
- E10 Vérins de commande (2).
- E11 Support des vérins.
- E12 Chemise d'isolation externe.
- E13 Renforçement avant.
- E14 Unité de commande transitorisée.
- E15 Soufflets flexibles.

□ Hydrogène et vapeur.

A droite : décollage d'une fusée Titan Centaur de la N.A.S.A.

UNITED STATES

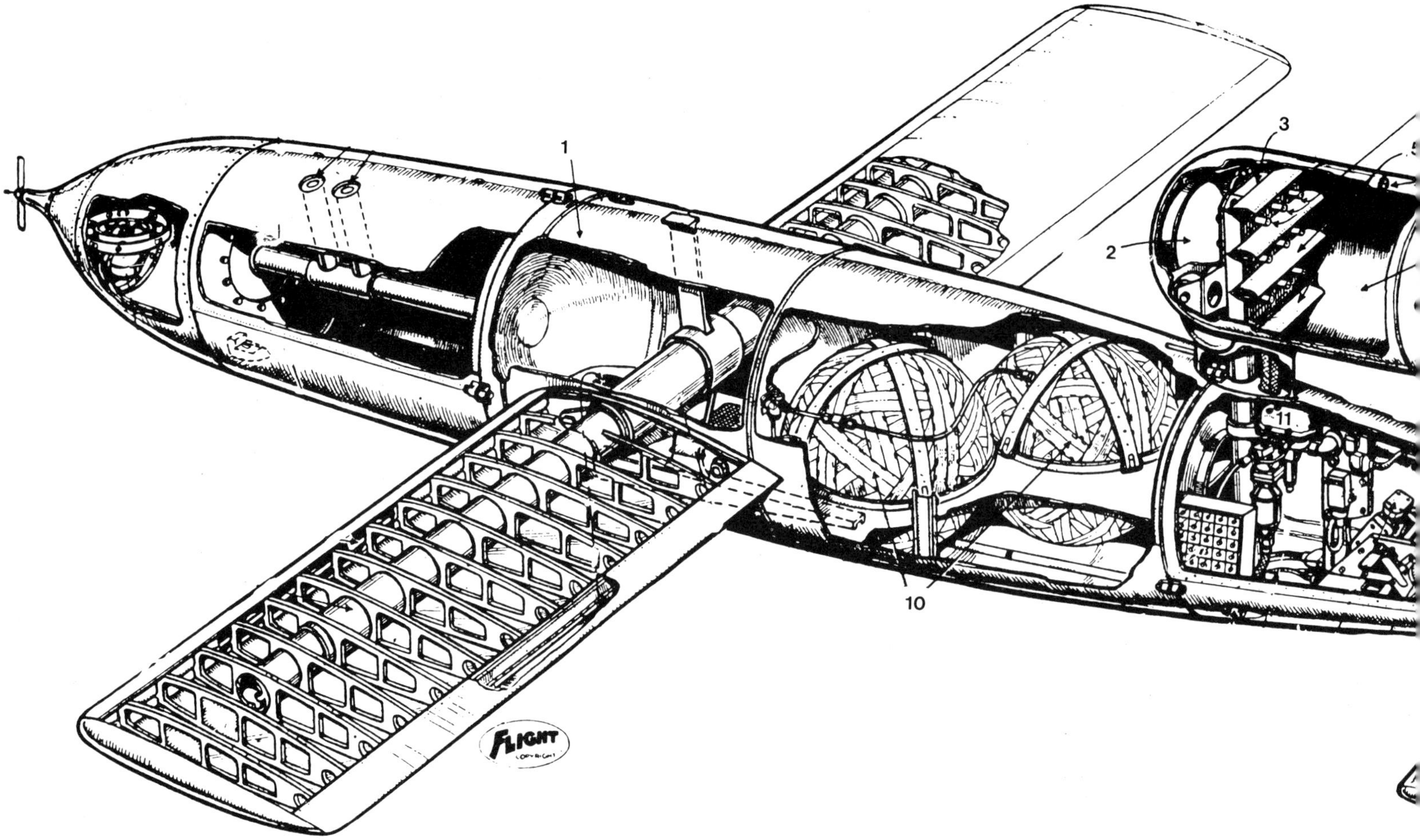

Ci-dessus : la bombe volante allemande V1 était propulsée par un réacteur développant 272 kg de poussée. Sa vitesse maximum était de l'ordre de 580 km/h.

1 Réservoir de carburant.
2 Prise d'air.
3 Grille des clapets.
4 Injecteurs.
5 Venturis des chambres de mélange.
6 Bougies d'allumage.
7 Chambre de combustion.
8 Corps de l'engin.
9 Tuyère.
10 Enrobage des bombonnes d'air comprimé.
11 Mécanisme de contrôle du carburant.

A droite : schéma imaginaire d'une fusée nucléraire :

1 Admission de combustible.
2 Pompe.
3 Turbine.
4 Tige de commande.
5 Passages de chauffage.
6 Éléments de combustible nucléaire.
7 Réflecteur.
8 Chemise de refroidissement.

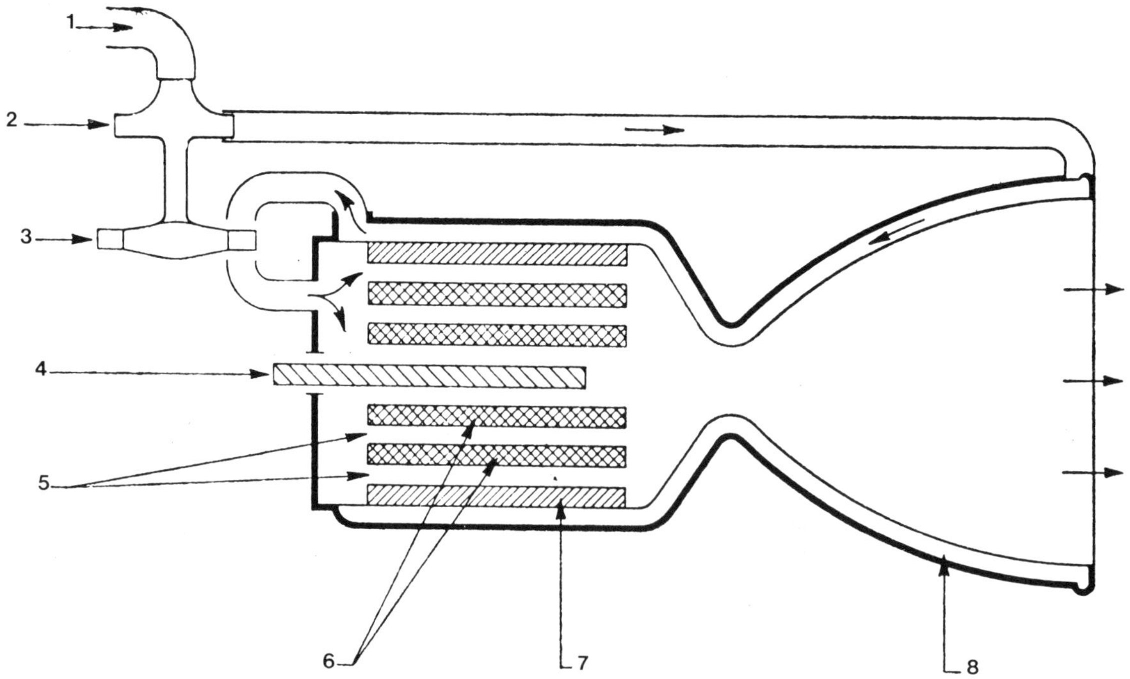

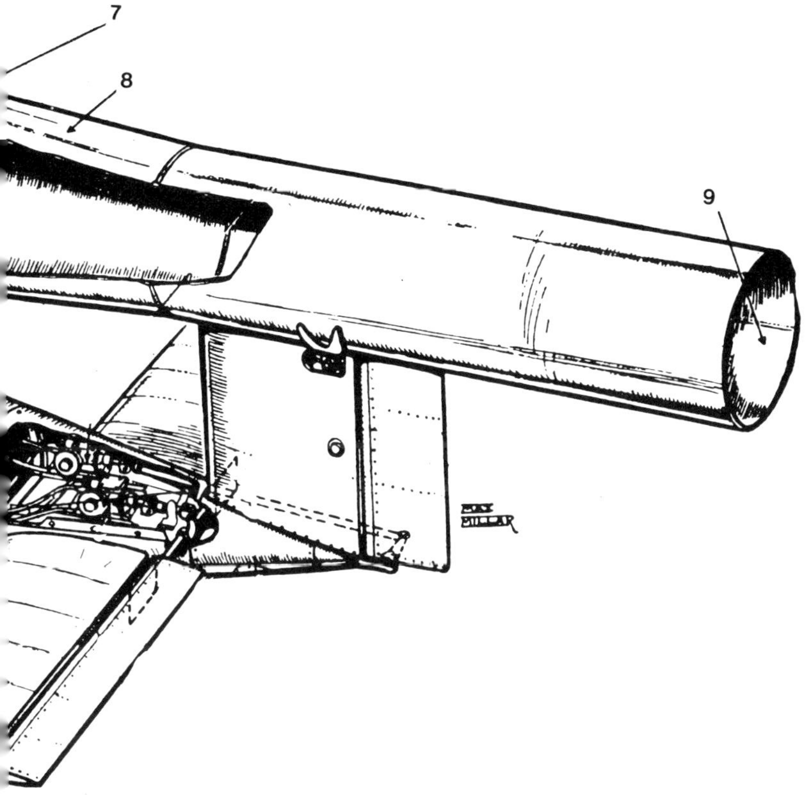

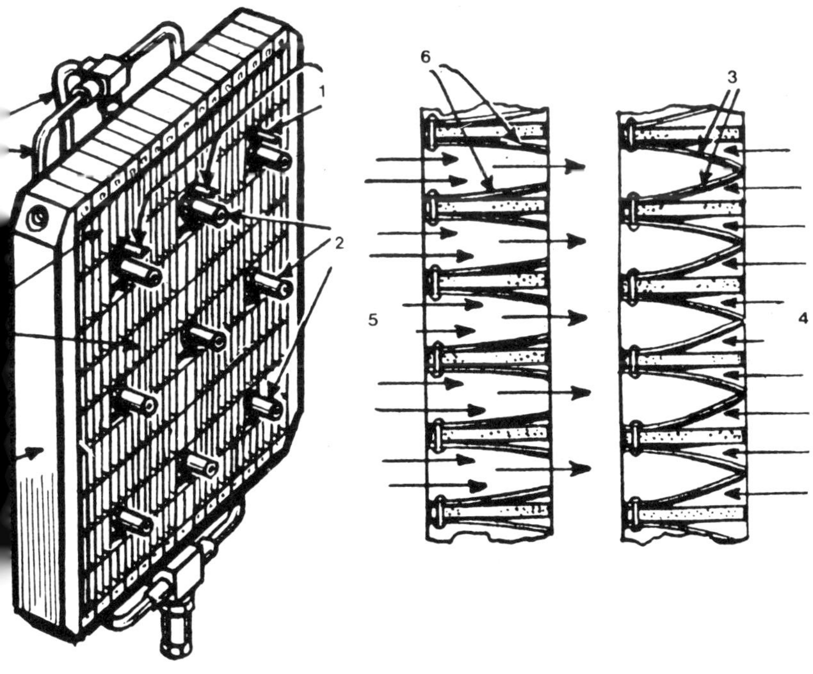

des vitesses élevées les particules électriques chargées de matière, les ions, la poussée devient entièrement linéaire. C'est ce qu'avait suggéré le munichois H. Oberth, dès 1929, pour combiner une poussée relative basse avec une poussée très élevée au débit de carburant (l'impulsion spécifique), poussée indispensable pour les longs parcours et les changements d'orbites dans l'espace. Les ions peuvent être obtenus par la vaporisation de métaux alkalins, comme le caesium, sur une surface de tungstène réchauffée, et leur puissance potentielle est majorée par une source de puissance électrique. Un champ de potentiel O attire les ions positifs et les électrons négatifs, les accélérant en un courant neutre très rapide pour provoquer la propulsion. L'énergie électrique nécessaire peut être produite par un léger générateur nucléaire.

Un moteur de fusée complètement différent est le statoréacteur basé sur les principes de l'ingénieur français Lorin en 1908, qui suggérait d'utiliser un moteur à combustion interne conventionnel et de le faire décharger dans des tuyères divergentes de manière à provoquer un jet propulsif par cylindre. En 1913 Lorin avait fait évoluer son projet de statoréacteur sur lequel l'air pénètrait dans un conduit divergent à la vitesse de l'engin. L'air y était ralenti et sa pression était augmentée dans la prise d'entrée, et une combustion permanente accroîssait la vitesse. Les produits de la combustion étaient ensuite envoyés dans un conduit convergent qui provoquait une détente des gaz à la pression atmosphérique et faisait passer la vitesse de l'air à peu près deux fois celle qu'elle avait à l'entrée. Pour donner au statoréacteur Leduc 0.10 de 1949 la vitesse d'air nécessaire à son démarrage, il était lancé à une altitude de 3 000 m depuis l'arrière d'un avion Languedoc *161*. À la moitié de sa puissance, il était capable d'atteindre 800 km/h et une altitude de 11 000 m. Un certain nombre d'engins à statoréacteurs furent construits à des fins expérimentales par différents pays, et les statoréacteurs ont également été utilisés à propulser des missiles lancés depuis des fusées.

En 1908, Karavodine avait entrepris ses études du réacteur pulsé avec lequel l'explosion d'une colonne de gaz dans un long tube servait à créer une pression plus basse par une soupape à obturateur du côté admission d'un tube, et un jet propulseur, du côté échappement. Cette impulsion était semblable à celle utilisée dans les conduits d'admission et d'échappement d'un moteur à combustion interne. Le système fut par la suite perfectionné par Schmidt en Allemagne, à partir de 1928, pour finalement entrer en production en 1942 chez Argus Co, à Berlin, et servir à propulser la bombe volante *V1*. Il était composé d'une grille de 63 clapets placée à proximité de la prise d'air et comportant également neuf injecteurs de carburant. Trois petits injecteurs d'air comprimé servaient à produire le flux d'air externe nécessaire au démarrage et le carburant vaporisé était allumé par une bougie à incandescence placée à l'avant de la chambre de combustion. Une fois démarré, ce type de réacteur pouvait tourner, même en stationnaire, à environ 45 impulsions à la seconde. Une fois lancé au moyen d'une rampe à une vitesse d'environ 320 km/h, le *V1* devenait encore plus efficient avec l'effet dynamique de l'air à l'admission, et atteignait 560 km/h avec une poussée de 272 kg, la consommation de carburant s'élevant à 280 litres aux 100 km. Plusieurs réacteurs pulsés furent par la suite développés aux États-Unis et en France pour les avions-cibles et certains planeurs. Sur l'*Écrevisse* construite par Snecma, les soupapes à obturateur furent supprimées et la prise d'air fut retournée vers l'arrière de manière à ce que le flux inversé sur l'allumage pulsé provoque un surcroît de poussée.

Les clapets d'un pulso-réacteur *V1* :
1 Injecteurs de démarrage.
2 Injecteurs principaux.
3 Clapets fermés.
4 Pressions du gaz.
5 Pressions d'air.
6 Clapets ouverts.
7 Grillé des clapets.
8 Clapets.
9 Conduits d'admission de carburant.

Autres moteurs

Durant la longue histoire des moteurs, la ligne directrice constante du progrès a consisté à améliorer les résultats tout en s'efforçant de réduire les moyens mis en œuvre. À augmenter, par exemple, le rendement global d'un moteur en convertissant le plus grand pourcentage possible d'énergie induite en travail utile. Il est en effet évident, dans le cas d'un moteur thermique, que les calories qui s'échappent par ses parois et réchauffent l'air ambiant, que les calories qui passent dans l'eau du circuit de refroidissement, ou encore, celles qui ressortent par l'échappement, sont pertes pures et réduisent d'autant le rendement global. Richard Trevithick en était conscient en 1811 lorsqu'il suggéra de faire passer les gaz chauds du foyer directement au travers de la chaudière, et de remettre ce mélange gazeux et cette vapeur au service du moteur. Trevithick n'avait-il pas dit : « c'est comme bien d'autres incroyables fantaisies qui vous passent par la tête ». Un conseil négligé par bien des inventeurs infructueux.

Bien que l'on n'ait pas encore pu trouver une application utile du mélange de la vapeur avec les résidus gazeux de la combustion, d'autres combinaisons ne s'en sont pas moins avérées intéressantes. Au début des années 1920, W. J. Still réalisa un combiné de Diesel deux-temps et de machine à vapeur alternative dans lequel le haut du piston fonctionnait selon le cycle Diesel et le bas, selon le principe des machines à vapeur. Le piston était entièrement chemisé de vapeur depuis une chaudière à 176°, la vapeur entrant sous le piston par une soupape coulissante. La vapeur rejetée par l'échappement passait par un condenseur, et le produit de cette condensation servait à préchauffer l'eau d'alimentation de la chaudière. La vapeur en excès dans la chemise, conservée en température par les parois relativement fines de la partie Diesel du cylindre, retournait au haut de la chaudière. Les gaz d'échappement Diesel, à 580°, passaient par un échangeur de température pour réchauffer l'eau du bas de la chaudière, pour la convertir en vapeur et la renvoyer dans la chemise du cylindre, la température finale à l'échappement n'étant plus alors que de 65°. Ce système de conservation de l'énergie fit passer le rendement thermique de 36 à 41 %, et le moteur Still fut fabriqué sous licence en un certain nombre d'exemplaires.

En 1926, le Lieutenant-Colonel E. Kitson Clark conçut une locomotive à huit cylindres en reprenant le principe de Still. Cette locomotive Diesel-vapeur Kitson-Still présentait, sous la chaudière deux séries de 4 pistons horizontaux opposés. Ces pistons à double effet agissaient sur un vilebrequin commun, en position centrale, et au milieu duquel un double engrenage entraînait un arbre intermédiaire entre les deux premiers essieux. De chaque côté, cet arbre comportait des mannetons pour actionner les bielles d'accouplement des trois autres essieux. Le même combustible était utilisé pour la chaudière et pour le cycle Diesel mais la vapeur n'était pratiquement utilisée que pour les démarrages et la marche arrière. L'essentiel de la puissance motrice était fourni par la partie Diesel dont les gaz d'échappement passaient par les tubes à feu de la chaudière et ressortaient par le passage annulaire entourant la cheminée. Pour autoriser l'inversion du sens de marche, à la vapeur, une position neutre était prévue durant laquelle les soupapes d'admission étaient laissées ouvertes pour éviter toute compression dans le cylindre tant que le Diesel ne fonctionnait pas. L'inversion

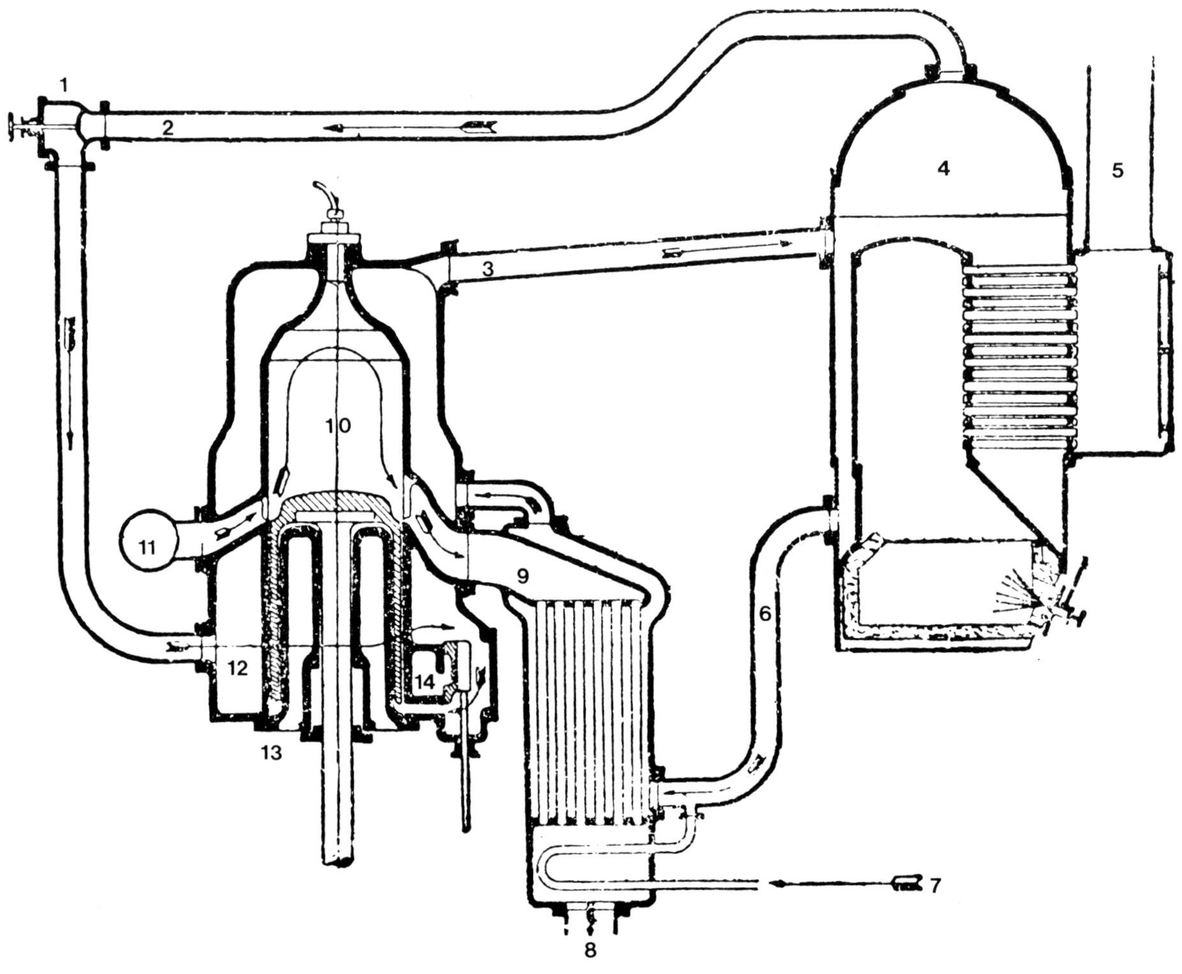

La combinaison Diesel-vapeur du moteur Still :
1 Soupape d'arrêt.
2 Vapeur vers le moteur.
3 Vapeur et eau.
4 Chaudière.
5 Cheminée de la chaudière.
6 Eau.
7 Eau d'alimentation du « hotwell ».
8 Échappement final.
9 Échappement de la combustion.
10 Cylindre de combustion.
11 Air récupéré.
12 Chemise de vapeur.
13 Cylindre à vapeur.
14 Échappement de la vapeur vers le condenseur.

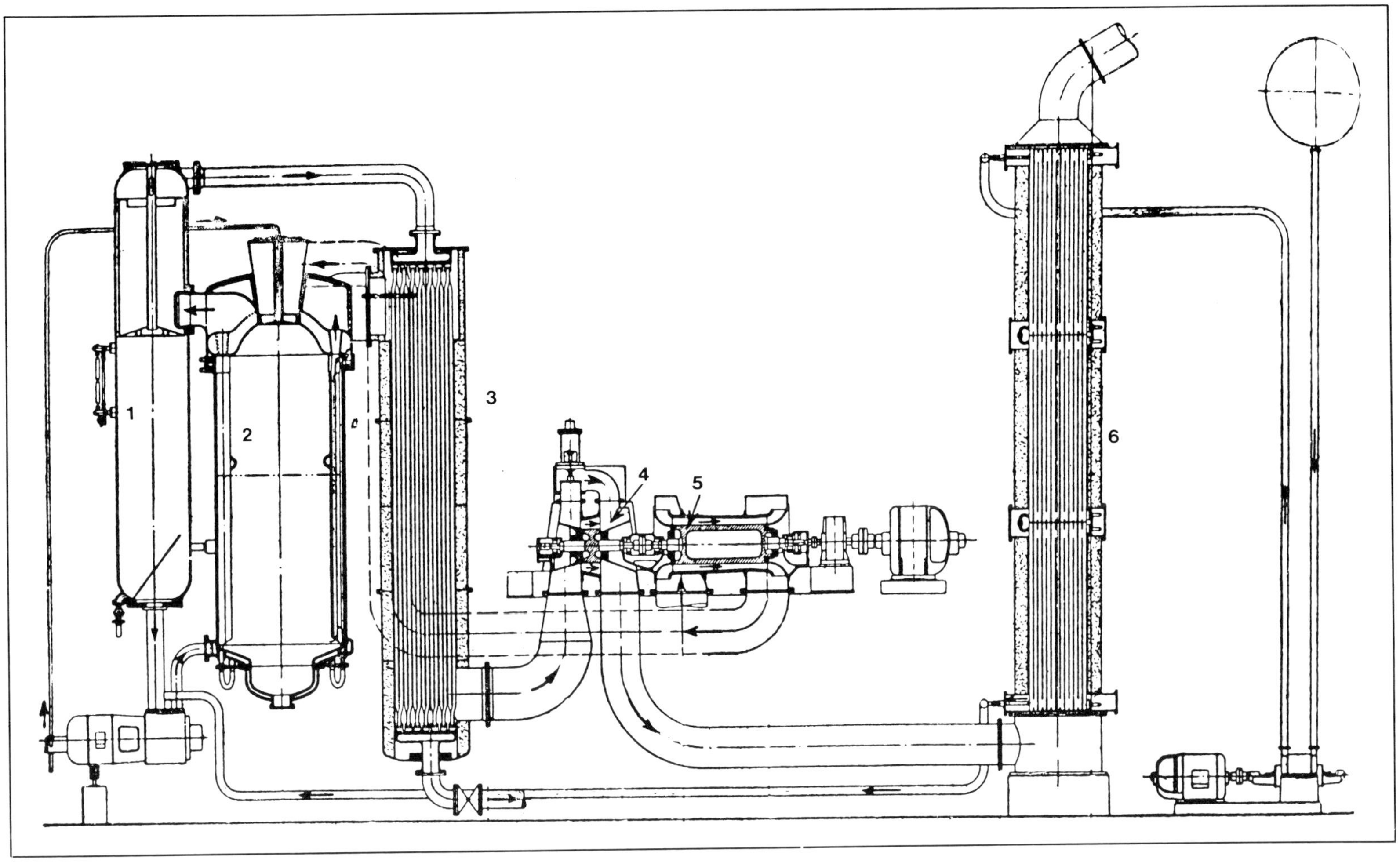

s'opérait en faisant coulisser les cames à l'aide d'un servo-moteur à vapeur. La locomotive Kitson-Still survint malheureusement dans une période peu favorable du chemin de fer. Ainsi, cette aventure privée manqua de soutien, ce qui fut nuisible à son développement. Les quelques exemplaires construits n'en connurent pas moins un certain succès. L'une d'elles était encore en service en Colombie après 1950.

Un autre système moteur à double cycle qui s'est avéré tout à fait satisfaisant est celui de la chaudière Velox et de la turbine à gaz élaboré à partir des idées qu'avait émises, en 1929, le Dr A. Meyer de Brown, Boveri. A l'origine, la chaudière Velox était destinée à fonctionner en combustion intermittente, comme sur le cycle Diesel Still, mais la combustion fut très rapidement rendue continue en utilisant l'air d'un compresseur entraîné par turbine pour maintenir une vitesse de gaz élevée dans la chaudière, et provoquer ainsi un rapide transfert de température entre les gaz, l'eau et la vapeur. L'air comprimé en excédent était utilisé à actionner la turbine du compresseur.

En passant du compresseur au sommet de la chambre de combustion, l'air rencontrait le carburant liquide en cours de combustion et transmettait une partie de ce dégagement de chaleur aux parois de cette chambre, parois constituées de tubes d'évaporation dans lesquels l'eau d'alimentation était amenée par pompage. Les gaz de combustion passaient alors au travers d'un réchauffeur pour actionner la turbine dont l'échappement servait à préchauffer l'eau destinée à la chaudière. De là, l'eau était dirigée sur les tubes d'évaporation et sur un tambour séparateur recevant également la vapeur de l'évaporateur. Le tourbillonnement créé séparait, par la force centrifuge, l'eau de la vapeur, la vapeur partant vers le réchauffeur et l'eau étant renvoyée dans l'évaporateur par la pompe d'alimentation. Avec des turbines à quatre ou cinq étages et des compresseurs axiaux à dix ou douze étages, cette chaudière Velox était peu encombrante, rapide à mettre en

Ci-dessus : la chaudière et la turbine-compresseur à gaz Velox :
1 Ballon d'eau d'alimentation.
2 Chambre de combustion intégrée à la chaudière.
3 Échangeur de température du réchauffeur.
4 Turbine.
5 Compresseur d'air.
6 Échangeur de température des gaz d'échappement pour l'eau d'alimentation.

A droite : le moteur Trevithick à pression hydraulique.
1 Admission de pression depuis le point haut.
2 Soupapes d'eau au bas et au haut du cylindre.
3 Échappement de l'eau.
4 Piston moteur.
5 Poussoir pour changement de soupape.

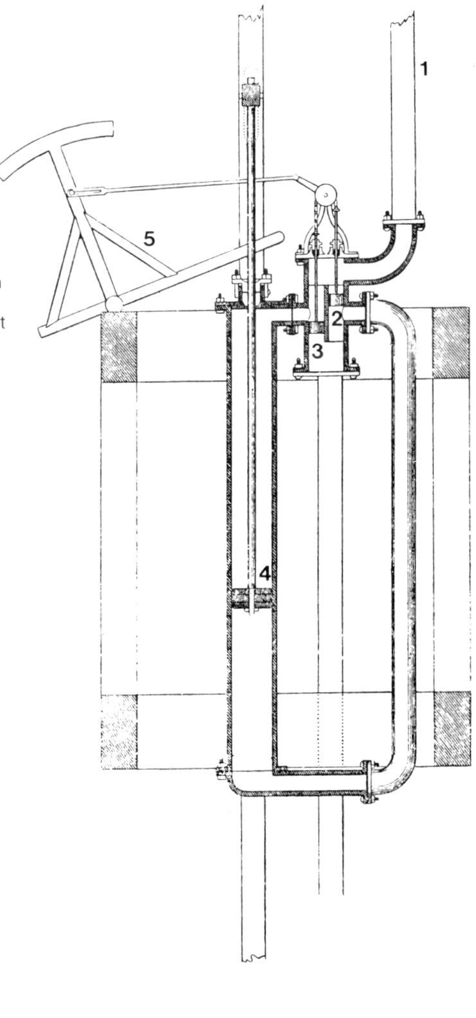

action et d'un rendement thermique élevé. Qui plus est, elle pouvait être alimentée soit par du charbon pulvérisé, soit par du gaz naturel dont le contenu le plus riche en hydrocarbures avait été soustrait pour produire l'essence automobile. Une locomotive à vapeur en fut équipée en France, en 1936, et un certain nombre de plus importantes chaudières de ce type trouvèrent des applications en Suisse, en Palestine, en France et en Argentine.

En renversant l'action de la pompe à piston alternatif et en pourvoyant une alimentation en eau pressurisée depuis un point plus élevé que le moteur, il était possible d'obtenir un moteur alternatif. Ceci avait d'abord été développé en Europe et, en 1798, Richard Trevithick avait installé une machine à eau sous pression aux mines de Roskear, en Cornouailles. L'année suivante, il mit au point, pour la mine de Wheal Druid, une machine semblable mais dont le piston actionnait un balancier, comme sur les machines à vapeur classiques de l'époque. L'eau sous pression était amenée à deux simples soupapes à piston dont les tiges de commande étaient reliées par chaîne et poulie au balancier. Lorsqu'une soupape montait, elle ouvrait une partie du cylindre à l'échappement, et lorsque l'autre soupape descendait, elle ouvrait l'autre partie du cylindre à l'eau sous pression. Comme le balancier oscillait en fonction des mouvements du piston, la poulie tournait pour modifier la position des soupapes et le piston changeait ainsi de direction sous l'effet de la pression de l'eau. D'autres versions du moteur à eau de Trevithick utilisaient une soupape à quatre passages. Tous ne furent utilisés qu'au pompage de l'eau dans les mines profondes. L'un d'eux, dans Le Derbyshire (Angleterre), avait un alésage de 63 cm, une course de 305 cm et travaillait à une pression de 4,56 kg/cm^2. Des exemplaires furent construits ultérieurement avec des tiges de piston-moteur et piston-pompe couplées. Il en est toujours utilisé dans les mines d'Autriche et d'Allemagne.

La roue à vapeur conçue par Masterman en 1821.

En 1821, Masterman, qui jugeait la manivelle comme un moyen peu séduisant mécaniquement pour transmettre le mouvement, mit au point un moteur rotatif de 8,50 m de diamètre pour les charbonnages Fawson, près de Newcastle. La vapeur acheminée par l'axe de la roue était distribuée successivement à chacun des rayons creux. La vapeur était utilisée à maintenir une partie de la jante creuse pleine d'eau de manière à ce que cette eau puisse agir par gravité sur les clapets fermés par des contre-poids. Dès qu'un clapet approchait le bas de la roue, il s'ouvrait et laissait la vapeur repousser l'eau dans la jante. Comme la rotation de la roue se poursuivait, le clapet se refermait et la vapeur était rejetée par une soupape à disque, sur l'arbre. Il s'agissait presque d'une roue hydraulique à vapeur, mais son rendement était tellement faible que les calories perdues rendaient la température du local insupportable. Des centaines d'autres inventeurs ont essayé de réaliser un moteur rotatif donnant une puissance souple. Tous combinèrent des pistons ou des aubes avec des pressions de gaz ou de vapeur fluctuantes, mais, à la seule exception de Wankel, aucun n'est allé bien loin. Les deux obstacles majeurs étaient l'étanchéité des pistons et le coût des recherches pour parvenir à des résultats qui n'étaient que peu supérieurs à ceux obtenus par les moteurs existants. C'était aussi le seul moyen de justifier une mise en production.

Les carburants coûtant de l'argent et leur approvisionnement n'étant de plus pas garanti éternel, on a tenté de tirer une énergie « gratuite » de bien d'autres phénomènes physiques. Thomas Alva Edison qui avait commencé à travailler comme marchand de journaux et devint ensuite l'un des télégraphistes les plus rapides de son époque, avait commencé sa vie inventive en mettant au point des appareils qui dupaient son employeur en lui faisant croire qu'il travaillait alors qu'il dormait. En 1878, Edison inventa une « machine à voix » et, durant ses recherches qui allaient déboucher sur le téléphone et le grammophone, il découvrit que les ondes créées sur la pression de l'air par la voix humaine dégageaient une certaine puissance. Il en profita pour mettre au point un « moteur à voix » sur lequel le fait de crier dans un mégaphone faisait vibrer un diaphragme. Le centre de ce diaphragme était doté d'un cliquet à ressort métallique qui faisait tourner une roue doublée d'un volant d'inertie. On dit qu'après avoir suffisamment crié dans le mégaphone, le mouvement du volant pouvait permettre de forer un mur de bois. On dit également qu'il y a plus de deux mille ans, le son de trompettes avait fait s'écrouler les murs de Jéricho.

Les variations de la pression athmosphérique ont également été suggérées comme source d'énergie, mais la surface sur laquelle ces infimes variations doivent s'exercer ont, à l'évidence, réduit l'application pratique de cette puissance à l'entraînement de petites pendules. Avec celles-ci, une série de petites capsules, dans lesquelles on a fait le vide, se détendent et se contractent avec les variations de la pression barométrique, comme sur un baromètre anéroïde. Les variations de la pression peuvent donc transmettre un mouvement à l'échappement de la pendule.

Né en 1832, Sir William Crookes qui était devenu le chef du Département de Météorologie à l'Observatoire Radcliffe d'Oxford, est à l'origine des recherches fondamentales qui allaient plus tard déboucher sur l'invention du tube de télévision à rayon cathodique. Vers 1872, il avait inventé un appareil appelé radiomètre qui consistait en de très légères pales, argentées sur l'une de leurs face et noires mat sur l'autre, et placées sous vide dans une ampoule de verre. Ces pales se mettaient à tourner lentement dès que la lumière tombait sur leurs faces argentées. En 1879, Crookes trouva le moyen de créer le vide dans un tube au moyen de fils électriques pénétrant par chaque extrémité. Lorsqu'un courant était envoyé dans ces fils, il créait alors un arc électrique entre eux. Crookes découvrit que le rayon de cette cathode pouvait faire tourner une petite roue à aubes, et, en 1897, le Professeur J. J. Thompson démontra que les particules qui faisaient tourner les aubes étaient des électrons.

Peut-être ces deux découvertes seront-elles le point de départ de futures turbines nucléaires telles qu'on les envisage sur les fusées à photon.

Ci-dessous : Edison utilisait la voix humaine pour actionner cet appareil.

En bas : les radiomètres de Crook. Jouet scientifique ou précurseur de futurs moteurs à radiations?

Index

Crédit photos

Aeroplane Monthly : 198, 199, 202, 228.

Autocar : 153, 185, 211.

Beamish North of England Open Air Museum : 67.

Robert Bosch GmbH : pages de titre, 134 B, 135 B, 147, 158, 160, 162, 164, 166, 167.

C.T.G. Boucher, *James Brindley* : 13.

Brown Boveri : 255 H.

Central Electricity Generating Board : 103.

Chartered Mechanical Engineer : 252.

Citroën : 170, 220.

Droits Réservés : 15.

J.M. Dubois : 25, 26.

John Day : 6 D, 11, 15 H, 28, 30, 34, 42, 43, 46 H, 47, 50, 51, 54, 57, 59, 60, 63, 66 B, 69, 76, 78, 80, 83, 86, 91, 95, 99, 108, 110, 111, 117, 118, 120, 122 G, 123 H, 125, 126 H, 127, 128, 142, 146, 150, 157, 159, 163, 165, 169, 171, 173, 178, 184, 185 B, 187, 189, 190, 192, 194, 200, 201, 204, 205, 207 B, 210, 214, 215, 218, 223, 233, 235, 238, 244, 245.

Electrical Review : 22.

ETAI (Patrick Grace) : 183.

Mary Evans Picture Library : 9.

Flight International : 196, 227, 229, 230 B, 246, 248 H, 249.

Ford : 211 B.

General Motors : 242 H.

Hamlyn Group : 10, 12, 14, 16, 20, 29, 46 B, 48, 49, 55, 56, 58, 66 H, 71 B, 75 H, 84, 85, 87, 98, 100 H, 101, 104, 105, 112, 149, 150, 236, 247, 248 H.

Bibliothèque Alan Hutchinson : 7, 23 H.

Imperial War Museum : 242 B.

Matra Sports : 208.

The Mansell Collection : 6 G, 72.

Moteurs Berliet : 136, 137.

Motor : 172, 179, 182, 206, 208 B, 209, 219 B, 225, 234, 239 H.

Motor Boat and Yachting : 186.

Motor Cycling Weekly : 212, 213, 216, 217, 219 H.

F. Munger : 195, 196.

National Railway Museum : 70, 71.

J. Needham, *Science and Civilization in China*, Vol. IV, Part 2. (Cambridge University Press) : 24.

North of Scotland Hydro-electric Board : 19.

Nuclear Engineering International : 106.

D. Pascal : 168.

Philips Electrical : 238 B.

Renault : 133, 183.

Rolls-Royce : jaquette, 226, 231.

Crown copyright, Science Museum, London : 21, 41, 102, 253 B.

Science Museum, London : 17, 35, 37, 38, 40, 52, 116.

Sir Henry Lawson-Tanced, Sons & Co : 33 D.

S.N.E.C.M.A. : 224, 226.

SODEL (Morceau) : 33 G, 102, 103.

Volkswagen : 207 H.

Weber : 154, 155.

H. Webster, *Railway Motive Power* (Hutchinson Publishing Group) : 65, 96, 97 B.

J.H. White, *Early American Locomotives* (Dover Publications Inc.) : 68.